中国石油重大科技专项“辽河油田原油千万吨持续稳产关键
技术研究”（编号：20121-30）
辽宁省人力资源与社会保障厅辽宁省企业项目博士后
专项课题（编号：2014-170）
联合资助

富油气凹陷进源勘探理论与实践

——以辽河盆地西部凹陷南段为例

The Theory of Source-oriented Fine Exploration of Hydrocarbon-rich Depression and Its Application：A Case Study of South Part of Western Sag of Liaohe Basin

谷 团 著

科 学 出 版 社
北 京

内 容 简 介

经过近50年的勘探开发之后，辽河油田主力含油气层系已进入高成熟勘探阶段，资源接替困难的局面日趋明显，转变勘探思路，寻找新的勘探目标，是辽河油田实现可持续发展的必然选择。近年勘探实践表明，岩性油气藏已成为成熟勘探盆地精细勘探最为现实的勘探领域和目标。在这种大背景下，立足西部凹陷这一典型的富油气凹陷，以凹陷南段岩性油气藏为研究对象，提出了"进源勘探"的思想，摆脱传统的浅层正向构造带勘探模式，转向深层洼陷带及其周边斜坡低部位范围内以岩性油气藏为主要目标的勘探模式，在生烃洼陷内部开展岩性油气藏系统的预测和精细勘探研究，认为源内具备形成岩性油气藏的优越条件，多种有利因素的耦合是决定岩性油气藏成藏与富集的内在因素，预测其富集于环洼坡折带，并具有"源-沟-坡控砂、复合输导、复合成藏、类型多样"的特点。预测鸳鸯沟—清水地区的岩性油气藏分布具有成带展布的特点，有利的岩性油气藏发育带位于东部同沉积断裂坡折带的低位断阶和洼陷带内，并选择若干典型预测目标进行解剖，为西部凹陷南段的精细勘探提供新思路。

本书可供从事油气勘探研究的技术人员及高校相关专业的师生参考。

图书在版编目（CIP）数据

富油气凹陷进源勘探理论与实践：以辽河盆地西部凹陷南段为例＝The Theory of Source-oriented Fine Exploration of Hydrocarbon-rich Depression and Its Application：A Case Study of South Part of Western Sag of Liaohe Basin/谷团著. —北京：科学出版社，2016.3

ISBN 978-7-03-047362-2

Ⅰ. ①富… Ⅱ. ①谷… Ⅲ. ①辽河盆地-拗陷-油气勘探-研究 Ⅳ. ①P618.130.8

中国版本图书馆CIP数据核字（2016）第031028号

责任编辑：吴凡洁/责任校对：桂伟利
责任印制：肖　兴/封面设计：无极书装

科学出版社出版
北京东黄城根北街16号
邮政编码：100717
http://www.sciencep.com

北京利丰雅高长城印刷有限公司印刷
科学出版社发行　各地新华书店经销
*

2016年3月第　一　版　开本：787×1092　1/16
2016年3月第一次印刷　印张：16 1/4
字数：370 000

定价：138.00元

（如有印装质量问题，我社负责调换）

序

辽河油田勘探开发50年来，随着勘探开发程度的不断提高，勘探开发对象越来越复杂，近年来新增探明的资源品质逐渐变差，规模较小，且隐蔽性更强，寻找优质储量的难度越来越大，资源接替困难的局面日趋明显，严重制约着油田的发展。对于高勘探程度的老油田，如何有效地开展精细勘探工作，不断获得新发现，保持资源良性接替、促进产量的持续稳定和实现油田的效益发展，无疑是现阶段我们不得不面对的严峻挑战。

在这种背景下，谷团博士善于总结，勇于创新，立足西部凹陷这一典型的富油气凹陷，以岩性油气藏为研究对象，开展了富油气凹陷进源勘探理论研究，建立了富有新意的精细勘探研究和预测方法。成果集中体现出如下两个方面的创新：一是认识上的创新，即创新提出进源勘探的思想，突破了老油田勘探的禁区。认为“源内”具备形成岩性油气藏的优越条件，多种地质条件的耦合是决定岩性油气藏成藏与富集的内在因素，岩性油气藏表现出“源-沟-坡控砂、复合输导、复合成藏、类型多样”的特点。有助于摆脱传统的正向构造带勘探模式，转向洼陷带及其周边斜坡范围内以岩性油气藏为主要目标的精细勘探模式。二是技术上的创新，即创新提出进源勘探的技术体系，打开了洼陷带“源内”勘探的盲区。把层序地层学、岩性油气藏等领域的相关理论应用于精细勘探实践中，可靠地建立了三级层序地层格架，系统地预测了“源内”异常高孔带及有利储集相的空间展布，多因素评价了岩性油气藏发育的有利条件及有效匹配关系，使“源内”岩性油气藏评价预测成为可能。成果注重基础资料的充分应用，注重基础地质工作的深入研究，注重油藏地质信息的融合与剖析，对老油田精细勘探进行了有意义的探索，并取得了较好的效果。令人清楚地认识到老探区仍然有较大的潜力，仍然有做不完的文章，关键在于我们的认识创新、技术创新和方法创新，不断地开拓思路、解放思想、转变观念，将有助于在老油田卓有成效地开展精细勘探实践，有助于实现老油田的可持续发展。

该书作者是老油田精细勘探开发的实践者，该书是在其博士论文基础上深入总结、系统升华的结晶，包含了他近几年从事勘探开发研究的所思所想及点滴心得，从书中可以看出作者对老油田油气勘探开发事业的挚爱、投入和执着精神，对精细勘探开发理论与实践的思索、探索和求索的毅力。整部著作有思想、有认识、有理论、有创新，是一部基础地质理论与精细勘探实践紧密结合的著作，值得一读。

中国石油天然气股份有限公司辽河油田分公司

教授

2015年12月

前　言

辽河拗陷属于典型的断陷盆地，历经近50年的勘探开发，已探明石油地质储量23.8亿t。目前已进入高勘探程度阶段，油气勘探的主要对象由构造油气藏向岩性地层油气藏扩展。资源接替困难的局面日趋明显，寻找经济可采储量和保持规模稳产的难度越来越大。经过近50年的勘探之后，辽河油田主力含油气层系勘探程度已较高，整装的构造型油气藏很难再有大的发现。在勘探成熟的老区有效地开展精细勘探，必须转变勘探思路，以新的勘探理论为指导寻找新的勘探目标，这是辽河油田实现可持续发展的必然选择和有效途径。

西部凹陷是典型的富油气凹陷，石油资源量为26.6亿t，已探明石油地质储量17.7亿t，仍有相当大的勘探潜力。近年该凹陷勘探实践表明，岩性油气藏已成为成熟探区精细勘探最为现实的勘探领域和目标。在这种背景下，立足西部凹陷这一典型的富油气凹陷，以该凹陷南段岩性油气藏为研究对象，提出了“进源勘探”的思想和技术体系，建立了富油气凹陷精细勘探系统的研究和预测方法。摆脱传统的浅层正向构造带勘探模式，建立了深层洼陷带内及其周边斜坡低部位范围内以岩性油气藏为主要目标的勘探模式，在生烃洼陷内部开展系统的岩性油气藏预测研究，认为源内具备形成岩性油气藏的优越条件，多种有利因素的耦合是决定岩性油气藏成藏与富集的内在因素，预测其富集于环洼坡折带，并具有“源-沟-坡控砂、复合输导、复合成藏、类型多样”的特点。预测西部凹陷南段的岩性油气藏分布具有成带展布的特点，有利的岩性油气藏发育带位于东部同沉积断裂坡折带的低位断阶和洼陷带内。进源勘探技术体系主要包括：建立层序地层格架、层序格架内沉积体系与沉积相精细研究、层序格架内储层综合评价研究（包括储层分布、成岩作用演化、次生孔隙异常带、有利储层预测等）、系统的岩性油气藏成藏条件研究（包括烃源岩条件、储盖条件、生储盖配置、输导体系和输导模式、油气运移特点及成藏史等）、岩性油气藏展布规律研究、岩性油气藏目标评价。上述六个步骤构成了以层序地层学技术、三维地震解释技术、储层反演技术、储层综合评价技术、油气成藏条件综合评价和岩性圈闭综合评价技术等为主体的岩性油气藏预测与评价技术体系。

需要指出的是，随着勘探理论和技术的不断发展，对岩性地层油气藏的认识必将不断深入，限于作者的研究水平和工作经验，对众多问题的认识、分析与总结上定会存在欠妥和疏漏之处，恳请读者批评指正。

作者

2015年10月

目　录

第 1 章　富油气凹陷概述

1.1　富油气凹陷的概念与内涵

对富油气凹陷的研究最早可以追溯到 20 世纪 50～60 年代的“源控论”（胡朝元，1982；胡朝元等，2002），勘探家基于“源控论”得出了勘探找油“定凹选带”的认识，认为油气田具有环绕生烃洼陷分布的特点（图 1.1），有效地指导了我国东部早期的勘探实践。复式油气聚集带理论（胡见义，1986；邱中建和龚再升，1999）是我国陆相石油地质理论另一项重要内容，勘探家基于复式油气聚集带理论，总结出了断陷和拗陷盆地油气分布的基本规律，并通过以划分、评价二级构造带为核心的综合研究，促进了储量的快速增长，并以此理论提出了针对各种正向二级构造带“整体解剖、滚动勘探开发”的勘探思想（邱中建和龚再升，1999），成功地指导了渤海湾等盆地的油气勘探，极大地提高了油气勘探效率，使我国油气地质理论与勘探技术达到了一个新水平，成为我国油气勘探史上一个新的里程碑（李德生，1983）。

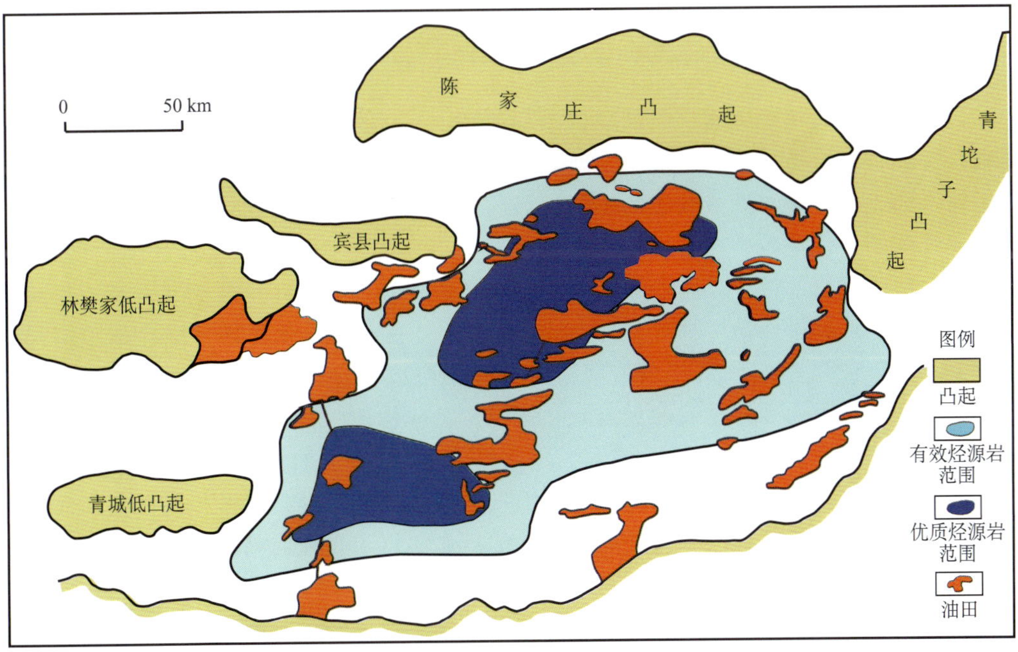

图 1.1　东营凹陷油田与生烃洼陷关系示意图（据胡见义，1986，修改）

“富油气凹陷”理论起步于 20 世纪 90 年代，是在中国东部裂谷断陷盆地勘探实践和“源控论”、“复式油气聚集理论”基础上提出的，从理论脉络来看，既有继承，又有创新（表 1.1），是指导现阶段老区精细勘探、新区优化勘探，寻找优质效益储量、寻找大型油气田的油气勘探新理论，尽管目前仍然在不断完善中，已经开始在勘探领域发挥着重要作用。

表 1.1 源控论、复式油气聚集理论和富油气凹陷理论概要对比

项目	源控论	复式油气聚集理论	富油气凹陷理论
发展年代	20 世纪 50～60 年代	20 世纪 70～80 年代	20 世纪 90 年代至今
理论概要	油源区控制油气田分布，油气田环绕生烃洼陷多呈多环式带状分布	陆相断陷盆地二阶构造带为多种类型圈闭的复合体，形成了纵向上不同层系、不同圈闭类型油气藏相互叠置、平面上连片的含油气区带	在烃源岩质量好、资源丰度高、油气富集的富油气凹陷中，树立整凹含油、满凹勘探的思想，以凹陷为整体寻找多种类型的油气藏，大力发展与之相配套的勘探技术，使隐蔽油气藏勘探由必然王国进入自由王国
勘探思路	“定凹选带”	“区带整体解剖、滚动勘探开发”	“富油气凹陷”满凹勘探
勘探对象	凹中隆	各种正向二级构造带及其中的符合圈闭	各种隐蔽油气藏、复杂断裂带及洼陷带与低位斜坡区
应用范围	盆地勘探早期阶段	盆地勘探早中期阶段	盆地勘探中晚期阶段
应用效果	有效指导了东部油区勘探初期和早期的油气大发现	促进了渤海湾盆地勘探早中期的储量快速增长	跳出二级构造带，将有力促进盆地精细勘探和整体勘探，促进勘探理念的革命性转变

传统的油气勘探视生烃洼陷低部位为找油禁区，认为生成的油气趋于向构造高部位运移、聚集，在生烃洼陷的“锅底”及低位斜坡区仅仅是路过，而不停留。随着近年来勘探技术的不断进步、勘探领域的不断扩展和地质认识的不断深入，尤其是一系列岩性地层油气藏的发现，人们注意到陆相沉积盆地中很多油气藏分布在生烃洼陷的低部位，甚至是向斜的中心部位，且这些地区的井有的产量相当高，日产可达到数百吨，探明了数量相当可观的储量（信广林等，1994），用二级构造带的概念和划分标准很难解释这种现象。戴金星院士于 1983 年曾专门讨论过向斜构造的含油问题，较早地提出低洼构造区同样具有重要的勘探价值的观点，强调了在低洼构造区开展勘探的必要性和重要意义。近年来，陆续提出了“富生烃凹陷”（龚再升，1997）、“富油气凹陷”（谯汉生等，2003）的概念和认识，不同程度地强调了油气勘探范围应扩展到整个生油凹陷，而不再局限于正向二级构造带，把“找油无禁区”的理念实事求是地向前推进了一步，具有重大的现实意义。

龚再升（1997）等提出的“富生烃凹陷”强调生油气凹陷成因和生烃量，指出富生烃凹陷一般为陆相沉积，湖相生油，烃源岩生烃强度大于 $50\times10^4 t/km^3$，油气资源丰度一般大于 $15\times10^4 t/km^3$。袁选俊和谯汉生（2002）在研究渤海湾盆地油气资源分布的基础上，将资源丰度大于 $20\times10^4 t/km^3$、资源规模在 $3\times10^8 t$ 以上的凹陷称为“富油气凹陷”，强调资源丰度和资源潜力。

可见，富油气凹陷是从一个凹陷的生烃总量出发，表述凹陷资源丰富程度的概念，源自对东部裂谷盆地的研究。其内涵强调凹陷的烃源岩质量、规模、热演化程度及生、排烃总量。这一概念指出了资源空间分布的不均衡性，对指导选择重点勘探靶区有重要意义（赵文智等，2004）。除东部裂谷盆地外，陆相拗陷盆地（包括前陆盆地）也存在富油气凹陷，控制相应盆地中生烃与油气藏的分布。因此，从广义角度讲，富油气凹陷是指陆相沉积盆地中那种烃源岩质量好、规模大、热演化适度与生烃量和聚集量都位居前列的一类含油气凹陷（赵文智等，2004）。同时，衡量富油气凹陷的优劣，除生烃强度、资源丰度和资源总量外，还要考虑整个凹陷范围内发现油气藏的机会与单体油气藏的丰度和规模。

赵文智等（2004，2005）进一步提出了富油气凹陷“满凹含油”的科学论断，认为富油气凹陷内优质烃源灶提供了丰富的油气资源，同时陆相沉积多水系与频繁的湖盆振荡，导致湖水大面积收缩与扩张，使砂体与烃源岩不但间互，而且大面积接触，从而使得各类储集体有最大的成藏机会，因而含油范围超出二级构造带，并在包括斜坡区的凹陷各部位都可能有油气藏形成和分布，呈现整个凹陷都有油气分布的局面。“满凹含油”论的提出使勘探领域进一步扩大，跳出了传统的二级构造带范围，可以指导满凹陷勘探。勘探范围不仅包括已有的正向二级构造带，还包括广大的斜坡区和凹陷的低部位，而这些部位的油气藏主要为岩性地层成因，“满凹含油”论使勘探领域、勘探范围和勘探对象都发生了革命性的变化，使油气勘探的广度和深度进一步拓展和加深，成为现阶段及今后指导富油气凹陷精细勘探的指导思想。

1.2　富油气凹陷的基本特点

可以称“富油气凹陷”为含油气盆地中的精华，这是因为这类盆地能够形成大规模的油气运移聚集，生油岩发育优良、资源规模大，是油气勘探的重点目标，也是最主要的油气资源基地，这已为多年的勘探实践所证实。富油气凹陷有着与其他盆地不同的地质条件，与油气生成、运移、聚集、成藏密切相关的烃源岩条件、储集条件、圈闭条件以及盆地特殊的演化条件导致了富油气凹陷中富含油气。富油气凹陷是多种地质要素优化组合形成的“精华”。

1.2.1　发育优质高效的烃源岩

将资源丰度大于 $15\times10^4\,t/km^3$、资源规模在 $3\times10^8\,t$ 以上的凹陷称为富油气凹陷（图 1.2）。富油气凹陷发育陆相沉积盆地中最优质的烃源岩，表现为烃源岩质量好、规模大、热演化程度适中、生烃总量大，是富油气凹陷得以形成的物质基础。据李丕龙（2004）研究，富集有机质对富油气凹陷的形成有重要作用。富油气凹陷内发育优质烃源岩，可为与之有关的各类储集体提供充足的油源。

东部断陷盆地的演化过程主要表现为幕式拉张活动，优质烃源岩主要发育于强烈裂陷期（赵文智和池英柳，2000）。由于此时构造沉降强烈，湖水达到最深时期，沉积速率大于沉积物供给速率，欠补偿沉积湖泊的营养和浮游生物生产力都达到较高水平（吴国揎等，1999），因此，深湖-半深湖沉积物形成于良好的富氢有机质堆积环境，发育的

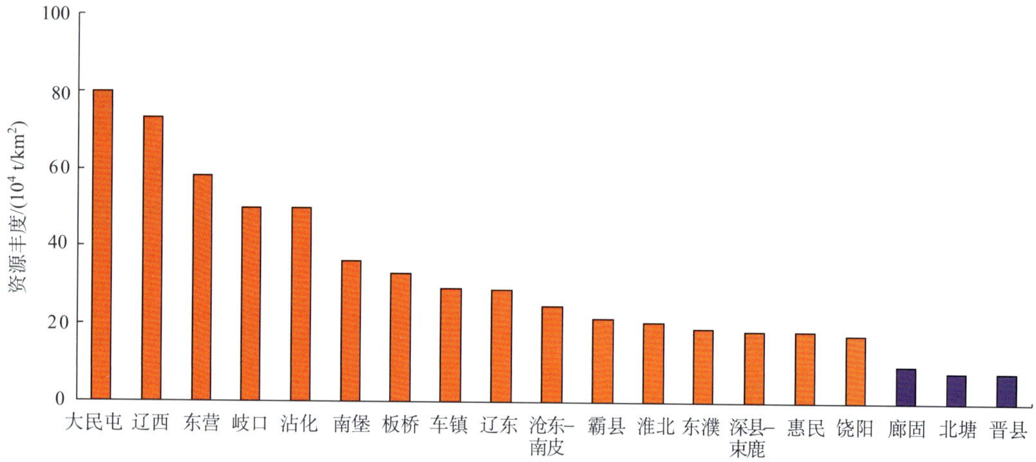

图 1.2　渤海湾盆地富油气凹陷资源丰度对比图（据袁选俊和谯汉生，2002）

烃源岩有机质类型多以Ⅰ-$Ⅱ_1$型为主。龚再升（1997）在研究近海湖盆时指出，当裂陷期沉积速率在200～400m/Ma时，湖盆发育达到鼎盛时期，是烃源岩发育的重要时期。湖盆最大扩张期的沉积主要是厚度较大的深湖-半深湖泥岩，如辽河盆地西部凹陷发育E_2s^3和E_2s^4两套优质烃源岩，累积厚度超过600m，分布面积2300km²，平均有机碳含量分别为1.9%、1.2%，R_o>0.8%，有机质类型分别为$Ⅱ_1$、$Ⅱ_2$型，据最新资料分析，总生烃量为235.49×10^8t，资源量为26.6×10^8t，是一个典型的富油气凹陷。

大型拗陷湖盆构造相对稳定，以发育统一的湖盆沉积为特征，湖平面升降是控制沉积环境与相带组合的主导因素，湖盆扩张期的湖侵范围很广，湖泊中心部位往往发育优质烃源岩（赵文智等，2004）。如鄂尔多斯盆地晚三叠世延长组长七段沉积期是最大湖侵期，深湖-半深湖相泥岩烃源岩面积达8.5×10^4km²，占同期湖泊面积的60%，有机质类型多以Ⅰ-$Ⅱ_1$型为主，有机碳平均含量为2.17%。松辽盆地主要烃源岩为青一段暗色泥岩，在盆地边部如滨北地区砂岩含量较高，在中央拗陷区几乎全区分布，烃源岩厚60～80m，有机碳含量2.2%，有机质类型多以Ⅰ-$Ⅱ_1$型为主，有效烃源岩面积达6.5×10^4km²，占湖盆总面积的53%。

中西部地区发育的前陆盆地处在盆山结合部位，有最深的汇水，发育优质烃源岩，有机质丰度高，烃源岩厚度大（赵文智和池英柳，2000）。尤其是晚三叠世—早、中侏罗世气候潮湿，形成的前陆盆地如库车凹陷、川西凹陷、鄂尔多斯盆地和准噶尔盆地南缘等均发育优质烃源岩。

1.2.2　发育多类型的储集体

富油气凹陷内发育多层位、多种类型的储集体，包括扇三角洲砂体、辫状河三角洲砂体、湖底扇砂体等各种沉积体系砂体、火山岩、碳酸盐岩、变质岩等多种类型，这些类型的储集体均不同程度地具备储集油气的能力，为油气成藏提供了有利的条件。这些储集体在纵向上多层叠置，呈多套油气层纵向叠加的层楼式产出（图1.3），在平面上

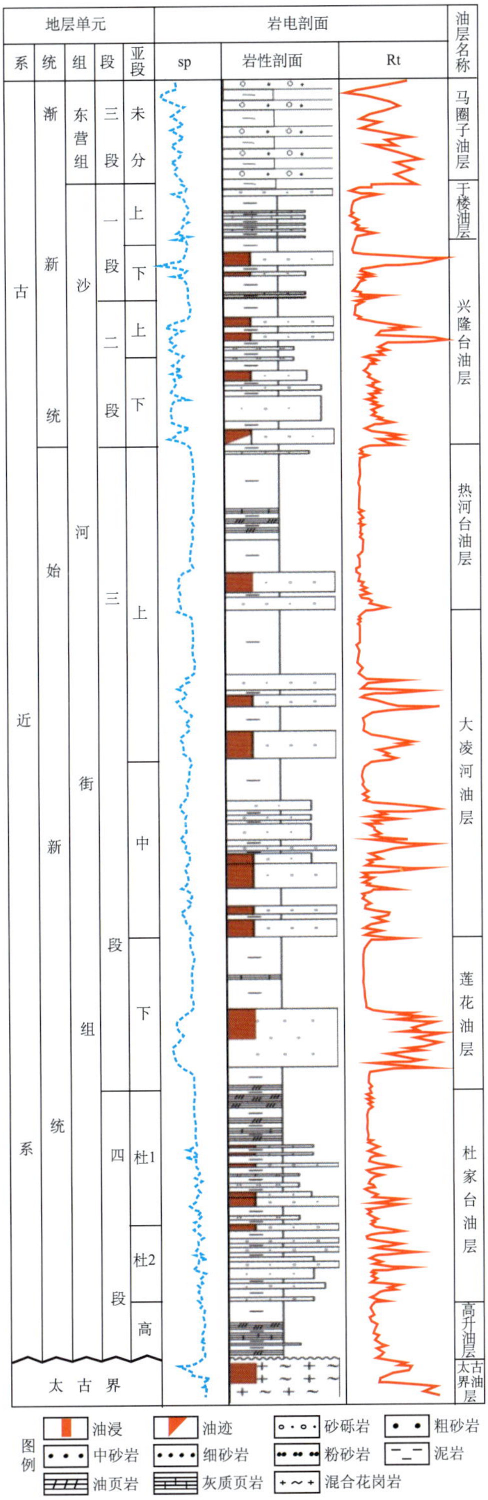

图 1.3　辽河盆地西部凹陷多层位、多类型储集体纵向叠加模式

有时叠合连片分布。

以辽河盆地为例，太古界等古近系基底发育变质岩、砂砾岩、碳酸盐岩、火山岩等多种储集体，经过多期构造运动改造和风化淋滤，往往具有较好的储集性能。古近系为裂谷断陷湖盆沉积，广泛发育河流-冲积扇-（扇）三角洲-水下扇-浊积岩等砂体以及湖相生物灰岩储集体，由于古近系砂岩储集体大都处于有机质演化成熟阶段河成岩演化阶段中期，次生孔隙发育，储集性能较好。新近系为河流相沉积，砂体十分发育，加之埋藏浅，储层演化一般均在成岩早期阶段，原生孔隙发育，储集性能优良。上述储集体在纵向上叠置、横向上相变或交错，形成了富油气凹陷多层系、多储集体类型的普遍含油基础。

1.2.3 发育多类型的圈闭

勘探实践表明，富油气凹陷不仅具有丰富的油气资源，还发育多种类型的圈闭，形成多种类型的油气藏（表 1.2），并构成了多种类型的复式油气聚集带（胡见义，1986），它们围绕生烃洼陷分布，形成纵向上多层系叠积、横向上相间互补连片的态势，展现了富油气凹陷内油气丰富的显著特点（图 1.4）。

表 1.2 辽河盆地油气藏类型

大类	亚类	类型	典型实例
构造油气藏	背斜构造	滚动背斜油气藏	双台子、欢 26
		披覆背斜油气藏	兴隆台、大洼
		褶皱背斜油气藏	冷家堡、茨 9
	断鼻构造	断鼻构造油气藏	高升、牛 56
	断块构造	断块油气藏	欢喜岭、于楼
非构造油气藏	地层	地层超覆油气藏	茨榆坨、东胜堡
		地层不整合油气藏	曙光油田一区
	岩性	砂岩透镜体油气藏	红星、兴隆台浅层
		砂岩上倾尖灭油气藏	茨榆坨、黄金带
		火山岩油气藏	黄沙坨、欧利坨
		古潜山油气藏	兴隆台、曙光

一个凹陷内可以有多个生烃洼陷，如辽河盆地西部凹陷有鸳鸯沟洼陷、清水洼陷、陈家洼陷、盘山洼陷、牛心坨洼陷五个洼陷，这些洼陷间以水下低幅度隆起或潜山相隔。在洼陷的主要发育期，沉积了较厚的富含有机质的泥岩、页岩等烃源岩。生油洼陷可以分为继承型、间断型和先沉后抬型三种类型，其中继承型洼陷因面积大、沉降深、持续性强、生油层厚且转化程度高而成为主要油源区。每个洼陷基本上就是一个生烃中心，洼陷与周围的各种圈闭带组合成油气生成、运移、聚集、成藏的多个含油气系统。洼陷生成的油气首先向距离最近的圈闭带做短距离运移，聚集在相邻的各种圈闭中，油气藏则以生烃洼陷为中心呈环状分布，往往形成油气富集区，可以形成若干大型油气

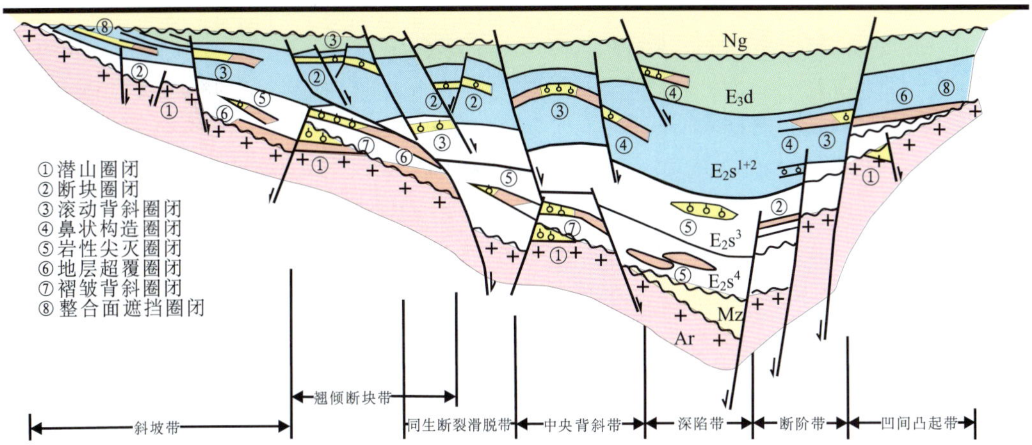

图 1.4　富油气凹陷油气藏的空间分布态势（据陈义贤等，2000，修改）

田。由于湖盆的旋回性活动过程中伴随较强的构造运动，形成了许多大型的构造发育带以及多期次的断裂体系，这些不同期次、不同级别的断裂在湖盆活动与油气成藏史中的作用是多样的，早期（深层断裂系统）可以形成圈闭和早期油气藏（深层原生油气藏）中油气的运移通道，晚期可以改造深层的油气藏作为深层油气向浅层运移的通道，起到了沟通深浅层的作用，扩大了油气在凹陷内部分布的范围，使富油气凹陷内油气藏的分布更加广泛。

1.2.4　多旋回的演化历程

陆相湖盆受构造与气候联合作用，频繁发生水进、水退（图 1.5）。湖盆的振荡变化，使砂泥岩频繁间互，为各类岩性-地层油气藏的形成创造了条件。低位域和高位域沉积期，砂体相对发育。有时来自盆地四周的水系向盆地注入，可以使砂体几乎覆盖全凹陷；而最大湖侵期由于湖盆扩张，砂体退缩，烃源岩可以扩及很大范围，构成剖面上生储盖组合（图 1.6）。伴随湖盆振荡变化，这样的组合在垂向上还可以重复多次。同时，多水系形成的砂体横向上岩性变化快，不仅使烃源岩与储集体大面积接触，还因岩性侧向变化极易形成多种类型的岩性圈闭。由图 1.6 可见，在有些时段，烃源岩的扩展范围与砂体向湖盆中心的推进规模均较大，从而使源岩与储集体间互产出，这是岩性地层油气藏形成的基础。

断陷湖盆多物源、短水系、碎屑物质快速入湖，砂体与湖相泥岩接触机会和面积均较大。陡坡有冲积扇直接入湖，形成近岸水下扇等重力流沉积；缓坡带发育河流-三角洲与滨湖砂坝等砂体；湖盆中心又有浊积砂体，这些砂体侧向与烃源岩接触，上下往往被烃源岩包围，构成良好的生储盖配置组合，可形成各类岩性油气藏。凹陷湖盆沉积相带多呈环带状分布，沿湖盆长轴方向往往发育大型曲流河三角洲，短轴方向则形成辫状河三角洲。一系列三角洲前缘砂体呈带状或席状叠置于烃源岩之上或夹于烃源岩系中，可形成连片分布的含油层系。如在松辽盆地上白垩统青山口组发育六大三角洲体系，在

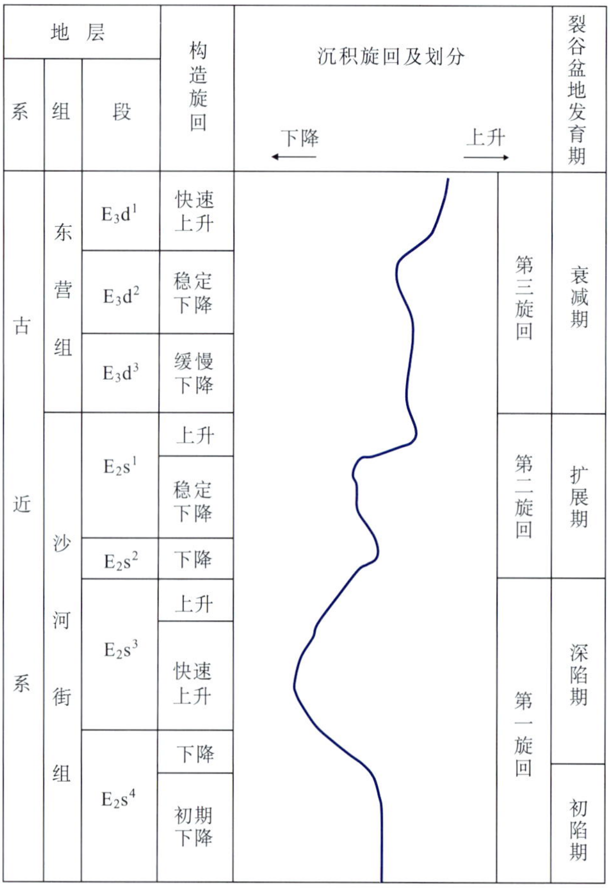

图 1.5 辽河盆地演化的旋回性和阶段性示意图（据翟光明，1993，修改）

$8\times10^4km^2$范围内都有砂体分布，并与烃源岩间互产出。

1.3 富油气凹陷的勘探意义

富油气凹陷资源丰富，油气藏类型多、分布广、层系多。多层系、多种类型的储集体与特定的聚油构造相配合，可形成多种类型油气藏共存的油气聚集区。随着勘探工作的不断深入，逐步认识到富油气凹陷资源丰度高，形成岩性地层油气藏的条件优越，油气分布范围远远超越了正向二级构造带的范围。强调勘探理念的转变，开展富油气凹陷内岩性地层油气藏勘探，可以实现整个凹陷范围内的勘探，使勘探范围不再局限于已有的正向二级构造带，还包括范围更广的包括低位斜坡区和整个洼陷在内的凹陷低部位，勘探对象也由与构造相关的油气藏转向构造、岩性并重，并特别强调岩性地层油气藏的勘探（包括火山岩、古潜山等特种油气藏）。这一认识对拓展勘探范围和勘探对象、推动岩性地层油气藏储量的发现节奏和规模都有积极的作用和实践意义。

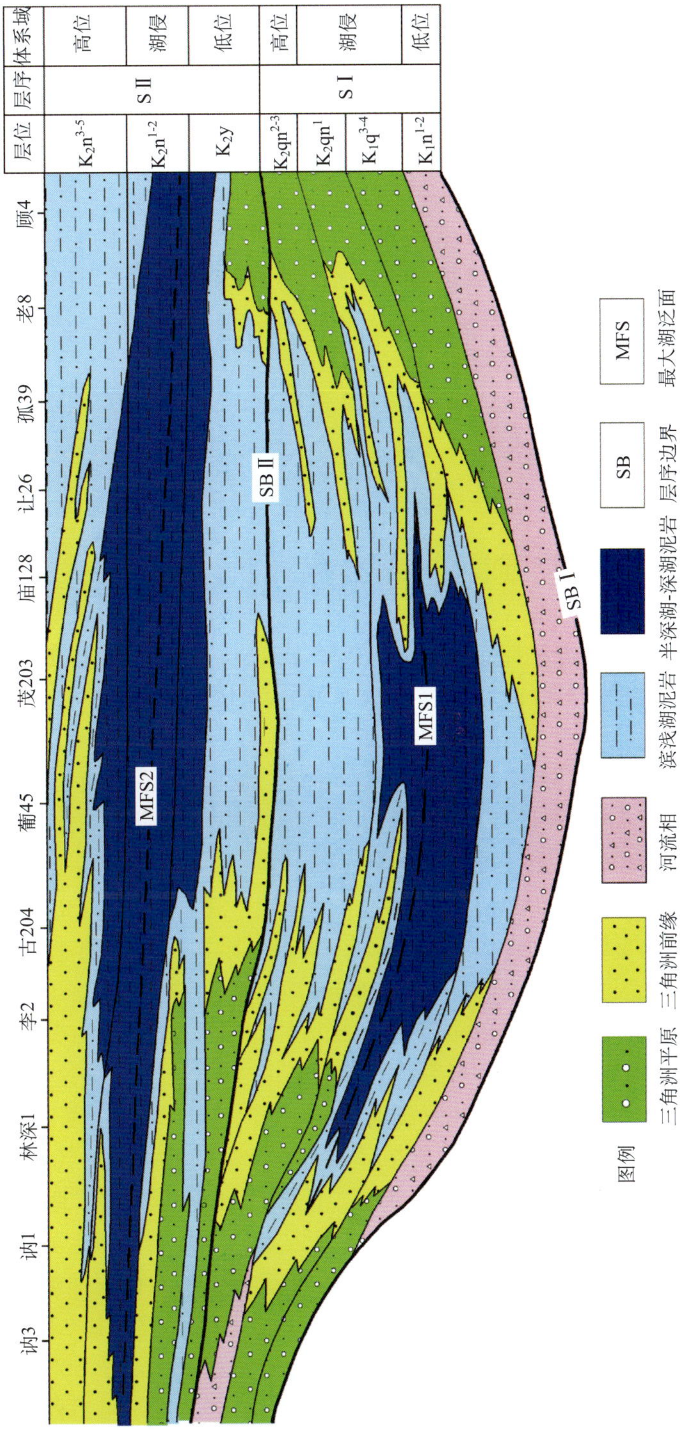

图 1.6　松辽盆地南北向层序地层格架剖面(据赵文智等,2004,修改)

富油气凹陷中的岩性地层油气藏是今后的重点勘探领域（贾承造等，2004），岩性地层油气藏的勘探实践使富油气凹陷勘探面向凹陷带推进。目前，渤海湾盆地勘探已呈现出新的变化趋势：从构造油气藏转向复合油气藏，从传统的正向构造找油逐步扩展到负向构造，且已经有了新的发现，形成了一定储量规模。

作为“富油气凹陷”理论的诞生地，渤海湾盆地是我国未来油气勘探的主要领域之一，尚有待探明储量 62×10^8t（李干生等，2004），仍有较大的储量增长空间，其中 50×10^8t 左右的待探明储量集中分布于辽河盆地西部凹陷等 14 个富油气凹陷中（王玉满，2002；李干生等，2004），从已有的勘探实践来看，富油气凹陷内岩性地层油气藏的储量至少占了 50%。因此，富油气凹陷是渤海湾盆地储量稳定增长的资源基础，而下一步主要的勘探目标应当定位于岩性地层油气藏。含油气盆地评价结果也进一步表明渤海湾盆地岩性地层油气藏所占的剩余资源相当丰富（贾承造，2004）。

富油气凹陷具有重大的勘探意义，不仅在于其资源潜力大，还因其具有岩性地层油气藏形成的优越条件和较低的探明程度，为增储上产提供了丰富的物质基础，是下一步勘探的重要领域和目标。

1.4 辽河油田勘探现状

近几年来，辽河油田虽然每年都能完成储量和产量任务，但是可供开采的优质储量越来越少，油气产量呈现逐年下降的趋势（图 1.7，图 1.8），寻找经济可采储量和保持规模稳产的难度越来越大，资源接替困难的局面日趋明显（图 1.9）。因此，转变勘探思路，以新的勘探理论为指导寻找新的勘探目标，是辽河油田实现可持续发展的必然选择和有效途径。而经过近 50 年的勘探开发之后，辽河油田主力含油气层系已进入高成熟勘探阶段，整装的构造型油气藏很难再有大的发现。

辽河油田已成为我国最大的超稠油和高凝油生产基地（王春鹏等，2002），到 2014 年年底共探明了 39 个油气田，探明含油面积 1097.5km^2，累积探明石油地质储量近 23.8×10^8t，累积探明天然气地质储量 $2140\times10^8m^3$，累计产油近 4.2×10^8t，累积产气近 $810\times10^8m^3$。辽河油田千万吨以上持续稳产已历经 29 年，年产油占整个渤海湾盆地中年产油的 50%左右（图 1.10），最高曾达到 65.5%。

西部凹陷是典型的富油气凹陷，石油资源量为 26.6×10^8t，天然气资源量为 $1.8\times10^{11}m^3$。近 50 年的勘探历程，历经了由古近系砂岩油气藏到基岩潜山油气藏，由背斜、断块等构造油气藏到隐蔽油气藏，由凸起到凹陷，由浅层到深层，由陆地到滩海的多期、多层次、多目标勘探的过程。发现了太古界、元古界、中生界、新生界沙四段、沙三段、沙一段、沙二段及东营组等多套含油气层系，并探明了可观的石油地质储量。西部凹陷已完成二维地震 21136.8km，三维地震 4009.6km^2，钻各类探井 1494 口，总进尺 356.3×10^4m，已探明石油 17.7×10^8t，剩余石油地质资源量 10.9×10^8t。已探明天然气 $1067.28\times10^8m^3$，剩余天然气地质资源量 $775\times10^8m^3$。可见，虽然西部凹陷勘探程度较高，但仍有相当大的勘探潜力。常规的勘探目标已经过几轮翻新，如何在高成熟的勘探老区走出一条新路值得深入思考。

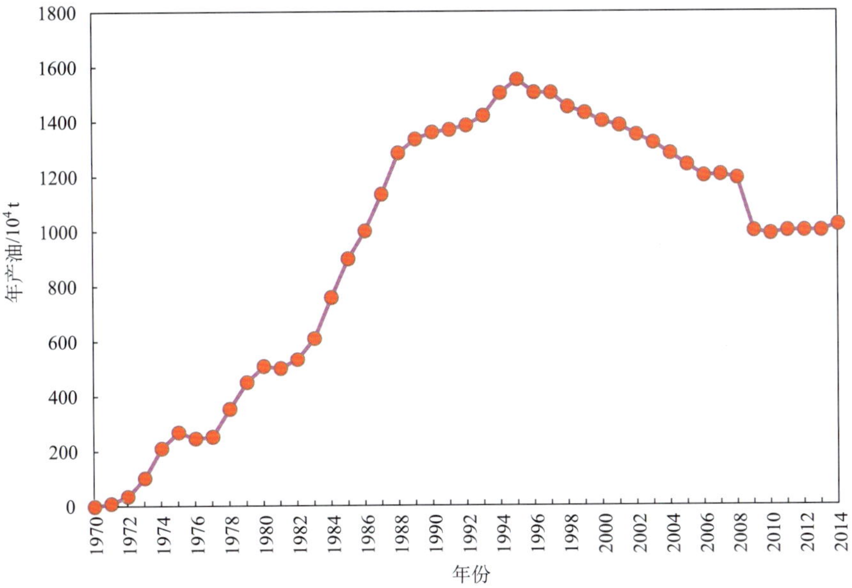

图 1.7　辽河油田原油产量变化趋势图

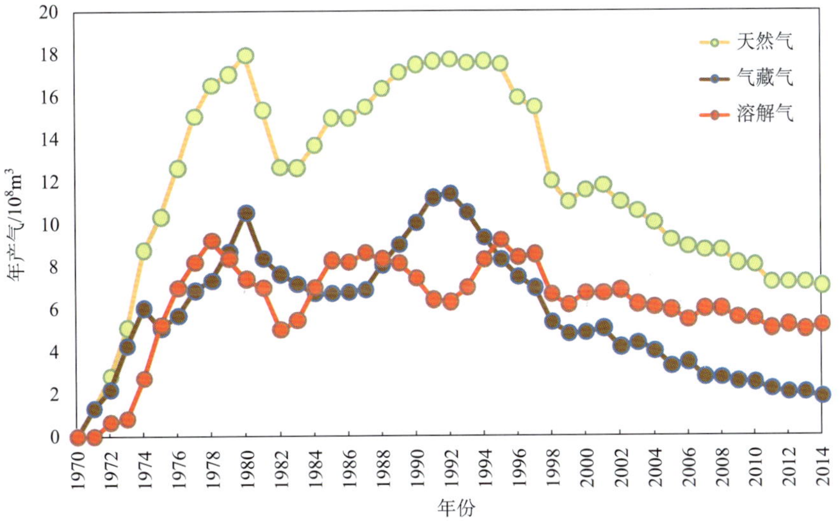

图 1.8　辽河油田天然气产量变化趋势图

目前，东部老油田已进入高成熟勘探阶段，已发现的油气藏多数以构造和构造复合型油气藏为主，但是岩性油气藏的勘探程度相对较低。根据第三轮油气资源评价结果（贾承造，2004），中国石油陆上剩余石油资源中，岩性油气藏约占 42%，勘探潜力巨大。近几年来，随着勘探程度和技术水平的提高，岩性油气藏探明储量所占比重越来越大（图 1.11，图 1.12），现已成为我国陆上油气勘探的重点领域。

分析西部凹陷的勘探历程可知，该凹陷内构造型的目标已基本被勘探完毕，剩余的资源量大多分布于以岩性油气藏为主的复杂目标区。近年来，西部凹陷雷家地区、西斜

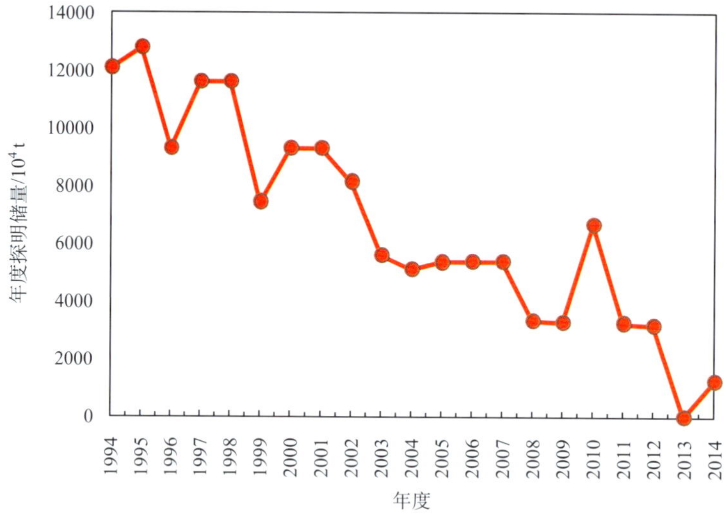

图 1.9　辽河油田近年年度探明储量（上报股份公司）变化趋势图

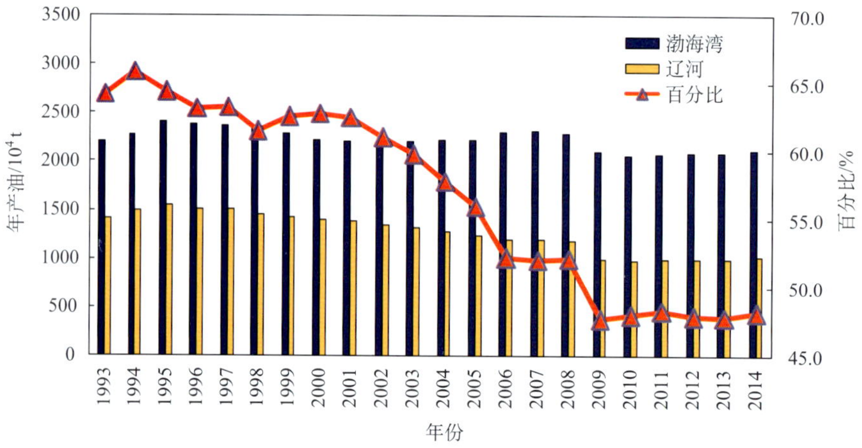

图 1.10　辽河油田年产油与渤海湾盆地中石油年产油对比图

坡及马古潜山、东部凹陷欧利坨子地区、黄沙坨地区、大民屯西坡不断有新的岩性油气藏发现，并且呈现连片的发展趋势，这些成果鲜明地展示辽河盆地内岩性油气藏的勘探潜力。基于岩性油气藏的巨大潜力和探明率较低的现状，以富油气凹陷勘探思想为指导，选择西部凹陷这一典型的富油气凹陷内的岩性油气藏为研究对象，对其成藏条件、成藏特征、分布规律进行系统剖析，对岩性油气藏预探靶区进行综合评价，为辽河油田增储稳产提供具体的勘探目标、理论和技术支持，具有很好的理论意义和现实意义。

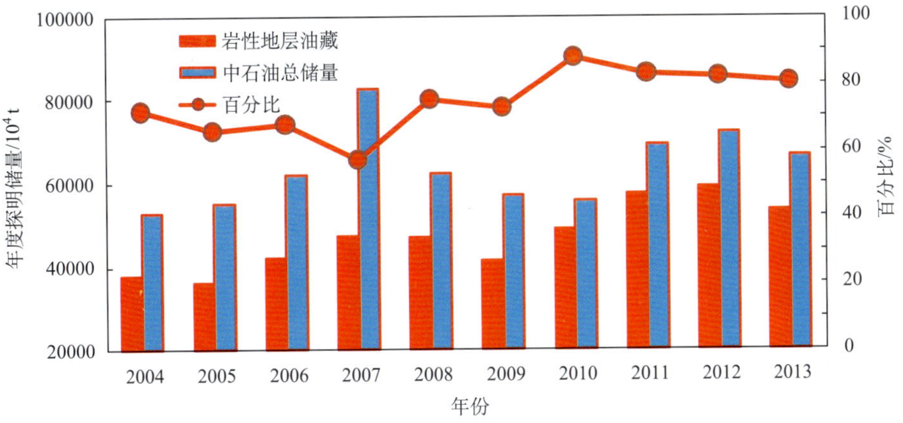

图1.11　中石油2004～2013年石油探明储量直方图

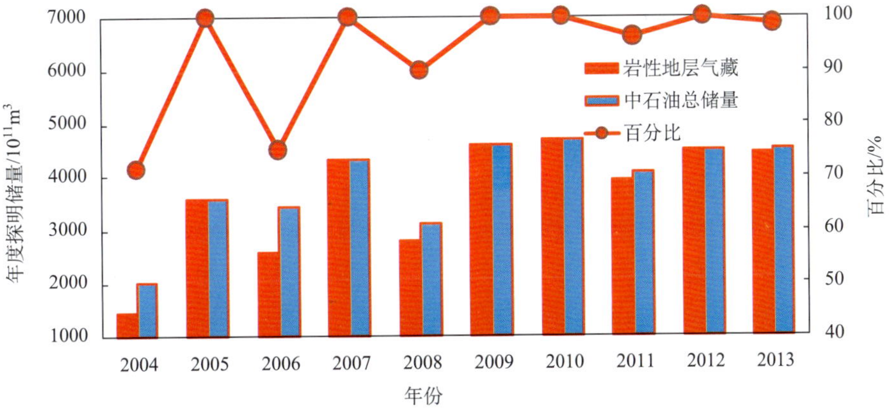

图1.12　中石油2004～2013年天然气探明储量直方图

1.5　相关领域研究进展

1.5.1　陆相层序地层学发展迅速并日渐成熟

我国是陆相地层极为发育的国家，发育各种具有独特地质背景的陆相盆地。我国的油气资源主要赋存于中、新生代陆相盆地中，陆相盆地大约拥有石油资源量的75%和天然气资源量的50%（翟光明等，1996）。有志于发展我国陆相层序地层学的学者克服了种种困难，在我国东、西部许多陆相盆地中卓有成效地开展了层序地层学研究（顾家裕，1995；顾家裕等，1996；纪友亮和张世奇，1996；魏魁生等，1997；吴因业，1997；林畅松等，2000，2003；邓宏文等，2002；吴因业和顾家裕，2002；吴因业等，2005），揭示了我国陆相层序发育的多样性与特殊性：与经典的被动大陆边缘层序模式有较大差异，海相层序地层学的核心思想可以借鉴，但海相层序模式、识别标志与研究方法不能直接套用。他们认为：①陆相湖盆远比海相湖盆浅、小，陆相湖盆的湖岸平原远小于海岸平原，而外围则有一定坡降的多物源、近物源的供应区；②湖盆受气候的影响大，基准面比海相地层复杂，不是水平面，而是高于海面的复杂曲面；③陆相湖盆地层层序形成的动力学机制更强调盆地所处的沉积背景、物源供给、构造条件、气候条件以及沉积基准面变化对层序形成和演化的综合控制作用。

伴随着我国油气勘探的进步，层序地层学技术得到了快速发展并日渐成熟，已成为我国油气勘探的核心技术之一，成为层序地层学发展史上的一大亮点。层序地层学理论和方法在油气勘探过程中得到了广泛应用，例如，济阳拗陷层序地层学研究，指导了陡坡带砂砾岩体地层岩性油气藏聚集带和洼陷内部浊积扇岩性油气藏的成功勘探（邱中建和龚再升，1999；冯有良和李思田，2001；冯有良，2005）。松辽盆地长岭凹陷青山口组层序地层学研究，指导了大情子井地区岩性油气藏聚集区的发现；准噶尔盆地侏罗系层序地层学研究，使该盆地腹部岩性油气藏探明储量快速增长；鄂尔多斯盆地三角洲砂体分布规律和成藏条件研究，指导了安塞、靖安等大油田的发现（邱中建和龚再升，1999）。

1.5.2 岩性油气藏研究取得长足进展

随着世界石油勘探技术的发展，产生了隐蔽油气藏、非构造油气藏、岩性油气藏等概念，但这些概念的内涵和外延差别较大。最早的“隐蔽油气藏（subtle trap）”概念由 Carll 于 1880 年提出；1934 年 Wilson 提出“非构造圈闭（nonstructural trap）”是由于岩层孔隙度发生变化而封闭的储集层；“岩性地层圈闭（stratigraphic trap）”于 1936 年由 Lavorsen 提出，并认为隐蔽圈闭（subtle trap）是构造、地层、水动力等多要素作用下形成的复合圈闭；Halbouty（1972）则将地层圈闭、不整合圈闭、古地形圈闭等统称为隐蔽圈闭。我国学者从 20 世纪 70 年代末开始进行有关隐蔽油气藏的研究，提出了隐蔽圈闭、隐蔽油气藏、非构造油气藏等概念，并研究了其形成条件和勘探前景。1983 年，第一届全国隐蔽油气藏学术研讨会召开，并出版了论文集《中国隐蔽油气藏勘探论文集》；戴金星（1983）讨论过向斜中的油气藏形成条件，并指出其勘探意义；1986 年，胡见义等首次主编出版了我国第一部非构造油气藏方面的讲义《非构造油气藏》；1996 年，全国第二届隐蔽油气藏学术研讨会召开，由潘元林主编出版了《中国隐蔽油气藏》；许怀大教授于 1997 年探讨了非构造油气藏勘探的新思路；2003 年，召开了第三届隐蔽油气藏国际学术研讨会，出版了《隐蔽油气藏形成与勘探》论文集。

国内诸多学者对岩性油气藏做过深入的研究和探讨，提出了丰富多彩的岩性油气藏成藏、富集理论，丰富了我国油气勘探理论并有效地指导了勘探实践。

牛嘉玉等（2003）① 系统地探讨了以松辽盆地为例的拗陷湖盆和以渤海湾盆地为例的断陷湖盆典型隐蔽油气藏（主要包括砂岩岩性圈闭油气藏、潜山内幕油气藏和火山岩岩性油气藏等）的形成与展布规律。针对陆相湖盆的地质特征，提出了“沟坡富砂”、

① 牛嘉玉，等．2003．松辽盆地及渤海湾盆地北部复杂隐蔽油气藏地质评价和关键技术研究．中国石油勘探开发研究院（内部报告）．

“多因素配置富油”等岩性油气藏形成与富集高产的观点。

李丕龙等（李丕龙，2004；李丕龙和庞雄奇，2004；李丕龙等，2004）在对渤海湾盆地济阳拗陷做了大量工作后，提出了断陷盆地隐蔽油气藏形成机制的系统理论，从断陷盆地隐蔽油气藏勘探实际出发，以隐蔽油气藏形成的主控因素为主线，系统分析了以断裂为主要表现形式的构造运动对沉积（储层）的控制作用，建立了断陷盆地“断坡控砂”模式；研究了断陷盆地输导体系类型及构成要素，提出了“网毯式”、“T 型”、“阶梯型”和“裂隙型”输导体系及其空间构成的复式输导关系；系统分析了“相”、“势”在油气成藏中的作用及耦合关系，提出了“相势控藏”的新认识。

贾承造等（2005）提出“三面”、“两带”控制着陆相断陷盆地隐蔽油气藏的形成和富集的认识。“三面”控藏是指岩性油气藏主要受最大湖泛面、不整合面和断层面等的控制。最大湖泛面作为层序中湖侵体系域与高位体系域的分界面，其下为凝缩层，既是优质烃源岩，又是良好的盖层，上下易形成自生自储式岩性油气藏。不整合面往往造成不同层系的接触与连通，成为油气横向运移的主要输导层，在不整合面上下可形成一系列不整合遮挡圈闭或地层超覆圈闭。断层面，特别是同沉积断层，不但控制着沉积砂体的展布，而且作为重要的油气运移通道，易于形成砂岩上倾尖灭油气藏。“两带”富集是指坡折带和有利的沉积相带控制油气富集。坡折带控制了砂体的加厚带，坡折带的下方是低位体系域储层和地层超覆发育的地区，又往往被首次湖泛面形成的泥岩覆盖，因此与构造线走向近于平行且同倾向的坡折带是不同类型隐蔽圈闭发育的地区。有利的沉积相带指储层条件好、砂地比适中的地区，往往易于形成岩性地层类油气藏，如济阳拗陷和二连盆地，岩性油气藏明显富集在湖底扇砂体、三角洲和扇三角洲前缘砂体、近岸水下扇砂体等储集体内。

近十多年来，国内陆上油气勘探无论是在东部高成熟探区还是在中西部低程度探区，在岩性油气藏勘探上都取得了重大突破，岩性油气藏发现的比例逐年增加，陆续发现了一批大中型岩性油气藏，成功实现了油气勘探从以构造油气藏勘探为主到岩性油气

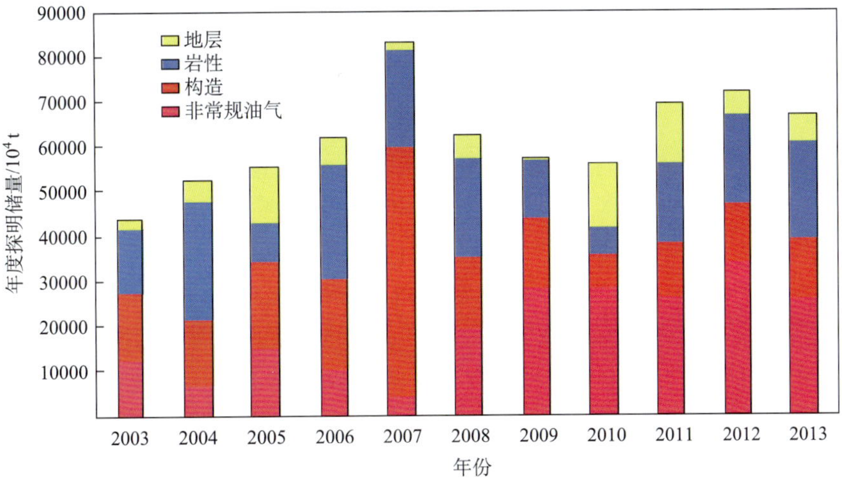

图 1.13　中石油近年四大勘探领域新增石油探明储量构成图

藏与构造油气藏勘探并重的历史转变，部分盆地岩性油气藏已成为近年储量增长的主体（邹才能等，2004）。近年来中石油四大勘探领域石油探明储量统计显示（图 1.13），岩性油气藏勘探已成为最现实、最有潜力的新领域，预计在今后相当长一个时期内，岩性油气藏仍将是我国陆上最主要的油气勘探对象（贾承造等，2004，2005）。

1.6　工区研究现状及存在问题

回顾辽河油田的勘探开发历程，可以看出每个阶段指导勘探的理论和所采用的勘探技术是不断进步的（图 1.14）：创业初期、预探选区阶段，在“源控论”的指导下，以“定凹选带”为勘探思路，寻找“凹中隆”；快速发展、目标详探阶段，在复式油气聚集带理论指导下，按照区带整体解剖和滚动勘探的思路，以各类正向二级构造带为主要勘探对象；稳定发展、精细勘探阶段，注重加强老区精细勘探，逐步向岩性油气藏、复杂断裂构造带和滩海延伸，勘探对象开始由明显的正向构造带向洼陷带和低位斜坡区逐渐扩展。

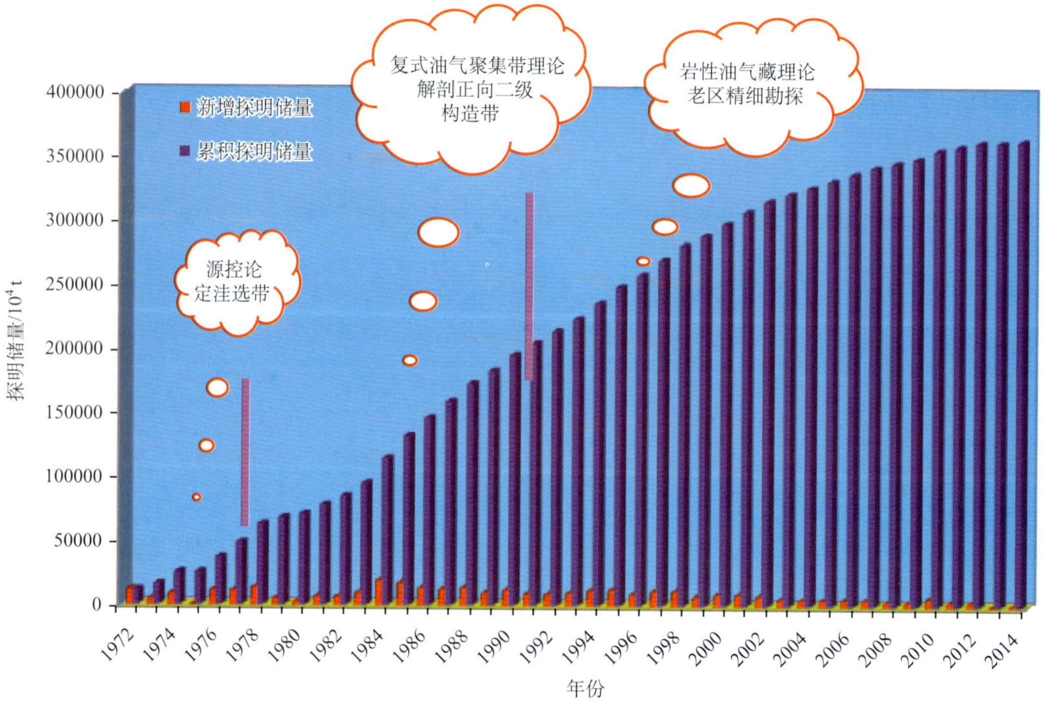

图 1.14　辽河油田发展历程示意图

近 50 年来开展了大量的专题性研究，研究内容丰富多彩，具代表性的有如下几个方面。

（1）在盆地构造方面：陈义贤（1982）探讨了辽河裂谷形成的机理。姚继峰和廖兴明（1995）总结出辽河盆地内 5 大类、12 亚类构造样式。陈振岩等（2002）总结了断裂对油气的影响，认为主干断裂控制油气富集，次级断裂对油气的侧向封堵及油气的再分配有重要的作用，断层的开启性又导致不同区块油气贫富不一致。

（2）在地层、沉积体系方面：李传干（1979）以沉积旋回、岩性、古生物等为依据对西部凹陷新生代地层进行了划分和对比，为西部凹陷地层统层奠定了基础。金万连（1982）研究辽河盆地西部凹陷沙河街组的沉积发育史，认为裂谷盆地演化的旋回性控制了储层的发育演化。李应暹（1986）对西部凹陷的浊积岩进行了较为系统的研究，认为浊积岩（湖底扇）的形成与沙三时期裂谷盆地演化的裂陷阶段密切相关。陆尧华和邱莎（1993）建立了冷东地区沙三段重力流沉积模式。董春梅等（1996）以西部凹陷高升油田高二、三区莲花油层为例，建立了断陷湖盆深水环境中重力流辫状河道沉积模式，阐明了砂砾岩体在空间上的分布规模及演化特征。鞠俊成（2001）分析了西部凹陷南部沙三段储层的沉积特征及含油气性，认为沙三段湖底扇砂体在区内分布广泛，处于成熟生油岩的包围之中，位于油气运移的有利方向上，成藏条件优越，勘探前景广阔。

（3）在层序地层学方面：郭建华（1998）根据湖平面升降旋回对储集层分布的控制作用，对欢喜岭油田欢 50 断块杜家台油层的储层对比进行了研究，为该断块的开发调整提供了可靠的依据，取得了显著的效果。孙素青（2001）以层序地层学为手段，将古近系沙河街组划分为三个层序七个体系域，并以体系域为单元描述了西八千扇体的沉积体系类型、沉积作用特点、空间分布及其演化。李文权等（2004）对西部凹陷曙光油田北部地区古近系进行了层序地层学研究，划分了四个层序和 14 个体系域，建立了断陷湖盆缓坡层序地层模式。

（4）在油气生成方面：牛嘉玉等（1990）探讨了西部凹陷稠油的聚集条件和原有稠变特征，认为稠油的形成、分布与规模主要取决于后期的构造运动特征。耿安松和熊永强（1999）采用色谱-同位素比值质谱技术，测定了西部凹陷不同生物降解程度的原油中单体化合物碳同位素组成，依据综合地球化学指标推测出西部凹陷烃源岩的沉积环境为具有分层结构的湖泊。朱芳冰（2000）从地质和地球化学资料入手，分析了西部凹陷有机质的热演化特征，划分出未成熟、低成熟、成熟、高成熟-过成熟四个演化阶段，确定生烃门限为 2650m，并研究了西部凹陷烃源岩生烃史。

（5）在油气成藏方面：杨少华（1978）对沙河街组的生油岩问题作了探讨。李琳等（李琳和冯敬，1999；李琳等，1999）对西部凹陷深层石油地质特征进行了综合研究，认为深层烃源岩处于成熟阶段，生排烃时窗长，油源充足，深层储层以沙二段扇三角洲前缘砂体和沙三段湖底扇为主，并对清 22 深层圈闭进行了综合评价。侯彦东（2001）对陈家洼陷沙三段油气藏成藏条件进行了剖析，认为沉积洼陷油气成藏条件十分优越，构造和浊积砂体的空间配置关系是该区油气成藏的决定性因素，即断裂活动控制着圈闭，沉积相带控制着储层的发育及分布，有利的构造岩相带是控制油气富集的关键。陈振岩和苏晓捷（2003）研究了西部凹陷油气运聚系统的特征，提出了船舱式流体封存系统的概念，认为西部凹陷存在上、中、下三层各自独立的层状流体封存系统，指出西部凹陷应加强中舱岩性油气藏的勘探力度。单俊峰等（2004）通过对西部凹陷斜坡古潜山油气成藏条件的分析认为，该区石油地质条件有利于古潜山油气藏的形成，在上覆沙河街组勘探程度较高的情况下，下伏古潜山油气藏是下步有利勘探方向之一。

(6) 在岩性油气藏勘探方面：喻国凡等（2002）对西部凹陷南部地区沙三段储层的沉积特征进行了研究，认为该地区在沙三沉积时期断陷活动强烈，发育了巨厚的深水泥岩和多期次缓坡型湖底扇，为岩性油气藏的形成提供了丰富的油气源条件和储集条件。张金亮等（2004）根据地球化学、化石组合等资料，对西部凹陷沙三时期的沉积环境进行了分析，进一步研究了该时期沉积相的特征及演化特点，指出扇三角洲砂体因临近生油洼陷，与烃源岩直接接触，有利于油气的优先富集，可形成一系列的岩性油气藏，是西部凹陷优化勘探时的有利区带之一。李宏伟等（2003）对西部凹陷北部地区的隐蔽油气藏作出预测，认为油气并不是在构造最高部位聚集，而是受控于储集砂体的分布。

可以看出，针对西部凹陷的研究工作开展了很多，内容涉及地层、沉积体系、沉积相、构造、成烃、成藏以及具体的勘探目标的剖析等，但是也暴露出了如下问题：①研究成果缺乏系统性。往往仅涉及某一个方面，缺乏系统的研究成藏、分布规律及勘探目标预测类成果。②研究成果的目标具有局限性。多是针对某一区块或某一层位开展研究，以南段、北段这样的大范围工区为研究对象的工作未见开展，缺乏对西部凹陷整体的认识，这不利于深化勘探。③对层序地层学的研究程度低。研究过程中基本沿用老的地层对比方法，层序地层学应用程度明显偏低，为数不多的层序地层学研究成果也仅仅停留在简单的层序划分阶段，未能与岩性油气藏的预测研究结合起来。④岩性油气藏的研究程度偏低。研究成果多集中于已发现油藏的特征的总结上，而这些油藏多为构造型或构造岩性型油气藏，除陈家洼陷和部分潜山已开展了较为系统的研究外，对真正意义上的砂岩岩性油气藏的研究很少，尤其是针对这类油气藏的预测研究则更为稀少。

1.7 富油气凹陷进源勘探概念

辽河油田已有近50年的勘探开发历程，从勘探程度来看，三大凹陷内的二级构造带均已进入精细勘探阶段，勘探程度高，构造型油气藏基本勘探完毕。在现阶段，开展精细勘探，应以层序地层学理论为指导，以岩性地层油气藏为主要勘探目标，才能不断地取得新发现，才能满足辽河油田原油千万吨规模持续稳产的物质基础需求。因此，基于辽河油田的地质特点、勘探现状和现阶段勘探形势，提出“富油气凹陷进源勘探”的概念及相应的技术体系，以期对富油气凹陷岩性地层油气藏勘探进程有所推动。

富油气凹陷进源勘探是指针对发育于深层的优质烃源岩层系内部及与其密切相关的处于含油气系统中的各类有利目标所开展的勘探研究。优质烃源岩处于该思想的核心地位，可以简单概括为广义的“源内勘探”模式（图1.15）。

富油气凹陷进源勘探概念的内涵包括三个方面：①有效烃源岩内有利目标勘探。有利储集体与烃源岩属于同一套层系，时代相同，生储盖组合模式以自生自储式为主，如西部凹陷沙三段发育的大凌河油层、莲花油层（图1.16），烃源岩为沙三中段质纯泥岩，储集岩为沙三中段巨厚块状的砂砾岩，主要依靠岩性圈闭或断块圈闭形成油气富集，一般在大套砂砾岩的顶部形成油气富集（俗称油帽子和气帽子），向构造低部位和砂砾岩体下部则变为边水和底水。再如高升地区（位于陈家洼陷和牛心坨洼陷内）的致密油（图1.17），烃源岩和储集岩均为沙四段的泥质云岩，该套泥质云岩TOC高达

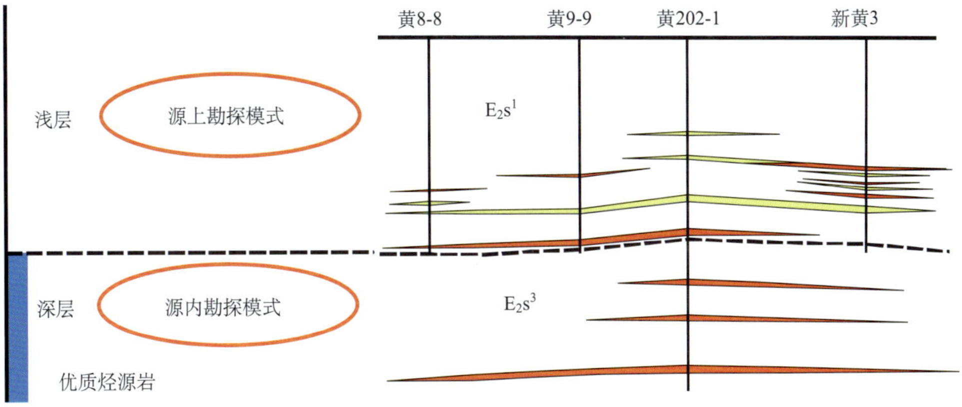

图 1.15　进源勘探（源内勘探）模式图

4.42%，累积生烃量 29.92kg 烃/t 岩（图 1.18），表现出源储一体特征。②烃源灶范围内有利目标勘探。处于烃源灶空间范围内的各种有利储集体，如图 1.19 所示黄 66-1 井所钻遇的多个砂岩岩性体含油，生储盖组合模式包括自生自储、上生下储、下生上储等类型。③位于烃源灶周边通过多种有效运移途径与源岩密切相关的有利目标勘探。该类有利目标的位置处于烃源灶周边，油气通过多种有效运移通道聚集于此，生储盖组合模式包括下生上储、侧生侧储等类型（图 1.20，图 1.21）。

西部凹陷的优质烃源岩主要指沙三段和沙四段的暗色泥岩，辽河盆地深层区内发育多个生烃洼陷，烃源岩在平面上分布广泛，纵向上沉积厚度大，形成于盆地深裂陷时期，而当时适宜的水体条件、温暖潮湿的气候条件和以还原为主的埋藏条件，决定了深层烃源岩有机质丰度高、母质类型较好（表 1.3，表 1.4）。古近纪强烈的岩浆活动形成了有利的地热场条件，为烃源岩热演化提供了优越的地热条件，各层系烃源岩均达到了成熟—高成熟阶段，为深层油气藏的形成奠定了雄厚的物质基础（图 1.22），资源量丰度平均为 82.03×10^4t/km^2，凹陷区最高可达 220×10^4t/km^2。

辽河盆地已探明油气储量在不同深度段的分布极不均衡，探明储量集中分布于 2500m 以上的中浅层，占总探明储量的 71%，2500～3500m 深度段探明储量占近 27.7%，而 3500m 以下的源内探明储量最低，仅占总探明储量的 1.3%（表 1.5）。在平面上反映出生油洼陷区探明储量分布几乎是空白，资源评价表明，辽河盆地源内最终可探明的储量十分可观，辽河盆地深层具有较好的勘探潜力，而深层主要为烃源灶发育区。

表 1.3　辽河盆地西部凹陷烃源岩地球化学综合特征数据表

层位	TOC/%	“A”/%	HC/10^{-6}	S_1+S_2/(mg/g)	S^{2-}/%	H/C	O/C	厚度/m	有效勘探面积/km^2	主要类型	综合评价
E_2s^3	1.56	0.176	1176.9	3.59	0.68	0.84	0.08	400～1500	1700	Ⅱ$_A$	最好烃源岩
E_2s^4	1.19	0.078	482.9	1.24	0.49	0.87	0.11	200～400	1100	Ⅱ$_B$	中-好烃源岩

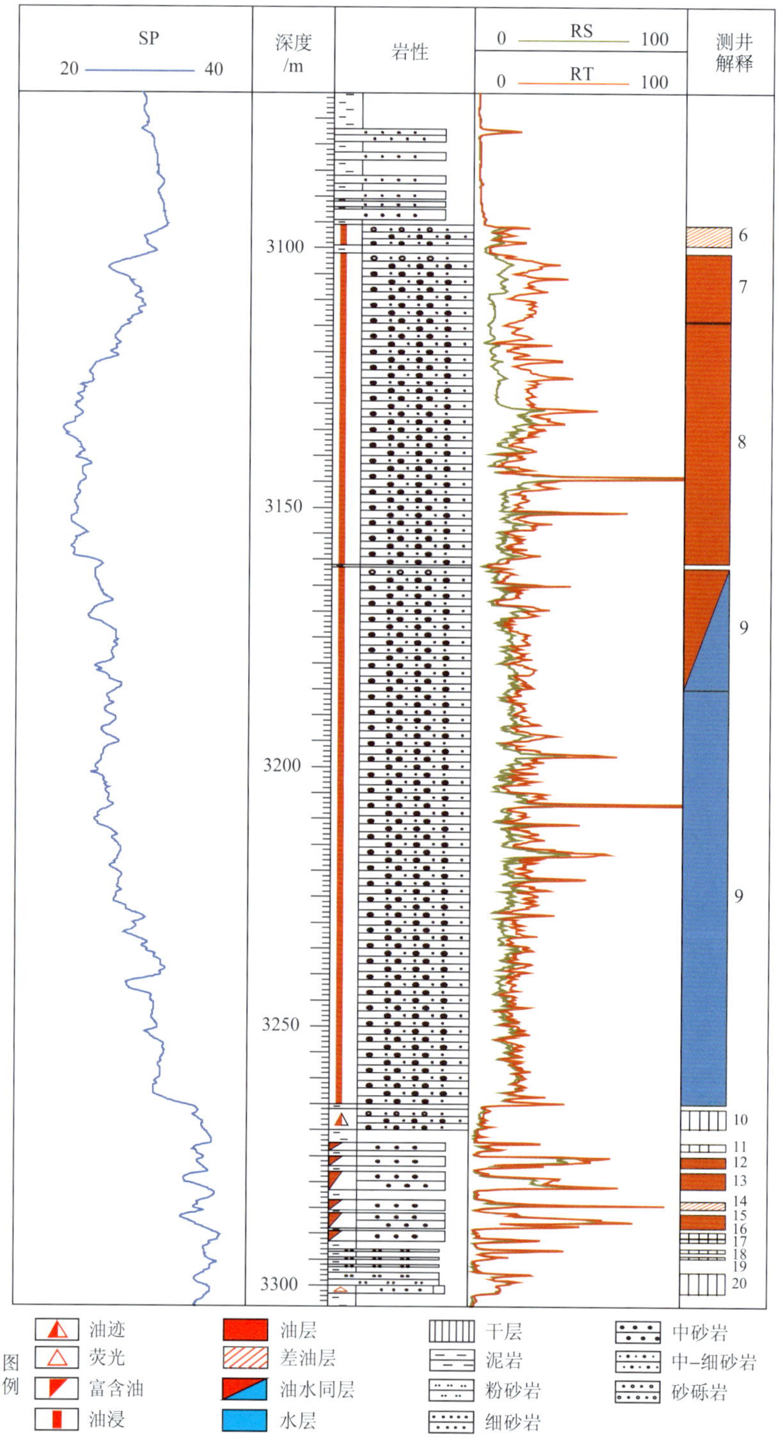

图 1.16　西部凹陷莲花油层自生自储典型实例（齐 12-015 井）

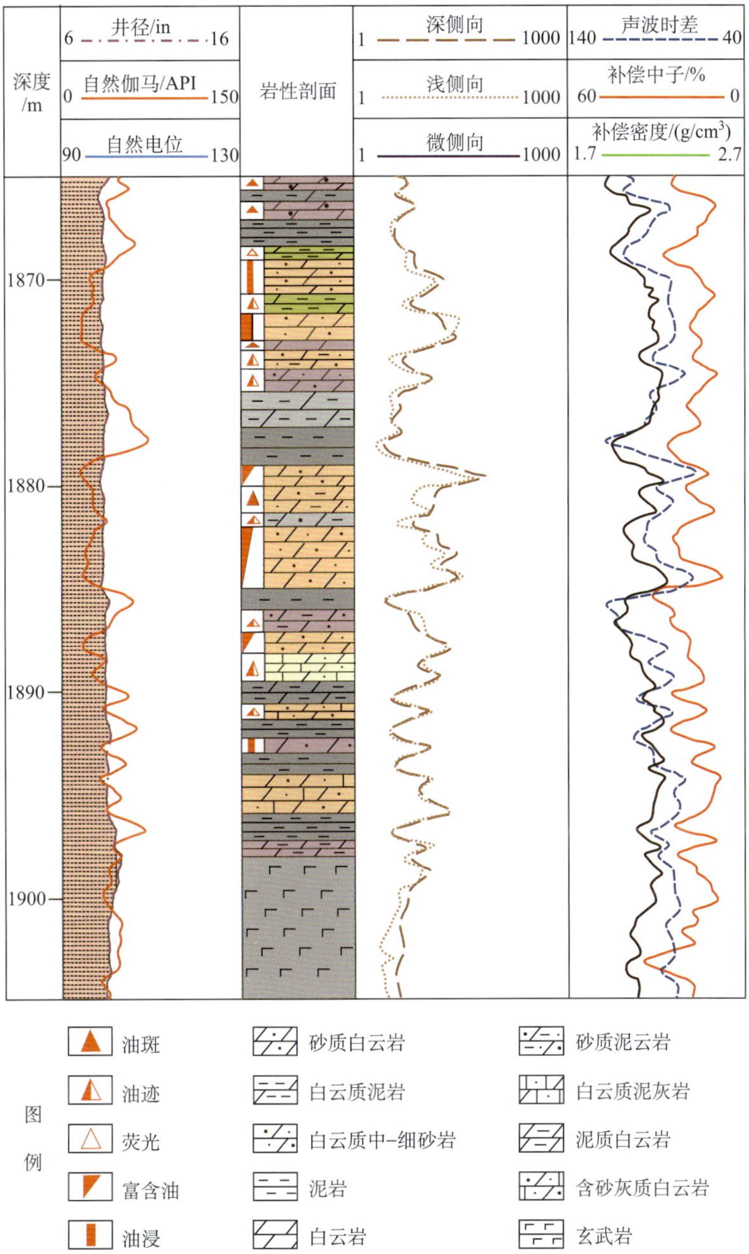

图 1.17　有效烃源岩内有利目标勘探实例（高 25-21 井沙四段致密油）

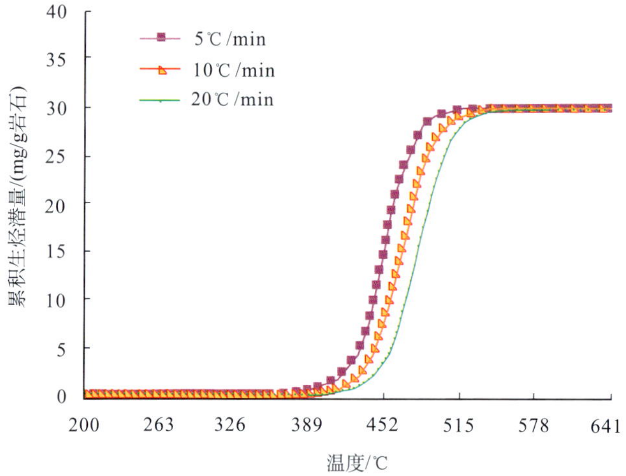

图 1.18　沙四段泥质云岩累积生烃量热模拟结果

表 1.4　辽河盆地西部凹陷生烃洼陷生烃强度数据表

生烃强度	层位	鸳鸯沟	清水	盘山	陈家	牛心坨
最大生油强度/(10^4t/km^2)	E_2s^3	1200	8400	600	1200	300
	E_2s^4	0	1200	600	1050	1350
最大生气强度/(10^6m^3/km^2)	E_2s^3	12000	52000	2000	2000	2000
	E_2s^4	300	7800	300	300	300

表 1.5　辽河油田已探明储量埋深分布　　（单位：%）

浅层	中深层	深层	超深层
71	27.7	1.3	0

辽河裂谷盆地的演化过程为岩性油气藏的形成提供了得天独厚的条件。构造活动的旋回性导致不同时期的沉积环境具有较大的差异性，从始新世早期到渐新世末期，处于裂陷阶段，先后经历了初陷、深陷、扩展、衰减四个发育期，从而在垂向上形成了从水进序列开始到水退序列结束的三个构造-沉积旋回。裂谷演化的旋回性导致沉积环境的多次变迁，因而形成了沙四时期以冲积扇-扇三角洲为代表、沙三时期以湖底扇为代表、沙二—沙一时期以典型扇三角洲为代表、东营时期以泛滥平原为代表的、各具特色的沉积体系。辽河断陷盆地小凹陷、分割性强、多物源、短轴物源、快速沉积的特点造就了多类型的沉积体系。在各类沉积体系发育过程中，不仅缺乏广阔的空间还缺乏充分的分异时间（尤其是陡坡带），以致有成因联系的冲积扇、扇三角洲、水下扇在横向上压缩很紧，甚至连为一体，深入生烃洼陷中央，形成砂岩透镜体，夹于烃源岩中。这些砂体与烃源岩接触，上下往往被烃源岩包围，构成了良好的生、储、盖组合，又处于非常有利的油气运移部位，同浅层相比具有近水楼台的优势，所以成藏机会更高，可形成多种类型的油气藏（表 1.6）。

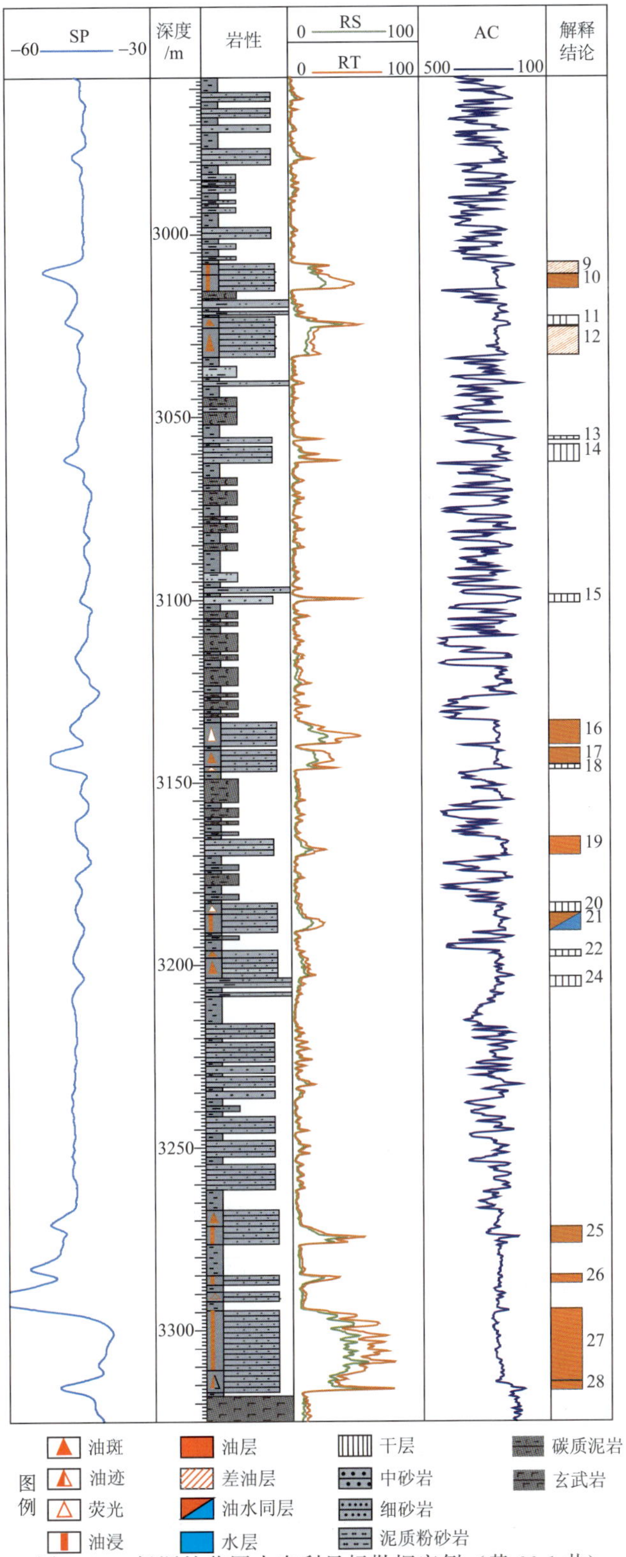

图 1.19　烃源灶范围内有利目标勘探实例（黄 66-1 井）

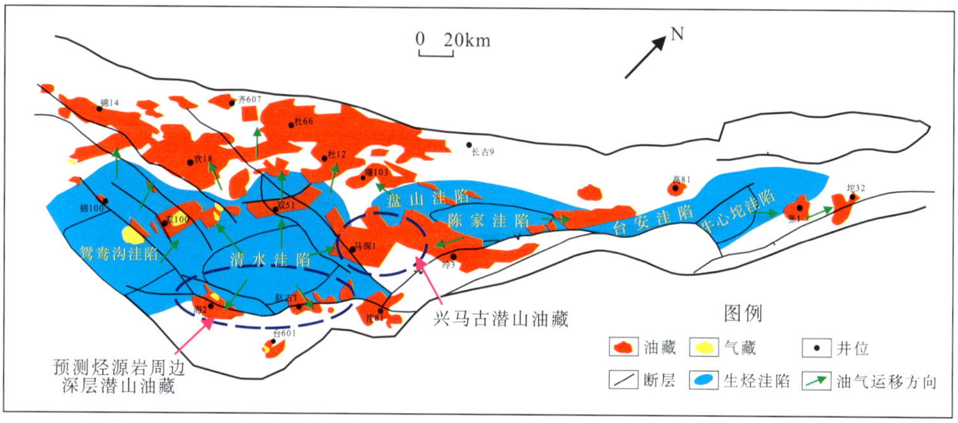

图 1.20　烃源灶周边与源岩密切相关的有利目标勘探

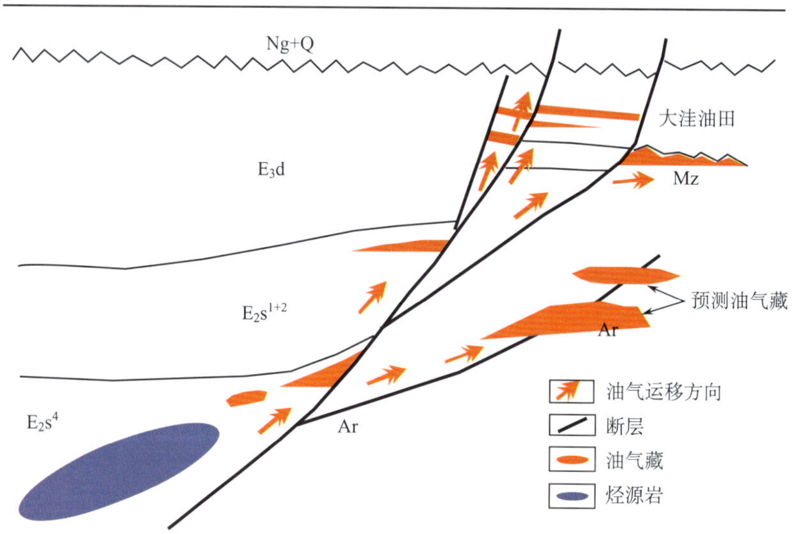

图 1.21　烃源灶周边优势疏导而形成的有利勘探目标

表 1.6　辽河盆地深层有利勘探目标特征

目标区	主力烃源岩层位	生储盖组合方式	有利储集体	主要油气藏类型
清水洼陷	E_2s^3、E_2s^4	自生自储	扇三角洲前缘、湖底扇砂体、潜山	岩性油气藏、潜山油气藏
陈家洼陷	E_2s^3	自生自储、上生下储、下生上储	滑塌浊积扇砂体、潜山	岩性油气藏、潜山油气藏
牛心坨洼陷	E_2s^4	下生上储、上生下储	扇三角洲前缘砂体、中生界火山岩	岩性油气藏、火山岩油气藏
荣胜堡洼陷	E_2s^3、E_2s^4	自生自储、上生下储、下生上储	扇三角洲砂体、潜山	构造-岩性油气藏、潜山油气藏
长滩洼陷	E_2s^3	自生自储、上生下储、侧生侧储	扇三角洲砂体、冲积扇砂体、潜山	构造、岩性、潜山油气藏

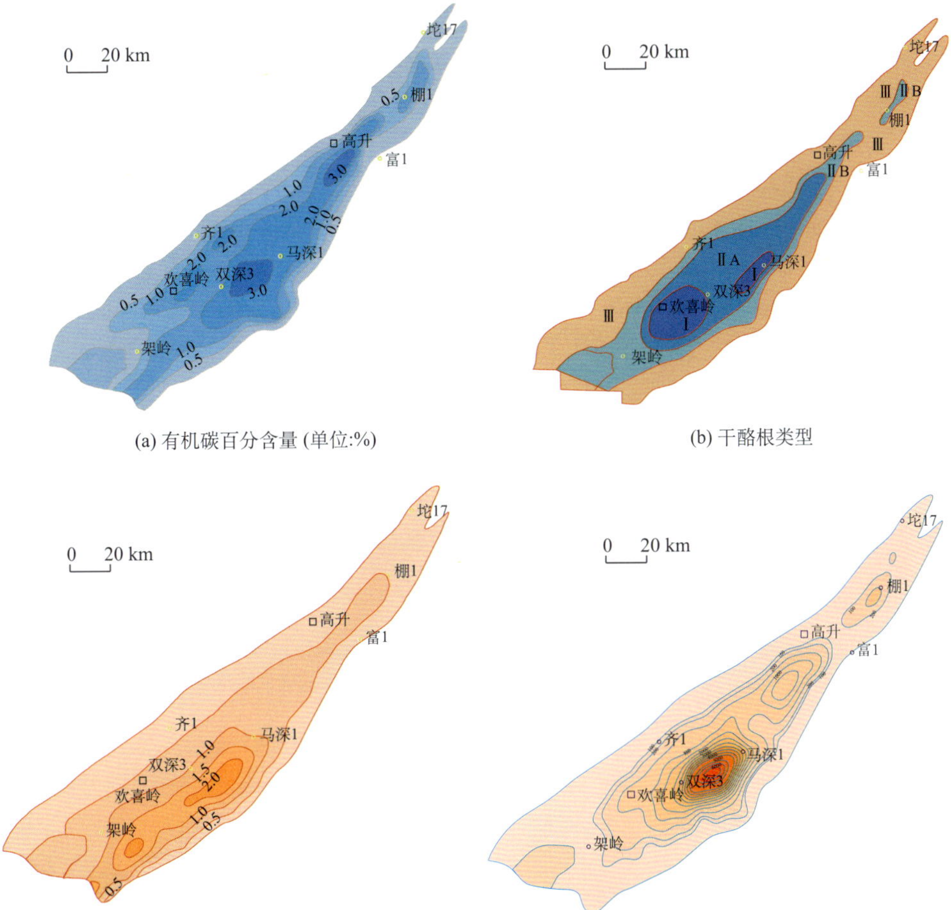

(a) 有机碳百分含量 (单位:%)　　(b) 干酪根类型

(c) 有机质成熟度 (单位:%)　　(d) 生烃强度 (单位:10^4 t/km^2)

图 1.22　辽河盆地西部凹陷沙三段烃源岩参数特征图

1.8　技术体系构成与研究内容

在靠近生烃洼陷斜坡区和洼陷带内均具备发育岩性油气藏的条件，因此，摆脱传统的正向构造带勘探模式，转向洼陷带内及其周边斜坡低部位范围内的岩性油气藏为主要目标的勘探模式，即围绕生烃洼陷开展岩性油气藏进源勘探。需要指出的是，由于深层源内油气成藏的复杂性，采用的研究手段有别于浅层构造油气藏，应用层序地层学和储层预测技术可以在层序格架内刻画出岩性油气藏成藏的控制因素，从而可靠地指导深层源内油气藏勘探。其技术体系包括：建立层序地层格架→层序格架内沉积体系与沉积相精细研究→开展层序格架内储层综合评价研究（包括储层分布、成岩作用演化、次生孔隙异常带、有利储层预测等内容）→系统的岩性油气藏成藏条件研究（包括烃源岩条件、储盖条件、生储盖配置、输导体系和输导模式、油气运移特点及成藏史等内容）→确定可能的岩性油气藏类型、展布特征→岩性油气藏目标评价。上述六个步骤构成了以层序地层学技术、三维地震解释技术、储层反演技术、储层综合评价技术、油气成藏条件综合评价和岩性圈闭综合评价技术等为主体的岩性油气藏预测与评价技术方法体系（图 1.23）。

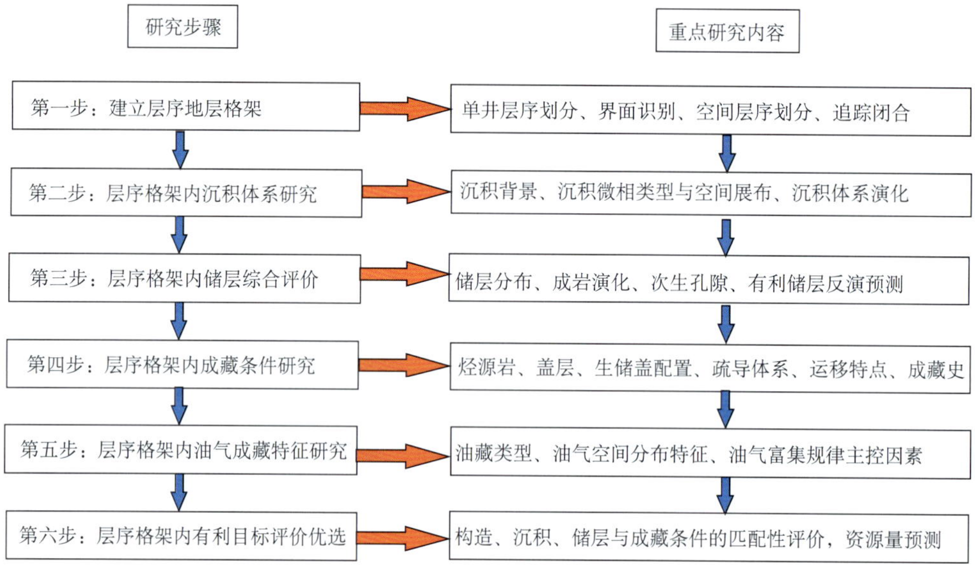

图 1.23　进源勘探技术体系及研究内容构成

根据西部凹陷岩性油气藏勘探现状，在区域地质背景和研究条件充分调研的基础上，选择勘探潜力较大的南段作为研究目标区，沙河街组为研究目的层，选择鸳鸯沟西坡 180km^2（老区内部）和清水洼陷 320km^2（空白区）两块三维工区为精细解剖区。选择这两块工区的依据如下：①鸳鸯沟地区是典型的老开发区，靠近鸳鸯沟洼陷，在工区内存在两个井位空白区 A 和 B（图 1.24），从地震剖面上看均处于断裂坡折带下降盘，很可能发育岩性油气藏，同时两井位空白区周边均为含油气断块，如锦 306、锦 307、锦 100、锦 131 等井产能都较高，本书选择其作为解剖区的目的就是针对岩性油气藏开展精细勘探，以揭示高勘探程度老区的潜力。②清水工区横跨清水洼陷（图 1.25），从图中井位分布可以看出，洼陷带是勘探盲区，而按照岩性油气藏勘探理论，富油气凹陷向斜区具备发育岩性油气藏的条件，因此认为该区适合开展新区勘探，如能取得突破，其勘探意义是很大的。基于如上考虑，本书提出“进源勘探”的思想：由于生烃洼陷的缓坡和陡坡均为油气运移的优势指向，加之发育类型丰富的砂体和输导体系，在靠近生烃洼陷斜坡区（本书所选择的鸳鸯沟工区）和洼陷带内（本书所选择的清水工区）均具备发育岩性油气藏的条件，因此，摆脱传统的正向构造带勘探模式，转向洼陷带内及其周边斜坡低部位范围内的以岩性油气藏为主要目标的勘探模式，即围绕生烃洼陷开展岩性油气藏勘探，模式具体构成见图 1.25。

研究过程中，首先建立西部凹陷南段沙河街组三级层序地层格架，重点对两个解剖区进行层序地层分析和沉积相研究，结合储层反演研究、石油地质条件分析和储层综合评价研究，预测有利的岩性圈闭分布区，确定具体的岩性圈闭目标。最终建立以层序地

图版Ⅳ.1 齐 2-9-11，2506m，E_2s^4，单×50，长石内溶孔

图版Ⅳ.2 杜 139，3107.4m，E_2s^4，单×50，粒间孔

图版Ⅳ.3 齐 2-11-10，2389m，E_2s^4，单×100，铸模孔

图版Ⅳ.4 齐 2-11-10，2389m，E_2s^4，正×1890，碳酸盐胶结物溶孔

图版Ⅳ.5 杜 300，3276.6m，E_2s^4，单×50，杂基内溶孔

图版Ⅳ.6 齐 2-19-6，2720.8m，E_2s^3，单×50，杂基溶孔，充填沥青

图版Ⅴ.1　齐 2-15-6，2275.5m，E_2s^3，单×50，化石溶孔

图版Ⅴ.2　齐 2-4-417，1887.8-1892m，E_2s^2，单×1890，长石溶孔和岩屑溶孔

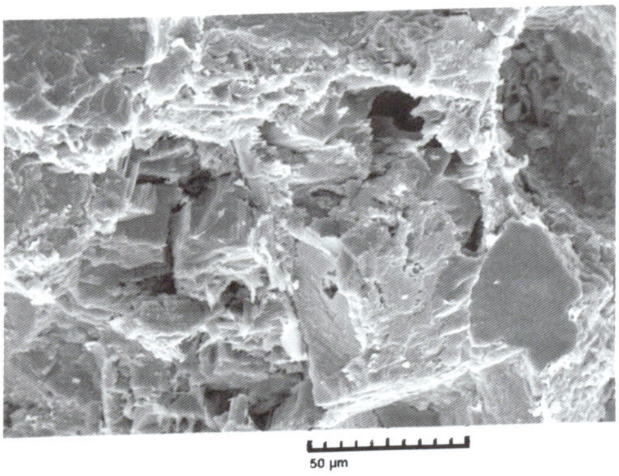

图版Ⅴ.3　双 216，3172.2m，E_2s^3，扫描电镜×1160，长石淋滤，片丝状 I/S 混层

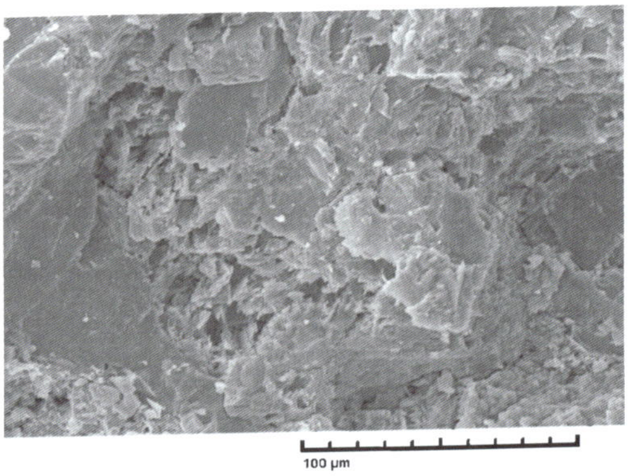

图版Ⅴ.4　杜 126，3263.4m，E_2s^4，扫描电镜×1010，长石淋滤，次生孔隙 5-10μm

图版Ⅴ.5　清 18，2817.05m，E_3d，扫描电镜×2880，长石淋滤，粒表针状绿泥石

图版Ⅴ.6　双 70，2725.86m，E_2s^2，扫描电镜×397，长石淋滤，粒间方解石晶体

后　记

本书是作者在博士论文基础上经补充完善而成，既包含了作者博士论文研究的部分成果，也包含了近几年从事勘探开发研究的所思所想和点滴心得。衷心感谢导师戴金星院士、牛嘉玉教授的悉心指导，求学期间，得到了两位导师在学业上的不倦指导、在生活上的热情关怀、在思想上的谆谆教导；毕业之后，老师仍然一如既往地关心、指导着学生，尤其是当学生在科研生产中遇到困惑、碰到波折时，老师的点拨虽寥寥数语，却常常令学生有茅塞顿开、拨云见日之感。感谢博士后课题研究的指导老师任芳祥教授，老师不断开拓的创新精神、严谨的治学态度、旺盛的工作精力，对学生一直是莫大的鞭策，学生从老师身上学到的不仅有专业知识，还有从事科研生产工作所必需的正确态度、辩证的思维方式以及对待人生应有的豁达、乐观和热情。潜移默化，受益良多，学生仅以此书向三位导师表示敬意！

感谢辽河油田张方礼教授、尹万泉教授、龚姚进教授、孙岩处长、李铁军总地质师、武毅总地质师、程建平高工对作者业务上的悉心指导，使作者思路得以开阔、技术得以提高。感谢于鸿椿书记、赵立岩书记、温静同志、闵忠顺同志为作者提供的不遗余力的帮助。感谢姚睿、田梅、王欢、刘洁、崔洁、郝博洋、荆涛、陈洋、弥一頔，张潇月等同志的鼎力支持。

感谢中国石油勘探开发研究院邹才能教授、马德胜教授、袁选俊教授、米敬奎教授、秦胜飞博士、陶士振博士、杨春博士、李秋芬女士为作者提供的大力支持。感谢中国石油大学（北京）彭仕宓教授、陈践发教授、钟大康教授、姜振学教授，中国石化勘探开发研究院刘全有博士，中国地质大学（北京）刘家军教授，大庆石油学院孟元林教授、肖丽华教授为作者提供的富有建设性建议。感谢苏明君博士、颜耀敏博士、韩涛博士、赵文光博士、袁东山博士、赵彦伟博士与作者之间有益的问题讨论。

感谢父亲、母亲的牵挂，他们始终是我努力进取的动力。感谢侄女谷晓丹、谷海燕为本书增色所付出的努力。感谢妻子陈淑凤女士多年来强有力的支持，她用柔弱而坚强的肩膀为我营造了学习、工作的有利条件，使我能安心课题研究工作，她是一位伟大的女性。祝愿儿子谷海冰健康快乐地成长。

谨以此书献给自己曾经努力并一直在努力、为之倾注心血的油气勘探开发事业！

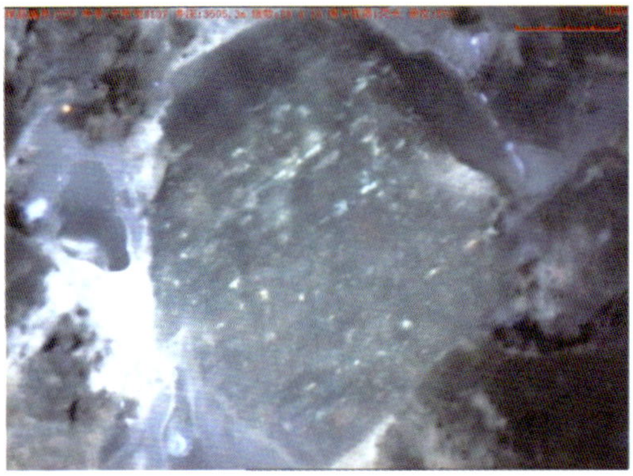

图版Ⅷ.1　双 107，3505.3m，包裹体宿赋于长石解理之中；包裹体类型：OA；荧光：蓝白色

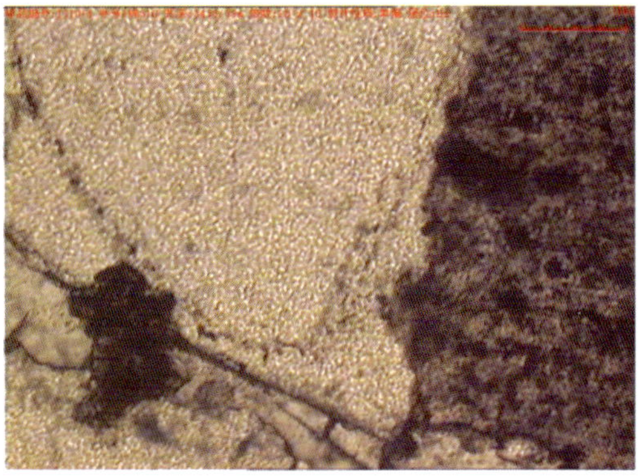

图版Ⅷ.2　锦 310，3433.38m 包裹体宿赋于加大边内缘缝之中；包裹体类型：OL；单偏光：浅褐灰色

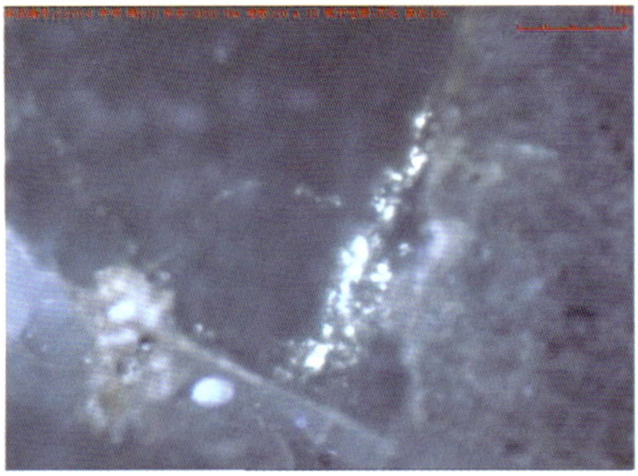

图版Ⅷ.3　锦 310，3433.38m，包裹体宿赋于加大边内缘缝之中；包裹体类型：OL；荧光：蓝白色

图版Ⅳ.1　齐 2-9-11，2506m，E_2s^4，单×50，长石内溶孔

图版Ⅳ.2　杜 139，3107.4m，E_2s^4，单×50，粒间孔

图版Ⅳ.3　齐 2-11-10，2389m，E_2s^4，单×100，铸模孔

图版Ⅳ.4　齐 2-11-10，2389m，E_2s^4，正×1890，碳酸盐胶结物溶孔

图版Ⅳ.5　杜 300，3276.6m，E_2s^4，单×50，杂基内溶孔

图版Ⅳ.6　齐 2-19-6，2720.8m，E_2s^3，单×50，杂基溶孔，充填沥青

图版Ⅴ.1　齐 2-15-6，2275.5m，E_2s^3，单×50，化石溶孔

图版Ⅴ.2　齐 2-4-417，1887.8-1892m，E_2s^2，单×1890，长石溶孔和岩屑溶孔

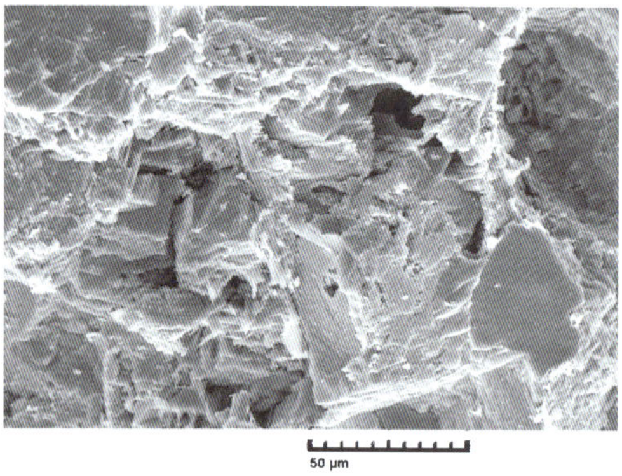

图版Ⅴ.3　双 216，3172.2m，E_2s^3，扫描电镜×1160，长石淋滤，片丝状 I/S 混层

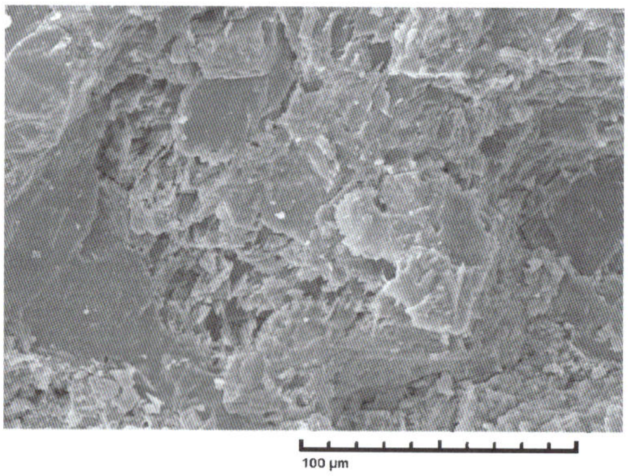

图版Ⅴ.4　杜 126，3263.4m，E_2s^4，扫描电镜×1010，长石淋滤，次生孔隙 5-10μm

图版Ⅴ.5　清 18，2817.05m，E_3d，扫描电镜×2880，长石淋滤，粒表针状绿泥石

图版Ⅴ.6　双 70，2725.86m，E_2s^2，扫描电镜×397，长石淋滤，粒间方解石晶体

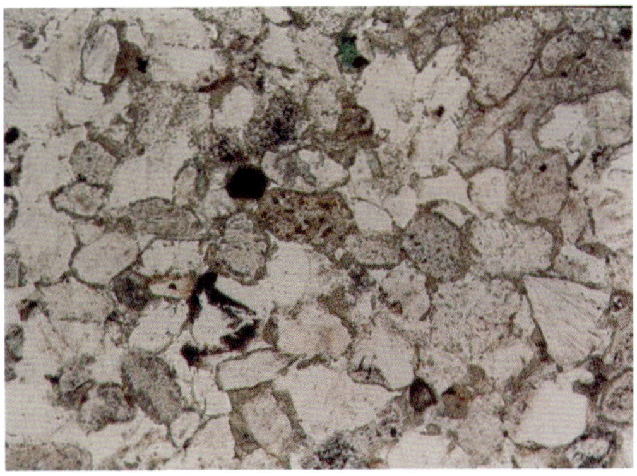

图版Ⅵ.1　杜 126，3327.8m，E_2s^2，单×50，绿泥石膜

图版Ⅵ.2　双 6，2503m，E_2s^1，扫描电镜×4870，粒间片状、蠕虫状高岭石

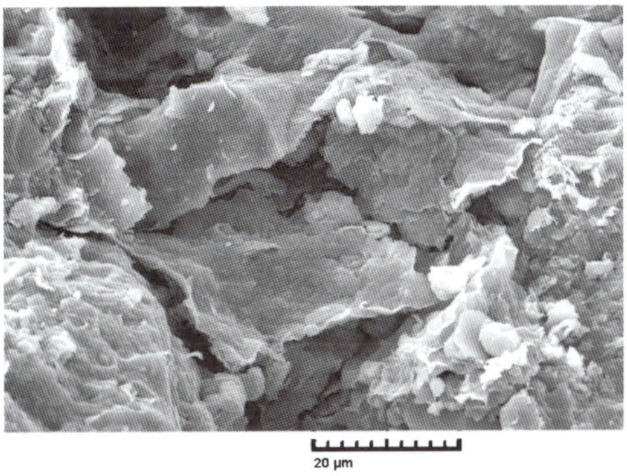

图版Ⅵ.3　杜 139，2236.42m，E_2s^3，扫描电镜×2670 粒间片状伊利石、高岭石

图版Ⅵ.4　清 20，2589m，E_3d^3，扫描电镜×2410，粒间片絮状蒙皂石和针叶状绿泥石

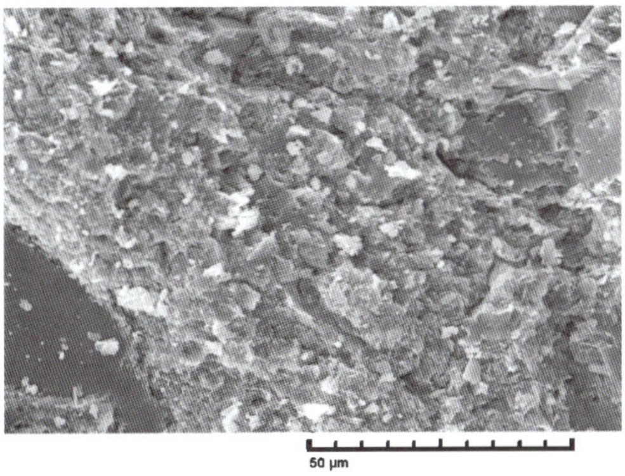

图版Ⅵ.5　双 6，3280m，E_2s^4，扫描电镜×1920，粒间片絮状 I/S 混层及自生石英晶体

图版Ⅵ.6　双 6，2524m，E_2s^2，正×100，自生高岭石，长石蚀变成伊利石、高岭石

图版Ⅶ.1　双 28-26，2499.7m，E_2s^2，单×100，长石蚀变成高岭石，早于碳酸盐充孔

图版Ⅶ.2　双 6，2503m，E_2s^1，扫描电镜×4870，粒间片状、蠕虫状高岭石

图版Ⅶ.3　双 216，3027.2m，E_2s^3，扫描电镜×483，石英加大Ⅲ级，粒间高岭石

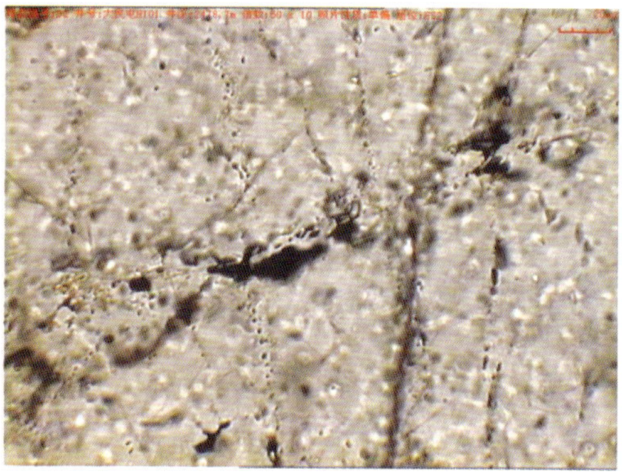

图版Ⅶ.4　欢 101，2478.7m，包裹体宿赋于石英愈合缝之中；包裹体类型：OG；单偏光：黑色；荧光：不发光

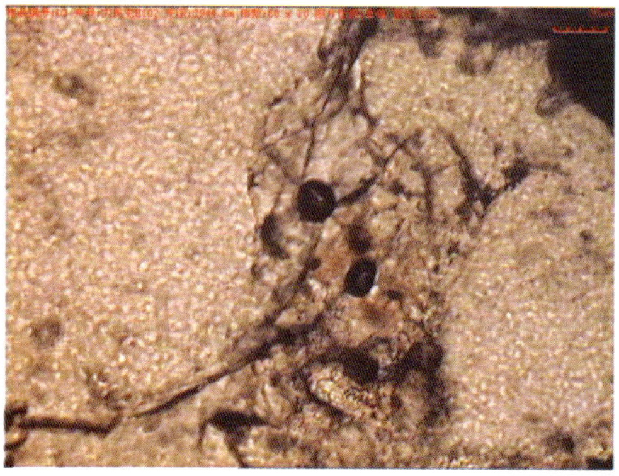

图版Ⅶ.5　欢 102，2944.5m，包裹体宿赋于长石解理之中；包裹体类型：OG；单偏光：黑色；荧光：不发光

图版Ⅶ.6　双 107，3505.3m，包裹体宿赋于长石解理之中；包裹体类型：OA；单偏光：褐灰色

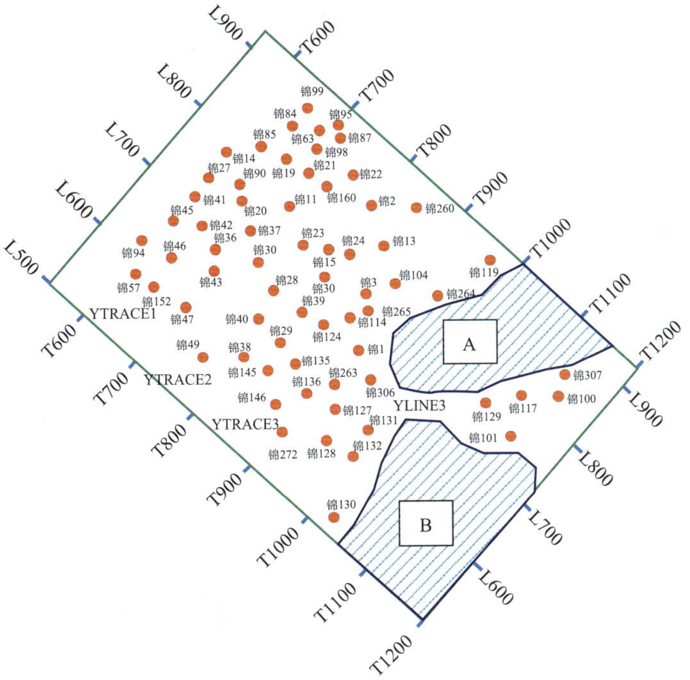

(a) 鸳鸯沟工区

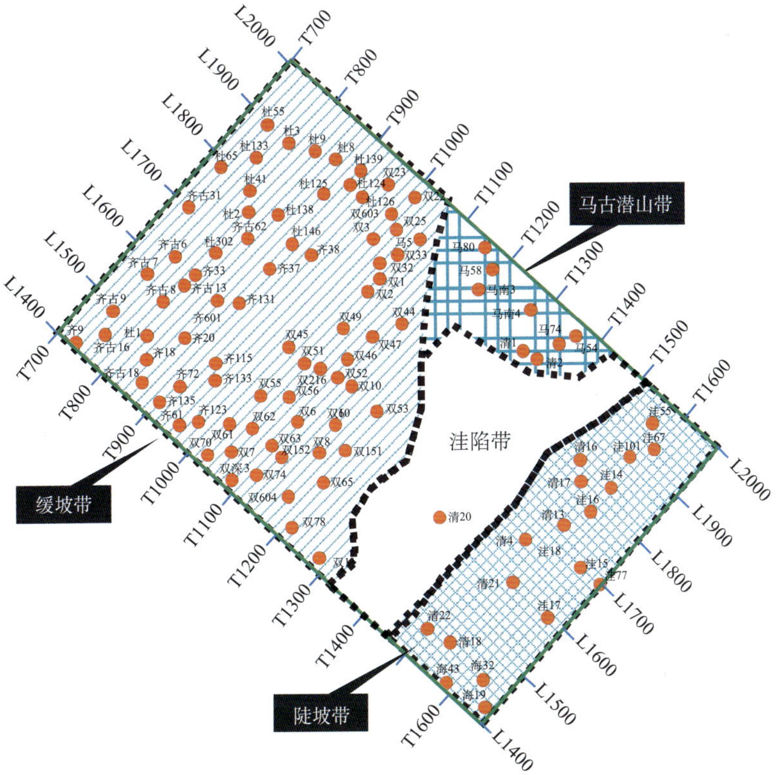

(b) 清水工区

图 1.24　所选解剖区特点示意图

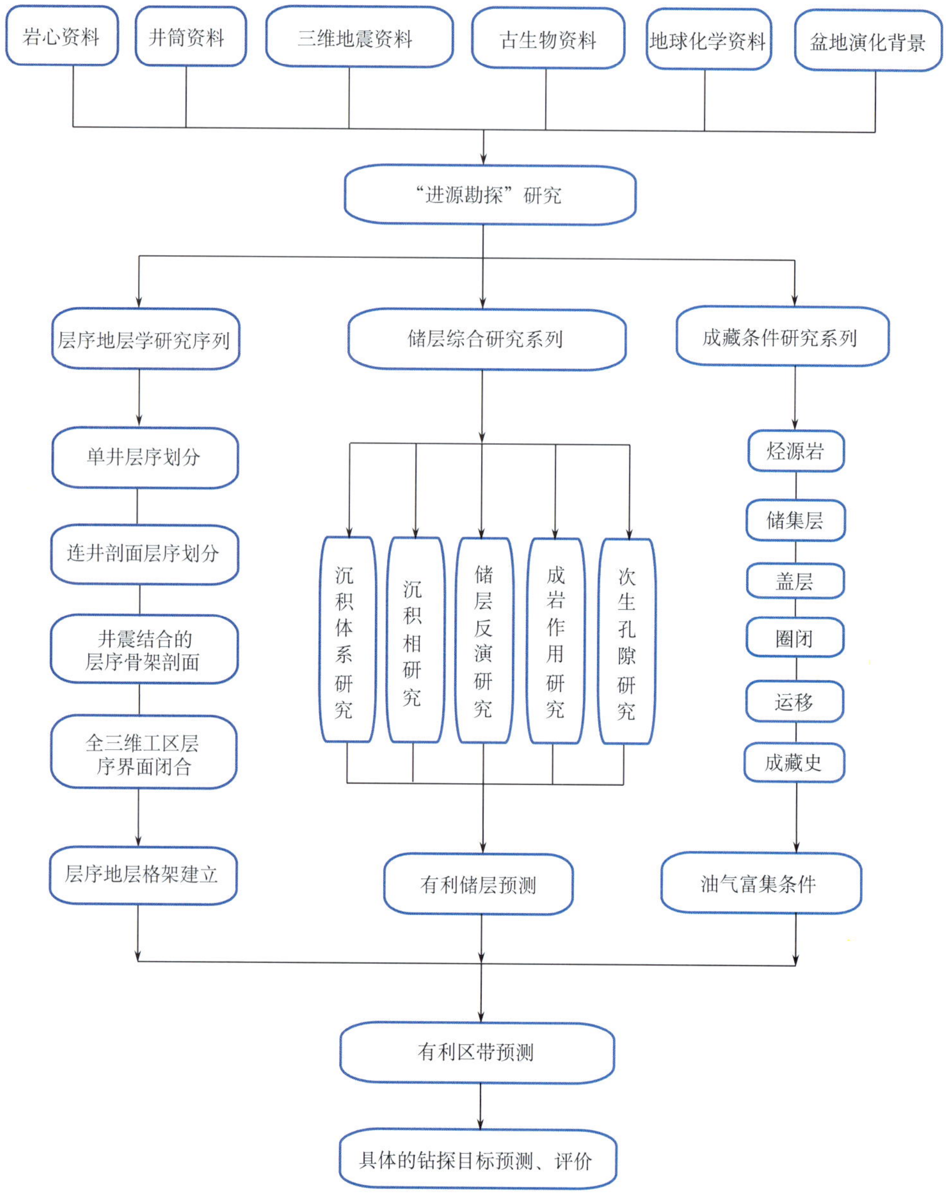

图 1.25　课题研究技术路线图

层学技术、储层反演技术、储层综合评价技术和岩性圈闭综合评价技术等为主体的岩性油气藏预测与评价技术体系，实现从找储层→找有效储层→找有利储层→找含烃储层→找富烃储层的目的。

具体研究内容包括如下几个方面。

（1）沙河街组层序地层格架的建立。

综合运用地震、钻井、测井、古生物、地球化学等多方面的资料，识别不同级别的层序地层边界，建立井震统一的层序地层格架。

（2）等时格架内沉积体系和沉积相分析。

通过岩心相、测井相、地震相、单井相、剖面相综合分析，研究沙河街组不同体系域的沉积体系及沉积相特征；分析沉积相平面分布和纵向演化规律；分析沉积充填和沉积相演化的控制因素。

（3）有利储层综合评价。

采用Jason软件对研究区进行波阻抗反演和岩性反演，以层序、体系域为单元，编制砂层厚度图、砂岩含量等值线图。对研究区成岩环境进行分析，运用各种成岩参数，划分成岩阶段，预测次生孔隙发育区带，预测有利储集相的分布。

（4）岩性油气藏形成条件分析。

充分运用各种地质资料、测井、录井以及各种分析化验资料，对烃源岩、储层、盖层、生储盖配置模式、输导体系和输导模式、油气运移模式、油气成藏史、成藏动力学等内容进行研究，对岩性油气藏的成藏条件进行综合评价，确定可能的岩性油气藏类型及展布规律。

（5）岩性油气藏目标评价。

系统总结岩性油气藏形成条件，结合精细构造研究、砂体分布特征、沉积相展布特征、有利储集相预测结果，预测岩性油气藏发育的有利区带，确定具体的勘探目标。

1.9　研究难点

研究难点有：①工区内地震资料品质较差，且为多块频率不同的资料拼接而成（图1.26），各块资料品质相差较大，给层位标定和层序解释带来较大的困难。②大多数探井较浅，对深层沙三和沙四段揭露不够，尤其是清水工区，在洼陷内部出现一个钻井空白区（仅有清20一口井，但未钻穿沙河街组，且工程报废），不利于井震结合进行层序划分。

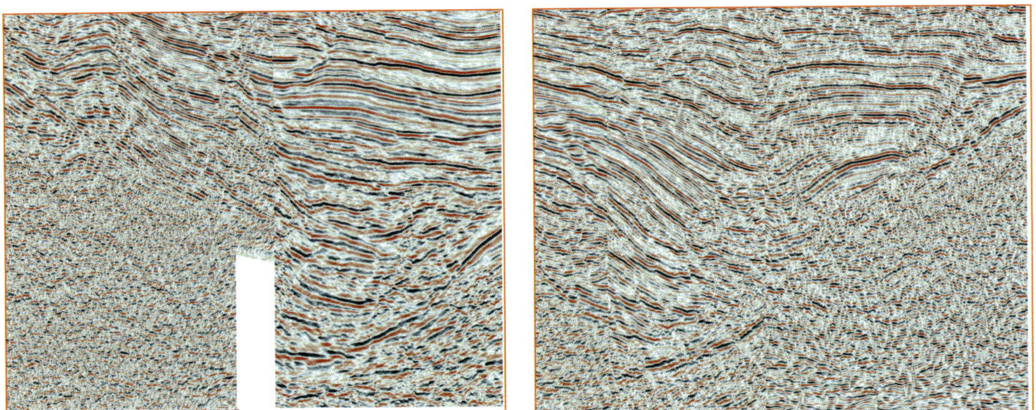

(a) 拼接线和缺炮　　(b) 拼接线示三块地震资料的拼接

图1.26　工区内不同频率地震资料拼接效果

1.10　取得的主要认识

（1）建立了研究区三维空间内的层序地层格架。把古近系充填序列划分为 1 个超层序组即一级层序（SSQS1）、4 个超层序即二级层序（房身泡组、沙四段—沙三段、沙二段—沙一段、东营组各划为一个超层序，SSQ1—SSQ4）、8 个三级层序（Sq1—Sq8）。其中沙河街组共划分五个三级层序，即 Sq1、Sq2、Sq3、Sq4 和 Sq5，分别对应于沙四段、沙三下段、沙三上段、沙二段和沙一段。

（2）根据岩石相、测井相、剖面地震相等资料综合分析认为，研究区沙河街组四段、二段和一段发育扇三角洲沉积体系，沙三段发育湖底扇沉积体系。沉积相的演化特征分析表明，构造位置、古地貌、物源方向和西部凹陷幕式裂陷过程对沉积相具有重要的控制作用。

（3）储层空间展布特征表明砂体的分布受沟谷、古地貌、断裂坡折带、物源条件的控制。成岩作用研究表明，可划分为早 A 期、早 B 期、中 A1 期、中 A2 期和中 B 期五个成岩期。根据岩心实测孔隙度和测井资料，古、新近系储层发育三个异常高孔带，异常高孔带的成因与成岩作用演化过程密切相关，第Ⅰ异常高孔带与淋滤作用和成岩演化早期少量有机酸溶蚀有关，第Ⅱ、Ⅲ异常高孔带则是成岩过程中黏土矿物脱水产生 H^+ 和有机酸共同造就的酸性环境有关，即由有机酸溶蚀和黏土矿物脱水作用形成。异常高孔带的存在，改善了深层储层的物性条件。

（4）研究区内具备形成岩性油气藏的优越条件，包括优良的烃源岩条件、发育规模大、类型多样的储层砂体并具有良好的储集条件、优质的区域性和局域性盖层为岩性油气藏的形成提供了良好的保存条件、多种类型的生储盖配置、多类型的输导体系和输导模式等。多种有利因素的耦合是岩性油气藏成藏和分布的决定因素，对岩性油气藏成藏条件的系统研究使目标预测更可靠。

（5）依据岩性油气藏成藏条件和分布的特殊性，基于前述基础研究，提出了“进源勘探”的概念和技术体系。对研究区岩性油气藏发育的有利层位和有利区带进行了预测，认为环洼坡折带为有利区带，从 Sq1 到 Sq5 均具备岩性油气藏发育的条件，尤其是 Sq3 和 Sq5 发育的有利目标多，共预测有利目标 9 个，预测圈闭资源量近 1.1×10^8 t。并有锦 310 目标实施，获得日产 85t 的高产油气流，表明这一勘探思路具有很强的实用性。

第 2 章　区域地质背景

2.1　区域构造格局

辽河拗陷属于华北地台的一部分，位于渤海湾盆地的东北角（图 2.1），介于性质不同的几个大地构造单元之间，东临辽东台背斜，西接燕山台褶，北达内蒙古地轴东段，包括辽东湾海域和陆上部分。陆上部分由六个一级构造单元组成，其中负向单元有：西部凹陷、东部凹陷、大民屯凹陷；正向单元有：中央凸起、西部斜坡、东部斜坡。辽河拗陷是一个复杂的新生代断陷盆地（陈义贤，1980；朱夏，1983；陈义贤，1985）。

辽河拗陷的形成与演化过程受渤海湾盆地整体演化过程的控制。前人对渤海湾盆地形成和演化及动力学机制开展了大量的研究。李德生（1983）和陈景达（1989）认为渤海湾盆地为主动裂谷盆地，上地幔内部物质的运动导致局部隆起，使该区岩石圈因受力而向两侧伸张，并经历了早侏罗世—中晚侏罗世、早白垩世—晚白垩世和古近纪—新近纪三个时期的由断陷到拗陷的旋回，形成了多旋回断陷—拗陷盆地。马杏垣（1983）认为渤海湾盆地是伸展走滑盆地，在伸展作用的同时叠加了后期走滑作用，走滑构造叠加在伸展构造之上，两者保持相对独立性和同一性，伸展作用的机制为软流圈的热脉动，同时受印度板块与欧亚板块的碰撞以及太平洋板块俯冲的影响。吴振明（1985）、王同和（1986）、漆家福等（1995）等认为地幔上涌、板块俯冲引起的蠕动为渤海湾盆地伸展作用提供了张力环境。赵重远（1984）认为渤海湾盆地的形成经历了先后两期不同性质应力的作用，在中生代左旋剪切作用形成的构造基础上经由古近纪的拉张兼右旋剪张作用将地壳沿原先已存在的断裂拉开下陷而形成。李鹏举等（1995）认为渤海湾盆地是在早期伸展构造之上叠加了后期的走滑拉分作用而形成的伸展拉分复合盆地。陈发景等（1992）强调了拉张伸展作用是渤海湾形成的动力机制。侯贵廷和钱乡邻（1998）认为渤海湾盆地是一个新生代古近纪开始形成的走滑拉分盆地。综合前人工作可以看出，伸展作用和走滑作用是渤海湾盆地形成的动力机制和决定性因素，伸展作用和走滑作用的发生与欧亚板块、印度板块及太平洋板块的相互作用及其引起的深部热机制变迁密切相关，渤海湾盆地经历了从太古界—新生代漫长的地质历史演化，最终形成了中、新生代叠加型大陆裂谷盆地。

从渤海湾盆地整体演化历程来看，辽河盆地是一个形成于中、新生代的裂谷盆地。燕山运动以来在郯庐断裂的控制下，发生了区域性的裂陷作用，经历了中、新生代两个既有区别又有联系的裂陷旋回及相应的演化阶段，每一个裂陷旋回都经历了张裂—裂陷—萎缩消亡几个阶段，相应地形成了一套由粗碎屑岩建造-暗色富含有机质的细碎屑岩建造-灰绿色粗碎屑岩建造，整个过程伴有多期火山喷发。中生代断陷旋回时主要沿着营口-佟二堡断裂带和大民屯-宋家-高升-西八千断裂带裂陷，裂陷主要发育于早白垩世（吴正文，2000），早白垩世末期裂陷回返抬生，中生界遭受不同程度的剥蚀，经历

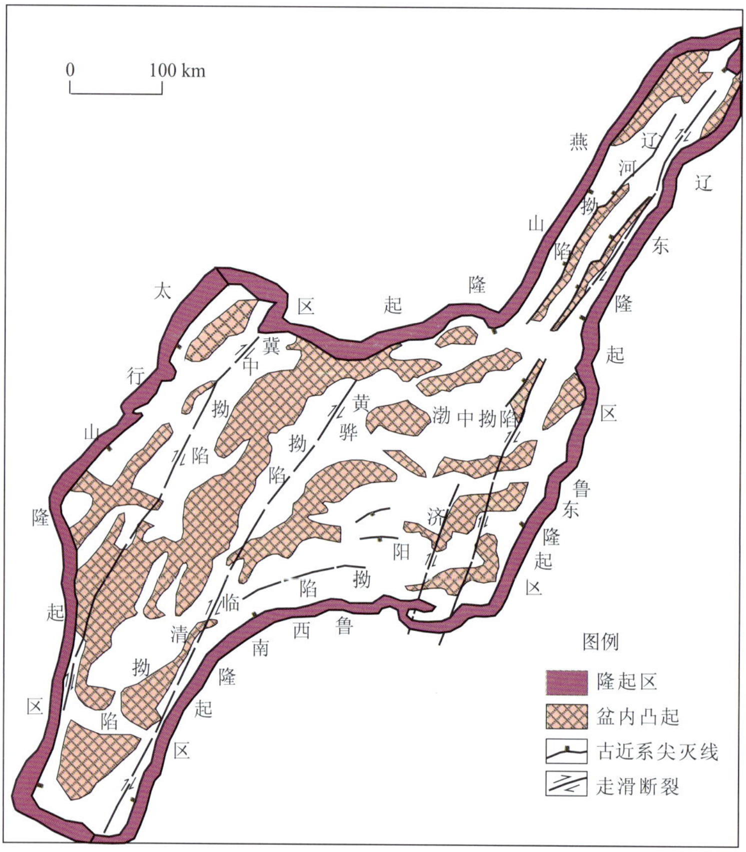
0　100 km
燕山陷
辽河拗陷
辽东隆起区
太行山隆起区
区起隆
冀中拗陷
黄骅拗陷
渤中拗陷
济阳拗陷
鲁东隆起区
临清拗陷
鲁西南隆起区
图例
隆起区
盆内凸起
古近系尖灭线
走滑断裂

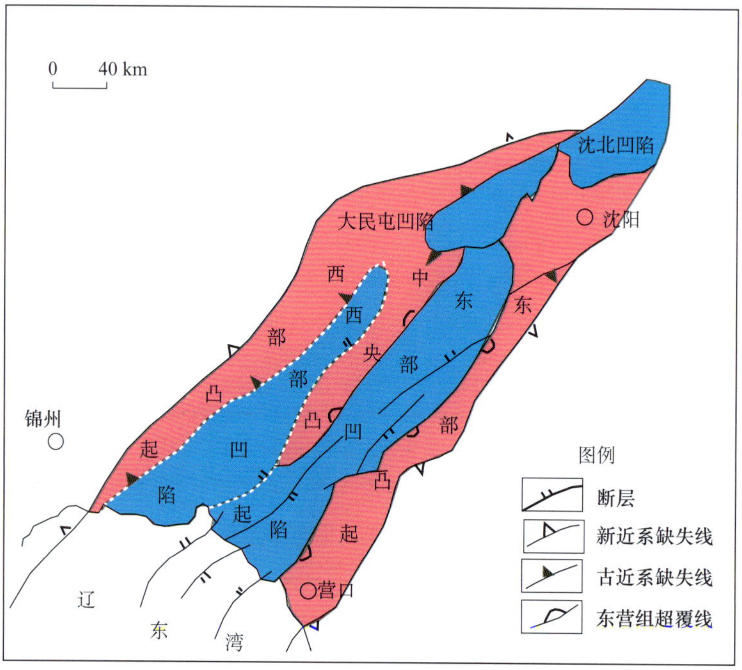
0　40 km
沈北凹陷
大民屯凹陷
沈阳
西部凸起
西部凹陷
中央凸起
东部凹陷
东部凸起
锦州
营口
辽东湾
图例
断层
新近系缺失线
古近系缺失线
东营组超覆线

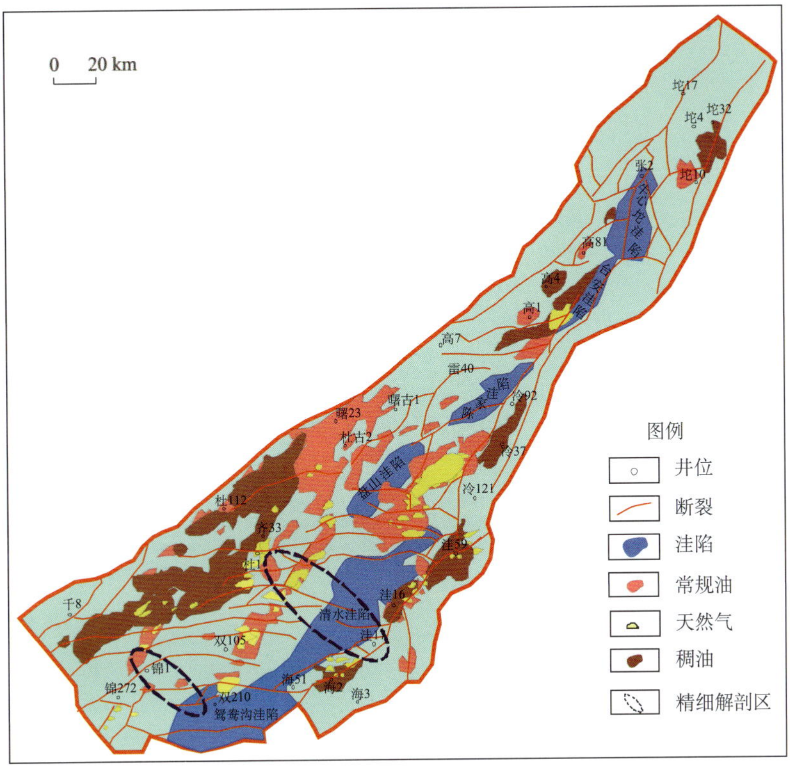

图 2.1 渤海湾盆地构造格局及西部凹陷区域构造位置图

了一次准平原化过程后，中生代裂陷盆地演化结束。古近纪是新生代裂谷盆地演化的时期，也是辽河裂谷盆地发育的主要时期。裂谷主要沿营口-佟二堡断裂、三界泡断裂、台安-冷家-大洼断裂和曹台断裂带裂陷，明显地形成了互相分隔的三个断陷，即西部、东部和大民屯凹陷。裂谷边裂陷边沉积，沉积了厚达 5000～8000m 的陆相碎屑岩，并伴有多期次的火山喷发。在裂陷快速沉降期（沙四—沙三期）发育了非补偿性的富含有机质的湖相细碎屑沉积，同时在断裂带附近的物源区，发育了以扇三角洲为代表的砂岩储集体，形成了良好的油气生成、运移、聚集和成藏条件。

2.2 地层岩性组合特征

研究区地层发育有太古界、元古界、中生界、新生界和第四系（图 2.2）。新生界由古近系沙河街组、东营组和新近系馆陶组和明化镇组组成，其中主要含油气层系沙河街组是本书研究的目的层，其厚度最大可达 5000m，另外，研究区内钻遇的含油气层位还有太古界。地层发育和分布特征如下。

太古界（Ar）：分布于工区南部的鸳鸯沟、双台子地区西斜坡、清水洼陷西部缓坡一带，岩性为肉红色混合花岗岩，致密块状结构，视电阻率显示高阻特征，在裂缝发育段可含油或见油气显示（图 2.3）。

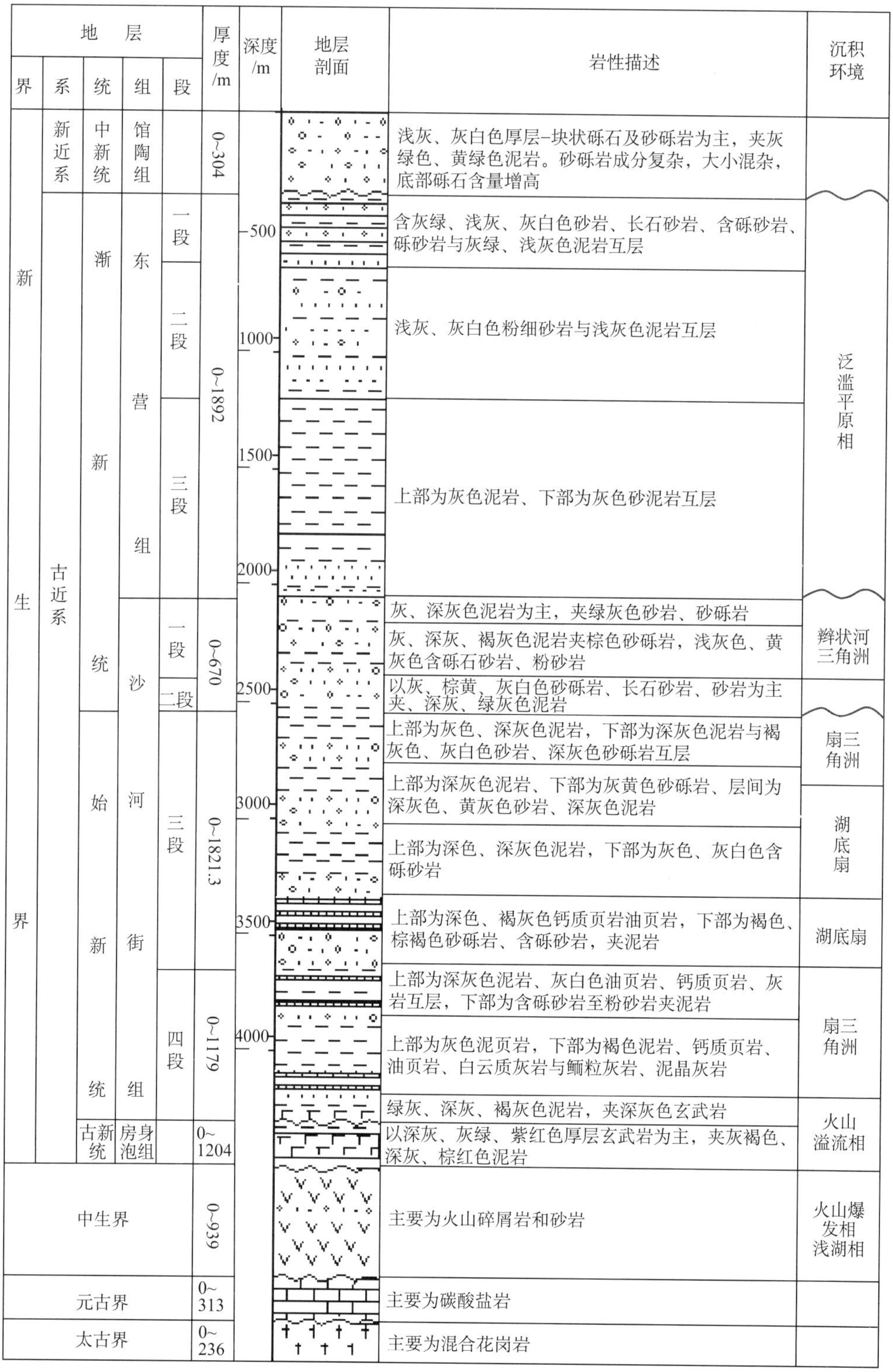
地层
界
系
统
组
段
厚度/m
深度/m
地层剖面
岩性描述
沉积环境
新生界
新近系
中新统
馆陶组
0~304
浅灰、灰白色厚层–块状砾石及砂砾岩为主，夹灰绿色、黄绿色泥岩。砂砾岩成分复杂，大小混杂，底部砾石含量增高
古近系
渐新统
东营组
一段
二段
三段
0~1892
500
1000
1500
2000
含灰绿、浅灰、灰白色砂岩、长石砂岩、含砾砂岩、砾砂岩与灰绿、浅灰色泥岩互层
浅灰、灰白色粉细砂岩与浅灰色泥岩互层
上部为灰色泥岩、下部为灰色砂泥岩互层
泛滥平原相
始新统
沙河街组
一段
二段
0~670
2500
灰、深灰色泥岩为主，夹绿灰色砂岩、砂砾岩
灰、深灰、褐灰色泥岩夹棕色砂砾岩，浅灰色、黄灰色含砾石砂岩、粉砂岩
辫状河三角洲
以灰、棕黄、灰白色砂砾岩、长石砂岩、砂岩为主夹、深灰、绿灰色泥岩
三段
0~1821.3
3000
3500
上部为灰色、深灰色泥岩，下部为深灰色泥岩与褐灰色、灰白色砂岩、深灰色砂砾岩互层
扇三角洲
上部为深灰色泥岩、下部为灰黄色砂砾岩、层间为深灰色、黄灰色砂岩、深灰色泥岩
上部为深色、深灰色泥岩，下部为灰色、灰白色含砾砂岩
湖底扇
上部为深色、褐灰色钙质页岩油页岩，下部为褐色、棕褐色砂砾岩、含砾砂岩，夹泥岩
湖底扇
四段
0~1179
4000
上部为深灰色泥岩、灰白色油页岩、钙质页岩、灰岩互层，下部为含砾砂岩至粉砂岩夹泥岩
上部为灰色泥页岩，下部为褐色泥岩、钙质页岩、油页岩、白云质灰岩与鲕粒灰岩、泥晶灰岩
扇三角洲
绿灰、深灰、褐灰色泥岩，夹深灰色玄武岩
古新统
房身泡组
0~1204
以深灰、灰绿、紫红色厚层玄武岩为主，夹灰褐色、深灰、棕红色泥岩
火山溢流相
中生界
0~939
主要为火山碎屑岩和砂岩
火山爆发相
浅湖相
元古界
0~313
主要为碳酸盐岩
太古界
0~236
主要为混合花岗岩

图 2.2 工区内地层层序

房身泡组（E_1f）：下段岩性主要为黑色玄武岩，绿灰、褐灰色辉石玄武岩，灰紫、灰黑色橄榄玄武岩，暗紫色蚀变玄武岩夹深灰、暗棕红色泥岩（图 2.4）。上段以暗紫红色泥岩为主，局部变为玄武质、凝灰质泥岩，质纯细腻，与古近系之间为角度不整合接触。

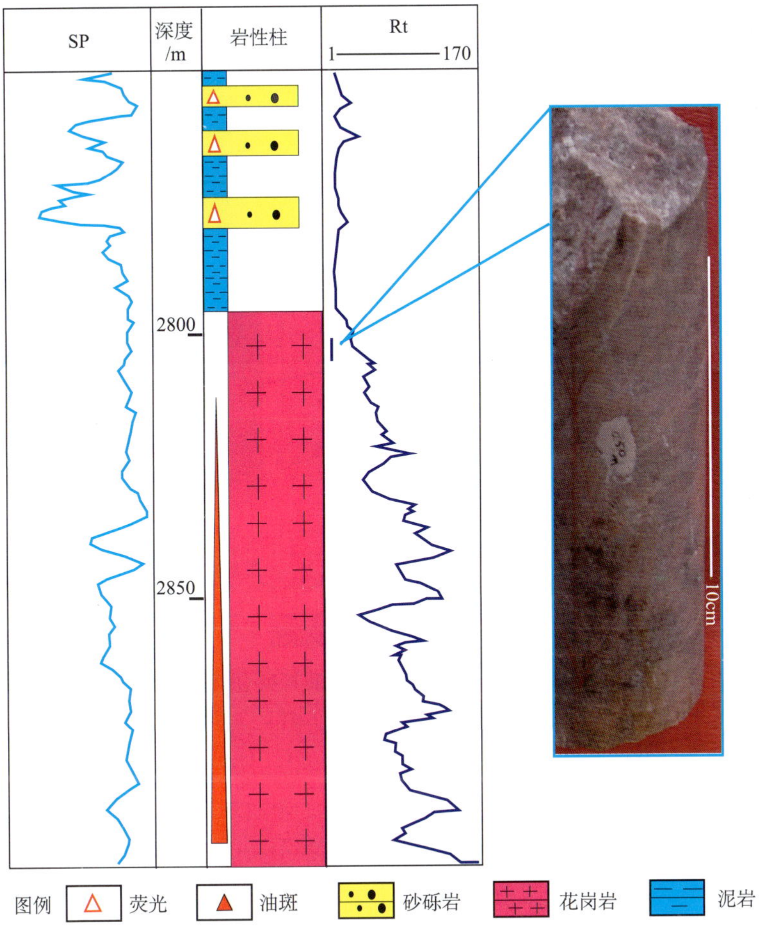

图 2.3　太古界混合花岗岩段特征（齐古 16 井）

沙河街组四段（E_2s^4）：由于始新世早期研究区处于隆起状态，沙四段下部地层缺失，只发育沙四段中、上部地层，即高升油层段和杜家台油层段（图 2.5）。高升油层段由两段岩性组成，下部为质纯的褐灰色泥岩，厚度不等，一般为 20～30m，上部为数十米的特殊岩性段，主要为暗色泥岩中夹油页岩、钙质页岩、白云质灰岩，局部夹薄层粉-细砂岩。杜家台油层由下至上分别为杜Ⅱ砂层组、杜Ⅰ砂层组和特殊岩性段。两个砂层组均呈以中-薄层的层状砂岩为主夹暗色泥岩，区内分布稳定。其上的特殊岩性段是指钙质页岩、油页岩与泥岩互层段，可视为区内的对比标准层，在局部地区该段相变为砂岩，称为杜零组。该段地层厚度不等，一般为 150～250m，与上覆地层存在短暂的沉积间断。孢粉化石以 *Taxodiaceaepllenites* 杉粉属、*Ephedripites* 麻黄粉属、

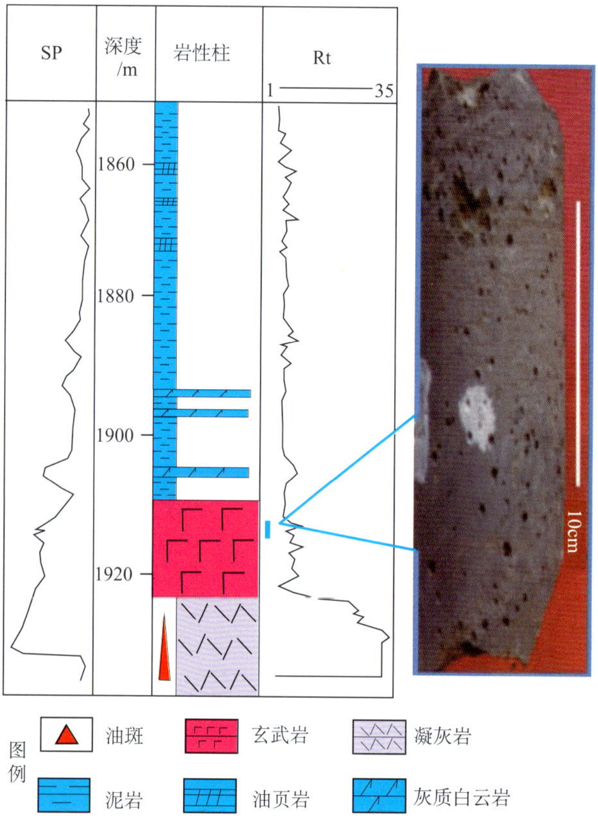

图 2.4 房身泡组玄武岩与凝灰岩特征（齐古 31 井）

Lonicerapollis tenuipolaris 薄极忍冬粉高含量为特征。藻类化石开始发育，主要有 *Bohaidina Primitipus* 原始渤海藻、*Leioisphaeridia* 光面球藻属。介形类为 *Austrocypris levis* 光滑南星介组合。主要标志化石有 *Austrocypris levis* 光滑南星介、*A. posticaudata* 后翘南星介、*Candona acclivis* 坡形玻璃介、*C. bella* 美丽金星介、*Cyprinotus shuguangensis* 曙光美星介、*C. altilis* 肥实美星介等。腹足类为 *Sinoplanorbis* 中国中华扁卷螺组合。主要有 *Valvata shuguangensis* sp. nov. 曙光盘螺、*V.* (*Cincinna*) *applanata* 扁平高盘螺、*Micropyrgus simplus* sp. nov. 简单微塔螺，*Sinoplanorbis* 中国中华扁卷螺等，偶见鱼化石。

沙河街组三段（E_2s^3）：沙三段形成于盆地沉降幅度最大时期，在深水湖盆环境下沉积了分布范围广、厚度巨大的灰黑色、褐灰色泥岩夹厚层粗碎屑砂砾岩，靠近鸳鸯沟洼陷与清水洼陷中心部位为灰黑色泥岩夹油页岩、钙质页岩。纵向上分为三段，中、下段以深灰、灰黑色大段泥岩为主，夹有不稳定的透镜状浊积砂砾岩体（图 2.6）：①莲花油层段，是盆地第一旋回经过了平缓沉降阶段（沙四期）后的大幅度沉降初期的沉积层，其沉积具有由稳定环境向剧烈变动的过渡性质，区内大部分地区呈深水环境，但在斜坡边缘仍为浅水环境（如齐 40 井）。该段主要发育了暗色泥岩和油页岩夹有粗碎屑砂砾岩。在斜坡上该段沉积物厚度一般为 100～200m，向凹陷中心方向变厚。②大凌河

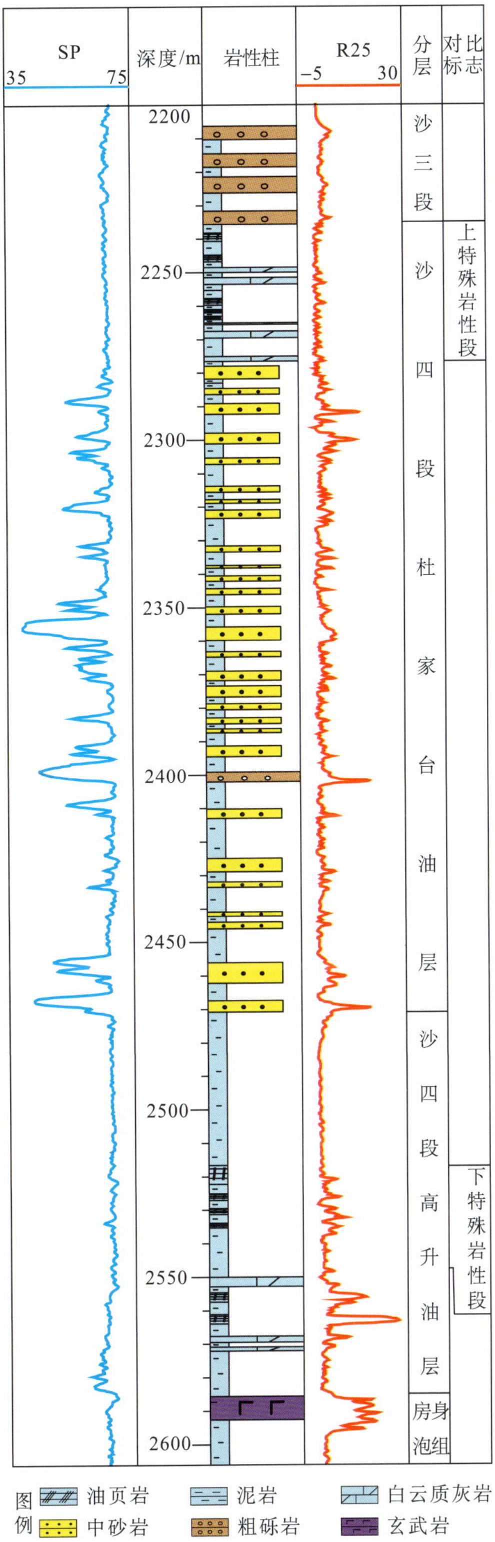

图 2.5　沙四段地层纵向组合特征（杜 9 井）

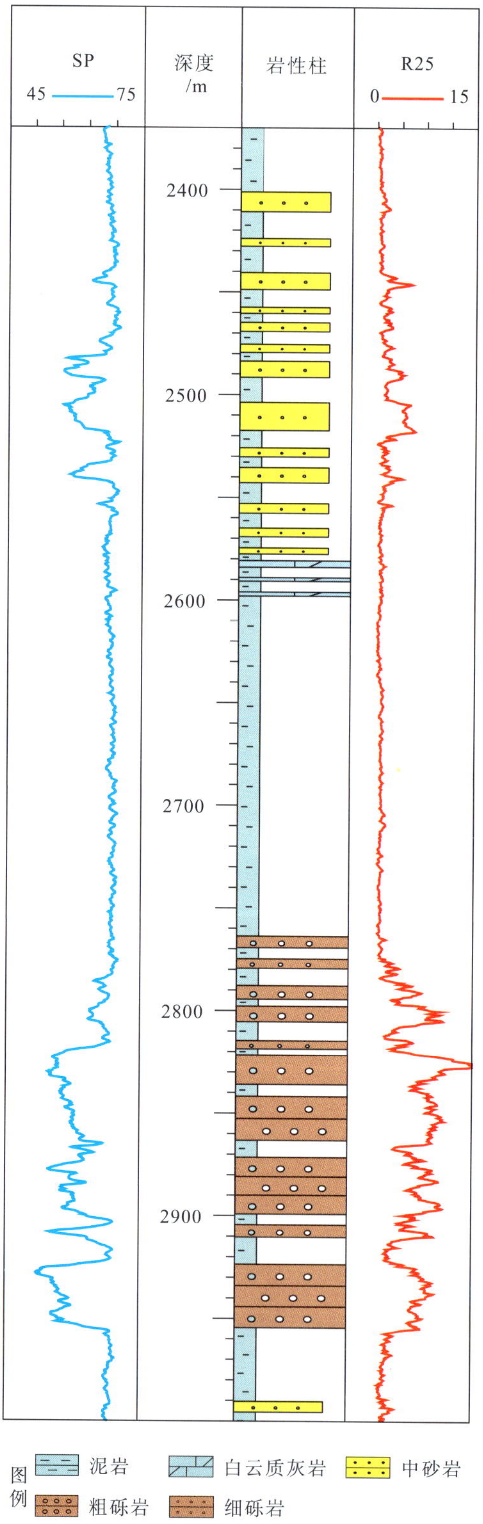

图 2.6　沙三段地层纵向组合特征（双 32 井）

油层段，是盆地大幅度沉降条件下的产物，根据岩性特征分为下组段和上组段。两段之间以一稳定分布泥岩为界。下段呈现快速沉降的特征，发育了巨厚的暗色泥岩和厚层块状砾岩、砂砾岩，纵横向上砂、泥岩分异较好。在砂岩和泥岩中夹有少量油页岩，地层厚 300～500m。上段具有稳定沉积的特点，具体表现在砂质岩类所占比例有所减少，大段暗色泥岩比例有所增加，岩性特征与下段基本相似，但横向上岩性变化较大。地层厚 200～400m。③热河台油层段，岩性为砂岩、泥岩、碳质泥岩，以大段灰色泥岩夹小段砂砾岩为主要特征，砂砾岩比例不高，横向上不稳定。该区顶部遭受剥蚀，与上覆沙二段（沙一段）为不整合接触关系。沙三段时期，生物繁盛，化石丰富，其中介形类为 *Huabtinia chinensis* 中国华北介组合，主要有 *H. chinensis* 中国华北介、*H. huidongensis* 惠东华北介、*H. obscura* 隐瘤华北介、*C. compta* 精美玻璃介等。腹足类为 *Liratina tuozhuangensis* 坨庄旋脊螺组合，主要有 *Campeloma qijiaensis* sp. nov. *Bohaidina-Parabohaidina* 渤海属-副渤海属组合，包括 *Bohaidina* 齐家肩螺、*Pyrgula tricarinata* 三脊塔螺等。藻类化石为 *Bohaidina granulate-Bosedinia laevigata*、*Angulariaglabra-Dictyotidium microreticulatum*、*Conicoidium granorugosum-Bohaidina retirugosa* 三个亚组合。孢粉为 *Quercoidites* 栎粉属、*Ulmipollenites* 榆粉属高含量组合为特征。

沙河街组二段（E_3s^2）：岩性以粗碎屑砂岩、砂砾岩为主，具有下粗上细的正韵律的水进式沉积特征，上部以较细颗粒的砂岩和泥岩呈互层，顶部常见钙质页岩，夹灰绿、棕红、灰色泥岩，局部发育油页岩，下部粗碎屑具有底砾特征，与沙三段为不整合接触。沙二段化石单调、稀少。主要代表化石有 *Camarocypris elliptica* 椭圆拱星介、*Cypria gergara* sp. nov. 丰富丽星介、*Potamocyprella levis* sp. nov. 光滑小河星介，*C. recla* sp. nov. 直似玻璃介，*Pseudocandona boxingensis* sp. nov. 博兴假玻璃介等。

沙河街组一段（E_3s^1）：在区内分布范围明显大于沙二段，下部以灰色、深灰色泥岩为主，钙质页岩发育，其上为泥岩段夹砂岩。中部普遍见油页岩和分异良好的砂泥岩互层，泥岩段较厚，斜坡局部地区砂岩发育，局部地区发育有鲕状生物灰岩及薄层玄武岩。上部仍以暗色泥岩为主，局部地区见有薄层玄武岩。与下伏沙二段呈整合接触（图 2.7）。沙一段化石丰富，介形类为广泛分布的 *Phacocypris huiminensis* 惠民小豆介形组合，主要包括 *Xiyingia magna* 大西营介、*Guangbeinia xinzhenensis* 新镇广北介、*G. lijiaensis* 李家广北介、*Phacocypris vulgata* 普通小豆介等种属。腹足类化石发育 *Bohaispira supracarinata-Gangetia brevirota* 上旋脊渤海螺-短圆恒河螺组合，包括沙一下亚段的 *Pseudostenothyra lirellata* 小脊假狭口螺组合、沙一中亚段的 *Bohaispira shalingensis* 沙岭渤海螺组合和 *Stenothyra jinxianensis* 锦县狭口螺组合。藻类化石为 *Tenua-Rhombodella* 薄球藻-菱球藻组合，包括 *Tenua bifidis* 分叉薄球藻、*T. biornatisum* 双饰薄球藻、*Temuq* 薄球藻属等代表化石。

东营组（E_3d）：为盆地沉积演化第三旋回的收敛-扩张期，主要处于泛滥平原沉积环境。岩性主要为灰白色砂砾岩与绿灰色、浅灰色泥岩互层。下部泥岩富含介形虫和螺类化石。与沙一段为整合到局部不整合接触，与上覆新近系呈不整合接触。所含化石较为丰富，介形类包括东营组下部的 *Chinocythere unicuspidata* 单峰华花介、

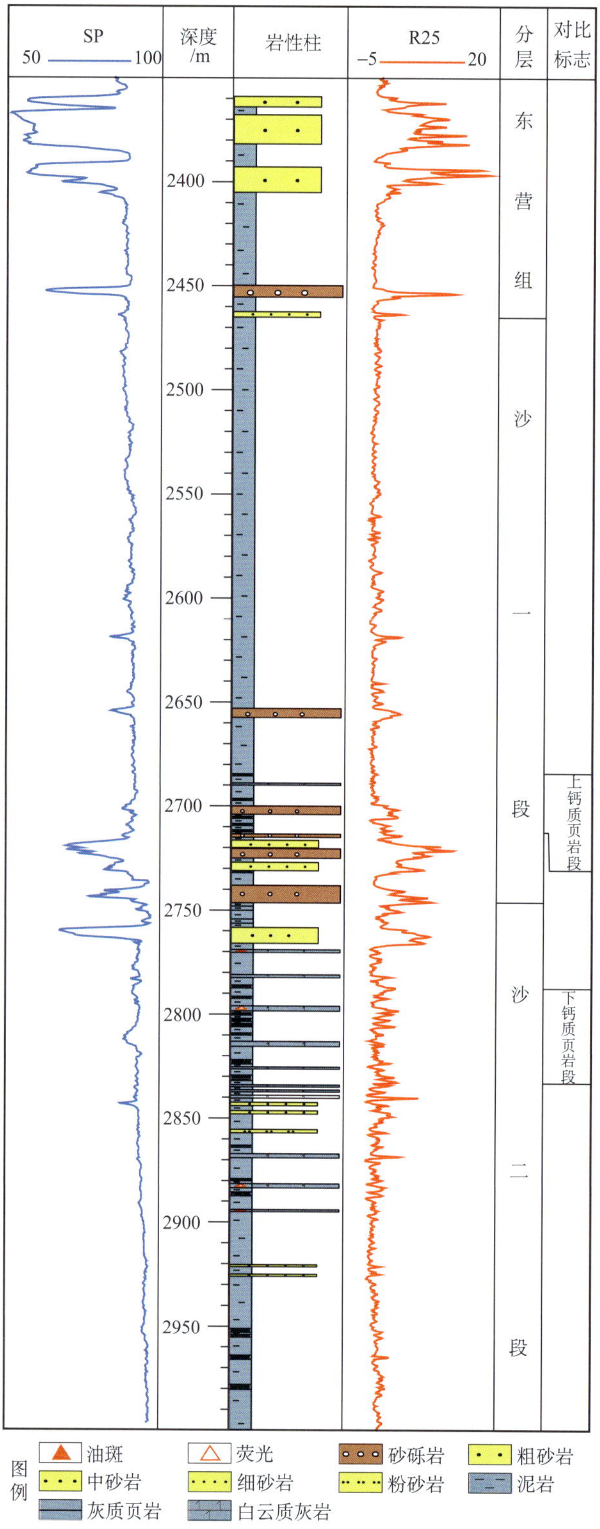

图 2.7 沙一段和沙二段地层纵向组合特征（双 44 井）

D. spongiformis 峰孔东营介、*D. dorsinodosa* 背脊东营介；东营组上部介形类以 *Dongyingia inflexicostata* 弯脊东营介、*D. biglobicostata* 双球脊东营介、*Berocypris striata* 指纹瓜星介等类型为代表。藻类化石包括 *Prominagularia* 角凸藻属、*Baltisphaeridium laxispinosum* 疏刺球藻属等。腹足类化石种类繁多，包括 *Bohaisspira spiralifere* 旋脊渤海螺组合、*Viviparus xinglongtaiensis* 兴隆台田螺组合、*Haihenia zhanhuaensis* 沾化海河螺组合。

馆陶组（Ng）：该套地层在研究区广泛分布，岩性以浅灰、白色厚层砾岩为主夹砂砾岩、含砾砂岩（图 2.8）及少量薄层灰绿、黄绿色泥岩。与上覆地层和下伏地层均为不整合接触。

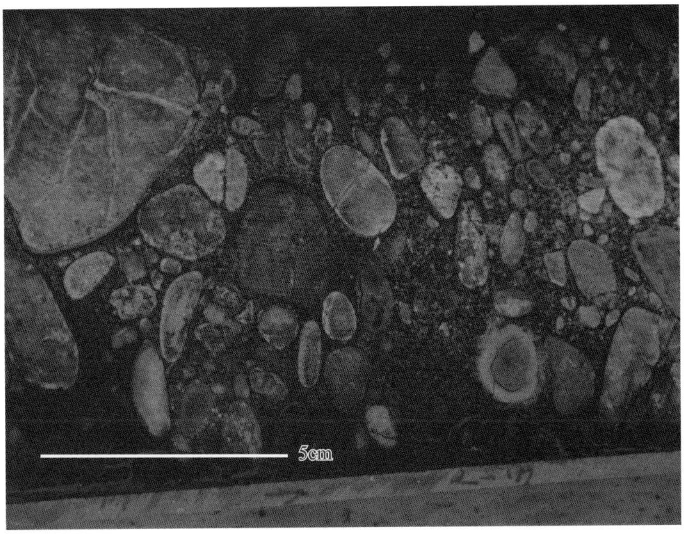

图 2.8　馆陶组岩心照片

2.3　构造特征

辽河盆地是在前新生代多套基底层之上发育起来的裂陷伸展盆地（廖兴明等，1996），经历了新生代早期伸展、后期被走滑作用改造的复杂历程，形成了复杂的构造几何形态。西部凹陷总的构造格局为东断西超，盆地形成的动力学机制源于区域性张扭形成的拉分效应和由此产生的地幔上涌、岩石圈伸展减薄伸展作用，这决定了西部凹陷发育的构造以各种伸展构造样式为主。工区内构造按其在平面和剖面上的组合形式及其对油气的控制作用，可以进一步划分为陡坡断阶带、缓坡断阶带和洼陷带（图 2.9）。

前人研究表明（徐嘉炜，1980），郯庐断裂在新生代盆地形成过程中活动强烈而频繁，经历了错动强度达 600～700km 的左旋走滑运动。辽河盆地内的主要断裂是郯庐断裂的组成部分，其特点和活动特点均受郯庐断裂的控制。工区内规模最大的断裂为台安-大洼断裂，为一级控盆断裂。该断裂沿北东方向贯穿整个西部凹陷，大致分为北、

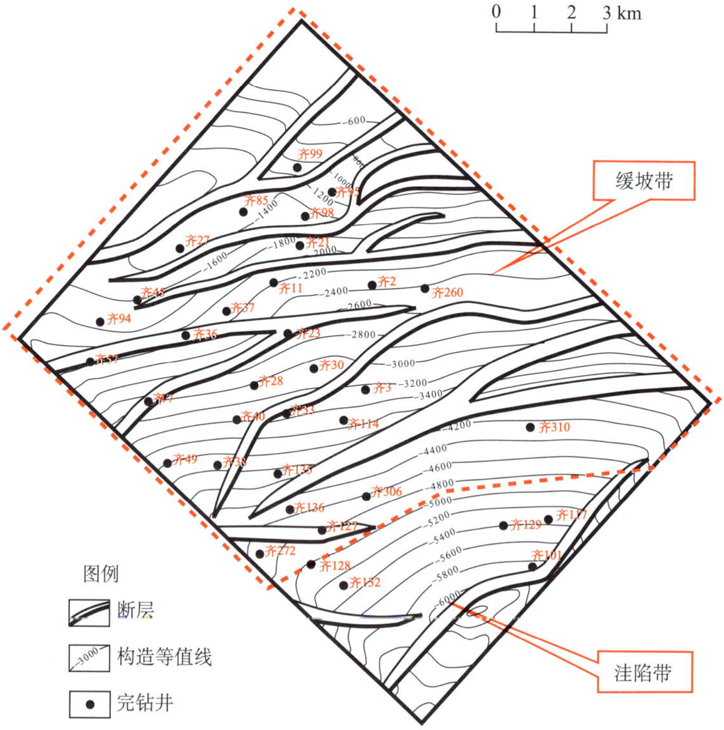

(a) 鸳鸯沟工区

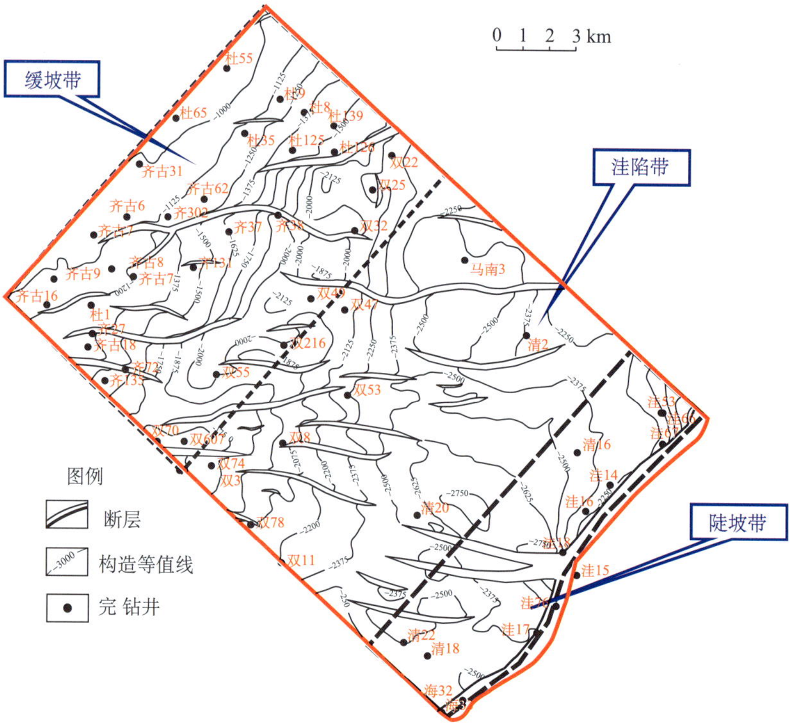

(b) 清水工区

图 2.9　研究区构造带划分

中、南三段。北段指高升至牛心坨部分，延伸约 45km，断面为铲式，最大落差约 4000m，控制台安洼陷与牛心坨洼陷的形成与发展；中段指冷家堡—高升段，控制陈家洼陷的形成和发展；南段指小洼—海外河区段，即工区范围内，控制了清水洼陷和鸳鸯沟洼陷的形成与演化，如清水洼陷最深达 8000m。在台安-大洼断裂控制和影响下，主要发育了北东向、近东西向和北西向断层。北东向断层多为同生断层，主要发育于研究区西部的下台阶地区。这组断层以东掉为主，大致平行展布，形成近北东向展布的断阶格局。其发育一般始于沙四时期，终止于沙一、沙二时期。该组断层为研究区下台阶地区的主干断层。对研究区下台阶地区的构造演化及沉积变化有明显的控制作用。在其下降盘往往形成同沉积背斜构造，并被次一级的断层复杂化而形成断鼻和断块构造，成为油气聚集的有利场所。例如，①锦 63-锦 12 断层（鸳鸯沟工区内），为一条北东向东掉断层，发育于沙四时期，终止于东营末期，最大断距 200m。该断层延伸长度接近 15km，在其下降盘一侧形成了一系列的断鼻和断块构造。如锦 609、锦 610 断鼻等，是继锦 607 断鼻之后又一个非常有希望的勘探领域。②齐 8 断层（鸳鸯沟工区内），为研究区另一条主干断层，延伸 8.2km，是第一高台阶与下台阶的分界断层，发育于沙三时期，终止于沙一、二时期，最大断距 350m。受其影响，在断层下降盘形成了一个较有规模的宽缓的鼻状构造。③锦 145 东断层（鸳鸯沟工区内），是一条北东向西掉的小断层，断距不大，延伸较短。④齐 38-双 22 断层（清水工区内），为走向北东向掉向东南的正断层，发育时间较长，从沙四时期一直到沙一时期均有活动。最大断距近 300m，延伸约 6km，是缓坡带北部一台阶与二台阶的分界断层。⑤齐 131-齐 37 断层（清水工区内），发育时期为沙四至沙三下段，掉向东南，是缓坡带中南部地区沙三下段和沙四段一台阶与二台阶的分界断层，最大断距约 200m，延伸距离 5km 左右。

近东西向断层呈帚状向北东方向发散，并在洼陷不断沉降的重力作用下，节节掉向洼陷中心。其发育一般始于沙三早期，主要活动期为沙三至东营期，越到晚期东西向断层越发育，表现在数量增多，延伸距离加大，断距加大，它们的演化不仅对沉积有控制作用，还对构造的形成及演化有很大的影响。其下降盘形成的断鼻和断块构造，很可能成为油气聚集的有利场所。规模较大者包括：①鸳鸯沟断层（鸳鸯沟工区），是鸳鸯沟工区内断裂规模最大的一条主干断层，断距中间大、两端小，走向北东—近东西向。始于沙三早期，终止于馆陶期，主要活动期为东营期，对古近系各时期的沉积及断层两侧的构造形态均有明显的控制作用。该断层不仅在时间上，而且在空间上有着明显的不均衡性。在锦 114-锦 104 井区的活动强度明显大于其他地段。其南段总体上由北向南活动强度由强变弱，直至消失于锦 135 井附近。由于该断层的活动派生了一系列与其平行或有一定交角的次一级小断层，从而形成了若干个有利圈闭。②锦 127 断层（鸳鸯沟工区），发育于鸳鸯沟工区南部，为众多东西走向、东掉正断层中最具有代表性的一条主干断层。断距 50～300m。其发育于东营中晚期，虽对沉积没有明显控制作用，但对这一地区的构造形态有一定的控制作用，如锦 127 北小型鼻状构造就是受其作用而形成的。③锦 13 西断层（鸳鸯沟工区），发育于鸳鸯沟工区北部、鸳鸯沟断层西侧。走向北东—近东西向，与鸳鸯沟断层平行展布。始于沙三早期，终止于东营中期。由北向南活动强度由弱变强，并于锦 13 井附近分为两支，一支继续沿北东走向延伸并逐渐消失；

另一支以东西走向向西延伸。该断层受各地质时期沉积及构造的活动影响，各时期的消失位置不同，走向也略有不同。④齐古7-齐37断层（清水工区），发育于清水工区缓坡带的中部，从沙三中期开始发育，至东营期末还有活动，由沙三段到东营组，规模越来越大，延伸距离从7km发展到13km，断距50～300m。该断层在发育的晚期（沙一末期）还在局部地区派生了一些次级分叉断层，表现出了断层发育的复杂性。⑤双49-双47断层（清水工区），从沙三末期开始发育，直至馆陶早期还见有活动的痕迹，延伸距离大于15km。晚期活动（沙一末期—东营早期）对清水洼陷起到了分隔作用，在manan3井以北方向形成了一个次洼而和清水主体洼陷分隔开来。

北西向断层多为北东向或近东西向主干断层的派生断层，它们的主要作用是将斜坡或台阶进一步复杂化成一系列的次级断块、断鼻等。如清水工区内发育一条规模相对较大的北西向断层（图2.10），还派生出一系列的近东西向的次级断层。该断层从沙四早期开始发育，直至东营时期，且断距较大，为150～300m，该断层对砂体的展布具有明显的控制作用。

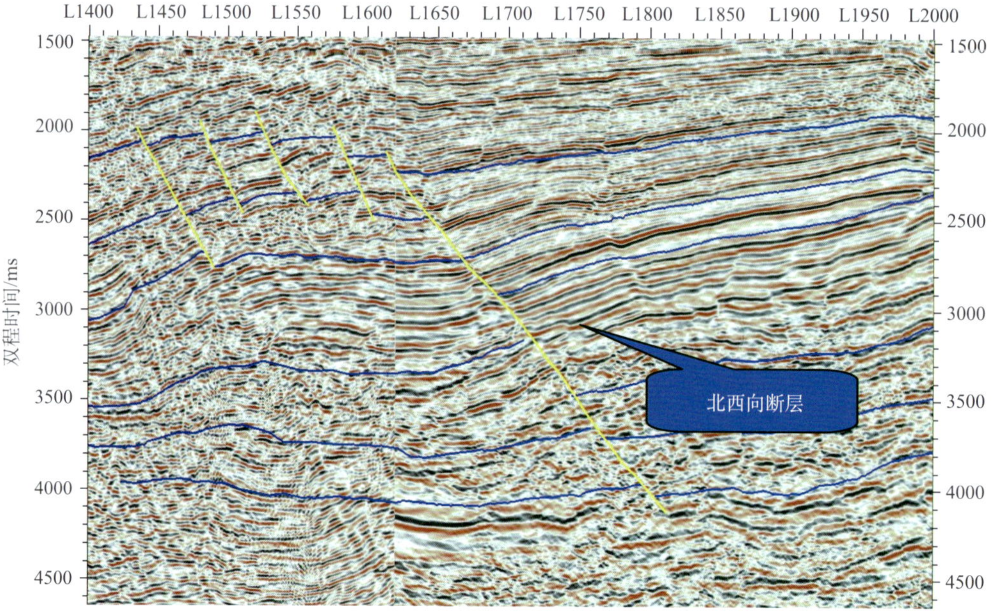

图2.10 Cross1450地震剖面（示次级断层联络测线）

2.4 研究区构造演化史

辽河盆地处于郯庐断裂带北段，燕山期以来（尤其是喜马拉雅期）郯庐断裂带大规模的活动控制了盆地的形成和发育演化过程。裂陷演化的一般规律，即裂前地壳破裂（包括初始裂陷及火山活动等）、裂陷不均衡发育（包括沉积环境演变及沉降沉积中心转移等）以及裂陷后热沉降（包括拗陷沉降及有机质成熟等）等规律在辽河盆地表现明显。研究区相应地经历了古新世裂前火山活动期（房身泡期）、始新世—渐新世裂谷断陷沉降期（又进一步分为三个阶段：沙四—沙三段为第一断陷期，沙二—沙一段为第二断陷期，东营期为第三断陷期）和渐新世末—第四纪（馆陶组—第四纪）的盆地拗陷期，表现出了明显的阶段性、呈幕式演化的特点（图 2.11），即新生代可分为古近纪和新近纪—第四纪两大构造-沉积演化时期，前者为裂谷盆地断陷充填演化时期，又可划分为拱张阶段（古新世的拱张幕）、裂陷伸展阶段（包括沙四—沙三期的裂陷伸展Ⅰ幕、沙二—沙一期的裂陷伸展Ⅱ幕、东营期的裂陷伸展Ⅲ幕），后者为裂后充填的坳陷盆地演化时期。

地层时代					火山活动				构造–沉积旋回	盆地升降特征	沉积建造	沉积环境	盆地演化特征		
界	系	统	组	段	期	次	顶底年龄/Ma	强度	降↔升						
新生界	新近系	中新统	馆陶组	未分	四	1	24.7	弱		缓慢沉降	粗碎屑砂砾岩	冲积扇及冲积平原	拗陷阶段		
	古近系	渐新统	东营组	一	三	4	28.1	强		快速抬升	粗碎屑为主	冲积平原	裂陷三幕	衰弱期	断陷阶段
				二		3	30.8			缓慢沉降	砂泥岩互层及暗色泥岩	冲积平原与浅湖			
				三		2	36.9			极缓沉降	砂泥岩互层及粗碎屑	冲积平原与沼泽			
			沙河街组	一		1	38.4			缓慢上升	杂色泥岩	浅湖及扇三角洲	裂陷二幕	扩展期	
										稳定沉降	暗色泥、油页岩				
				二						缓慢沉降	灰色砂泥互层及粗碎屑				
		始新统		三	二	4 3 2	39.5	弱		缓慢抬升	泥质夹碳质层	最大水进期,深水湖盆,湖底扇,扇三角洲	裂陷一幕	深陷期	
										急剧沉降	暗色泥岩夹粗碎屑				
						1	42.4			缓慢沉降					
				四	一	3	45.4	强		缓慢沉降	砂泥岩及油页岩	初始水进,浅水湖盆,扇三角洲		初陷期	
		古新统	房身泡组	上段		2	46.4			缓慢沉降	玄武岩	陆上环境	拱张幕		
				下段		1	65			初始沉降	玄武岩夹砂泥岩				

图 2.11　研究区构造-沉积演化特征

断陷演化阶段又可以分为四个构造幕，其中拱张幕（古新世）从中生代末期开始，处于区域拱张状态，形成了一系列北东向西倾为主的张性断裂，部分断裂（或断裂的某一部分）可能是前新生代的断裂发生活化而重新活动，软流圈物质沿着这些大断裂形成了大规模的上涌和碱性玄武岩喷发（梁鸿德等，1992），以岩被形式覆盖在前古近系之上，此时在相对低洼地区，发育了暗紫红色粗碎屑沉积。主裂陷伸展幕主体发育在始新世时期（沙河街—东营组沉积期）。此时的区域应力场主体上表现为北东-南西向挤压作用，导致北东向断裂大幅度活动，基底断块差异活动强烈。进入沙三时期，沉降-沉积速度达到最大，此时，研究区处于沉降-沉积中心，形成了最厚可达 1200m 的暗色泥岩。同时，工区边部的曙光、齐家、欢喜岭、兴隆台等翘倾断块带出现雏形。沙三沉积末期，短暂的抬升作用在局部地区导致了一定程度的地层剥蚀；沙一、沙二沉积时期，快速沉降特点仍然明显，但沉降速度明显低于沙三段，沉积相环境也发生重大调整，储集砂体较为发育。该阶段，沉降沉积中心发生了明显的南移和东移（图 2.12，图

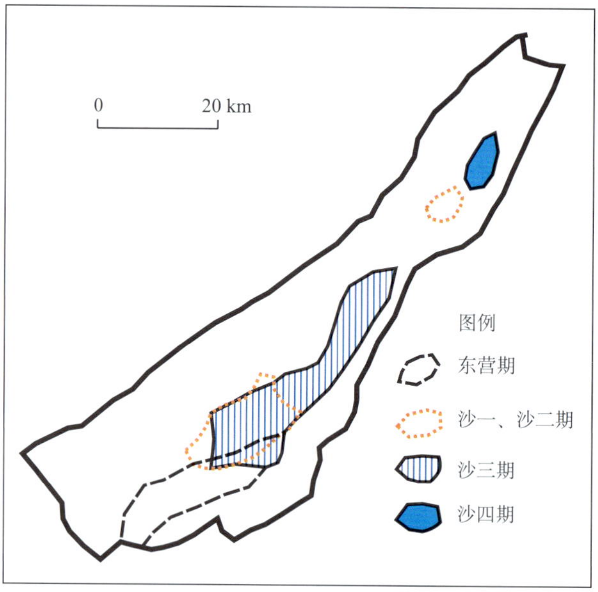

图 2.12 裂陷伸展阶段沉积中心迁移平面示意图

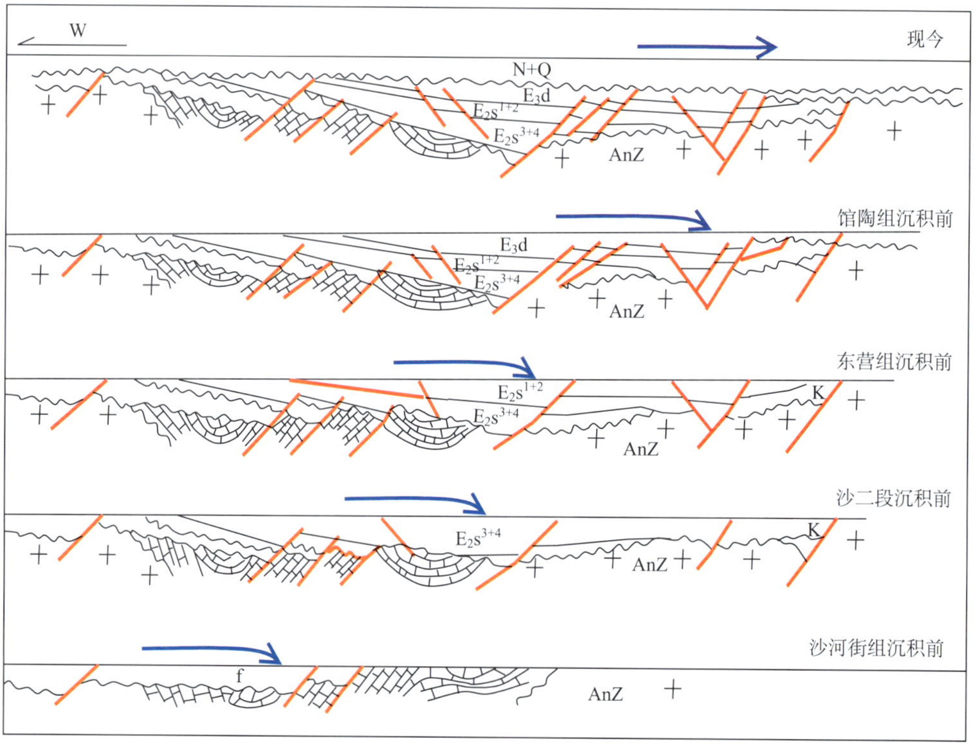

图 2.13 西部凹陷裂陷伸展阶段沉积中心转移剖面示意图

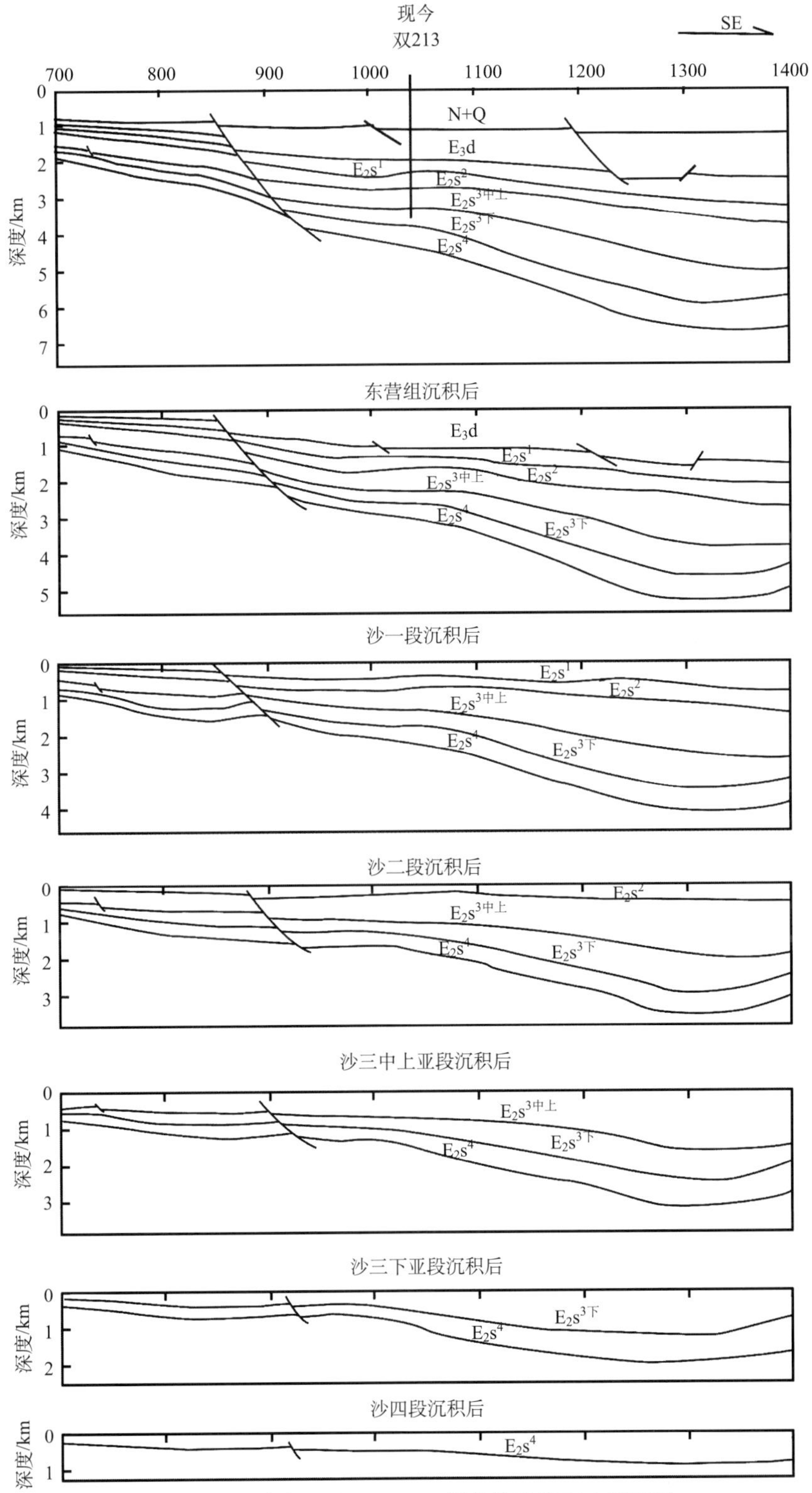

图 2.14　清水工区 Line1740 测线构造发育史剖面图

2.13)，沉降速度和幅度区域性减小，断陷演化主体发育阶段结束。研究区除了受西部凹陷整体构造控制外，同时由于其处于盆地南部的特定位置又有其特有的构造演化发育特点。总的来讲，工区具有先凹后斜的基本构造演化特征（图2.14）。裂陷Ⅰ幕的沙四期是辽河裂谷的张裂期，受区域拉张应力场的作用，研究区形成了少量北东向西掉的反向正断层，同时北东向东掉的正断层也开始发育。在凹凸不平的古地貌控制下，水进过程中沙四段首先在清水洼陷和鸳鸯沟洼陷低洼处和基岩凸起周围沉积，而后水体上升，呈现浅湖环境，接受广泛的湖相沉积。沙三期是辽河裂谷的深陷期，此时研究区西掉反向正断层基本停止发育，新生了一系列顺斜坡倾向的东掉正断层，逐级向洼陷低部位下掉，并与早期发育的西掉反向正断层组合，使研究区呈现地垒和台阶。该时期是辽河裂谷发育的鼎盛时期，研究区断裂活动加剧，整体快速沉降，水体扩大，成为深水湖盆，沉积了巨厚的暗色泥岩。沙三末期，斜坡西侧相对抬升，边部地层遭受剥蚀，与上覆地层呈不整合接触。裂陷Ⅱ幕的沙一—沙二时期，北东向东掉正断层持续强烈活动，在其下降盘形成一些背斜构造（如双台子断背斜）。此时辽河裂谷扩张减速，水体变浅，呈现浅湖环境。沙一末期，斜坡西侧进一步抬升，边部地层遭受剥蚀，与上覆地层呈不整合接触。裂陷Ⅲ幕的东营期辽河裂谷进入收缩期，研究区断裂继续发育，对早期构造进行改造。此时研究区水深变浅，主要为泛滥平原和三角洲平原环境。至东营末期，该区整体抬升，遭受剥蚀，形成区域性不整合。

坳陷演化阶段：从新近纪开始盆地由断陷转化为坳陷，北东向断裂活动大面积停止，同时其他方向断裂也趋于死亡，西部凹陷的构造沉降作用基本结束，仅在热沉降动力作用下继续发展，形成了广泛、平缓、缺乏断裂活动的区域性坳陷沉降作用。研究区和整个辽河盆地一样进入坳陷发育阶段，为区域广布的河流环境沉积，呈角度不整合覆盖在古近系层之上。

第 3 章　沙河街组层序地层格架

3.1　几个重要的不整合面概述

陆相地层的沉积演化具有旋回性，演化背景可以存在多旋回的幕式构造运动和周期性的气候变化，而这些因素都会造成地层剖面中存在一系列不同级别的不整合面，这些不同级别的不整合面是进行层序地层划分、建立等时地层格架的基础。

研究区内发育如下几个重要的不整合面：①沙河街组底部的不整合面，即古近系始新统沙河街组底部的不整合面。在工区内，不整合面之下为中生界或太古界，是湖盆初始扩张时由暴露状态向没入水下状态的遗留物，古地形呈高低不平，凹凸相间的复杂状，既有山头，也有低洼，沙四段的沉积显然为填平补齐的充填式，超覆现象在斜坡及高垒带围翼十分发育。②古近系与新近系之间的不整合面，是指东营组与馆陶组之间的不整合面。东营组末期拗陷抬升，东营组上部普遍遭受剥蚀，断陷阶段结束，进入拗陷演化阶段，斜坡边缘地层剥蚀严重，馆陶组覆盖在古近系之上具有明显的角度关系，馆陶组沉积范围大大超过古近系，是一个规模很大的不整合面。③沙河街组与东营组之间的不整合面，该不整合面位于沙一段顶，是第二旋回末期的水退，致使局部地区沙一段上部地层被轻度剥蚀，形成局部不整合或假整合关系。④沙河街组内部不整合，沙河街组内部比较明确的不整合是指沙三段顶部与沙二段底部的不整合面，是由于沙三后期短暂抬升使其顶部地层受到剥蚀，其上覆盖的沙二段与其下伏沙三段接触呈超覆或断超关系。

这些不整合面的形成与演化简述如下。研究区内古近系总体具下超上剥特征。古近纪古新世，受构造运动的影响，形成古近系底界与前古近系之间的不整合；始新世早期，该区处于隆升状态，房身泡组及沙四段中下部全部缺失，到始新世晚期才缓慢下降，形成沙河街组与房身泡组之间的不整合；沙三段沉积时期盆地深陷，沙三段与沙四段之间，基本为连续沉积。沙三段沉积晚期，拗陷回返上升，形成沙三段与沙二段之间的不整合；沙一段沉积时期，该区进入新的深陷阶段，沙一段与沙二段之间为连续沉积；沙一段沉积末期，局部地区缺失沙一段上部沉积，东营组与沙河街组之间为连续至局部不整合。东营晚期拗陷抬升，东营组上部普遍遭受剥蚀，断陷阶段结束，进入新近纪拗陷阶段。

3.2　层序地层格架构成

对陆相盆地来说，构造沉降、沉积物供给、湖平面变化与古气候是层序发育的主要控制因素，其中又以构造运动为主。构造沉降为盆地提供了可容纳空间，可容纳空间与沉积物供给的比值决定了在该可容纳空间内形成的地层旋回中沉积物的厚度、体积分配、相分异、叠加样式、旋回界面的形成及性质等（Strecker et al.，1999；吴因业等，2005）。在建立层序地层格架时要突出地反映盆地构造运动、气候旋回以及物源供给等因素对不同级别层序形成和发育的控制作用。通过综合分析研究区内发育的几个主要不整合面、盆地沉积充填特征、构造演化史、古气候条件和沉积体系的发育关系，笔者认为：整个盆地的构造演化过程控制着构造层序及其界面的发育；构造幕和气候的二级旋回控制了层序组及其界面的发育；构造幕内构造活动和气候的三级旋回控制了层序及其界面的发育；物源供给速率和可容纳空间的关系决定了层序体系域的特征。据此通过识别不同级别的不整合面和基准面旋回形成的层序界面，可实现研究区内古近系的层序划分，建立以三级层序为单元的全区可以对比的等时地层格架。

依据层序地层学原理，结合研究区构造演化背景、古生物组合、地震相、测井相、岩相和地球化学等特征所反映的地层不整合面及其与之对应界面的级别及特征，本书把研究区古近系充填序列划分为三个级别，即超层序组、超层序和层序，共划分为1个超层序组即一级层序（SSQS1）、4个超层序即二级层序（房身泡组、沙四段—沙三段、沙二段—沙一段、东营组均可划为一个超层序，SSQ1—SSQ4）、8个三级层序（Sq1—Sq8）（图3.1）。

古近系是盆地断陷演化阶段的产物，把它视为一个超层序组（SSQS1），其底界面为古近系底部的不整合面，绝对年龄为65Ma（年龄值据梁鸿德，1992，下同），顶界面为新近系与古近系之间的不整合面，绝对年龄为24.6Ma，SSQS1时限约40Ma。新近系拗陷充填期形成了另一个超层序组（SSQS2），其顶界面为新近系与第四系之间的不整合面，该超层序组时限约24Ma。超层序组的发育和演化与辽河盆地裂陷作用和裂陷收敛闭合、拗陷沉降步调一致，与渤海湾地区的区域构造活动有密切的成因联系。

根据构造幕、气候二级旋回和物源供给因素导致的沉积基准面二级升降旋回而产生的不整合及其与之对应的界面，在SSQS1超层序组内划分出四个层序组即SSQⅠ、SSQⅡ、SSQⅢ和SSQⅣ。每个层序组中的三级层序有相同或相似的地层序列、构造背景、气候和物源供给特征。

SSQⅠ层序组由古新世房身泡组构成，其底界面为古近系底部的不整合面，即古近系与中生界之间的不整合面，绝对年龄为65Ma；顶界面为沙四段与房身泡组之间的不整合面Sb1，绝对年龄为45.4Ma，该层序组时限约为20Ma。SSQⅠ层序组形成于盆地断陷演化时期最初拱张阶段，此时由于太平洋板块向欧亚板块俯冲作用导致地壳上拱、张裂，发生大规模的火山喷发，在研究区内可见薄层玄武岩与薄层砂泥岩互层。

SSQⅡ层序组由始新统沙三段和沙四段构成，底界面为沙四段与房身泡组之间的不整合面Sb1，顶界面为沙三段与沙二段之间的界面Sb4，绝对年龄值约38.4Ma，该层序组时限约为7.5Ma。SSQⅡ与盆地断陷演化时期第一裂陷幕相对应，又分为初陷期和深陷期两个阶段，先后经历了缓慢沉降、急剧裂陷、缓慢抬生的发展过程。沙四时期沉积环境为浅水湖盆，主要形成了扇三角洲沉积；沙三时期为强烈裂陷沉降阶段，发生大规模水进，形成深水湖盆环境，主要形成了扇三角洲和湖底扇等沉积类型。至沙三末期发生大规模水退，第一裂陷幕演化结束。根据发育的三级层序界面（Sb1、Sb2 、Sb3、Sb4），SSQⅡ层序组划分为三个三级层序Sq1、Sq2、Sq3，分别相当于沙四段（E_2s^4）、

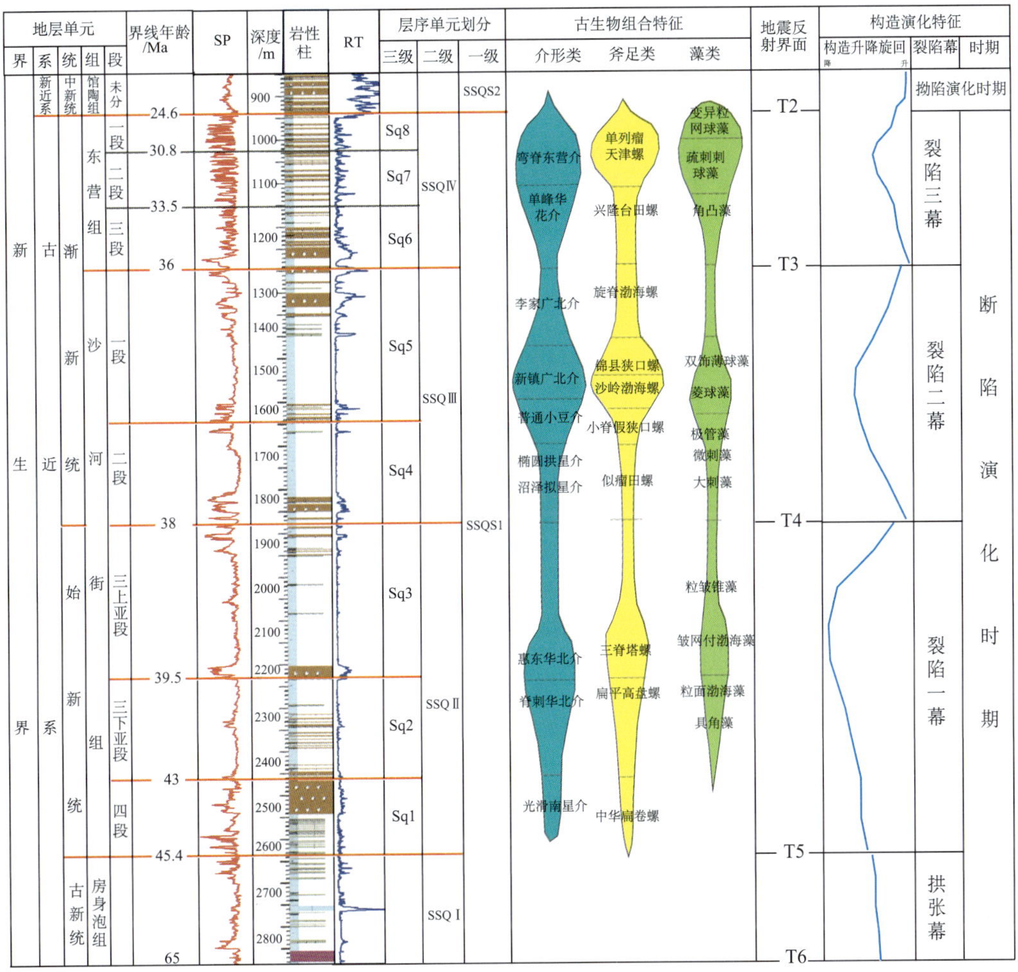

图 3.1　西部凹陷南段层序地层综合柱状图

沙三下亚段（$E_2s^{3下}$）、沙三上亚段（$E_2s^{3上}$）。

SSQⅢ层序组由渐新统早期的沙二段和沙一段构成，底界面为沙三段与沙二段之间的界面 Sb4，顶界面为沙河街组与东营组之间的不整合面（Sb6），绝对年龄值为 36.9Ma，该层序组时限约为 1.5Ma。SSQⅢ与盆地断陷演化时期第二裂陷幕相对应，经历了缓慢沉降、稳定沉降、缓慢上升的演化过程。沙二中晚期至沙一早期为沉降最大时期，但与第一裂陷幕相比，沉降幅度已大为减小。主要为浅水湖盆沉积环境，形成了由灰色砂泥岩互层构成的扇三角洲沉积体系为主的沉积类型。根据发育的三级层序界面（Sb4、Sb5、Sb6），SSQⅢ层序组可以划分为两个三级层序 Sq4 和 Sq5，分别相当于沙二段（E_2s^2）和沙一段（E_3s^1）。

SSQⅣ层序组由渐新统晚期的东营组构成，底界面为沙河街组与东营组之间的不整合面（Sb6），顶界面为新近系与古近系之间的不整合面，即馆陶组底部的不整合面

(Sb9)，绝对年龄值约为24.7Ma，该层序组时限约为14.4Ma。SSQⅣ与盆地断陷演化时期第三裂陷幕相对应，与前两个构造活动幕相比，其构造活动强度最弱，也是辽河盆地断陷演化时期的衰弱期，经历了极缓慢沉降（东三时期）、缓慢沉降（东二时期）、快速抬升（东一时期）三个演化阶段，总体的沉积环境以冲积平原与沼泽、浅湖为特征，过补偿沉积作用明显，发育了辫状河、浅湖和冲积扇等沉积体系。根据发育的三级层序界面（Sb6、Sb7、Sb8、Sb9），SSQⅣ层序组可以划分为三个三级层序Sq6 、Sq7、Sq8，分别相当于东三段（E_3d^3）、东二段（E_3d^2）、东一段（E_3d^1）。

体系域（system tract）是一组有成因联系的同期沉积体系的三维空间组合，其边

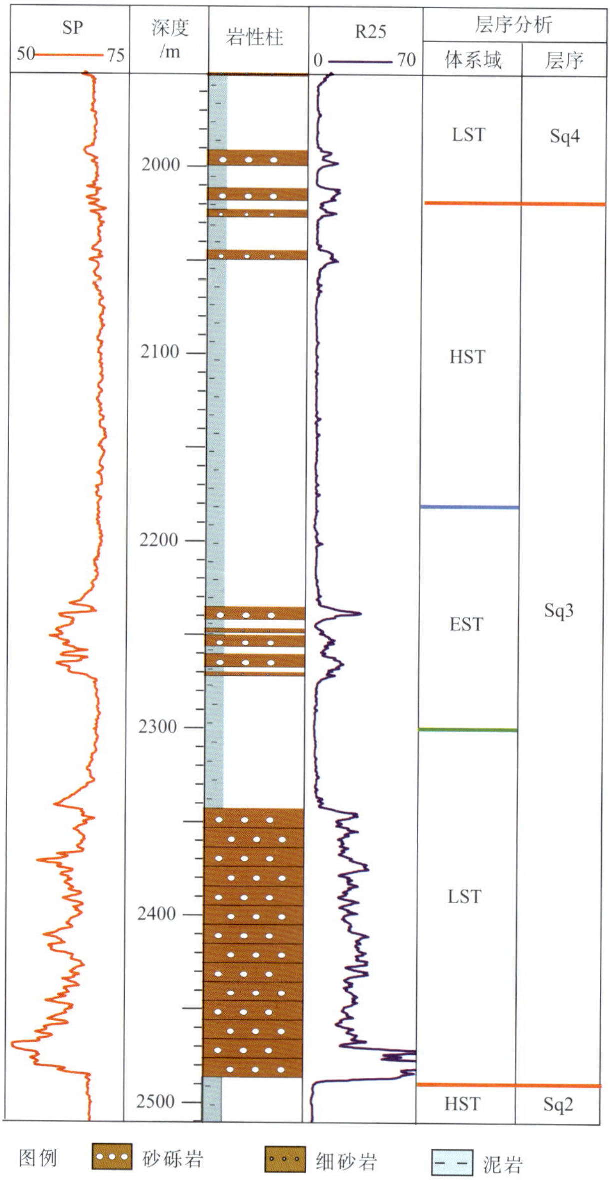

图3.2 单井三级层序体系域划分示意图（杜139井）

界是地层上超、下超等沉积界面。在一个三级层序内，根据初始湖泛面（PLFS）和最大湖泛面（MFS）可以把一个层序划分成低位体系域（LST，位于初始湖泛面和层序底界面之间）、湖扩展体系域（EST，位于初始湖泛面和最大湖泛面之间）和高位体系域（HST，位于最大湖泛面和层序顶界面之间）。由于研究区内地震资料品质差，虽然单井上可以识别出初始湖泛面和最大湖泛面，也能划分出低位体系域、湖扩体系域和高位体系域（图 3.2），但受地震资料较低的主频、较差的品质限制，不能有效地在井间追踪初始洪泛面，所以在进行全区三维地震解释和反演时，仅追踪了三级层序界面和最大洪泛面，从而以最大洪泛面和层序界面为界，把一个三级层序划分为高位体系域、低位体序域＋湖扩体系域（LST＋EST）。

3.3　层序界面特征及识别

层序地层划分和层序界面识别是层序地层学研究的基础和重要环节，其他方面层序分析都以此为基础。能够建立比传统地层学方法等时性更好的地层格架，是层序地层学得到普遍推崇的主要原因（邹才能和张颖，2002）。在层序地层学工业化应用过程中，可以利用的资料主要包括：露头、地震、测井、录井、岩心等资料（顾家裕，1995；贾承造等，2004；顾家裕等，2005）。

实践表明，建立等时地层格架必须在钻井层序划分的基础上，充分运用井资料，包括多种电测曲线、岩心、地震资料，通过制作合成记录，建立井-震统一的地层格架。多种资料互为补充、互相验证，并采用多种层序划分对比方法（图 3.3），建立起的地层格架才具有可靠的等时性。本书采用已较为成熟的建立井-震统一层序地层格架的五

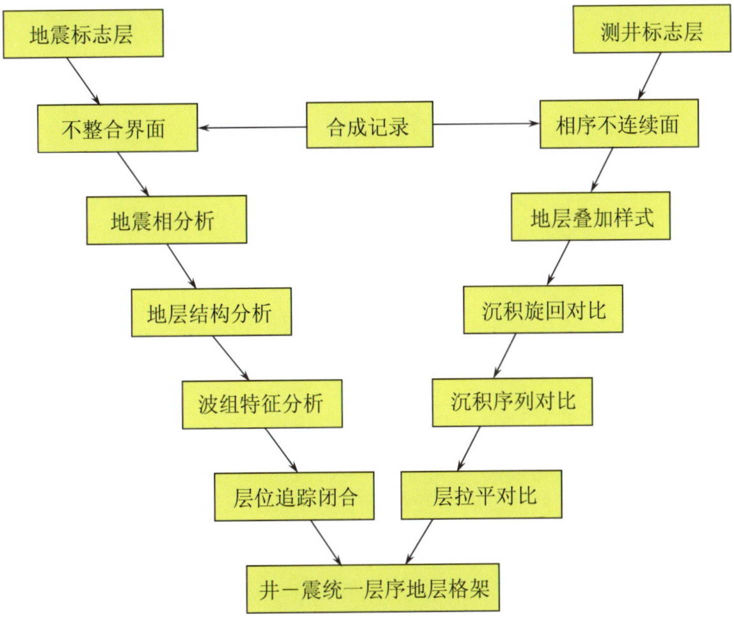

图 3.3　层序划分和对比方法图（据邹才能和张颖，2002）

个步骤（邹才能和张颖，2002），进行层序界面识别和格架建立。

层序地层界面和最大湖泛面是进行层序地层等时对比的关键界面，识别不同级别、不同性质的不整合面及其与之对应的界面，并进行横向对比追踪，是进行不同级别层序地层划分、建立等时地层格架的关键。尽管不同级别层序界面的成因、性质存在差异，但各级层序界面在地震相、测井相、岩相、古生物、盆地构造体系和充填方式等方面存在相似的识别标志。本书充分应用古生物特征、测井相特征（包括 SP、RT、AC、GR、U、COND）、岩相特征、地震相特征、有机地球化学特征，对层序界面进行识别。

3.3.1 古生物特征

由于不同的生物种类适应的生存环境条件（如水深、水温、水体含盐度等）存在差异，决定了古生物在平面上和纵向上的分布特征（如分异度、组合、类型等）会出现较为明显的差别。如在沙三时期，华北介和纺锤玻璃介在西部凹陷的平面分布具有明显的分区性（图 3.4），反映了两种介形类对水体深浅的适应差异性。而当环境发生改变甚至突变时，腹足类和藻类生物组合等特征也相应地变化（图 3.1），反映了生物演化的阶段性，因此，这种古生物分布与组合特征及其随环境变化而变异的特点与层序界面都

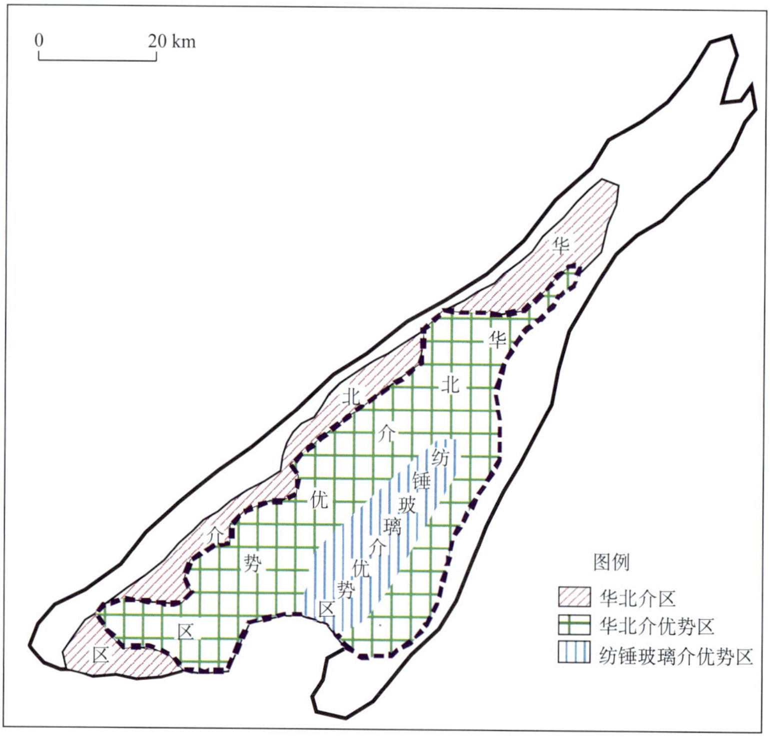

图 3.4　西部凹陷沙三时期介形类平面分布图（据孙镇诚，1972①）

① 孙镇诚．1972．辽河盆地西部凹陷的介形类．辽河油田勘探开发研究院（内部资料）。

是构造幕式运动的结果，具有很好的对应关系，可以用作识别层序界面的可靠标志。

研究表明（薛叔浩等，2002），介形类对环境的适应能力强，在滨浅湖和浅湖最为丰富，随湖盆扩张和水体加深，还出现了适应深水环境的新属种（图 3.5），因分布广泛，介形类成为地层对比的最有效的生物门类（图 3.6）。因此，本书采用介形类作为层序对比划分的古生物标志。

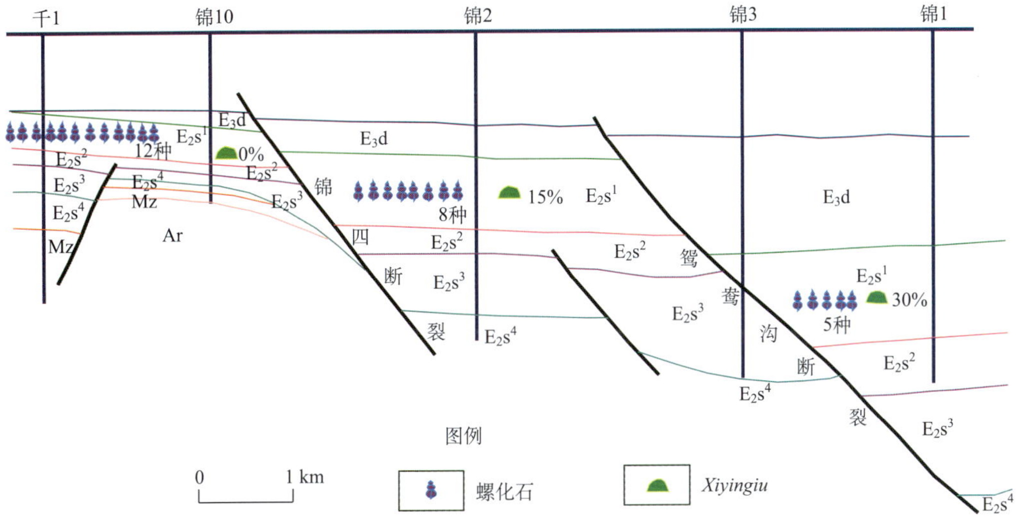

图 3.5　深水西营介在纵向上与螺化石的演替关系（据姚益民和杨时中，1994a）

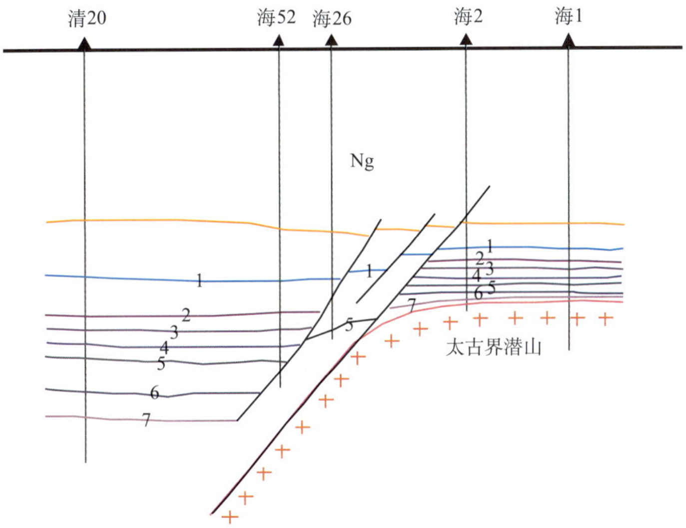

图 3.6　介形类在层序对比划分中的应用（据姚益民和杨时中，1994b）

1. *Phacocypris guangraoensis*；2. *Berocypris striata*；3. *Dongyingia ventrispinata*；4. *Chinacythere unicuspidata*；5. *Dongyingia bispinata*；6. *Dongyingia spangiformis*；7. *Dongyingia dorsinodosa*

因层序界面往往是一个沉积环境突变面，造成界面上下的介形类种属及其组合发生变化，反过来利用这种变化特征就可以确定层序界面的位置。如杜 7 井在 Sb3 界面上下介形虫的种类和组合特征有着明显的区别（图 3.7）：界面以下（沙三下段）主要为惠民华北介、脊刺华北介、腹脊华北介等华北介种属及短背玻璃介、小梯形玻璃介等玻璃介种属以及少量真星介组合；界面以上（沙三上段）则以三角华北介、普通华北介华北介等种属以及后凹玻璃介、近尾尖玻璃介等玻璃介种属组合为特征。当然尚有如惠东华北介、中国华北介等广延性介形虫跨越了层序界面，但从图中也可以发现这些介形类跨越 Sb3 界面的范围是非常有限的，在岩相和测井资料配合下确定 Sb3 的位置。

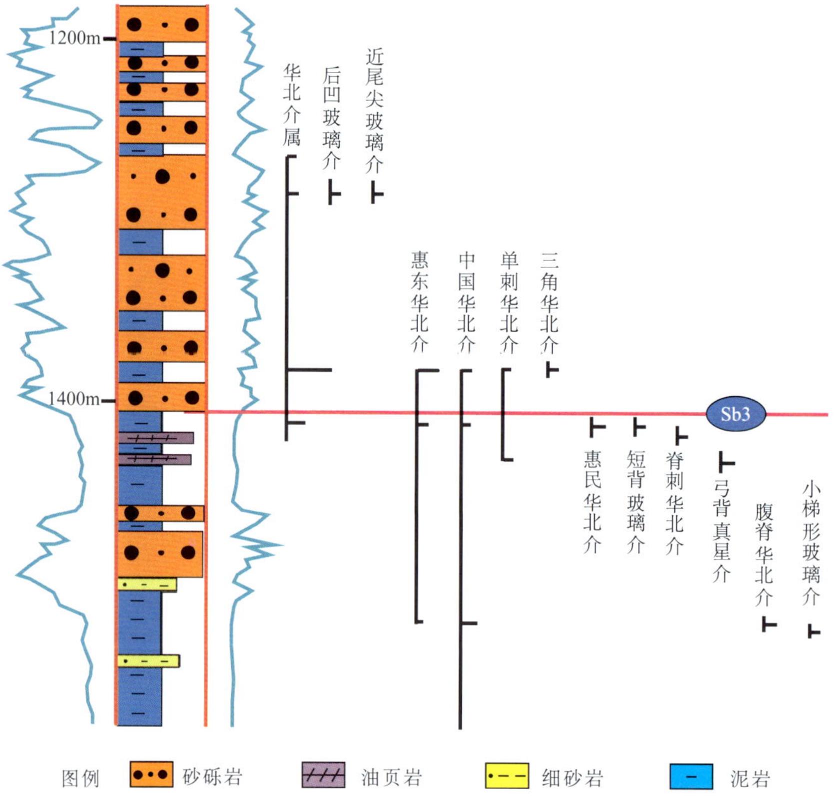

图 3.7 杜 7 井 Sb3 界面上下介形虫种类和组合特征

图 3.8 表示的是鸳鸯沟工区过锦 14—锦 11—锦 23—锦 24 四口井的剖面（顺剖面走向古地形由斜坡带向洼陷带过渡），从层序界面 Sb6 上下的介形虫种类和组合特征可以看出，随着由斜坡水体较浅向洼陷水体较深的环境变化，介形虫的种类逐渐增多，界面以上（东营组）主要发育东营介、似玻璃介种属，界面以下（沙河街组）主要发育玻璃介、湖花介、真星介种属，反映了界面上下沉积环境发生了较强的变迁。

3.3.2 测井曲线特征

由于研究区内不具备露头资料，系统取心井也很少，地震资料品质相对较差，在识别层序界面的过程中本书重点应用了测井资料。在层序界面和最大洪泛面上 SP、RT、AC、COND、GR、U 等测井曲线均有明显的特征，能够反映界面的位置。

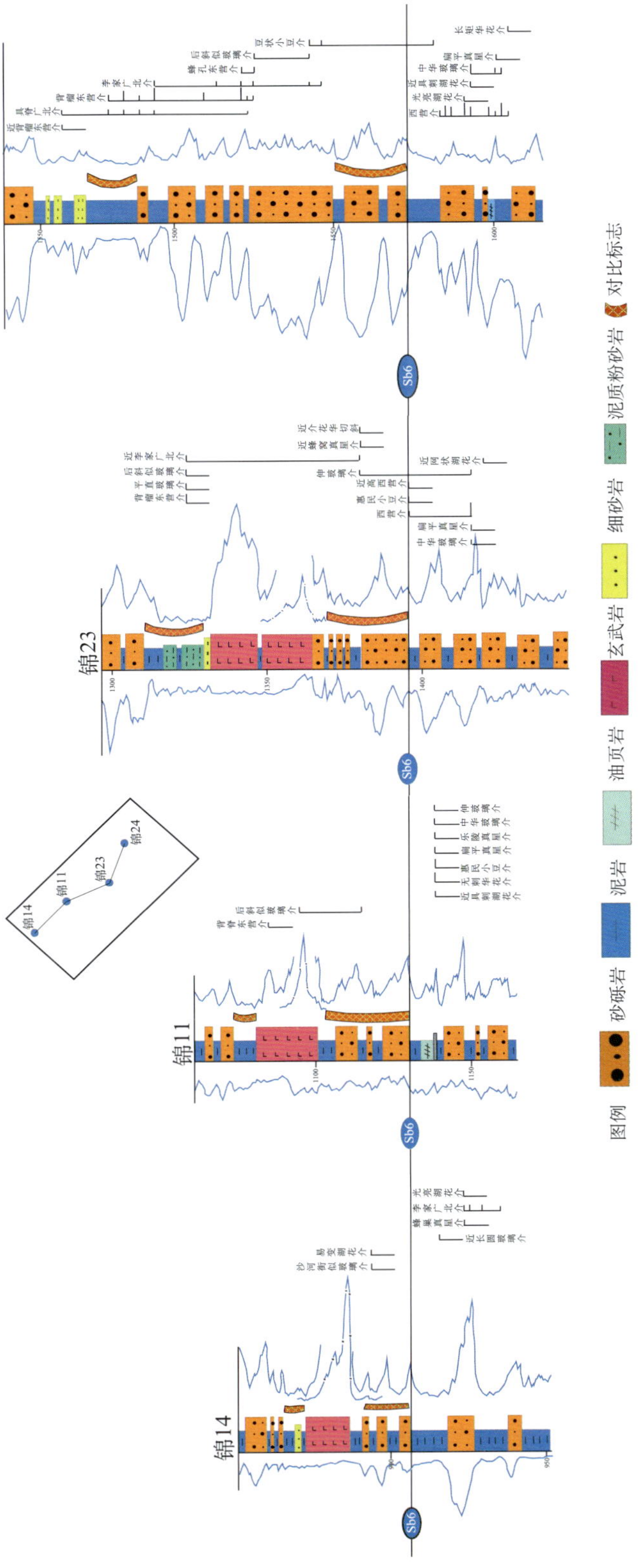

图 3.8　锦 14 井—锦 24 井剖面 Sb6 界面上下介形虫种类和组合特征

由于层序边界之下是高位体系域，水体有向上变浅的趋势，反映在粒度上是向上逐渐变粗。而层序界面之上是低位或湖侵体系域，水体向上有变深的趋势，反映在粒度上为向上逐渐变细。所以碎屑岩粒度由向上变粗至变细的转换位置可作为层序边界的识别标志。由于岩性变化、岩相的差异、压实作用的差异或不整合面的存在，层序界面上测井曲线幅度和形态发生突变（王卫红等，2003），如自然电位曲线发生突变，可以突变为箱状、指状或钟形等特征（操应长等，1996）。层序界面位于测井曲线基值发生明显改变的转折点［图 3.9(a)］，在 SP 和 RT 曲线上，层序边界的下部一般是齿状的漏斗形，而边界的上面一般是倒置的漏斗形，层序边界一般是曲线幅度最大的位置［图 3.9(b)］。

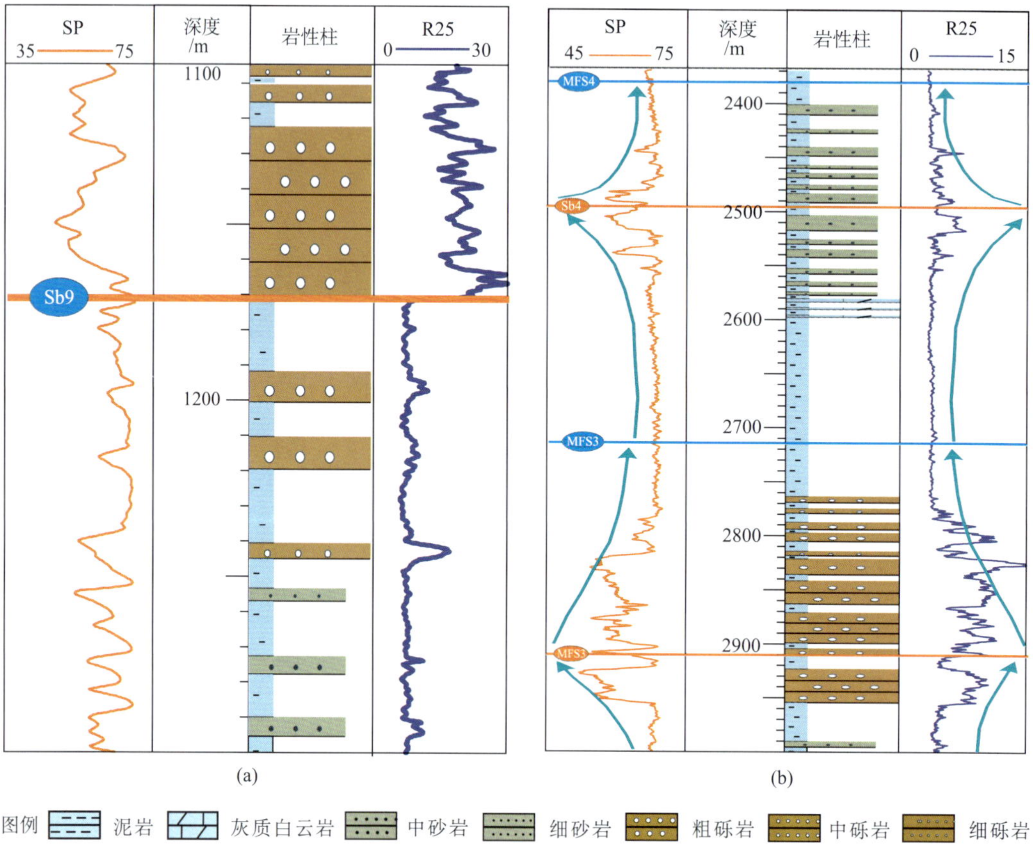

图 3.9　层序界面与最大洪泛面的 SP 与 R25 曲线特征

层序界面位于反映加积的“箱状”或退积的正旋回“钟形”自然电位曲线的底部，这是由于层序界面之上发育下切水道、水下辫状河道或浊积扇砂体的缘故（图 3.2）。层序界面位于反映进积的反旋回自然电位曲线的顶部。这是高位体系域发育进积型沉积体系的测井响应（图 3.10）。

声波时差曲线可以用来识别层序界面（王卫红等，2003；操应长等，2003a，2003b），在排除其他因素引起的异常后，可以发现层序界面上下的回归线（图 3.11 中

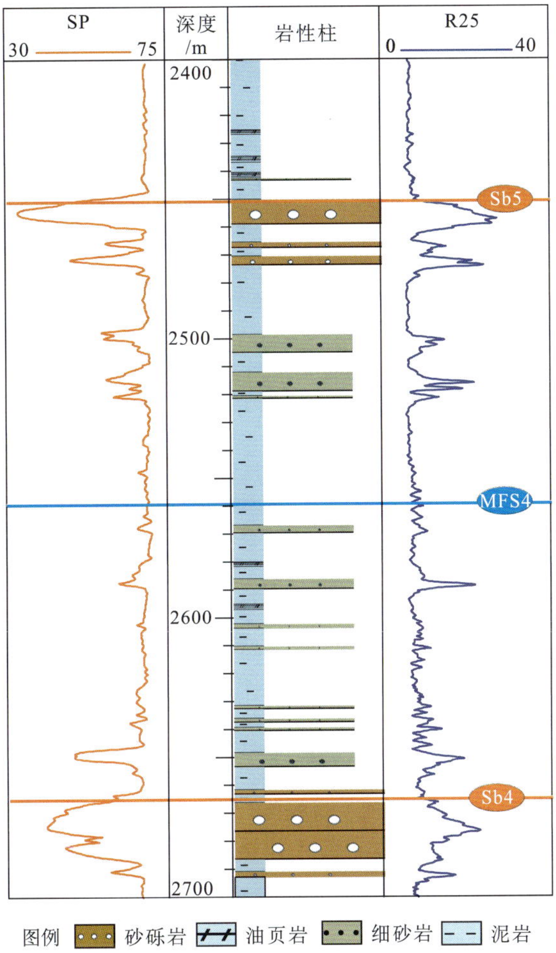

图 3.10　反旋回自然电位曲线顶部的层序界面特征（双 47 井）

绿色线）明显错开，且往往呈台阶状（图 3.11），而最大洪泛面位于时差均值较高层段(图中黄线)，对应于质纯泥岩段。

自然伽马能谱测井（GR）和 Th 在层序界面处也有明显的反映（操应长等，2003a，2003b），可以用来识别层序边界，层序界面位于伽马能谱基值和铀、钍含量基值突变部位，而在最大洪泛面 GR 和 Th 值均发生突变。感应曲线（COND）在界面上的突变特征也很明显（图 3.12）。

从地层的叠置方式看，最大洪泛面处于退积式向进积式或加积式叠置方式转变的位置。最大洪泛面一般发育在稳定泥岩、白云岩、生物灰岩或油页岩集中发育段内。最大洪泛面处于粒度最细的位置，其界面下部粒度向上逐渐变细，其上部粒度向上逐渐变粗。最大洪泛面一般位于自然电位曲线大段泥岩基线内或电阻率曲线的最低值处［图 3.9(b)］。

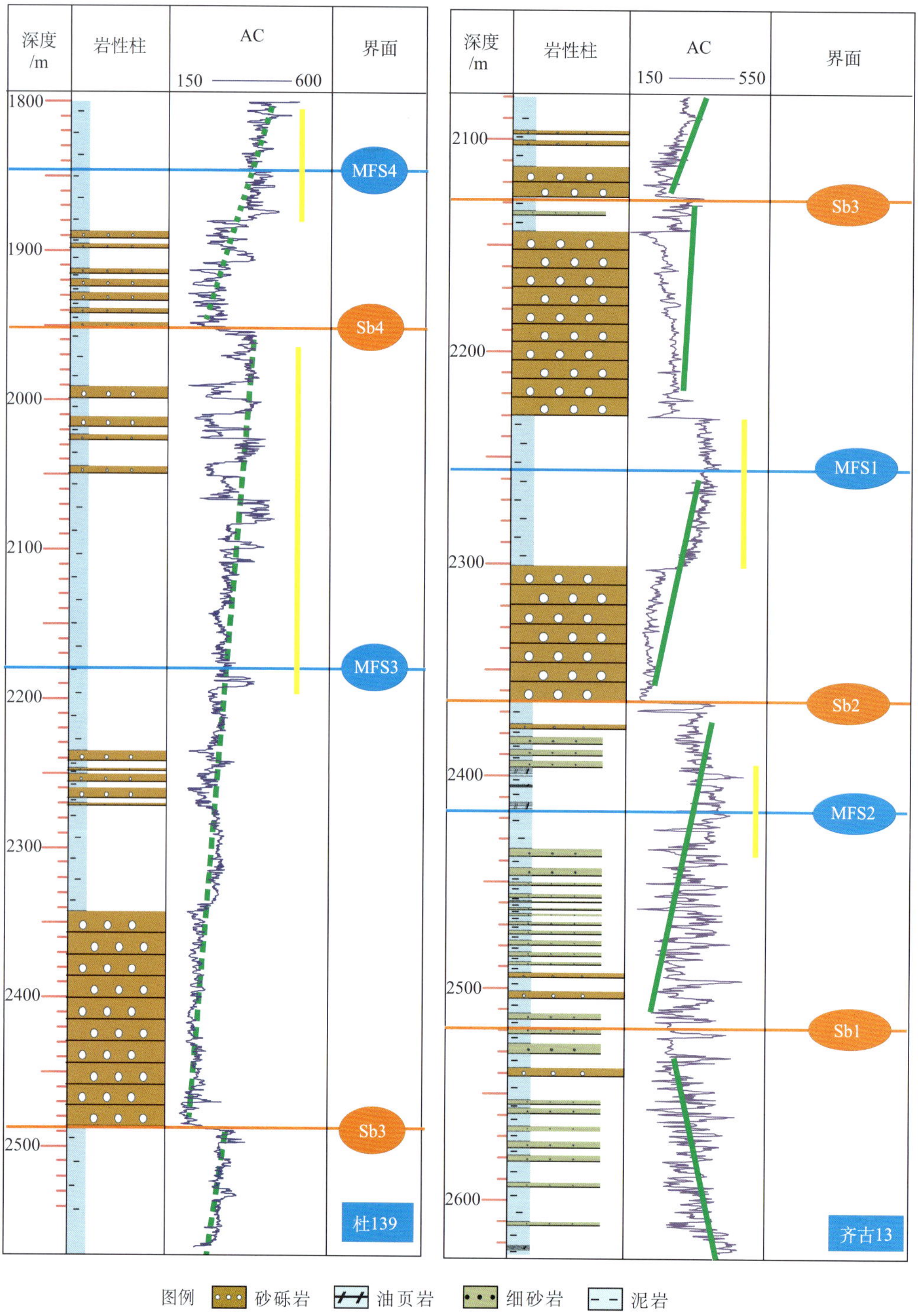

图 3.11　声波时差曲线在层序界面上的特征

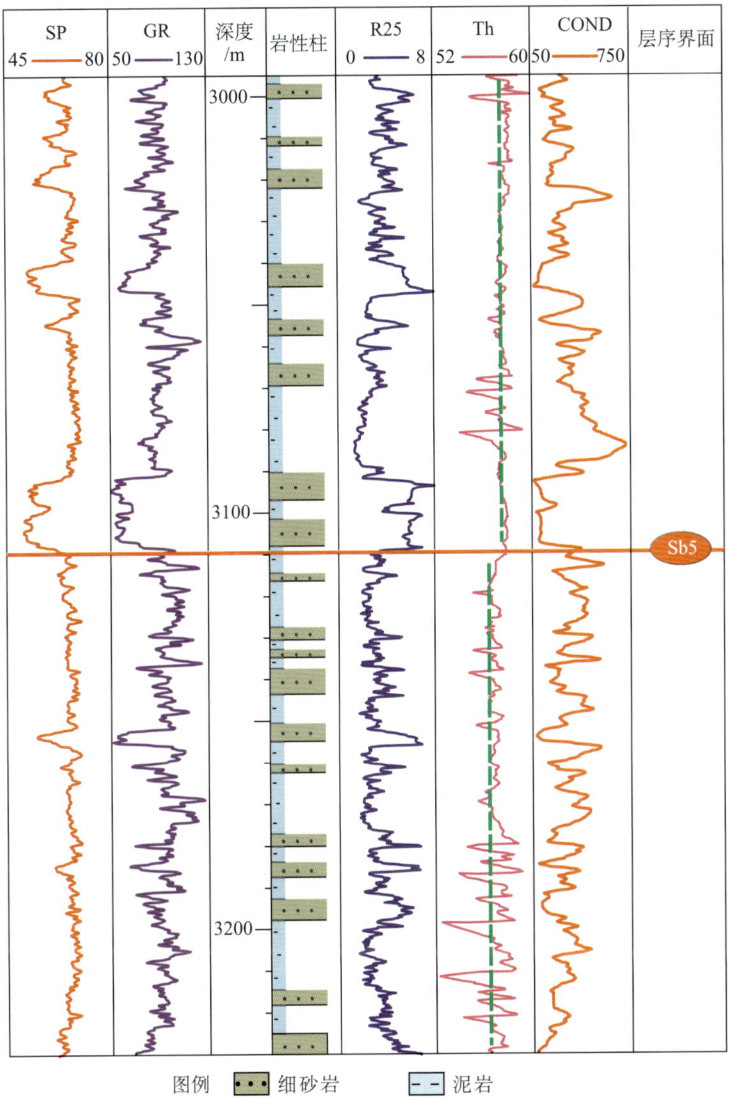

图 3.12 GR、Th、COND 曲线在层序界面上的突变特征（清 20 井）

3.3.3 岩相特征

前人利用钻井资料已经确定了多种识别各级层序边界的标志（魏魁生，1996），本书主要利用钻井剖面和岩心的综合分析确定层序界面，发现层序界面的岩相特征也很丰富：①地层剖面中的不整合面往往与下伏老地层呈切割削蚀关系，是可靠的层序界面识别标志，如馆陶组底部的区域不整合面即为层序界面 Sb9 [图 3.9(a)]。②层序界面之上发育由砾岩、含砾砂岩、粗砂岩夹泥岩组成的、具有向上变细特征的扇三角洲，底部具有冲刷面构造（图 3.13）。③湖底扇入湖形成的浊积砂体往往对早期沉积的细粒沉积改造，也可以形成冲刷面，是较为明显的层序界面（图 3.14）。④层序界面之下水体向上变浅，粒度向上逐渐变粗；而层序界面之上水体向上变深，粒度向上逐渐变细；因此粒度由向上变粗至变细的转换位置是层序边界（图 3.10）。⑤层序边界附近沉积物的颜色一般为氧化色如棕红色、褐色、杂色等（图 3.13，图 3.15）。

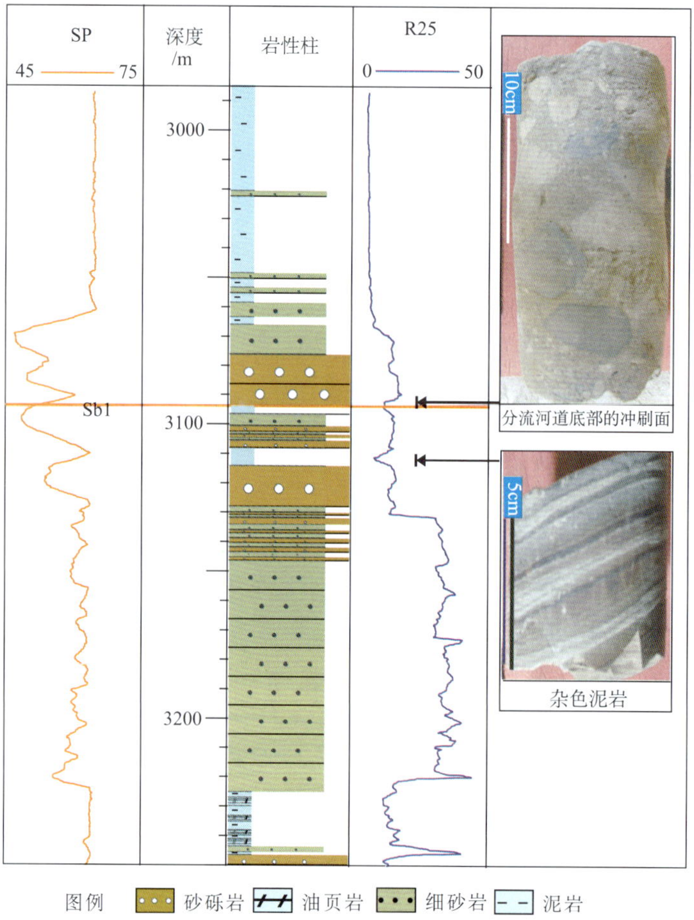

图 3.13　层序界面附近冲刷面特征（齐 131 井）

3.3.4　地震相特征

地震反射界面追随的是时间界面，地震层序是从地震剖面上识别出来的以不整合面及可与之对比的整合面为界的、内部反射相对整一的地震反射单元。识别它的主要依据是地震反射的中止方式（图 3.16）即削截、上超、下超及顶超，兼顾内部总体反射特征，地震层序划分主要是依靠这些特征进行层序边界的识别，这些特征在地震剖面上主要利用同相轴的不整一反射终止方式来判别。

研究区内层序边界的主要地震相特征如下（图 3.17），①削截：削蚀是构造运动存在的直接证据，是划分层序的最可靠标志。削蚀是由侵蚀作用引起的地层侧向终止，一般界面之下为削截反射［图 3.17(a)、(b)］。②上超：上超指新水平沉积层逆沉积斜坡

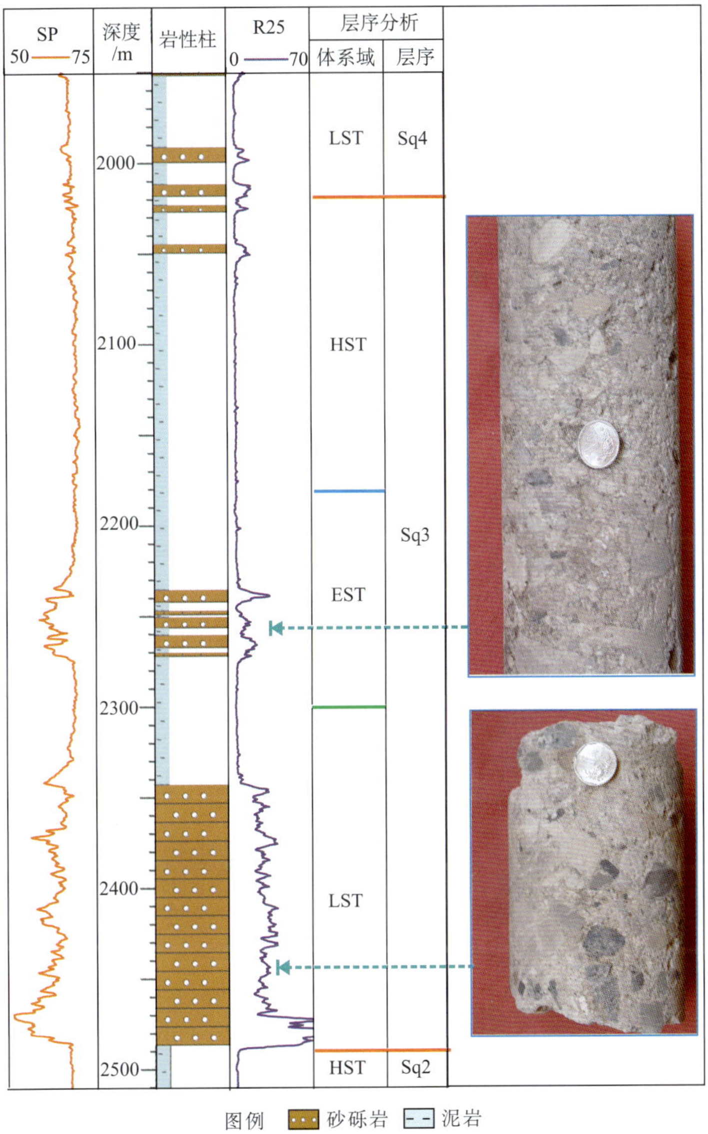

图 3.14　湖底扇浊积砂体在层序界面附近的岩相特征（杜 139 井）

的向上超覆。它表示水域不断扩大情况下逐层超覆的沉积现象［图 3.17(c)］，是老层序结束后新的层序发育的标志，是层序界面的可靠标志，一般层序界面之上为上超反射。③下超：指新沉积层沿沉积斜坡向下超覆，表示沉积物在一定方向上的前积作用。地震剖面中下超面一般与最大洪泛面对应［图 3.17(d)、(e)、(f)］。④顶超：指沿倾斜地层的无沉积顶面被新沉积层所超覆，顶超面一般是层序的顶部界面，通常以很小的角度收敛于上覆层底面反射上［图 3.17(b)］。⑤最大洪泛面一般与全区最稳定、最清晰的强连续同相轴相对应［图 3.17(d)、(f)］。⑥下切谷的存在是层序边界的重要标志之一，下切谷的底界为层序边界，其特征为顶平、底凸并切割下伏同相轴，使下伏同相轴

(a) 杂色泥岩, 锦33井, 2589.3m, Sb3附近

(b) 相变界面

(c) 杂色泥岩，齐131，3357.66m，房身泡组与太古界界面附近

图 3.15　层序界面附近典型岩相特征照片

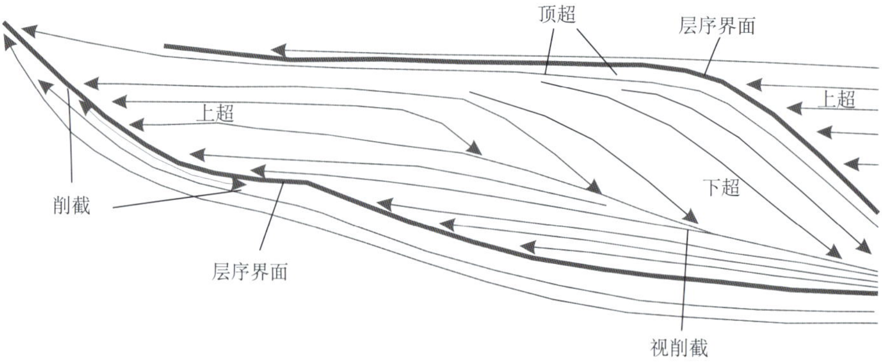

图 3.16　层序界面及内部地震反射中止类型示意图

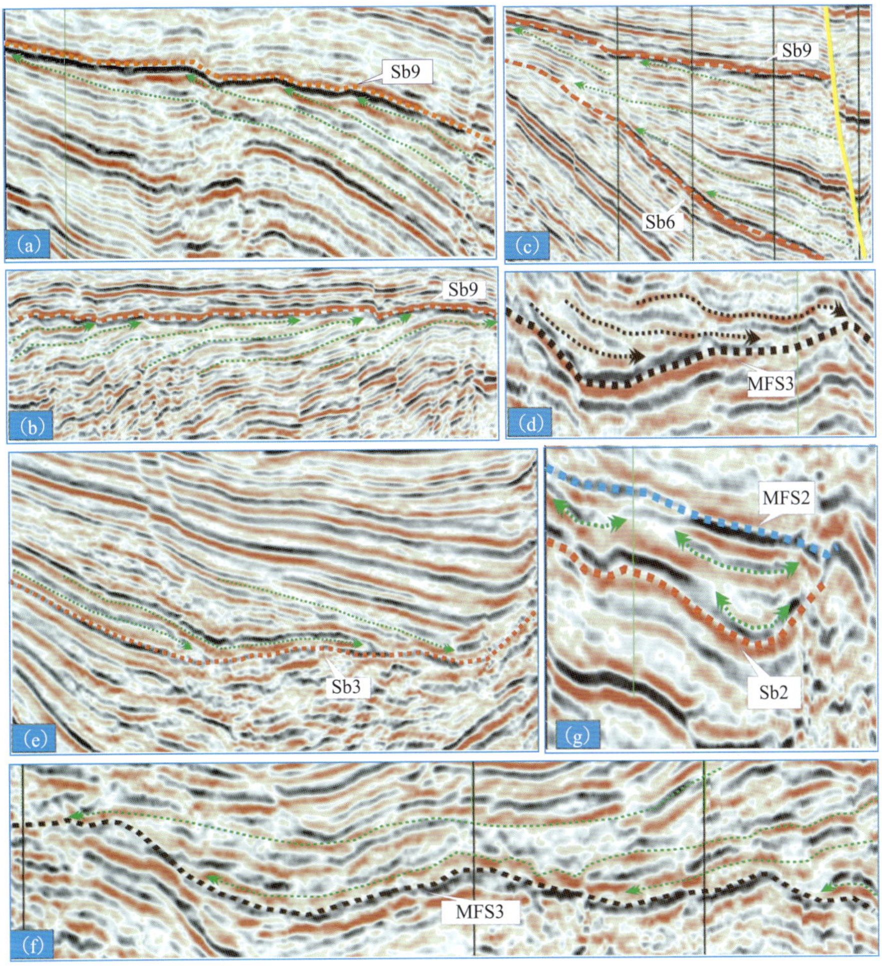

图 3.17　层序边界地震相特征

与层序界面呈削截关系，复合型下切谷是湖平面多次升降形成的，其顶面为最大洪泛面［图 3.17(g)］。

3.3.5　有机地球化学特征

有机地球化学指标与湖泊水体的深度、氧化还原环境有密切的关系（彼得斯，1995），因为在不同的水深和氧化还原环境条件下，有机质的丰度、类型、热解指标、气相色谱、生物标记化合物均有一定的特征。当湖泊在一次较大规模的湖泊扩展后萎缩而形成层序界面时，有机地球化学参数会发生明显的变化来反映湖泊萎缩、湖水变浅：总有机碳降低（C_{org}）、有效碳丰度（C_p）降低，有效碳所占有机碳之百分比（C_p/C_{org}）降低，氢指数（I_H）降低，氧指数（I_O）升高，潜在生烃量（S_1+S_2）降低，其他有关参数在层序界面附近也发生较大的改变。由此可见，在地球化学剖面上地球化学指标的变化有助于帮助识别层序界面和体系域界面（图 3.18）。

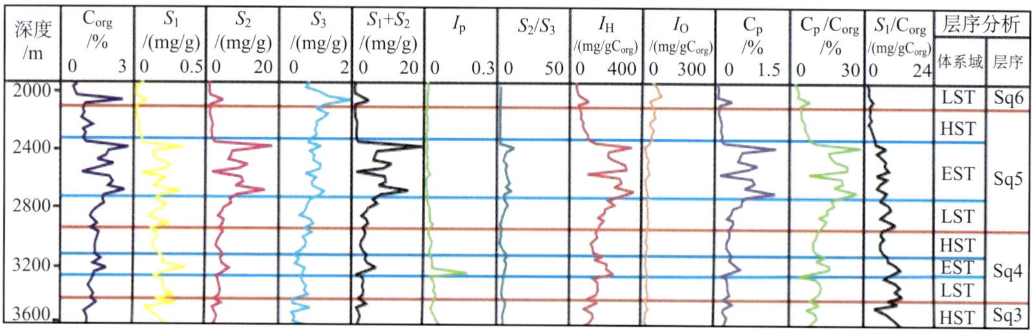

图 3.18　双深 3 井有机地球化学指标与层序地层关系（据翟光明等，1996）

3.4　层序地层格架的建立和特征

岩心资料仅能反映地下某一点的地层信息，钻井资料也仅仅揭示了纵向上地层沿时间序列的变化，乃“一孔之见”。而各井所处构造位置不同，造成各井层序发育差异较大。由于沉降幅度较大，位于盆地中心的井地层发育一般较为齐全；而位于盆地斜坡部位的井，由于盆缘断裂坡折带和剥蚀作用的影响，地层往往部分缺失；另外，过井断层的断失作用也会造成钻井剖面地层不全。这些地质因素的存在，会使地层对比的难度加大。相对而言，地震资料则反映了剖面上地层横向上的变化信息，具有界面直观、横向连续等特点（王智怡，2003），地震同相轴可以反映等时地层界面，以合成记录为桥梁，将岩心、钻井和地震资料所代表的点、线、面所包含的地层信息综合起来。采用井-震结合的方法，可以使钻井层序和地震层序在划分方案上取得一致，从而能够将钻井剖面揭示的岩性特征与地震剖面上的反射特征直观地对应起来，特别是将钻井地层旋回与地震层序对应起来，可以很好地反映出各地震层序在井孔位置上的地层状况和岩性构成。进一步通过过井地震剖面与无井区进行层序界面的追踪、闭合，最终可以实现全区层序界面的等时对比，并能够建立起三维空间内的层序地层格架。

通过综合分析西部凹陷不同裂陷幕的构造活动等因素而导致的沉积基准面变化所产生的不同级别的不整合面及其对应的界面特征，并对这些界面在古生物组合、测井曲线、岩相特征、地震相特征及地球化学特征上进行识别和横向对比追踪实现研究区古近系的层序划分，建立等时地层格架。在此基础上，对研究区内 95 口探井、14 条连井剖面（清水工区 10 条、鸳鸯沟工区 6 条，图 3.19）进行层序划分。篇幅所限，这里仅展示杜 8、杜 125 和锦 13 三口井的单井划分模式（图 3.20，图 3.21）。以合成地震记录为桥梁（图 3.22），将钻井层序地层在地震剖面上进行标定、追踪，并通过交叉联络测线进行闭合，实现从岩心到钻井、从钻井到钻井剖面、从钻井剖面到地震剖面、从地震剖面到整个三维空间的层序界面的对比、追踪和闭合，这里展示了一部分地震剖面来示意研究区的最终层序对比格架特征（图 3.23～图 3.25）。

从上述研究区层序界面特征和建立起的层序地层格架可以看出，清水工区和鸳鸯沟

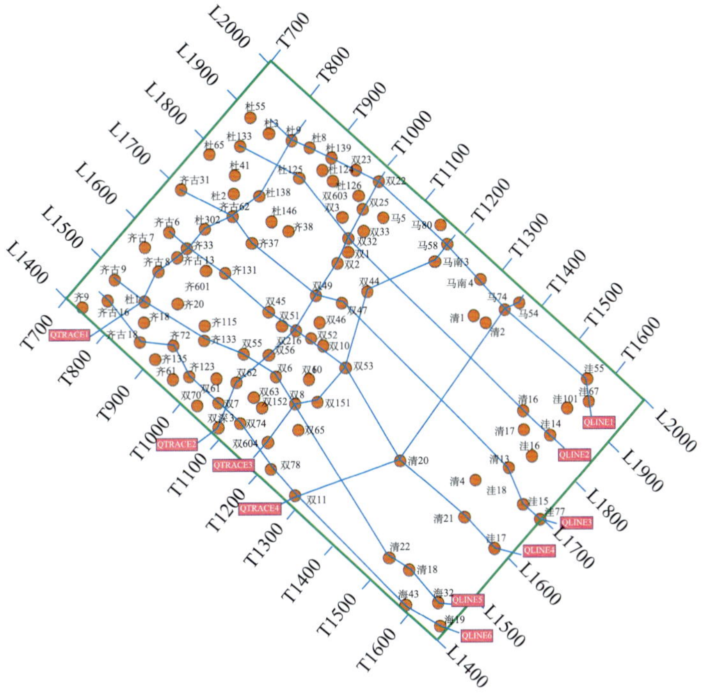

(a) 清水工区

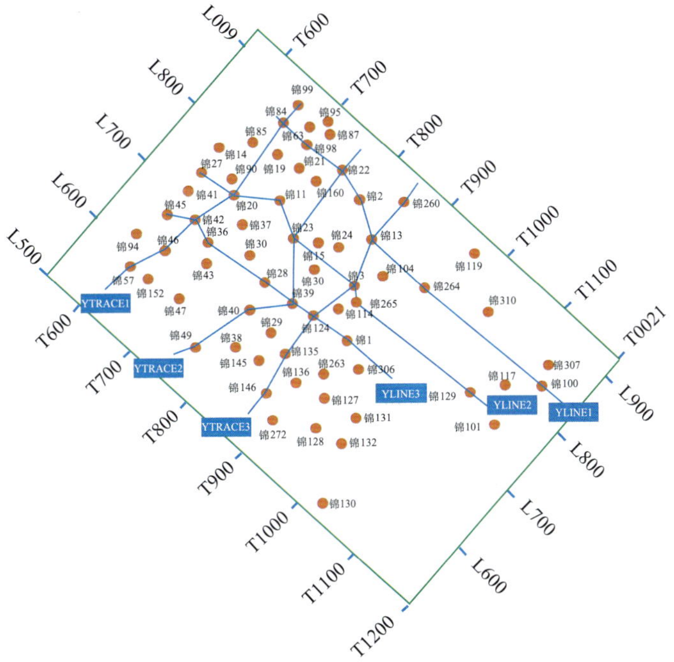

(b) 鸳鸯沟工区

图 3.19　研究区井位及连井剖面位置图

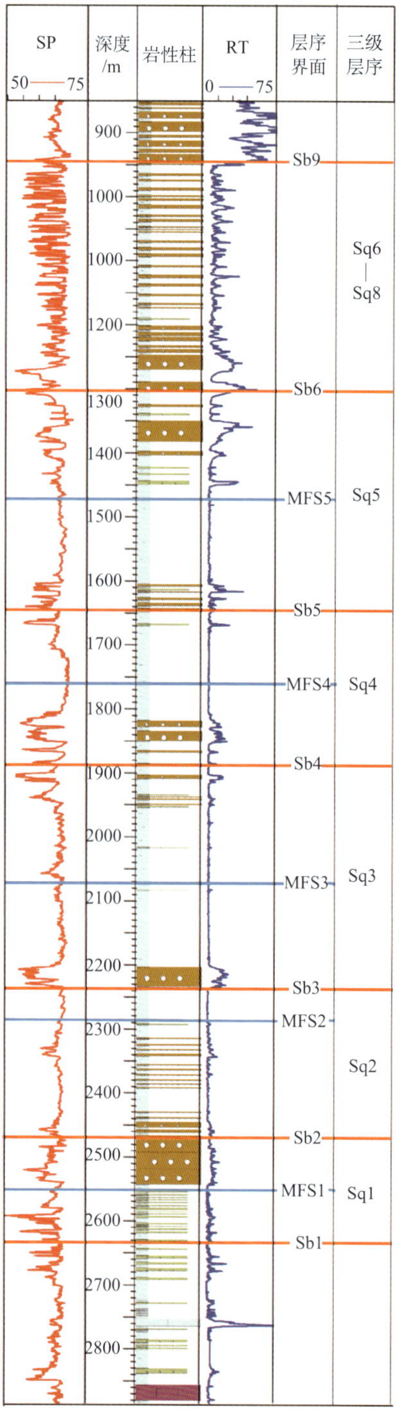

(a) 杜8井

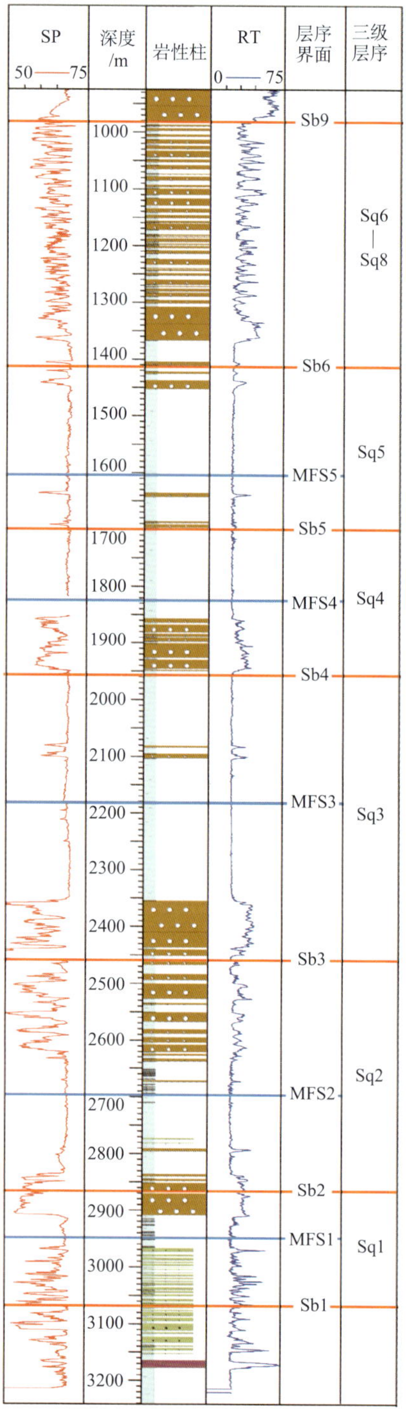

(b) 杜125井

图 3.20　清水工区单井层序划分模式图（杜 8 和杜 125 井）

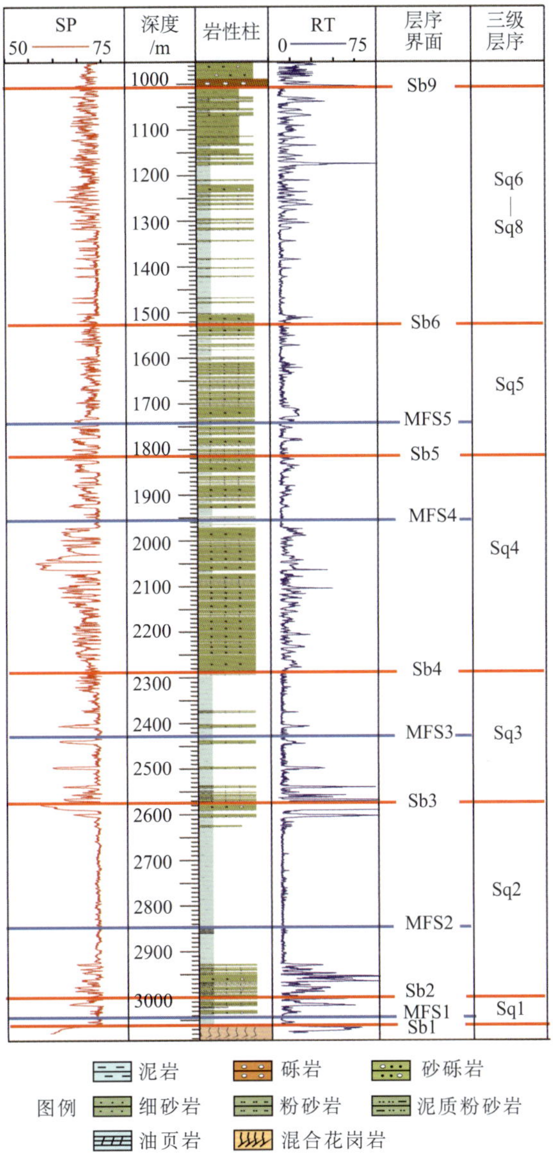

图 3.21 鸳鸯沟工区单井层序划分模式图（锦 13 井）

工区沙河街组三级层序形成于大致相同的沉积背景，各三级层序特征如下。

层序 1（Sq1）：对应于盆地断陷演化时期裂陷一幕早期，此时气候条件干燥炎热，是继拱张幕之后盆地开始下陷初期扩张阶段接受的沉积，也是第二个层序组 SSQⅡ的第一个三级层序，基本上相当于沙四段，底界面为沙四段之底界（Sb1），与下伏地层房身泡组呈不整合接触关系。层序顶界面 Sb2 为层序 1 下降旋回与层序 2 上升旋回的转换面，表现为扇三角洲砂体进积作用和退积作用的转换面，在钻/测井剖面上比较容易识别。岩相特征为砂泥岩互层，为扇三角洲沉积。在不同部位分别表现为扇三角洲水道、分流河道及前缘席状砂沉积。Sq1 以薄层状砂岩为主，夹暗色泥岩，为浅湖沉积环

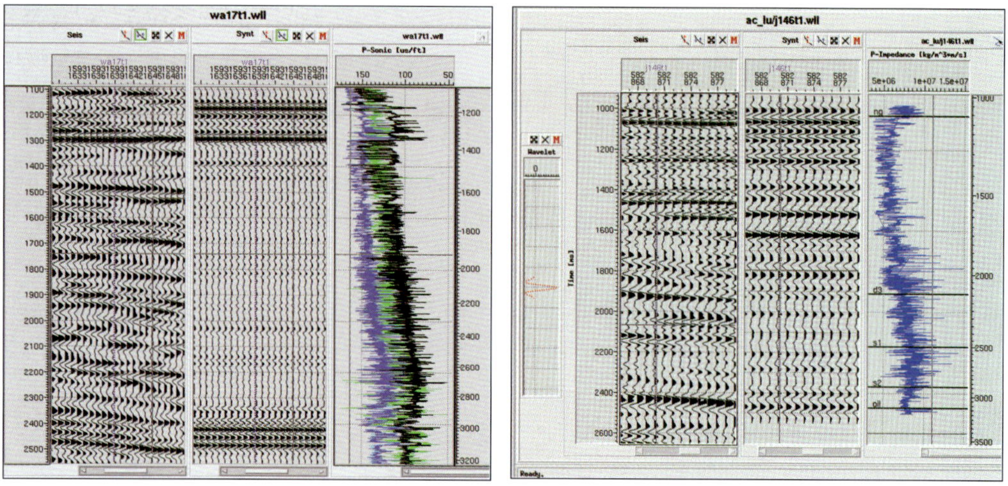

图 3.22　合成地震记录（洼 17 井与锦 146 井）

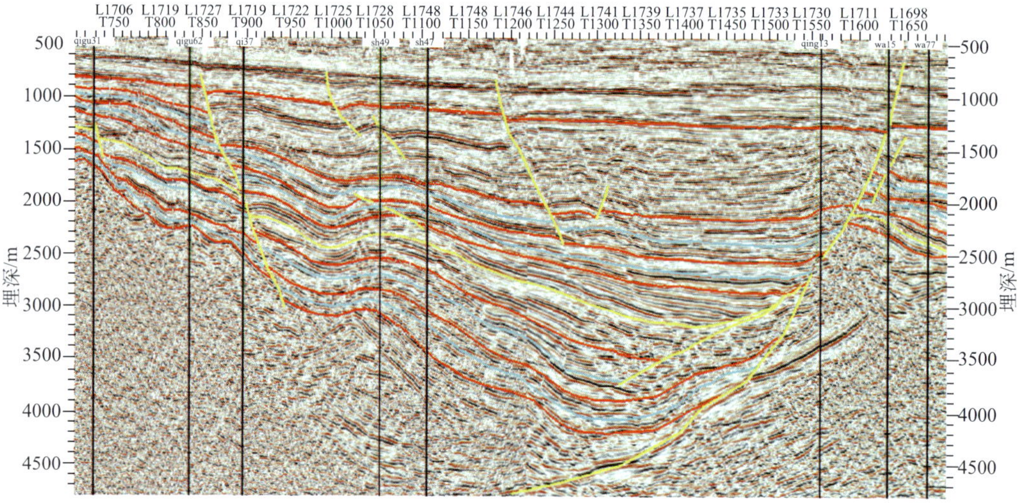

图 3.23　清水工区井震结合层序划分结果（QLINE3）

境，反映了裂陷初期快速水进之后的缓慢水退过程。受古地貌和同沉积断层的控制，无论是高位体系域（HST）还是低位和湖扩体系域（LST＋EST），顺斜坡向洼陷带方向和断裂坡折的下降盘地层厚度逐渐加大，在沉降中心达到最厚（图 3.26）。

层序 2（Sq2）：对应于盆地断陷演化时期裂陷一幕中期，此时气候条件温暖潮湿，是盆地深陷阶段接受的沉积，也是第二个层序组 SSQⅡ的第二个三级层序，基本上相当于沙三段下部，底界面为沙三段之底界（Sb2），顶界面为沙三段上部的底界（Sb3）。Sq2 处于强烈裂陷期的快速沉降阶段，此时由于盆地的强烈扩张，断裂活动频繁、强度大，产生了一系列向凹陷中心级级东降的正断层，研究区大幅度沉降，形成深水湖盆，沉积物的补偿明显不足，陆源碎屑以阵发性的重力流或辫状河流携带进入湖盆形成浊积

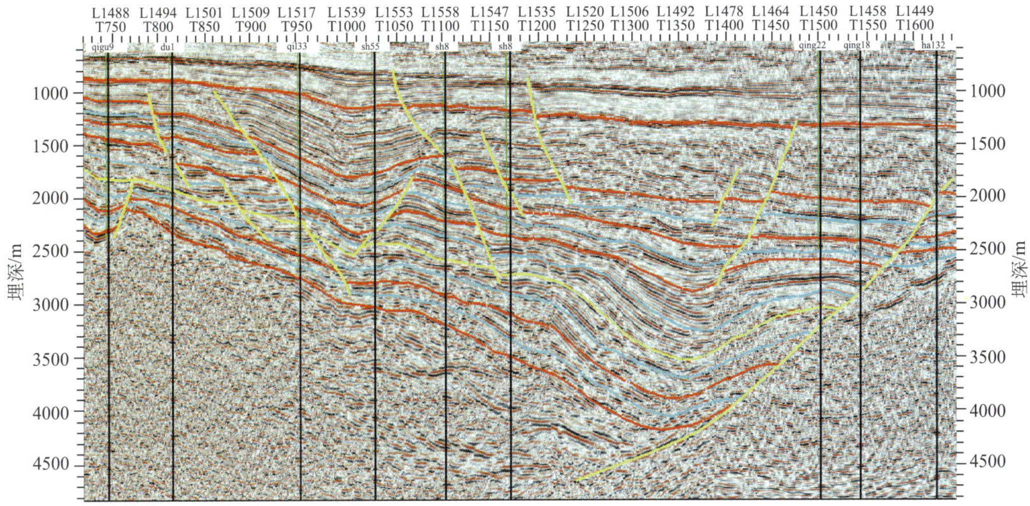

图 3.24　清水工区井震结合层序划分结果（QLINE5）

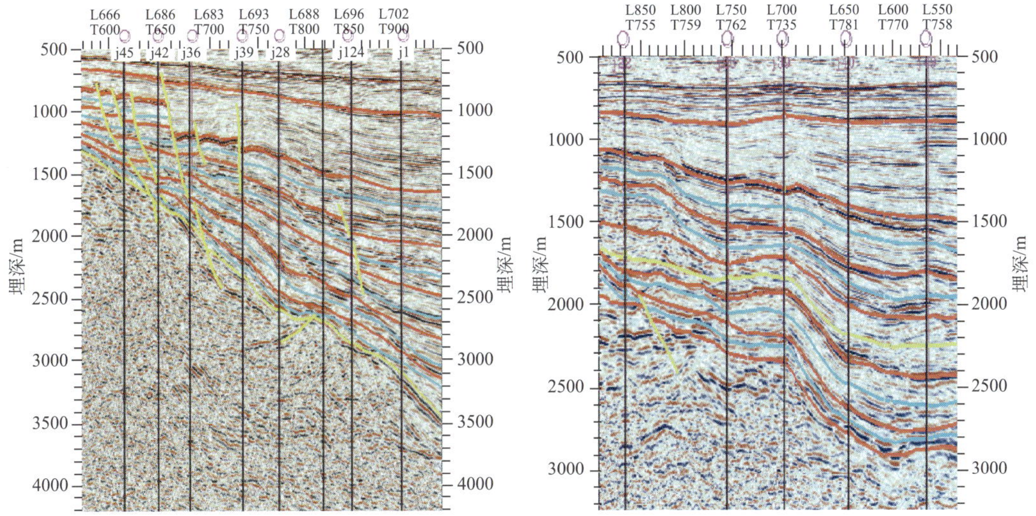

图 3.25　鸳鸯沟工区井震结合层序划分结果（YLINE2、YTRACE1）

岩。由于鸳鸯沟工区和清水工区所处构造位置不同，发育的沉积相类型和相应的砂体类型有差别。鸳鸯沟工区发育三角洲前缘亚相，沉积了巨厚的暗色泥岩为主间夹厚层块状砂砾岩、相对较薄的砂岩，纵向上岩性分异好；清水工区发育湖底扇，沉积了大套的深水泥岩和两套砾岩、砂砾岩为主的浊积岩。上升旋回表现为明显的水进特征，层序顶界面 Sb3 为层序 2 下降旋回与层序 3 上升旋回的转换面，表现为浊积扇砂体进积作用和退积作用的转换面，在测井曲线上特征明显。Sq2 分布的控制因素和展布特征与 Sq1 类似

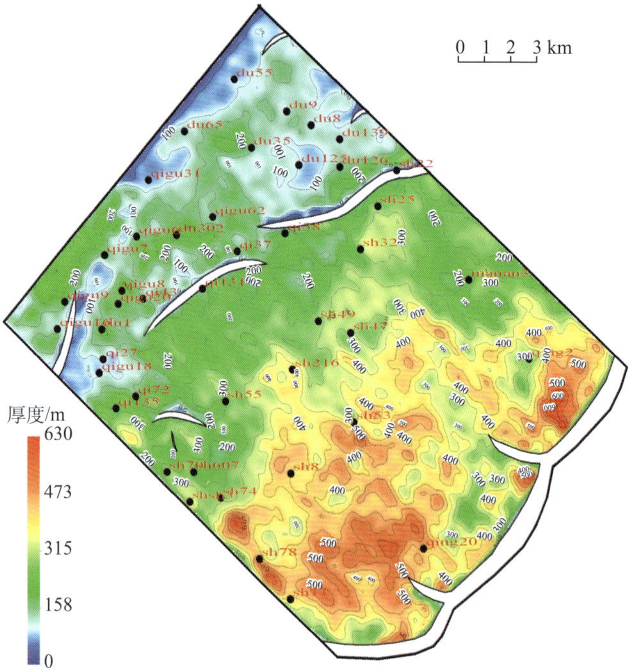

(a) LST+EST

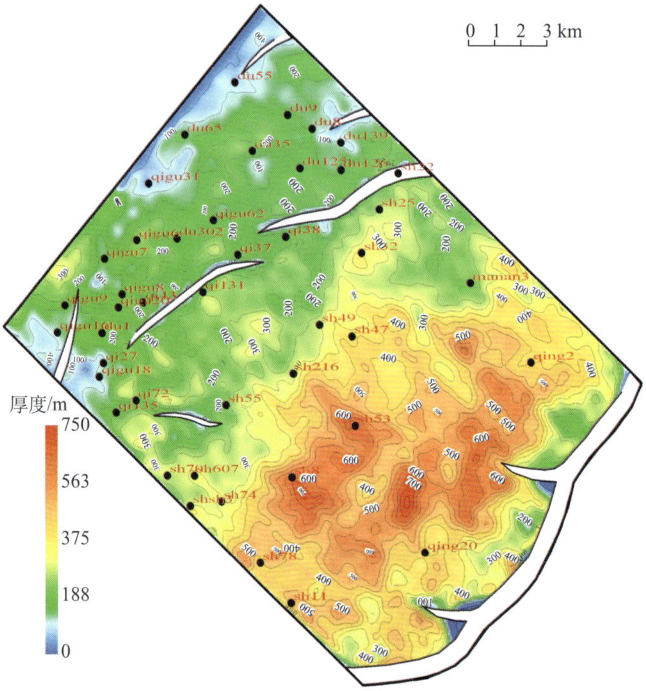

(b) HST

图 3.26 Sq1 体系域地层等厚图

(图 3.27)。

层序 3 (Sq3): 对应于盆地断陷演化时期裂陷一幕晚期，此时气候条件已由温暖潮湿逐渐向燥热转变，是盆地由深陷向抬生拗陷回返过程所形成的沉积，也是第二个层序组 SSQⅡ的第三个三级层序，基本上相当于沙三段上部，底界面为沙三上段之底界 (Sb3)，顶界面为沙三段与沙二段之间的不整合面 (Sb4)。Sq3 时期盆地的扩张、沉降作用大为减弱，湖盆水域缩小，盆地基底开始回返抬升，局部地区甚至露出水面遭受剥蚀。该层序对称性较强，反映长期水进和长期水退的过程。旋回上升期，湖盆水体迅速变深，表现为水下扇砂体的退积沉积。旋回下降期，斜坡地层遭受不同程度的剥蚀，与上覆地层沙二段/沙一段之间为不整合接触关系。层序顶界面 Sb4 为层序 3 下降旋回与层序 4 上升旋回的转换面，表现为浊积扇砂体进积作用和退积作用的转换面。Sq3 的展布特征见图 3.28，与 Sq2 有很好的相似性。

层序 4 (Sq4): 对应于盆地断陷演化时期裂陷二幕早期，此时气候已转变为偏干燥的特点，是第三个层序组 SSQⅢ的第一个三级层序，基本上相当于沙二段，底界面为沙三段顶界面 (Sb4)，顶界面为沙二段与沙一段之间的界面 (Sb5)。在经历了沙三段末期的大规模抬升、局部受剥蚀的背景下，从沙二时期开始了新的一个扩张、裂陷旋回，发生了新的一次水进过程，盆地进入裂陷二幕演化阶段。此时湖盆由缓慢上升阶段转化为缓慢沉降阶段，下段以粗碎屑、具有底砾特征的砂砾岩为主，上段则以较细颗粒的砂砾岩与泥岩呈互层，局部夹有油页岩。该层序对称性不强，旋回上升期长，湖盆水体保持相对稳定。旋回上升期，表现为厚层泥岩沉积，砂砾岩沉积相对较少。层序顶界面 Sb5 为层序 4 下降旋回与层序 5 上升旋回的转换面，表现为扇三角洲砂体进积作用和退积作用的转换面。Sq3 的展布特征见图 3.29，受古地貌和同沉积断裂坡折控制的特点比较明显。

层序 5 (Sq5): 对应于盆地断陷演化时期裂陷二幕中晚期，此时气候已开始转变为温暖偏干燥的特点，是第三个层序组 SSQⅢ的第二个三级层序，基本上相当于沙一段，底界面为沙二段顶界面 (Sb5)，顶界面为沙河街组与东营组之间的局部不整合面 (Sb6)。早期湖盆进一步扩张和沉陷，水域面积扩大，曾一度出现过扇三角洲停止建设被湖相泥质岩类沉积取代的现象，形成了钙质页岩发育段 (图 2.7)；晚期裂陷减弱，缓慢抬升，加之丰富的物源供给使湖盆有淤填的趋势。该层序对称性较强，反映了水进和水退交替的过程：旋回上升期，表现为厚层泥岩沉积，砂砾岩沉积相对较少。旋回下降期，层序顶部在局部范围内遭受不同程度的剥蚀。层序顶界面 Sb6 为层序 5 下降旋回与层序 6 上升旋回的转换面，表现为扇三角洲砂体进积作用和退积作用的转换面。古地貌河及沉积断层对 Sq5 有明显的控制作用 (图 3.30)。

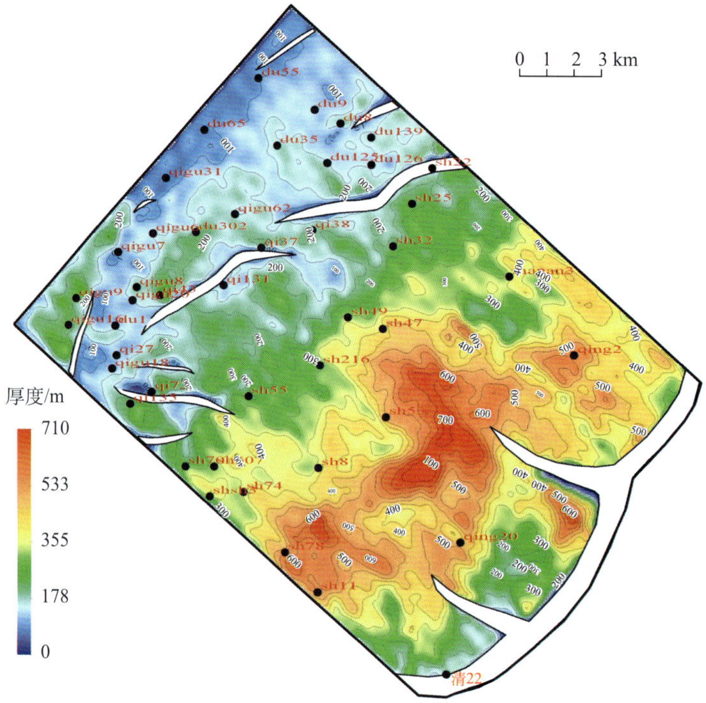

(a) LST+EST

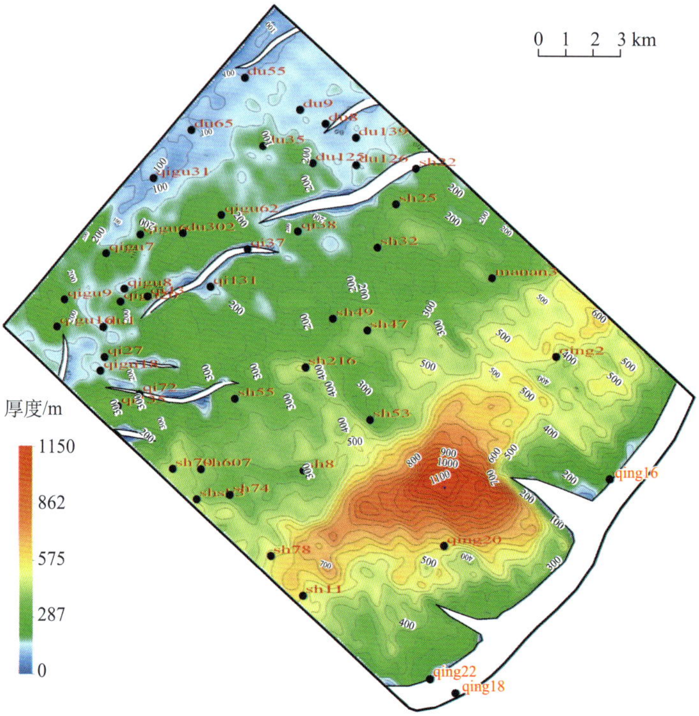

(b) HST

图 3.27　Sq2 体系域地层等厚图

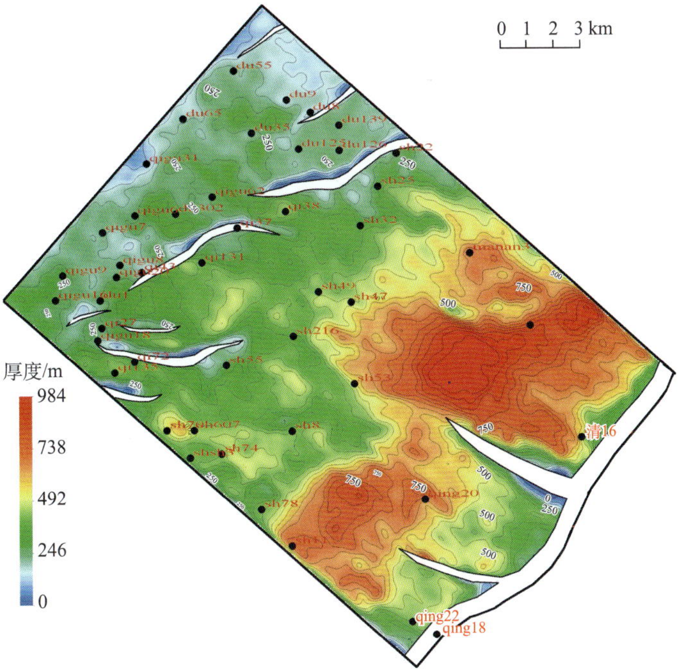

(a) LST+EST

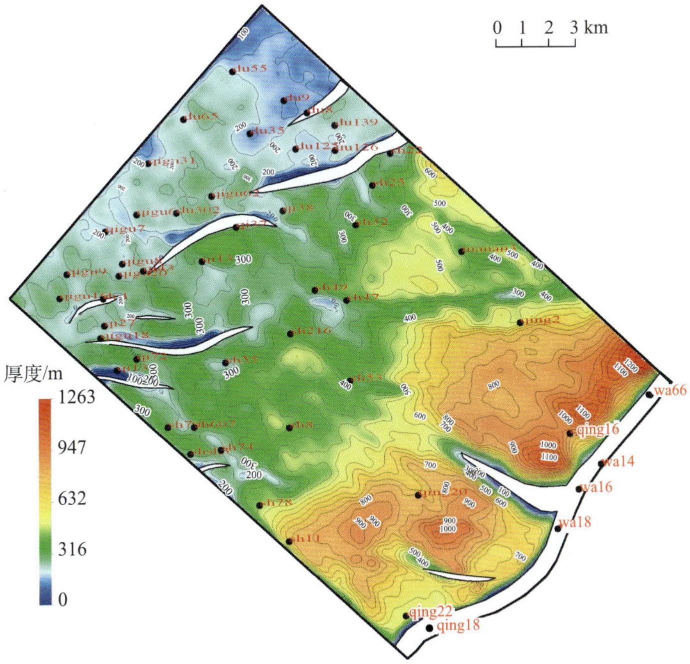

(b) HST

图 3.28　Sq3 体系域地层等厚图

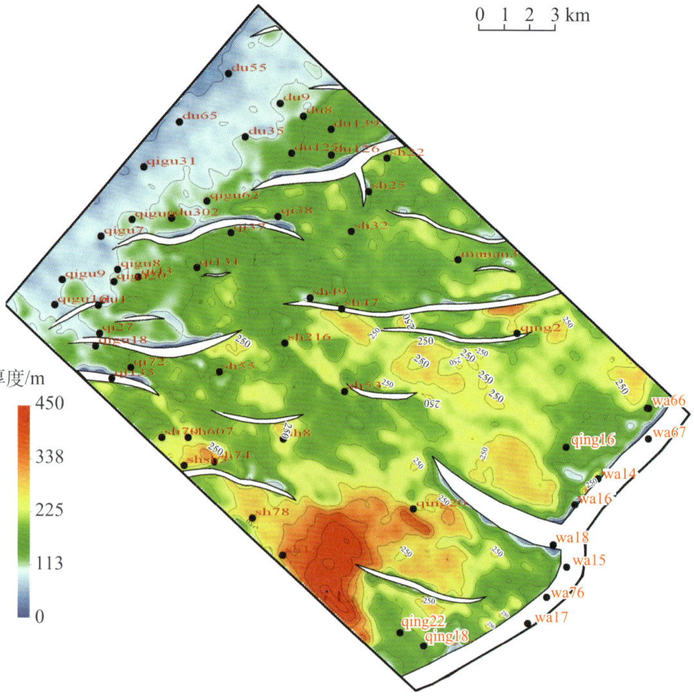

(a) LST+EST

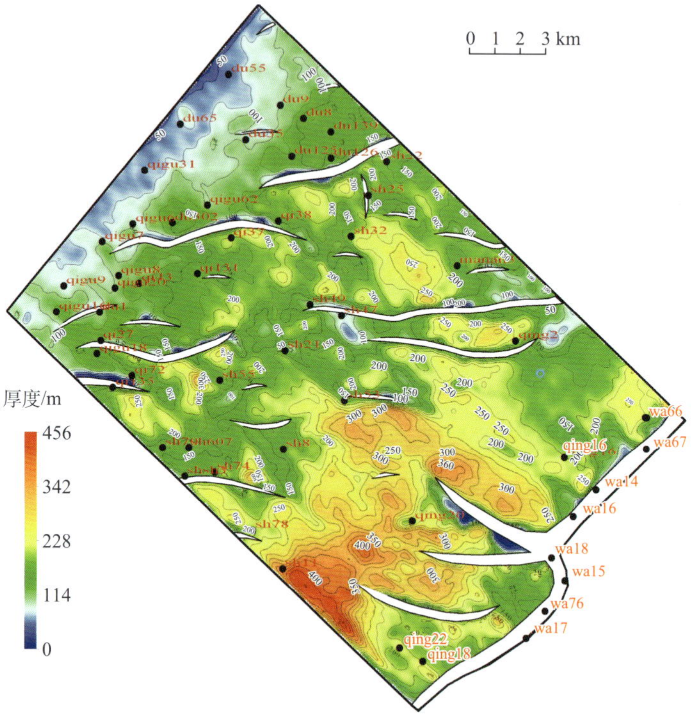

(b) HST

图 3.29　Sq4 体系域地层等厚图

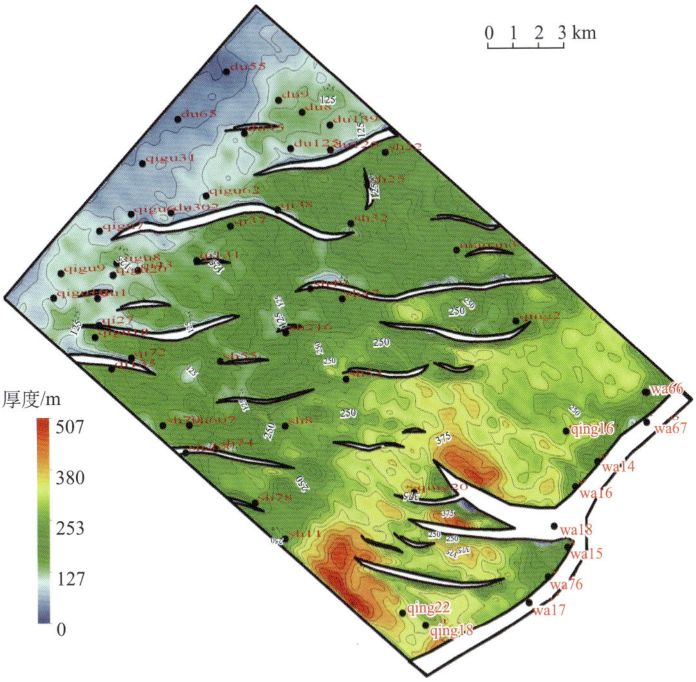

(a) LST+EST

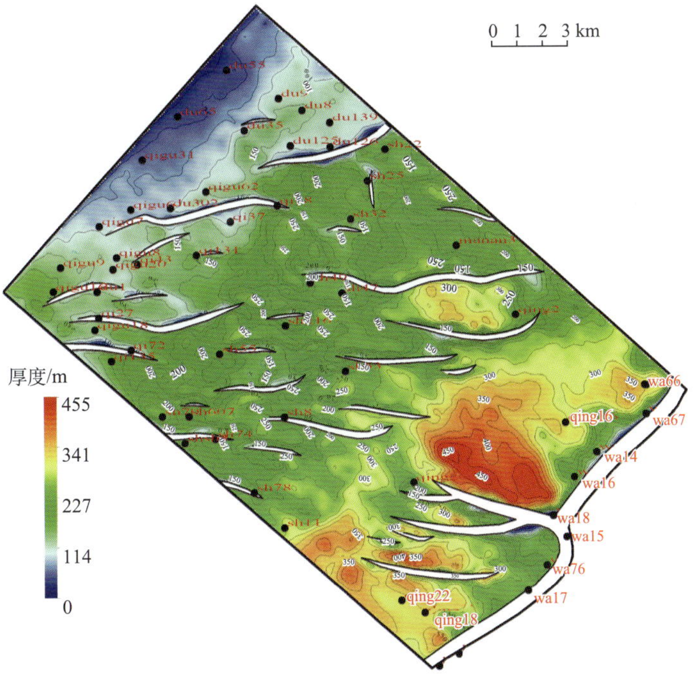

(b) HST

图 3.30　Sq5 体系域地层等厚图

3.5 小　　结

通过对层序界面的古生物特征、测井相特征、岩石相特征、地震相特征、有机地球化学特征综合分析，在单井层序划分和连井剖面层序划分的基础上，采取井-震结合的手段，对全区内沙河街组的6个三级层序界面、5个最大洪泛面进行了追踪、闭合，建立了研究区三维空间内的层序地层格架，为储层和圈闭预测建立了等时基础，研究区层序地层格架具有如下特点。

（1）古近系层序地层格架为一复式层序地层格架，可以划分为上、中、下三组：下组为SSQⅠ层序组，为裂陷拱张幕干燥炎热的浅水扇三角洲沉积为主的层序地层格架。中组包括SSQⅡ和SSQⅢ两个层序组，为主裂陷伸展幕（裂陷一幕和裂陷二幕）深湖-水下浊积扇-扇三角洲沉积为主的层序地层格架。上组为SSQⅣ层序组，是裂陷收敛幕（裂陷三幕）泛滥平原-河流冲积沉积为主的层序地层格架。

（2）古地貌和同生断裂对沉积物体积分配与相分异具有重要的控制作用，进而决定了各三级层序的展布特征，即在洼陷带厚度大，向缓坡方向明显减薄。

（3）每个裂陷幕层序代表了在一定构造活动旋回阶段内的一组层序的生长发育过程，研究区内共发育四幕裂陷代表了古近系湖盆发展的完整过程。每个裂陷幕间有大的沉积间断，古近系有四个大的沉积间断（24.6Ma、36Ma、38Ma、45.4Ma），每个层序组对应的裂陷幕内又分别有多次湖盆的扩展和萎缩及相应的次级沉积间断，如SSQⅡ和SSQⅣ各有两次。

第 4 章　沙河街组沉积相研究

层序格架内沉积体系和沉积相及其演化特征研究是岩性油气藏预测不可缺少的环节和基础，通过沉积体系及沉积相的综合分析，可以搞清各个时代沉积体系的三维展布规律及生、储、盖的空间配置关系，从而为岩性油气藏的区带预测和具体的目标评价提供直接的依据。

层序地层学的思想精华是根据沉积空间演变和沉积物供给关系的变化，分析沉积序列的形成过程，将沉积相和沉积体系研究纳入层序地层框架内，并从沉积序列和沉积物堆积过程角度进行分析，同时注重与区域地质背景相结合。传统沉积相分析方法受资料和技术手段的限制，主要根据钻井资料进行分析，地震资料应用不充分。20 世纪 80 年代，地震地层学技术引入我国后，广泛开展了地震相识别及其与沉积相的关系研究（王智怡，2003），主要研究内容是根据地震反射结构特征识别地震相，而后通过钻井相分析结果的标定，将地震相转化为沉积相。近年来，地震定量解释技术得到快速发展，解释结果为沉积相和沉积环境研究提供了新的资料和依据。例如，地震岩性反演技术，可以提供比较准确的砂岩分布，为缺少钻井资料控制下的沉积相分析提供了重要资料。但是地震资料品质的好坏对地震相解释有直接影响，如果品质差，甚至无法划分平面地震相，只能借助地震剖面大致识别沉积体系的形貌和类型。

本书在沉积相的研究过程中，原则上从区域地质背景分析入手并与研究区具体地质条件结合起来，即对沉积特征的分析按盆地→凹陷→研究区的顺序逐层梳理；理论上将层序地层学理论与传统沉积学方法有效结合起来，在层序格架内以三级层序及体系域为目标单元进行沉积相划分；方法上采用点→线→面的技术思路，即在单井岩心相、测井相和录井相分析基础上，结合剖面地震相识别，分析连井剖面的沉积相发育特征，最后综合平面砂体展布等资料，分析各三级层序各体系域的沉积体系发育特点，编制相应的沉积相图，确定各种微相在不同层位的展布规律，直观地再现沉积演变过程，为有利勘探目标选择提供基础。由于研究区地震资料品质差，未能划分出有意义的地震相平面展布图，仅把地震剖面上反映的不同沉积体系的形貌作为井资料研究沉积相的辅助依据。根据地震剖面相、岩心相、测井曲线形态结合岩石薄片分析等分析化验资料，建立相应的微相识别标志，查明研究区沙河街组发育的沉积相、亚相、微相类型及特征。

4.1　岩石相类型及特征

沉积相是一特定环境中形成的三维岩石体，是沉积环境及在该环境中形成的沉积岩（物）特征的综合（冯增昭，1994）。有成因联系的沉积相的三维组合构成沉积体系，沉积体系和相的划分和识别，使我们可以确定沉积体系和相之间的可预测的相互关系（张功成，1996）。岩石相表示在某种特定能量条件下所形成的岩石特征的总和（也称能量单元)，它是以岩性和沉积构造特征来反映各沉积成因单元砂体形成的水动力条件，是重塑沉积环境和沉积相研究的基础物质实体，不同的能量单元具有不同的沉积层序特征和岩性组合。因此，本书首先对岩石相的类型和特征进行了研究。通过对工区内 19 口取心井的详细观察和描述，研究区沙河街组主要发育 13 种岩石相，各岩石相特征如下。

1. 混杂砾岩相(Gms)[图 4.1(a)、(b)]

混杂砾岩相见于清水工区的杜 139、齐 131、杜 305、齐 133 等井的 Sq2、Sq3 段。砾间为泥质、粉砂和砂支撑基质，含量为 30%～70%；砾石成分复杂，为变质岩、火山岩及沉积岩；具块状结构，混杂堆积，分选磨圆较差，多具棱角-次棱角状，砾石排列无明显定向；与上下明显突变接触，具碎屑流沉积的特点，发育在湖底扇辫状沟道沉积相带中。

2. 块状砂砾岩相(Gm)[图 4.1(c)、(d)、(e)]

浅灰色、灰色砂质支撑砂砾岩，见于双 49、锦 29、双 601 等井。砾石含量为 30%～70%，砾石分选中等-较差，磨圆好-中等，砾石个体大小相差较大，最大直径 3cm 左右，偶见泥砾；砂岩为中-粗砂岩夹少量细砂岩；块状构造，为辫状分流河道沉积。

3. 块状层理砂岩相(Sm)[图 4.1(f)、(g)]

块状层理砂岩相见于洼 64、齐 601 等井，浅灰-灰色，以粗、中、细砂岩为主，不含砾石，分选中等-好，单层砂体厚度较大，在 0.8～3.2m，成分以石英为主，部分以长石为主，泥质胶结。具有较强水动力条件下快速堆积的特点，局部夹有炭屑，亦可见反粒序韵律，剖面上由粉砂岩向上连续过渡为细砂岩、粗砂岩。

4. 平行层理砂岩相(Sh)[图 4.1(h)、(i)、(i1)、(j)]

平行层理砂岩相见于海 43、洼 76、洼 64 等井。灰色、浅灰色中、细砂岩为主，局部可见含砾中、粗砂岩，层面见有炭屑定向排列，层面清晰平整；分选较好，磨圆中等-较好。该相形成于水浅流急的水动力条件，见于河口坝、水下分流河道中。

5. 槽状交错层理砂岩相(St)[图 4.1(k)]

槽状交错层理砂岩相见于洼 76 等井。由浅灰色、灰色细砂岩、粉砂岩组成，发育小型槽状交错层理，可见小型冲刷面，层面上可见细小炭屑，分选中等-较好，磨圆中等-较好。水下分流河道及河口坝可见此种岩石相。

6. 板状交错层理砂岩相 (Sp) [图 4.1(l)、(m)、(n)]

板状交错层理砂岩相见于海 43、洼 64 等井。由浅灰色、灰色中、细砂岩及少量粗砂岩构成，分选中等-较好，磨圆较好，具低角度板状交错层理，单个纹层不足 1.0cm，层系厚度在 0.5～0.8m，纹层呈连续和断续两种，纹层层面上有细小炭屑连续或断续分布，为水下分流河道沉积。

7. *波状、断续波状交错层理细-粉砂岩相*(Sr)[图 4.1(o)、(p)、(q) 、(q1)]

该相见于洼 76、洼 64 等井。由浅灰色-灰色细砂岩、粉砂岩、泥质粉砂岩组成。分选中等，波状层理或连续或断续出现，层面多以炭屑或泥质条带显示，为水动力条件强、弱交替变化下形成的产物。可以解释为河口坝、远砂坝或前缘席状砂沉积环境的产物。

8. *块状层理粉砂岩相*(Fm)[图 4.1(r)、(s)]

块状层理粉砂岩相见于杜 139、双 49 等井。岩性以浅灰色、灰色、绿灰色粉砂岩、泥质粉砂岩、粉砂质泥岩为主，往往与灰色-深灰色泥岩呈互层状产出，可见细小的植物炭屑，代表水动力条件较弱或水体平静条件下水下分流河道间沉积或较深湖相沉积。

9. *水平层理粉砂岩相*(Fh)[图 4.1(t)、(u)、(v)]

水平层理粉砂岩相见于锦 29、清 22、海 43 等井。岩性以浅灰色-灰色、绿灰色粉砂岩及泥质粉砂岩为主。纹层呈水平状且相互平行并平行于层理面，层理面清晰，有时层理面上具剥离线理，以炭屑富集显示层理，层理面上有丰富的云母碎片，为低能环境及物质供应不足的情况下，主要由悬浮物质缓慢垂向加积而成，此种岩石相多见于水下分流河道间、前三角洲及浅湖-半深湖环境。

10. *粉砂岩、泥岩互层层理相*(Fsm)[图 4.1(w)、(x)]

该相见于双 49、齐 131 等井。该类岩石相由灰色、灰黑色粉砂岩、粉砂质泥岩、泥质粉砂岩、泥岩组成。以较薄的互层为特征，往往泥砂不可分，常形成于较弱的水动力条件，为扇三角洲前缘低流态沉积与悬浮沉积交替形成的物质贫供给砂泥坪沉积。

11. *复合层理砂岩相*(Sc)[图 4.1(y)、(z)、(z1)、(z2)]

复合层理砂岩相见于海 43、洼 76 等井。本类岩石相广泛发育，岩性以中、细砂岩、粉砂岩为主，次为泥质粉砂岩和粉砂质泥岩，亦可见中、粗砂岩夹于其中，发育波状层理、透镜状层理、各种斜层理等。这些成因上有联系的层理叠置在一起形成复合层理，这是水进与水退交替变化导致浪基面上下频繁迁移形成的，可解释为浅湖或扇三角洲前缘末端沉积。

12. *变形层理砂岩相*(Sds)[图 4.1 (zz1)、(zz2)、(zz3)、(zz4)、(zz5)、(zz6)]

变形层理砂岩相见于双 6、洼 76、双 49、双 52 等井。岩性以浅灰色、灰色、绿灰色细砂岩、粉砂岩、粉砂质泥岩等为主。根据层理特征该相可以分为两种，①滑塌变形层理砂泥岩相 (Sds1)：呈混杂堆积，分选差，可能为在重力或沉积滑动小断层作用下滑塌变形的结果，常发育在扇三角洲前缘相带或湖底扇环境。②变形层理砂泥岩相 (Sds2)：层内细纹层呈不规则挠曲变形，发育变形层理，层理面上往往含有炭屑，系差异性压实作用使泥质发生塑性流动的结果，形成于扇三角洲环境。

13. **泥岩相**(M)[图 4.1(w)、(ny1)、(ny2)、(ny3)、(ny4)、(ny5)、(ny6)、(ny7)、(ny8)]

泥岩相广泛发育于沙河街组各个层段。岩性以泥岩为主，含少量的粉砂质泥岩和泥质粉砂岩，按颜色该相可以分为两种，①暗色块状泥岩相（M1）：以黑色、灰黑色、深灰色泥岩为主，具水平层理或块状层理，含炭屑、斧足类化石或黄铁矿，局部含有粉砂

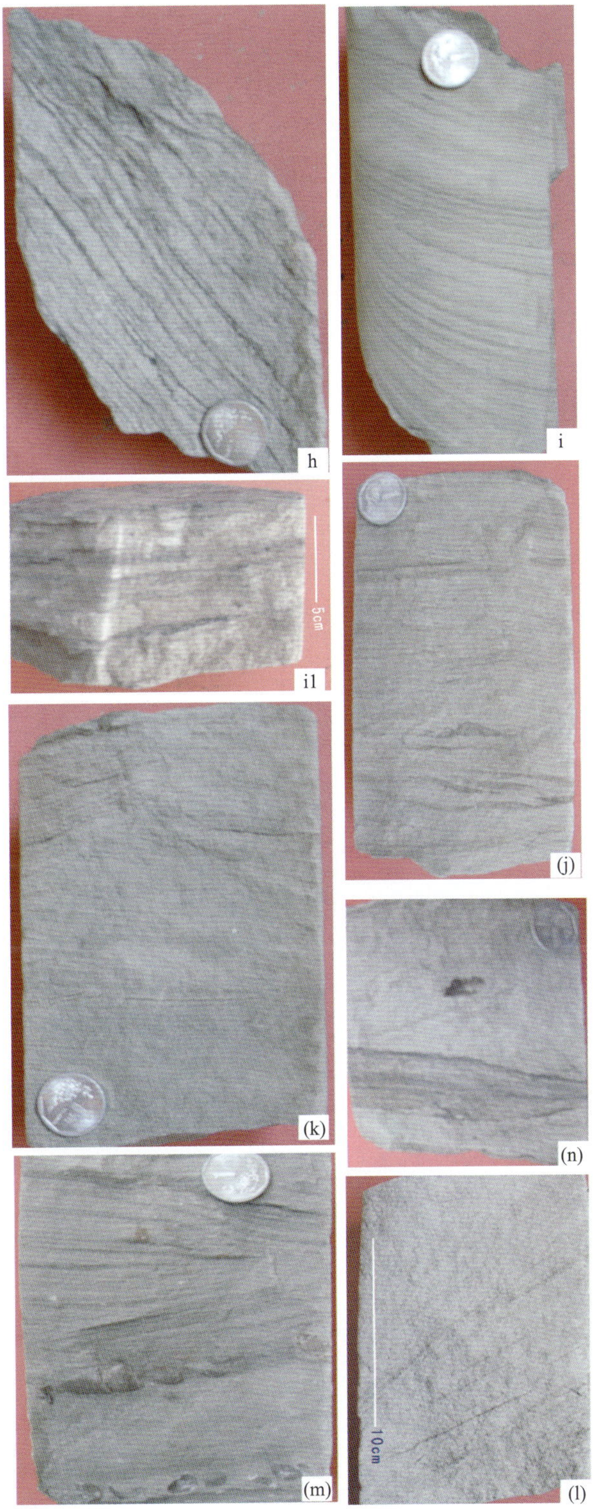
h
i
5cm
i1
(j)
(k)
(n)
(m)
10cm
(l)

(o)
(p)
10cm
(q1)
10cm
(t)
(q)
10cm
(s)
(r)
(u)
(v)

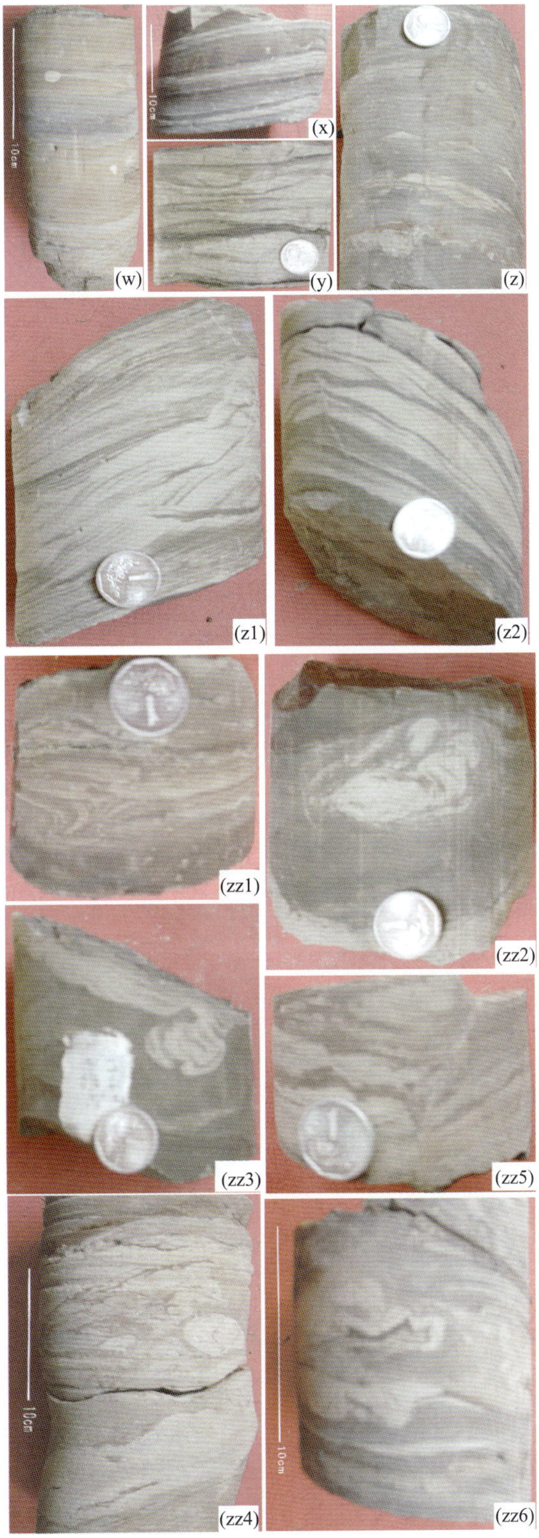
(w)
(x)
(y)
(z)
(z1)
(z2)
(zz1)
(zz2)
(zz3)
(zz5)
(zz4)
(zz6)

图 4.1 岩石相类型

(a) 杜 139 井，2269.1m；(b) 齐 131 井，3087.4m；(c) 双 49 井，2473.6m；(d) 双 601 井，2444.1m；(e) 锦 29 井，2452.8m；(f) 齐 601 井，2691.4m；(g) 洼 64 井，2235.05m；(h) 洼 76 井，2733.0m；(i) 洼 76 井，2731.1m；(i1) 洼 64 井，2221.8m；(j) 海 43 井，2817.43m；(k) 洼 76 井，2192.4m；(l) 海 43，2878.2m；(m) 洼 64 井，第七次取心距顶 2.2m；(n) 海 43 井，2818.6m；(o) 洼 76 井，2771.5m；(p) 洼 76 井，2772.1m；(q) 洼 76 井，2768.9m；(q1) 洼 64 井，2021.1m；(r) 杜 139 井，3111.4m；(s) 双 49 井，2480.65m；(t) 锦 29 井，3165.7m；(u) 清 22 井，3192.4m；(v) 海 43 井，1827.5m；(w) 双 49 井，2504.45m；(x) 齐 131 井，3112.92m；(y) 海 43 井，2875.6m；(z) 洼 76 井，2769.9m；(z1) 洼 76 井，2771.5m；(z2) 洼 76 井，2733.6m；(zz1) 双 6 井，2512.6m；(zz2、zz3) 洼 76 井，2775.2m；(zz4) 双 49 井，2454.3m；(zz5) 双 52 井，2896.48m；(zz6) 双 52 井，2936.74m；(ny1) 双 49 井，2499.46m；(ny2) 齐 131 井，3357.66m；(ny3) 洼 64 井，1807.43m；(ny4) 洼 76 井，2671.5m；(ny5) 洼 76 井，2768.4m；(ny6) 清 22 井，第一次取心距顶 6.25m；(ny7) 清 22 井，第一次取心距顶 2.65m；(ny8) 锦 33 井，2589.3m

质。多见于沙四段和沙三段，为深湖相或沼泽沉积的产物。②杂色泥岩相（M2）：以紫红色、棕红色、棕褐色泥岩为主，块状构造或水平层理，为弱氧化-氧化条件下的产物，形成于扇三角洲平原及滨湖地带。

4.2　测井相及录井相特征

测井资料是某些物理量（如电导率、自然电位、声波时差等）沿井深的二维分布，与岩心资料相比，具有采集信息量大、分辨率高、纵向连续、横向可比性好的优点，测井响应包括大量的有关岩性、物性、流体成分及垂向层序的信息，不仅可以对储层性能和流体性质作出定量评价，还可以通过与地质和地震资料结合预测储层的位置、几何形态和沉积环境（信荃麟等，1993）。由于取心资料有限，测井资料在沉积相分析方面的优势逐渐得到充分发挥，并已经发展成为沉积相研究的一种工具——测井相。测井相是指能够表征地层特征，并且可以使该地层与其他地层区别开来的测井响应特征，也就是说根据一口井任意深度处的测井响应特征，可以形成一种包括沉积相特征在内的地质信息的综合表征。测井相分析就是利用各种测井响应的曲线特征和测井参数值来描述地层的沉积相（李彦芳和王文广，1998），基本原理是从一组能够反映沉积相特征的测井响应中，提取测井曲线的变化特征，包括幅度特征、形态特征及测井解释的沉积构造、古水流方向等。用此种测井响应将地层剖面划分为有限个测井相，并用实际的岩心资料对这些测井相进行标定，进而依据沉积理论确定各个测井相到沉积相的映射转换关系，将测井相赋予沉积相含义，然后反过来把测井相推广到未取心井，最终达到用测井资料研究、描述沉积相的目的（邹才能等，2004）。在“确定的沉积相”（岩心刻度）→“测井相”（测井曲线分析）→“推广的沉积相”（未取心井沉积相分析）的过程中，岩心分析是基础，岩心对测井曲线的刻度是依据，而对未取心井来说，录井相（录井岩性剖面中岩性组合特征）与测井曲线的匹配关系则是全区划相的直接对象，不同的测井曲线特征取决于相应的录井相特征，不同的岩石相及其组合形成不同的录井相及测井相，所以在测井相研究过程中，岩心、测井曲线、录井相、岩石相必须紧密结合起来相互印证，才能划分出可靠的沉积相。

常见测井相的分析方法有测井曲线形态法、梯形图或星形图法和地层倾角测井标志法，其中测井曲线形态法最常用，这是因为测井曲线的形态可以定性地反映地层的岩性、粒度和泥质含量的变化及垂向序列，而自然电位曲线应用最为广泛。自然电位测井（spontaneous potential，SP）是常规测井系列中的一种。应用自然电位曲线解释沉积体系类型的基本原理是根据地层水含盐度和泥浆含盐度浓度差异引起的离子扩散作用所形成的自然电位进行解释。扩散电位除受控于地层水与泥浆间的离子浓度差外，还受泥质含量、碎屑物粒度大小、分选程度等因素的控制和影响，而这些因素又取决于沉积时的水动力能量和物源供应的丰富程度，因此，SP 曲线的变化能够反映沉积环境。当砂层自下而上粒度变小，分选性变差，泥质含量增高时，SP 曲线的幅度相应地向上变小，意味着水动力能量变弱，物源供应减少；反之，亦然。

自然电位曲线的形态要素包括幅度、形态、顶底接触关系、光滑程度、齿中线、多层曲线的包络线形态和形态组合方式，每种要素都包含着一定的沉积地质意义（王良忱和张金亮，1996；姜在兴和操应长，2000），如不同的顶底接触关系反映了物源供给和砂体堆积方式及速度的差异（表 4.1）。本书选择自然电位曲线和视电阻率曲线进行测井相分析。由 20 口井的曲线特征，单层砂体主要存在六种形态的测井曲线类型，即箱形（包括典型箱形、齿化箱形和似箱形）、漏斗形（包括典型漏斗形、齿化漏斗形）、钟形（包括典型钟形、复合钟形、齿化钟形）、指形、齿形、平直形。不同形态的曲线构成不同的测井相，反映了不同的沉积条件、沉积体系和沉积微相类型、岩石相和录井相特征。因此，在沙河街组演化的不同阶段，由于沉积环境和水动力条件的差异，上述六种测井相构成了形式多样的曲线组合形态。

表 4.1　测井曲线顶底接触关系类型及其代表的地质意义

接触类型			代表地质意义
突变型	顶部突变		沉积物供应突然发生变化
	底部突变		反映砂体与下伏地层之间存在剥蚀或冲刷接触
渐变型	顶部渐变		表明物源供应逐渐减少以至中断
	底部渐变	底部加速渐变	反映砂体堆积速度越来越快
		底部线性渐变	反映砂体堆积是匀速进行的
		底部减速渐变	反映砂体堆积速度越来越慢

4.2.1　箱形

研究区内箱形形态的曲线普遍发育，又可以进一步细分为三种类型：典型箱形、齿化箱形和似箱形。典型箱形[图 4.2(a)、(b)、(c)]：该类型曲线犹如一个立起的箱子或水桶，自然电位负异常值高，顶底界呈突变接触，出现明显的台阶状拐点，单层厚度较大，是在高能量水动力且有丰富的物源供给条件下形成的快速堆积，启动沉积速度快中止也快，录井相具有岩性较为均一、分选较好、块状结构的特点，扇三角洲前缘水下分流河道具此种曲线特征。齿化箱形[图 4.2(d)、(e)、(f)]：自然电位曲线负异常幅度较大，总体为箱形，但具有多个锯齿，顶底界多呈突变接触，该种曲线形态反映沉积物供应丰富，但是在总的很强的阵发性水流条件下水动力时而减弱时而增强、时而水退时而水进的脉动性变化过程，造成沉积物多次短暂的间歇沉积，同时反映物源供应的碎屑物质的成分、粒度等特征略有变化，录井相表现出岩性粗细混杂、分选性变差、发育大型的斜层理和交错层理等特征，砂体叠加厚度大，扇三角洲平原、扇三角洲前缘的辫状河道或湖底扇辫状分流沟道具有此种形态的曲线。似箱形[图 4.2(g)、(h)]：该种形态的曲线实际上为箱形和漏斗形或钟形的复合类型，曲线总体轮廓为箱形，但由于顶部或底部呈渐变接触，使单层岩石相和录井相具韵律性，或者为正韵律，或者为反韵律。反韵律表示开始水动力条件相对较弱，物源供给较为贫乏，以细粒沉积为主，随后又经历一段较长时间的以较高流态、较为丰富的物源供给为特征、沉积物粒度较粗的时期，结果形成下部细而薄、上部粗而厚的箱形和漏斗形复合曲线特征；正韵律的特征与反韵律

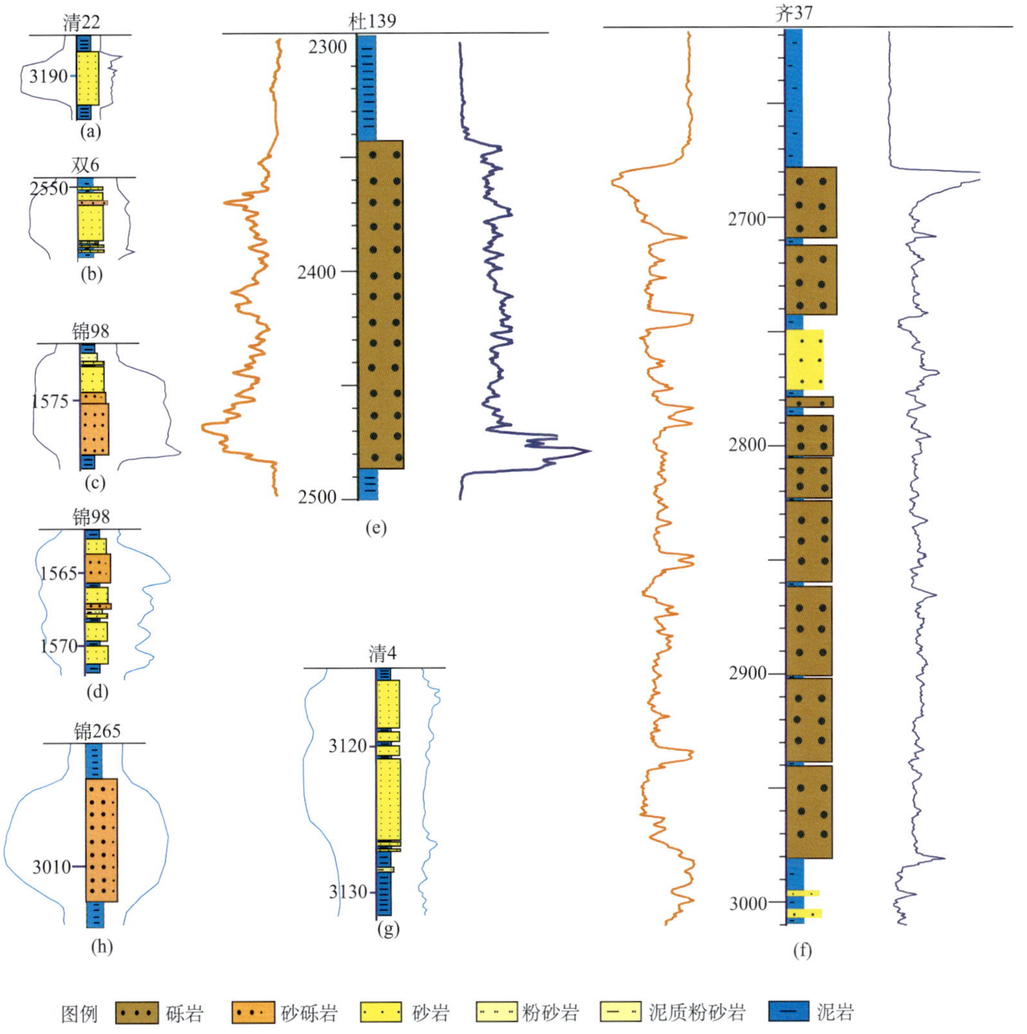

图 4.2　箱形自然电位曲线类型及特征

相反。

4.2.2　漏斗形

漏斗形形态的曲线可以进一步细分为典型漏斗形和齿化漏斗形两种类型。典型漏斗形[图 4.3(a)]：形似漏斗，曲线下部呈渐变接触，上部呈突变接触，沉积物粒度变粗，分选性变好，发育交错层理或斜层理，录井相具有反韵律特征，反映由下而上水动力条件逐渐增强，至沉积旋回结束时，物源供应迅速中断，发生更大规模的水退，因此漏斗的顶部与泥岩呈突变接触。齿化漏斗形[图 4.3(b)、(c)、(d)]：为典型漏斗形曲线发生齿化而形成的一种曲线类型，其沉积条件和水动力特点与典型漏斗形基本相同，总体上反映的是水退背景，形成的是一套具反粒序结构的沉积，只是由于砂体之间间隔有薄层的泥岩，表明物源供给曾有过短暂的贫乏期，但随后则是规模较大的水退阶段，越向上分选性越好。漏斗形曲线往往和箱形、钟形、齿形曲线形成类型多样的复合形曲线，河口坝、湖底扇扇中辫状沟道通常具漏斗形曲线特征。

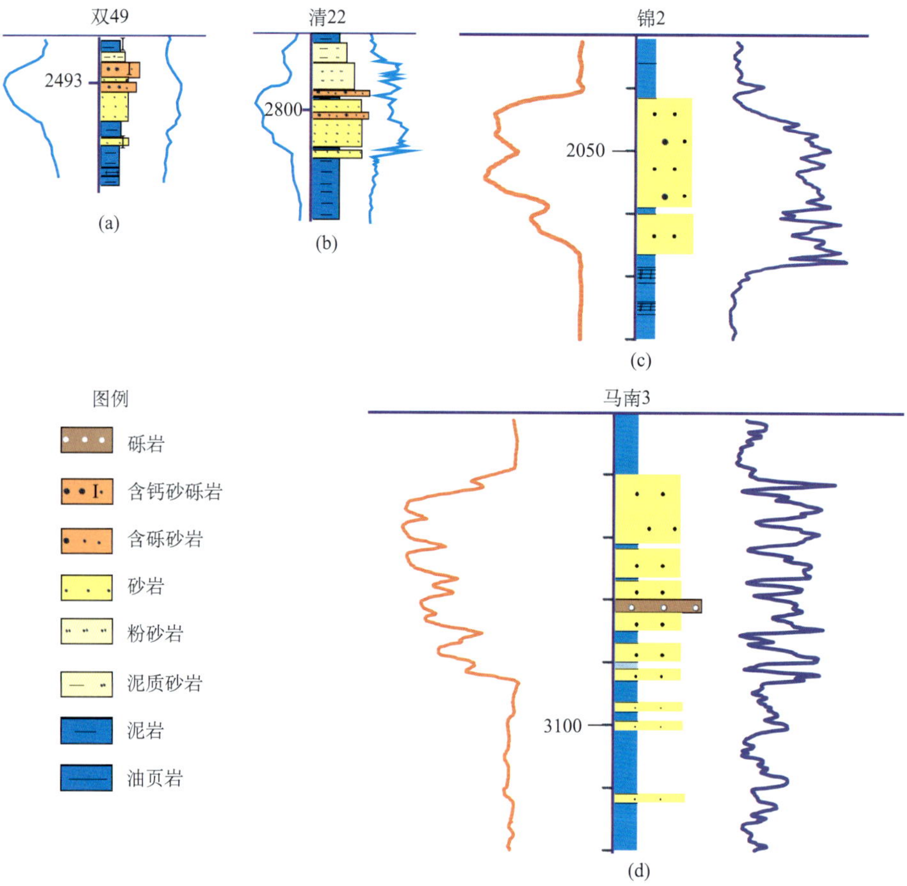

图 4.3　漏斗形自然电位曲线类型及特征

4.2.3　钟形

钟形曲线反映了正粒序结构，形成于水进背景，自然电位上部负异常幅度小于下部，可以细分为典型钟形、复合钟形、齿化钟形三种类型。典型钟形[图 4.4(a)、(b)、(c)]：砂体连续沉积，或由下而上岩性逐渐变细（如锦 84 井由含砾砂岩、细砂岩到泥质粉砂岩），或岩性连续而均一，自然电位曲线光滑，中-高幅度异常。底部呈突变接触，顶部呈渐变接触。复合钟形[图 4.4(d)、(e)、(f)]：由多个短期正韵律旋回复合构成，包括两次以上的次级水退-水进旋回，但是总体上由下而上为一个大的水进过程，且水进规模逐渐加强，沉积的碎屑物质逐渐变细，直至到顶部渐变为泥岩结束。齿化钟形[图 4.4(g)、(h)]：总体为一套多层薄砂体或厚层砾岩，间夹薄层泥岩或含有较重的泥质，底部与暗色泥岩或油页岩呈突变接触，顶部与泥岩呈渐变接触，自下而上泥质含量一般渐增并最终过渡为泥岩，曲线齿化严重，反映了水动力条件向上逐渐减弱或物质供应量降低。钟形曲线往往反映了扇三角洲辫状河道的侧向迁移或逐渐废弃、水下分流河道、湖底扇辫状沟道及侧缘等环境。

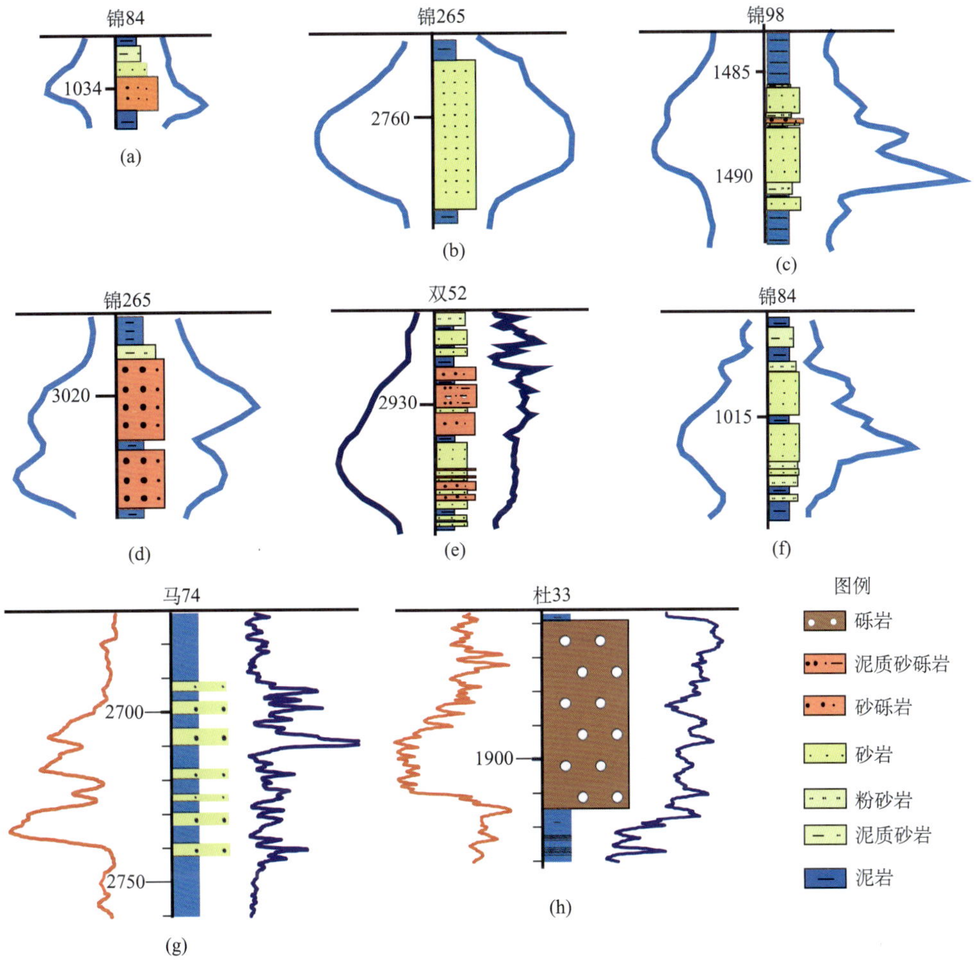

图 4.4　钟形自然电位曲线类型及特征

4.2.4　指形

指形曲线代表强能量水动力条件下突发性事件性沉积，多为砾岩、含砾砂岩或粗-细砂岩等均匀粗粒砂层，由于沉积速度快，厚度较小，砂层上下均为泥岩，砂泥分异清楚，曲线幅度呈明显高值（图 4.5），扇三角洲前缘席状砂、河口坝、远砂坝具有典型的指形曲线。

4.2.5　齿形

曲线具明显的齿状，反映较弱水动力条件下，碎屑物供应相对贫乏，仅形成薄层细粒的砂层（图 4.6），此类型曲线一般在辫状河道间、水下分流河道间、湖底扇辫状沟

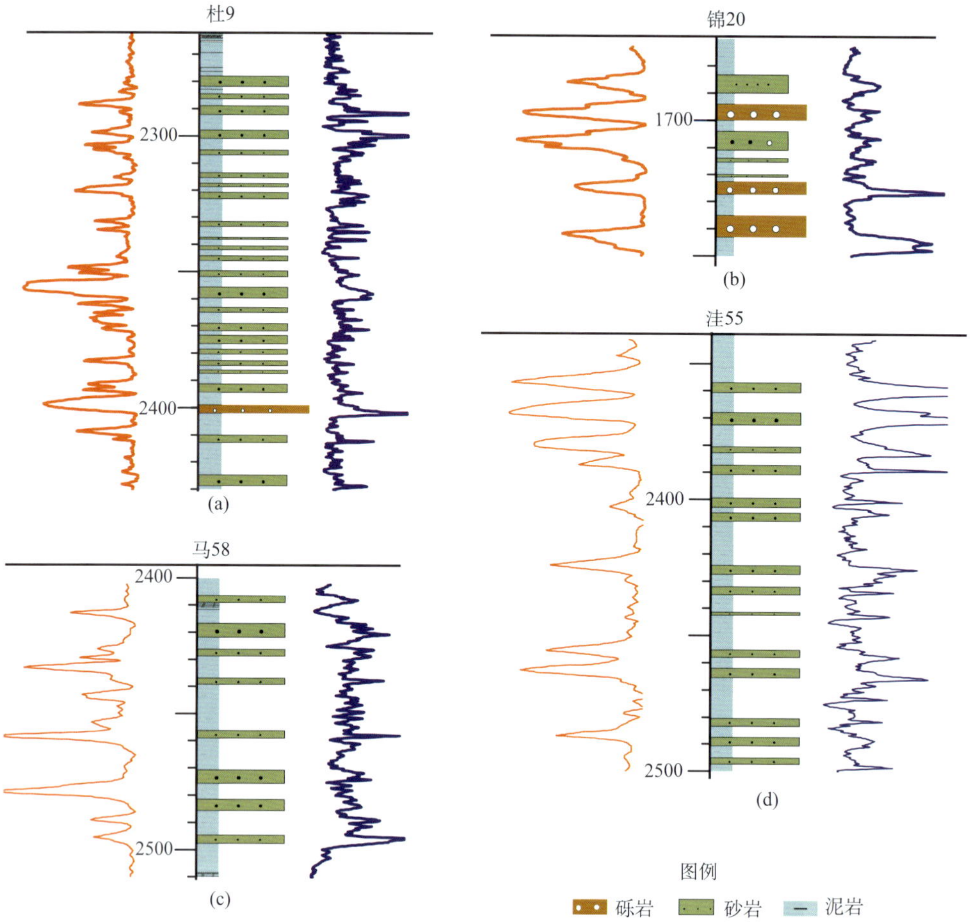

图 4.5　指形自然电位曲线类型及特征

道间等部位较多，又可分为正向齿形、反向齿形和对称齿形三种类型。曲线幅度为中-低异常，组合形态不规则，包络线可分为水进、水退、加积式，对应薄层间互的细砂岩、粉砂岩和泥岩，反映水流能量频繁变化。正向齿形反映水下冲刷充填沉积，具正粒序。反向齿形反映水道末梢前积式席状砂沉积，具反粒序。对称齿形反映稳定充填堆积作用，粒度基本不变。

4.2.6　平直形

曲线基本呈直线状，或具微小起伏的细齿，录井相以厚层块状暗色泥岩为主，含少量的粉砂质或油页岩，局部含有薄层细砂岩或粉砂岩（图 4.7）。该曲线反映前扇三角洲、深湖—半深湖等静水背景下和物源供给极度贫乏条件下形成的深水沉积特征。

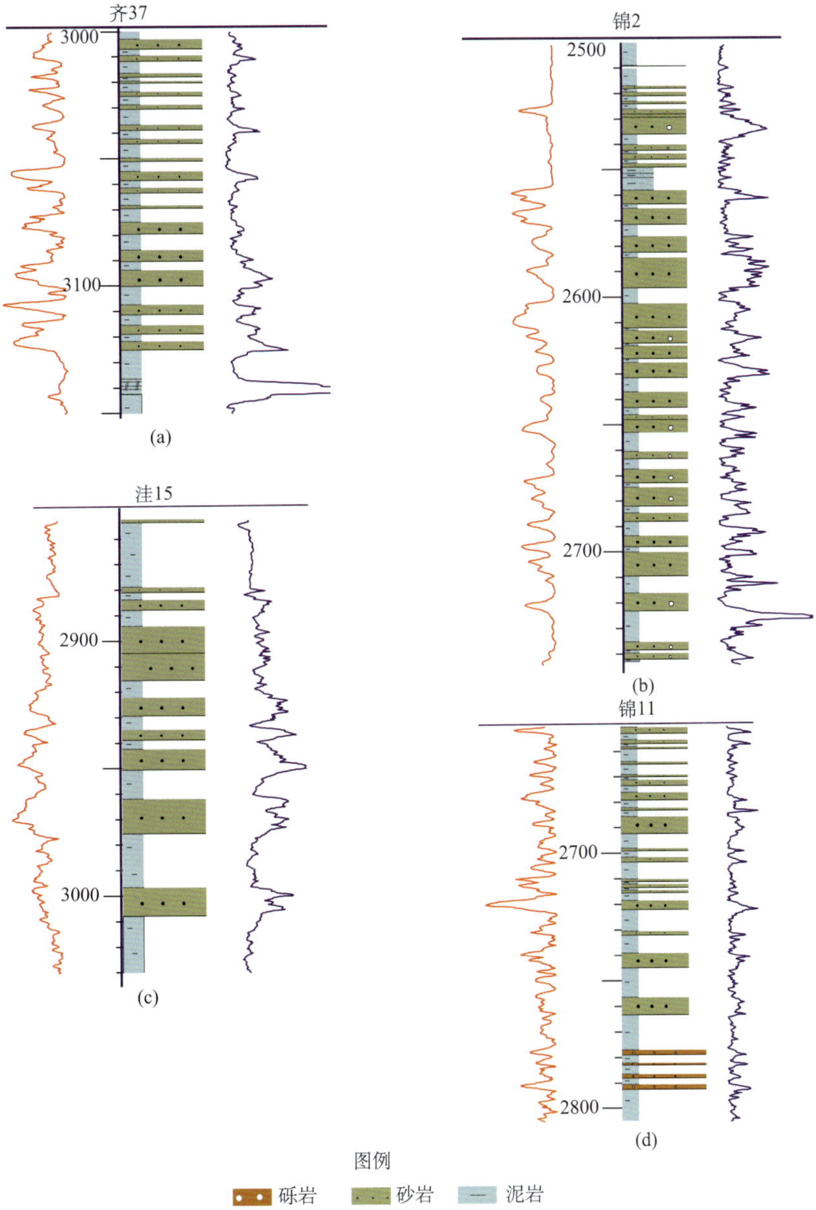

图 4.6　齿形自然电位曲线类型及特征

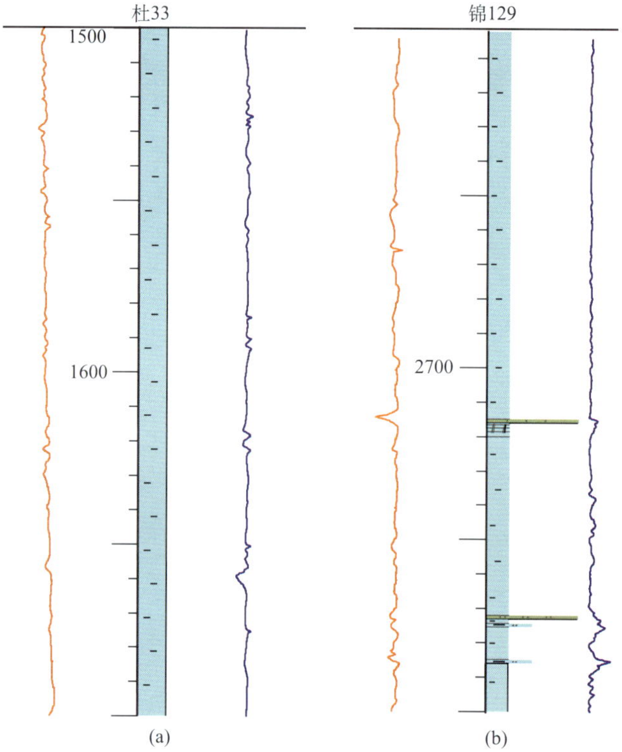

图 4.7　平直形自然电位曲线类型及特征

4.3　地震相特征

地震相是指有一定分布面积的三维地震反射单元，其分布参数，如反射结构、振幅、连续性、频率和层速度与相邻单元不同。它代表产生其反射的沉积物一定的岩性组合、层理和沉积特征。Vail 等（1987）认为“地震相分析是根据地震资料解释岩相和沉积环境，识别出地震相单元后，确定其边界，绘制地震相图，并阐明形成地震相内部反射的沉积层理、岩性和其他沉积特征”。Sheriff（1980）把地震相分析理解为“根据地震反射解释沉积相”，把地震相定义为“由沉积环境（如海相或陆相）所形成的地震特征”。可以看出，地震相是由特定的地震反射参数所限定的三维地震反射单元，是特定沉积相或地质体的响应，地震相基本上能够反映出地层的岩性组合及沉积特征。地震相与沉积相之间往往是相当的，结合其他资料可以将地震相转化为沉积相。地震相分析就是根据一系列地震反射参数（如外部形态、内部结构、连续性、振幅、频率及速度等）确定地震相类型，并解释这些地震相所代表的沉积相和沉积环境，即通过分析各地震地层单元内地震反射参数的变化，并把相同地震反射属性的部分作为一个单元，研究它在地震剖面上的变化和平面上的展布规律，然后对其进行地质解释的过程。用于划分地震相的常用参数包括物理参数（振幅、连续性、频率）和几何特征（外部几何形态和内部反射结构）。其中地震相的外部几何形态分为七种，即席状、席状披盖、楔状、滩状、透镜状、丘状和充填形。内部反射结构可分为平行、亚平行、发散前积、乱岗状、杂乱状和无反射结构六种。

根据地震相的定义，地震剖面上反射特征的任何变化，只要与岩性或沉积特征变化有关，并且有一定的空间范围，都可定义为地震相（李彦芳和王文广，1998），地震相可以理解为沉积相在地震剖面上表现的总和。研究地震相的目的在于分析层序的沉积环境及古地理，重塑盆地的沉积特征，预测生、储、盖相带及地层、岩性圈闭，是盆地分析的一种新手段，特别是在钻井有限的情况下，能够为研究者提供认识地质体的基础。

由于研究区的地震资料由多块频率不同的资料拼接而成，资料的品质差，因此未能得出有意义的地震相平面图，只能在地震剖面上分析沉积体系的几何外形和内部反射结构，因此，本书仅把地震相作为沉积相研究的辅助资料加以参考。从前面论述的岩石相、测井相和录井相特征，并结合完钻井资料认为研究区沉积相类型以扇三角洲和湖底扇为主。扇三角洲沉积体系在地震剖面上的特征表现为具 S 形、斜交、亚平行、S 与斜交混合型或叠瓦状前积型反射结构[图 4.8(c)、(e)、(f)、(h)]，几何外形表现为充填型、楔形等。湖底扇沉积体系的内部反射结构略显杂乱，[图 4.8(a)、(b)、(d)、(g)]，几何外形表现为楔形、丘形、透镜状双向尖灭等特点。

4.4　单井相分析

岩心是沉积环境比较可靠且直观的反映，岩心相分析的精度比较高，尤其对于连续取心的井段来说，岩心可以反映非常细微的沉积特征的变化，包括粒度、颜色、沉积构造等的逐渐变化，而且可以清楚地划分出粒度向上变粗或变细的沉积旋回。单井沉积相分析是以岩心观察和描述为基础，来判别研究区内可能出现的沉积微相类型。在此基础上，根据测井组合和录井相特征，参考分析化验资料，在层序格架内分析沉积序列的相类型和相序组合特征。具体步骤为：①根据目的层取心层段的岩心观察和分析，结合区域地质背景，进行单井岩心相分析，建立沉积微相地质模型。②在取心井单井相分析的基础上，根据各微相在测井曲线上的响应特征，建立测井曲线-沉积微相对应关系。③利用测井曲线组合形态和录井岩性特征对研究区内未取心井进行推广，进行全区的沉积相分析。在岩心观察、岩石相、剖面地震相、测井相和录井相分析的基础上，共选取不同层位、不同构造位置的 11 口有代表性的取心井（鸳鸯沟工区 5 口、清水工区 6 口），进行单井沉积相分析，划分沉积相、亚相和微相（图 4.9～图 4.20），现分述如下。

4.4.1　鸳鸯沟工区单井相分析

1. 锦 29 井（图 4.9）

该井两次取心，井段为 2447～2500m 和 3160～3203m。2447～2500m 层位为沙一段，相当于三级层序 Sq5 的低位体系域，3160～3203m 层位为沙三段，相当于 Sq3 的高位体系域，均为扇三角洲前缘亚相-前扇三角洲亚相沉积。2447～2500m 为一套浅灰

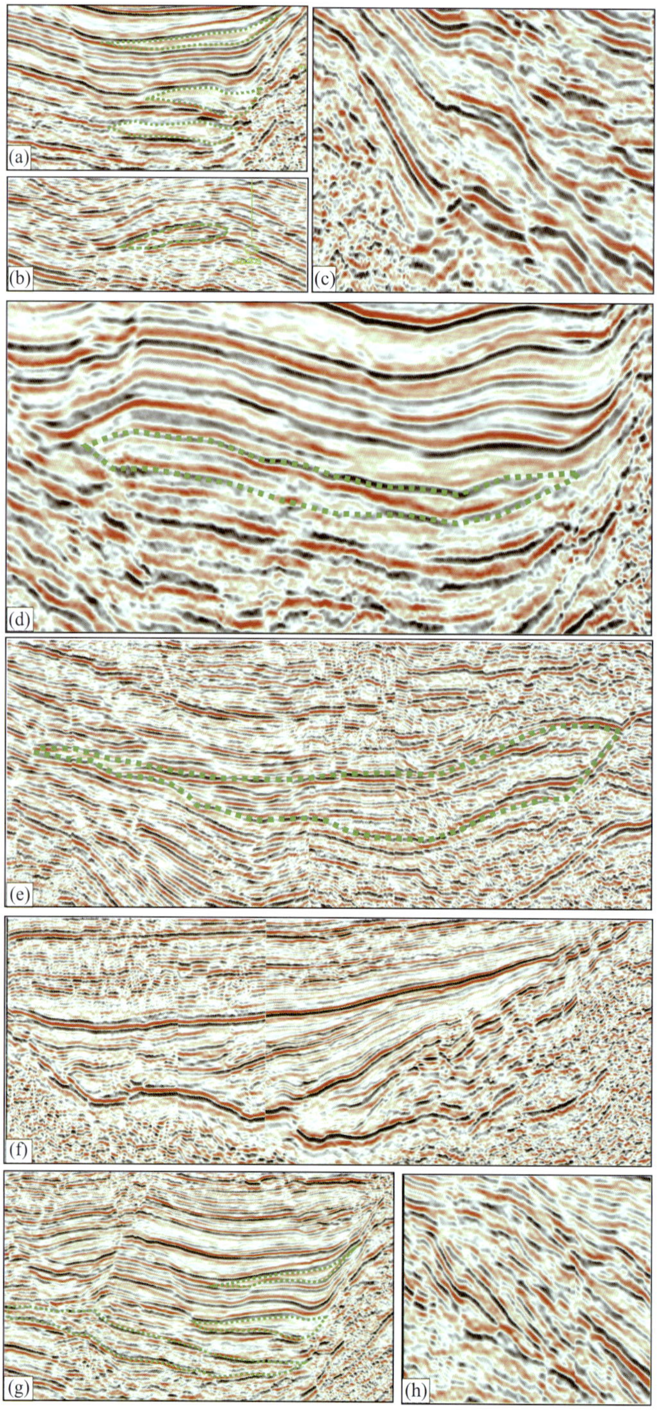

图 4.8 沉积体系在地震剖面上表现的典型几何特征

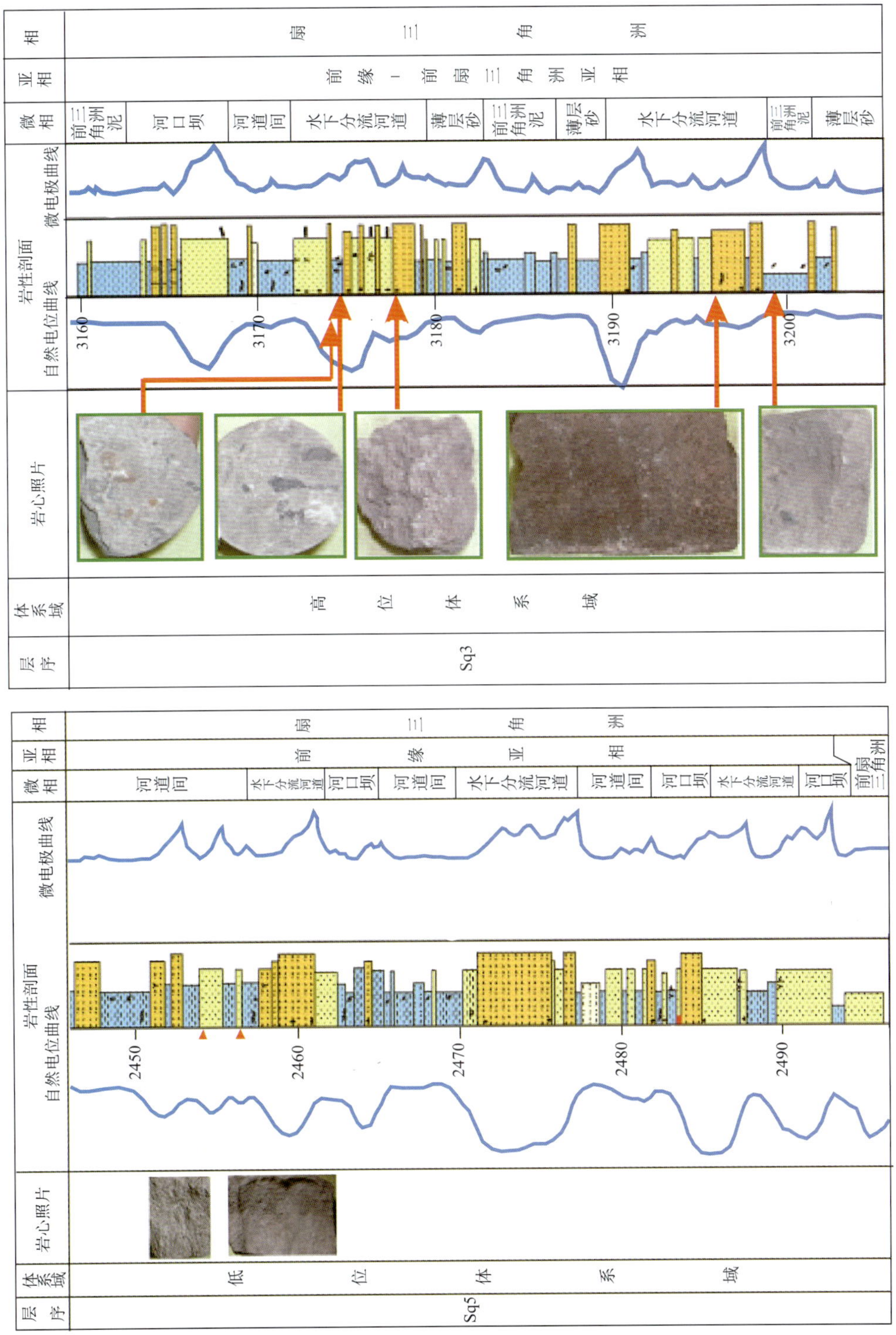

图 4.9　锦 29 井沙一段(Sq5)和沙三段(Sq3)单井相分析

色、灰色细-粗砂岩、含砾砂岩和砂砾岩夹灰色、深灰色泥岩沉积。2494～2498m 为浅灰色中-细砂岩，下部含泥质较重、致密，上部粒度渐粗并向中砂岩过渡，曲线形态为典型漏斗形，定为河口坝微相。2490～2493.1m 为浅灰色细砂岩，分选较好，块状结构，曲线形态为典型钟形，定为水下分流河道微相。2481.5～2489m 为一复合的反韵律旋回，由两个次级反旋回构成，上部次级旋回规模小，顶部为含砾砂岩，向下为粉砂岩和泥岩；下部反旋回规模大，其顶部为分选差-中等的灰色砂砾岩，最大砾径约 5mm；向下为分选好、结构疏松的细砂岩，上部夹碳质条带并显水平层理；底部为含粉砂质的灰色泥岩。整个小旋回曲线呈漏斗-钟形复合形态，定为河口坝微相。2478～2481.2m 为泥质粉砂岩、细砂岩与泥岩互层，曲线形态为低幅齿形，定为水下分流河道间沉积。2470.5～2477.5m 为由三个次级正旋回构成的块状结构砂体，每个次级旋回上部为灰绿色细砂岩，下部为浅灰黄色砂砾岩，砾径最大为 20～30mm，曲线形态为似箱形，划分为水下分流河道微相。2465.8～2470.5m 以泥岩、粉砂质泥岩为主夹薄层粉细砂岩，曲线形态为平直形，定义为分流河道间微相。2463.8～2465.7m 为一复合韵律，中间为一薄层含砾细砂岩，顶底为细砂岩，曲线形态为漏斗-钟形组合，表现出河口坝的特征。2457～2461.5m 为一个完整的正旋回，由下而上从砂砾岩→含砾砂岩→细砂岩→泥质粉砂岩→泥岩，曲线形态表现为钟形，呈现出水下分流河道的特征。2446～2457m 为薄层细砂岩与泥岩和含砾细砂岩互层，曲线形态为齿形与直线组合，是前缘席状砂的典型特征。3160～3203m 取心段的沉积微相类型包括前缘席状砂、河口坝、水下分流河道、分流河道间等微相。测井相和录井相特征与 Sq5 取心段类似。

2. 锦 33 井（图 4.10）

取心井段 2994～3015.2m，层位为沙三下段，相当于三级层序 Sq2 的低位体系域，为扇三角洲平原亚相沉积。3009～3015.2m 为棕灰色砂砾岩与灰色粉砂岩、钙质粉砂岩沉积，测井相形态为似箱形，是辫状河道微相的特征。

3003.8～3008.8m，为红紫、灰绿、灰色泥岩夹薄层粉细砂岩，测井相表现为微幅度起伏的平直状，为辫状河道间沉积的特点。3001.6～3003.8m 为薄层钙质粉砂岩、粉砂岩、细砂岩与泥岩互层，测井相为漏斗形，定义为天然堤微相。2994.6～3001.2m，为由四个次级正旋回构成的一套砂砾岩、含砾砂岩、细砂岩组合，其中最早的次级旋回厚度最大，底部为薄层的砂砾岩，向上变为厚层块状的细砂岩，其余三个次级旋回则较薄，厚 0.5～1.3m。总的测井相为钟形-箱形组合，定为辫状河道微相。

3. 锦 84 井（图 4.11）

岩心观察了 1007.9～1038.2m 段，共计有四套较大的旋回组合，对应井段分别为 1031～1034m、1028.3～1030.7m、1019.7～1022.2m、1012.5～1019m，为扇三角洲前缘-前扇三角洲亚相沉积。其中 1031～1034m 段为由灰色砂砾岩→浅灰色细砂岩→绿灰色泥质粉砂岩→灰色泥岩构成的正向旋回，测井相为钟形，为水下分流河道微相。1028.3～1030.7m 段为由灰色泥岩→绿灰色泥质粉砂岩→灰色砂砾岩构成的反向旋回，顶部的砂砾岩含泥质较重，测井相呈低幅漏斗形，定为河口坝微相。1019.7～1022.2m

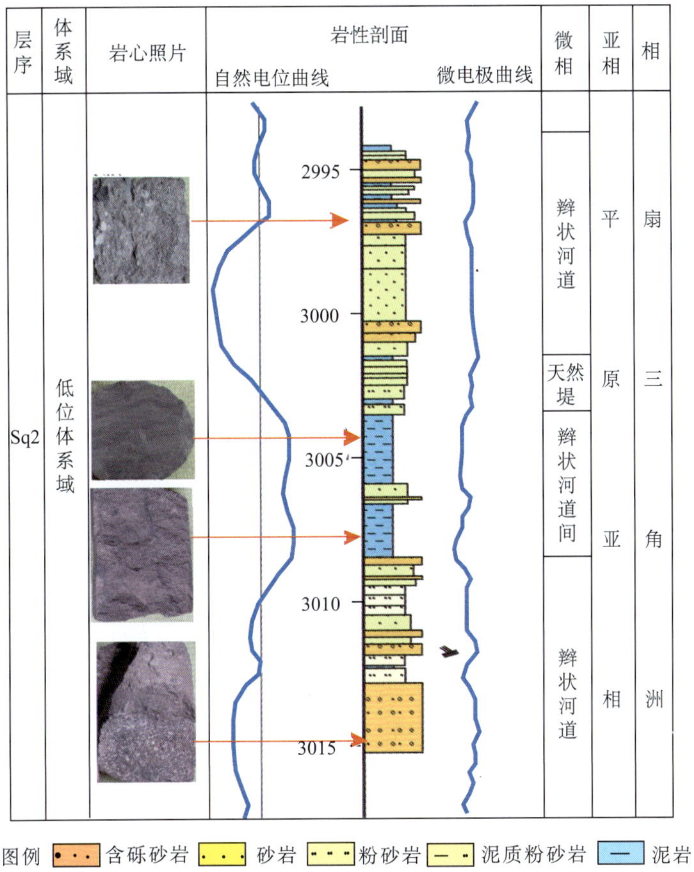

图 4.10　锦 33 井单井相分析

段为由三个次级正旋回构成的复合旋回，每个次级旋回由砂砾岩和细砂岩构成，测井相为复合钟形，为水下分流河道微相。1012.5～1019m 为一复合旋回，下部和上部为粉砂岩，中部为两层较厚的细砂岩，测井相下部为漏斗形，上部为复合钟形，因此下部为河口坝微相，上部为水下分流河道微相。

4. 锦 124 井（图 4.12）

该井取心段为 2390～2419m，主要由三个正向旋回构成，对应井段分别为 2410～2419m、2398.7～2404.8m、2391.4～2393.5m，为扇三角洲前缘亚相-前扇三角洲沉积。2410～2419m 段由两段砂砾岩-砾岩构成，测井相为似箱形，定义为水下分流河道微相。2391.4～2393.5m 为由灰白色砂砾岩-砾岩→灰色细砂岩→浅灰色粉砂岩构成的正旋回，测井相为似箱形，判断为水下分流河道微相。2391.4～2393.5m 为一薄层浅黄-灰白色中-细砂岩，测井相为钟形，判断应为水下分流河道微相。三个旋回之间夹有前缘席状砂和前扇三角洲泥微相。

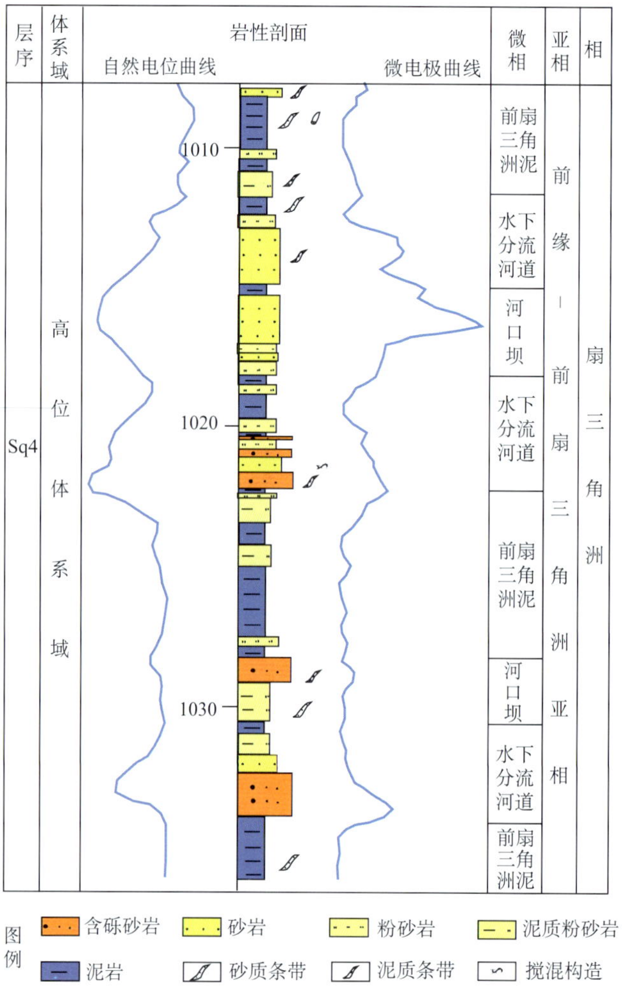

图 4.11 锦 84 单井相分析

5. 锦 146 井（图 4.13）

取心段为 2115.8～2140m，主要由五个时期的微相纵向堆叠而成，对应井段分别为 2137.2～2140m、2133.2～2137.2m、2126.9～2132.5m、2117.5～2126.9m、2115.6～2126.9m，为一套扇三角洲前缘亚相沉积。2137.2～2140m 为浅灰色细砂岩，块状结构，测井相为典型钟形，表现出典型的水下分流河道的特征。2133.2～2137.2m 为由细砂岩和薄层砂砾岩构成的河口坝，包括三个厚薄不等的次级反旋回，测井相为复合漏斗形。2126.9～2132.5m 段测井相为钟形-似箱形组合，定为水下分流河道微相。下部为浅灰色结构疏松的细砂岩，偶含泥质条带，测井相为似箱形；上部为灰白色砂砾岩，矿物成分以石英为主，长石次之，长石风化严重，泥质胶结，质地疏松，平均砾径大于 1mm，底部砾径较大，为 3～5mm，测井相为钟形。2117.5～2126.9m 段测井相呈典型的低幅齿状，岩石相为含棕褐色油浸砾砂岩、灰色细砂岩、浅灰色泥质粉砂岩和

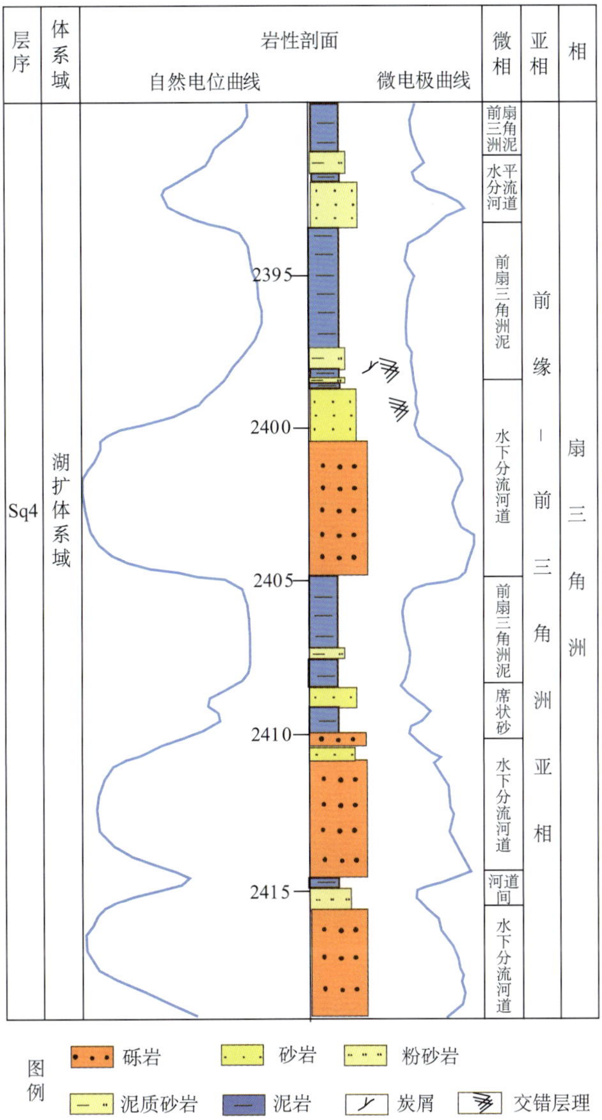

图 4.12　锦 124 单井相分析

灰白色粉砂岩与深灰色泥岩互层，定为水下分流河道间微相沉积，含有丰富的植物化石和螺化石。2115.6～2126.9m 段为由砂砾岩→含砾砂岩→细砂岩→泥岩构成的正旋回岩石相组合，顶部含植物化石和螺化石，测井相为典型钟形，为水下分流河道微相。

4.4.2　清水工区单井相分析

1. 双 75 井（图 4.14）

该井取心段为 2823.2～2845m。2838.6～2845m 为以泥岩、页岩为主夹薄层泥质粉砂岩的前扇三角洲亚相沉积，局部含砂质条带，具水平层理，含植物炭屑。2830.8～

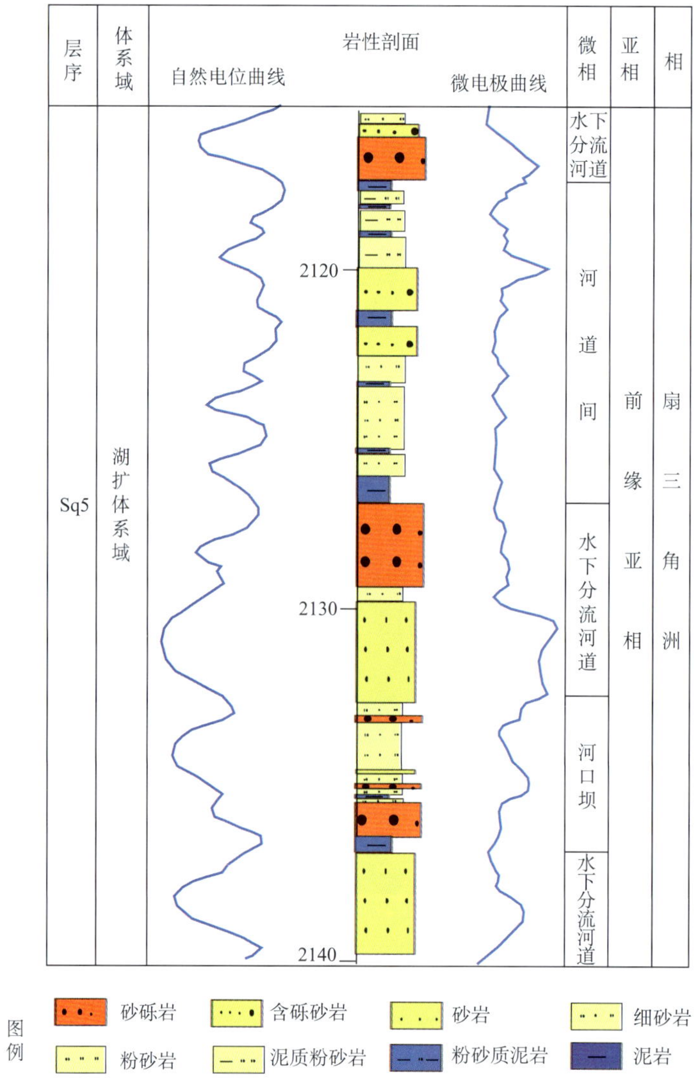

图 4.13　锦 146 井单井相分析

2838.6m 段以浅灰色厚层砂砾岩为主间夹薄层灰色细砂岩和浅灰色粉砂岩，底部砂砾岩含少量泥质条带，分选较好，含有泥砾，砾石多为半圆状，测井相为典型箱形，判断其为水下分流河道微相。2825.3～2830.5m 段为由浅灰色厚层含砾砂岩和浅灰色细砂岩构成的水下分流河道沉积砂体，测井相呈似箱形。取心段顶部为由细砂岩和粉砂岩、泥质粉砂岩构成的细组分沉积，测井相呈低幅齿状，判断其为分流河道间微相。

2. 杜 125 和杜 139 井（图 4.15）

两口井都选择了沙三段进行单井相分析，相当于三级层序 Sq2、Sq3。两口井均为大段泥岩夹厚层块状砾岩或薄层层状砾岩，岩石相主要表现为混杂砾岩相（图 4.1a），

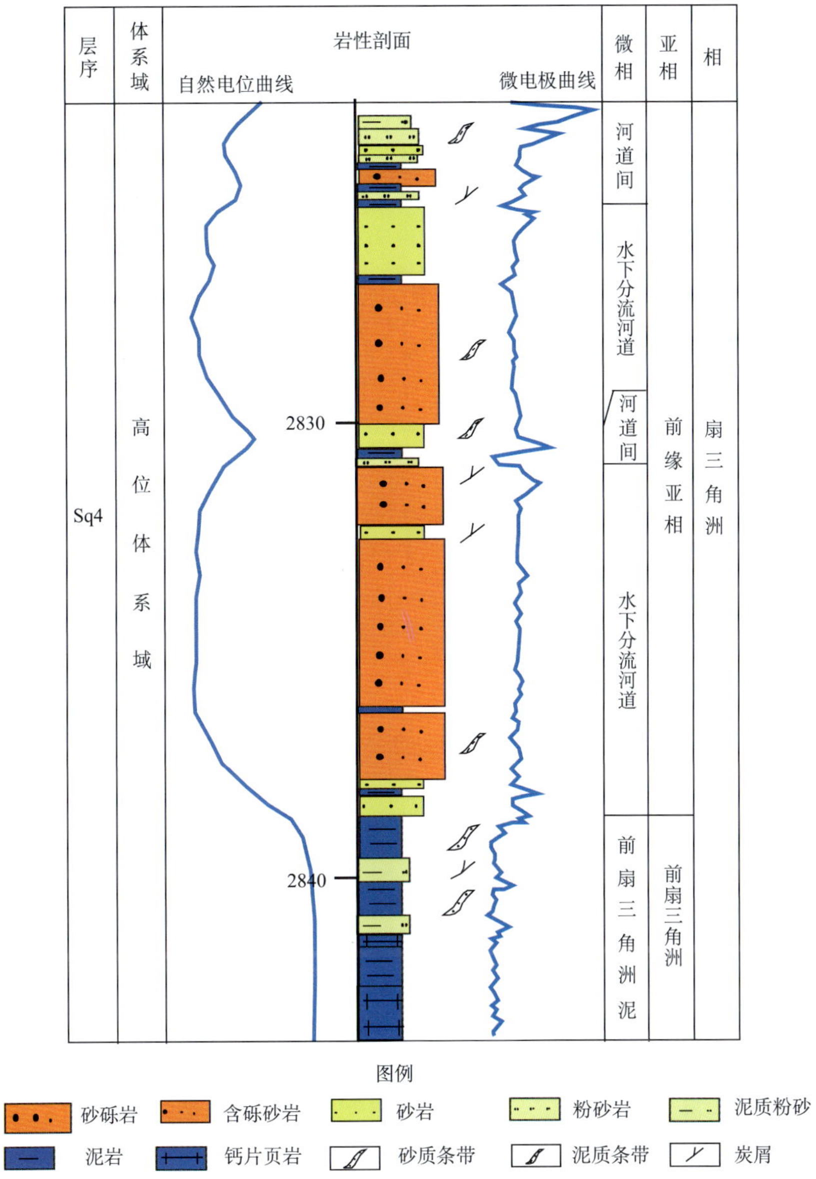

图 4.14　双 75 井单井相分析

层理性差，因砾岩段分选差，含泥质较高，测井相呈典型的齿化箱形，与泥岩的平直形测井相形成鲜明对比，结合盆地演化史分析，判断其为深湖-湖底扇沉积，成套砾岩应为扇中辫状沟道微相。

3. 双 52 井（图 4.16）

该井在 2926～2949m 为一套以砂砾岩为主夹薄层砂岩和泥岩的沉积，在 2936.3～2949m 测井相呈似箱形，底部为浅灰、灰白色砂岩、砂砾岩、长石质砂砾岩夹深灰色

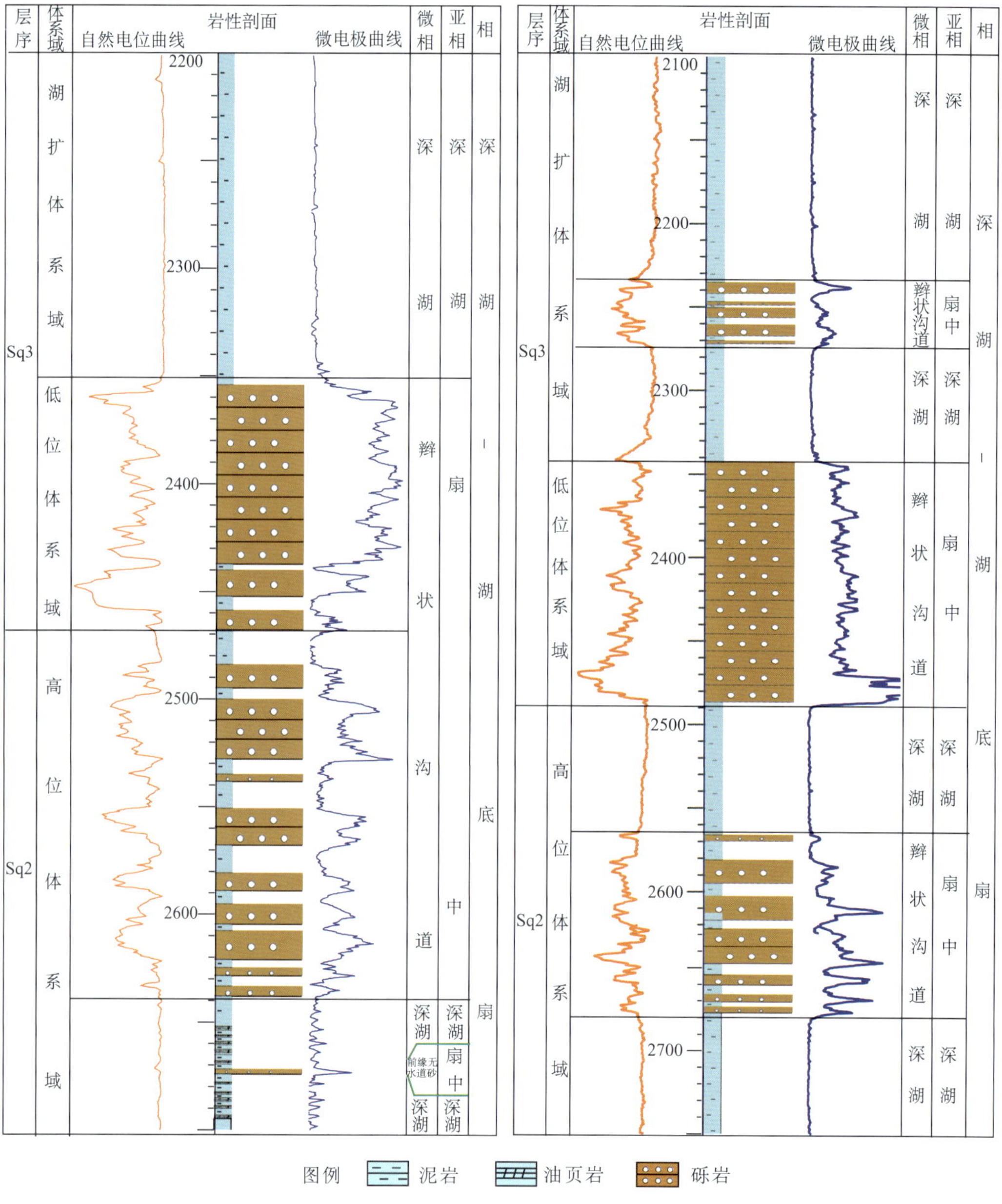

图 4.15　杜 125 和杜 139 单井相分析

泥岩、浅灰色泥质砂岩。砂岩胶结致密，泥岩含砂质不均匀。局部发育斜层理、波状斜层理、波状交错层理和交错层理，沿层理面富集炭屑［图 4.1（u）、（ny3）、（ny5）］。中部以浅灰色砂砾岩、泥质砂砾岩为主夹有薄层砂岩、深灰色泥岩和砂质泥岩。砂砾岩含泥质较重，含有大量泥砾，直径在 10～100mm，多具混凝土状结构，分选差，磨圆较好，上部具斜层理，搅混构造发育。向上（2934.8～2936m）为浅灰色砂岩与深灰色砂质泥岩，发育交错层理、搅混构造和滑动变形构造。顶部为灰白色、浅灰色砂砾岩和砂岩，分选较好，磨圆中等，胶结致密，具斜层理，测井相呈典型钟形。判断整个取心段沉积相类型为湖底扇扇中亚相，属于辫状沟道及沟道间微相。

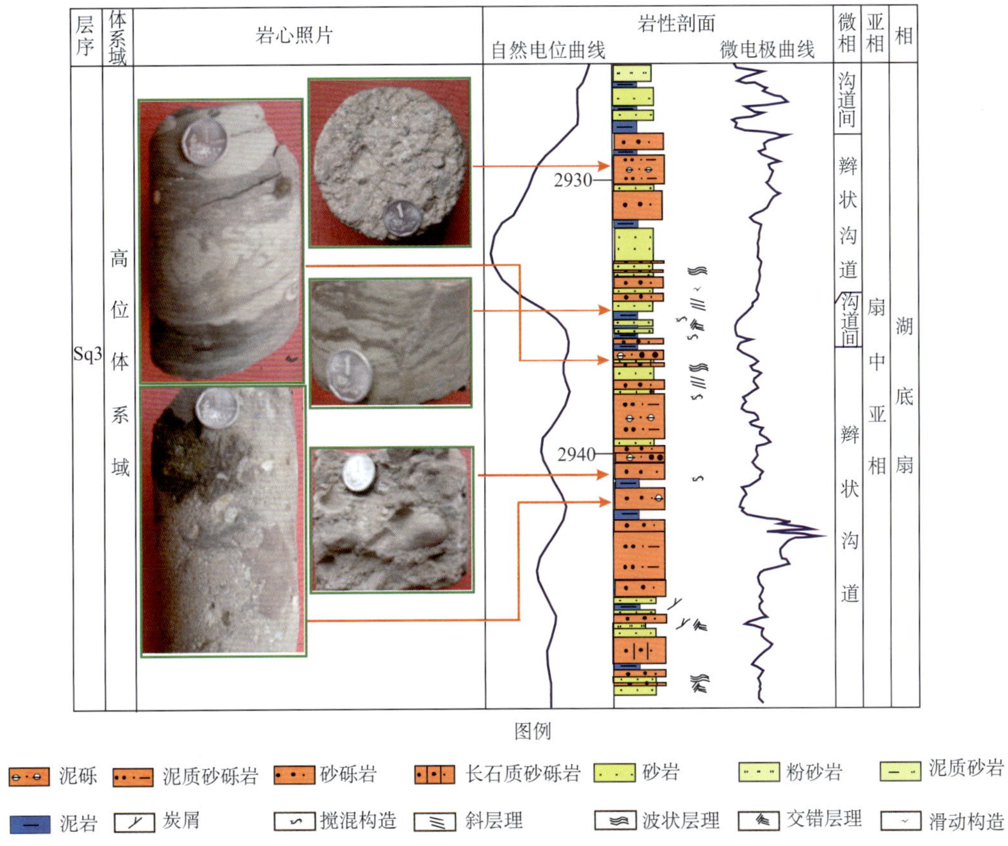

图 4.16　双 52 井单井相分析

4. 双 6 井（图 4.17）

该井取心段 2506～2563.4m，对应层位沙二段，相当于三级层序 Sq4 的低位体系域，共发育 6 个旋回，分别对应井段 2559～2563.4m、2554.2～2550.1m、2543.6～2547.1m、2523.7～2541.4m、2514.7～2521m、2509.6～2511.2m。第一个旋回（2559～2563.4m）包括两个规模较大的次级反旋回，均由细砂岩、含砾砂岩和砂砾岩夹深灰色泥岩构成，具斜层理和搅混构造，砂岩含有泥质条带，测井相为反向漏斗形，判断为河口坝微相。第二旋回（2554.2～2550.1m）测井相为典型箱形，岩石相为褐黄色含油砂岩夹薄层含砾砂岩，发育斜层理，含有植物炭屑，底部含有泥质条带，将其定为水下分流河道微相。第三旋回（2543.6～2547.1m）以褐灰色油浸砾岩为主夹薄层浅灰色细砂岩，含泥质团块与植物炭屑，发育斜层理，测井相为典型钟形，划分为水下分流河道微相。第四旋回（2523.7～2541.4m）由四个次级旋回构成，2540～2541.4m 为第一个次级旋回，为两层油浸细砂岩，测井相为漏斗形，判断其为河口坝微相。2536～

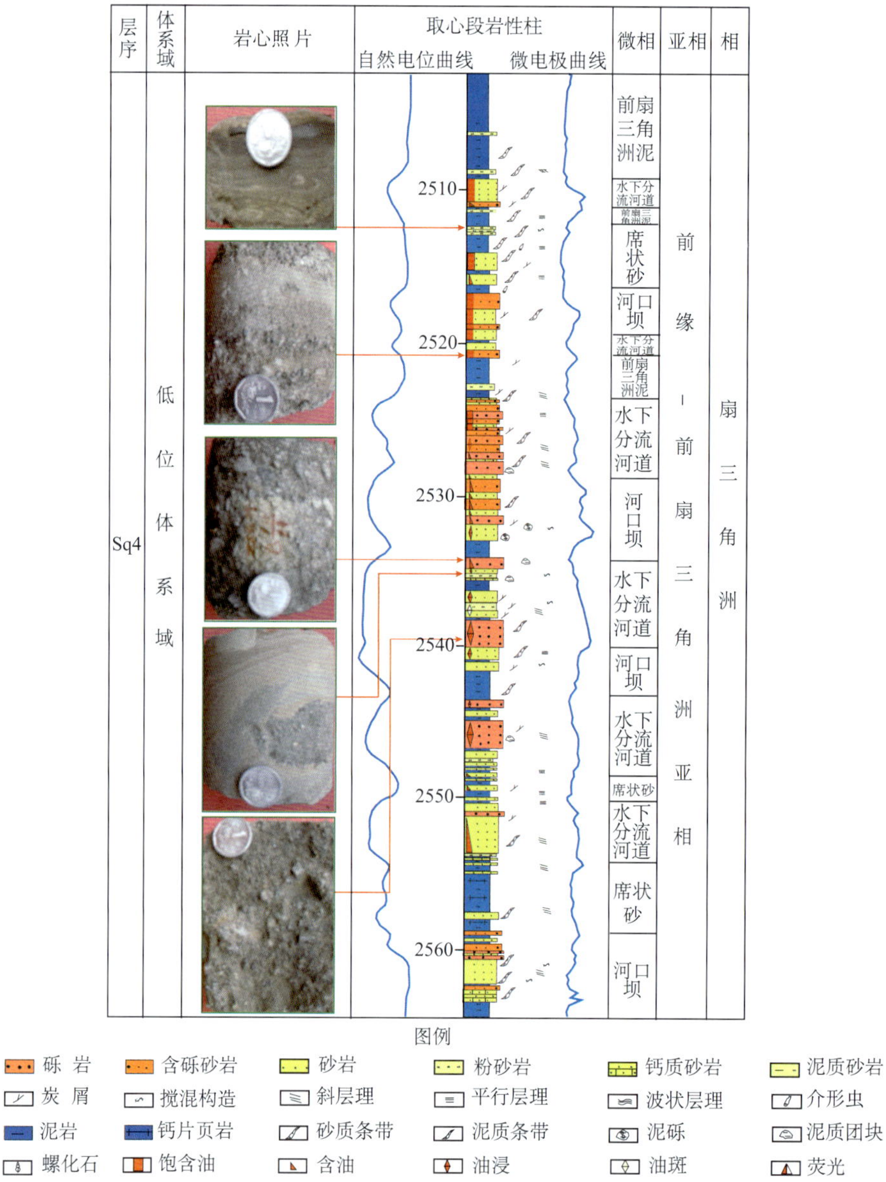

图 4.17　双 6 井单井相分析

2540m 为第二个次级旋回，由黑褐色含油及油浸砂砾岩→油斑、油浸细砂岩构成正旋回，含泥质条带，具斜层理和搅混构造，测井相呈箱形，定为水下分流河道微相。2534～2535.4m 为第三个次级旋回，是由浅灰色粉、细砂岩和褐灰色、棕褐色含油砾岩构成反向旋回，测井相为漏斗形，定为河口坝微相。2523.7～2533.3m 为第四个次级旋回，其中下半部分（2528.7～2533.3m）是由四个连续沉积的细砂岩→含砾砂岩更次一级反旋回组成的河口坝，测井相呈钟形-漏斗形组合；上半部分（2523.7～2528.7m）测井相为复合钟形，由棕褐色含油砂砾岩与浅灰色油斑及荧光细砂岩构成，最大砾径可达 15mm，分选较差，次棱角-次圆状，含油饱满，主要发育斜层理、含植物炭屑，将其定为水下分流河道微相。第五旋回（2514.7～2521m）由三个次级旋回构成，下部为由饱含油含砾砂岩和细砂岩构成的正旋回，测井相呈钟形，为水下分流河道微相沉积；中部为褐黄、棕黄色饱含油含砾砂岩和饱含油细砂岩构成的两个次级反旋回，测井相呈复合漏斗形，将其划为河口坝微相；上部为两层褐黄色饱含油、油浸中砂岩，测井相为低幅齿形，是席状砂微相的表现。第六旋回（2509.6～2511.2m）主要为褐黄色饱含油中细砂岩，底部有薄层含砾砂岩，最大砾径可达 26mm，含有植物炭屑和泥质条带，测井相为钟形，判断为水下分流河道微相。在六个旋回之间还夹有三段较厚前扇三角洲沉积，以泥岩为主夹有薄层的粉砂岩和泥质粉砂岩，泥岩中含有泥质条带，含植物炭屑及笔石化石，泥岩具水平层理，粉砂岩具波状层理、微角度交错层理，测井相为平直状，反映贫物源供给贫乏、静水环境。

5. 双 49 井（图 4.18）

该井取心段 2430～2503m，层位为沙二段，相当于三级层序 Sq4 的低位体系域。共有两段连续的砂体，大体为两个规模较大的旋回，对应井段分别为 2458.4～2494.6m、2436.8～2447.2m。第一旋回（2458.4～2494.6m）包括三个次级旋回。第一个次级旋回由两个更次一级的反旋回组成，下部反旋回由褐灰、浅灰色泥岩→浅灰色粉砂岩→灰白色、浅灰色细砂岩→灰白色砂砾岩组成，具斜层理和波状层理，测井相为漏斗形，为河口坝微相；上部反旋回由灰黄色含油含钙砂砾岩、含砾砂岩及其下的灰白色中-细砂岩、灰白色粉砂岩构成，顶部具搅混构造，含炭屑，测井相为复合漏斗形，也划为河口坝微相。第二个次级旋回为厚层灰黄、棕黄、褐黄色含油-油浸砂砾岩，上部砂砾岩富含钙质，顶部为灰黄色钙质细砂岩、粉砂质泥岩及浅灰色泥岩，局部具斜层理，测井相为复合箱形，判断其为水下分流河道微相。第三个次级旋回包括两个更次一级的正旋回组分，下部正旋回的下部为棕黄色含油砂砾岩、灰黄色油斑砂砾岩夹薄层褐黄色含油中细砂岩，向上过渡为灰黄色含钙砂砾岩、灰白色钙质细砂岩及油斑，顶部为褐黄色钙质页岩与浅灰色泥质含砾粉砂岩，灰白色钙质粉细砂岩，测井相为复合钟形；上部正旋回，下部为灰色含油砂砾岩、灰黄色油斑钙质细砂岩局部夹泥质条带，具斜层理，向上过渡为泥质粉砂岩、钙质粉砂岩和钙质泥岩，测井相为典型钟形。第三个次级旋回定为水下分流河道微相。第二旋回（2436.8～2447.2m）由两个更次一级的正旋回组成，下部正旋回下部为棕黄色油浸砂砾岩，上部为灰白带黄色油斑含钙中细砂岩，岩性较下部变细，具斜层理并含有炭屑，测井相为箱形；上部正旋回为灰白色钙质粉细砂岩和灰白色油斑含钙薄层砂砾岩，夹绿灰色泥岩，测井相为复合钟形。第二旋回定为水下分流河道微相。

另外，双 49 井在三个时期还发育了前扇三角洲亚相沉积：2495.8～2503m、2447.2～2458.4m、2430～2436.8m。岩性以含钙泥岩、钙质页岩为主，夹薄层钙质粉砂岩、泥质粉砂岩，测井相为微齿化的平直形。

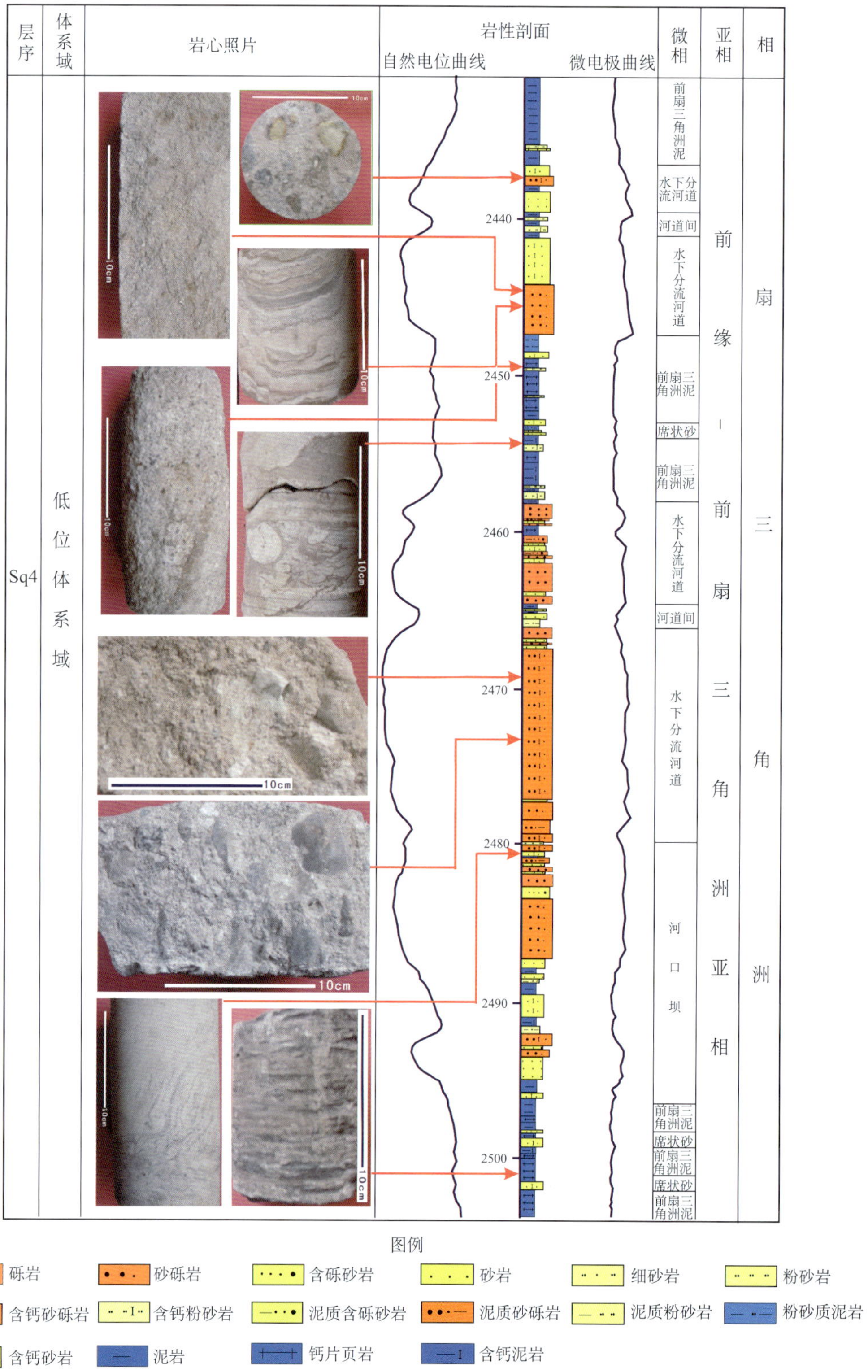

图 4.18　双 49 井单井相分析

4.5　沉积相综合分析

在单井沉积相分析的基础上，结合岩性反演得到的砂岩百分含量图、砂岩等厚图以及岩性反演剖面，可以进行沉积相的剖面（图4.19）和平面展布（图4.20）研究。通过连井剖面和连井地震剖面可以识别出地层的叠置方式，并判断水体的深浅变化；然后根据完钻井资料、地震岩性反演剖面、砂泥岩的组合特征和变化趋势来确定沉积相在纵向上和平面上的分布。

综合前面论述的岩石相、测井相、录井相、地震相、单井相分析及剖面，归纳出研究区沙河街组的沉积相特征。在以上工作和资料的基础上，完成了鸳鸯沟工区和清水工区各三级层序的沉积相平面图，其展布规律见图4.20和图4.21。

从沉积相剖面图和平面图可以看出研究区沉积相具有如下特点。

（1）由于所处的构造位置不同，发育的沉积相类型有所差异。鸳鸯沟工区处于鸳鸯沟洼陷的西斜坡位置，发育扇三角洲平原、前缘亚相，前端局部地区发育前扇三角洲亚相沉积，平原亚相包括辫状河道、辫状河道间、沼泽、天然堤等沉积相类型。扇三角洲前缘亚相包括水下分流河道、分流河道间、河口坝、前缘席状砂。清水工区处于清水洼陷内部，处于西斜坡的最低台阶与台安-大洼断裂之间，Sq1、Sq4、Sq5时期发育扇三角洲前缘-前扇三角洲亚相，包括水下分流河道、分流河道间、河口坝、前缘席状砂等微相；Sq2、Sq3时期发育深湖-湖底扇沉积体系，湖底扇发育扇中亚相（包括辫状分流沟道、辫状分流沟道间、前缘等微相）和外扇亚相。

（2）古地貌、物源方向对沉积相的控制作用。古地貌和物源方向对沉积相的展布具有控制作用。鸳鸯沟工区总的地貌特点为一个由北西向东南的斜坡，受此影响，物源方向也主要为北东向，扇三角洲的发育在西北部主要为扇三角洲平原，东南部主要发育扇三角洲前缘。前扇三角洲在东部的局部地区发育，但范围很局限。从斜坡高部位向生烃洼陷，沉积微相从水下分流河道、河口坝演变到席状砂、前三角洲泥。扇三角洲前缘砂体明显受断裂坡折带控制，在断裂坡折之下扇三角洲前缘砂体厚度明显增大，砂体富集。清水工区处于清水洼陷内，包括缓坡带、陡坡带和洼陷带（详见第2章）三个构造单元，西部缓坡带表现出从西北→东南洼陷带坡降缓的特点，发育缓坡物源，缓坡物源来自西部盆缘山地，具有物质供给丰富、源远流长的特点，沉积相带向洼陷带延伸相对较远，发育缓坡型扇三角洲和湖底扇；陡坡带受边界大断裂的控制，坡度大，物源来自中央凸起，与缓坡物源相比，物质供应较为贫乏，因此沉积体系规模相对较小，沉积相带向洼陷带延伸较短，发育陡坡型扇三角洲和湖底扇（近岸水下扇）。由于物源供给具有继承性，在短期内局部有一定变化，不同时期沉积微相的类型、空间展布和配置关系变化频繁。同时，因沉降中心在沙河街组沉积过程中发生迁移（从Sq3末期开始向缓坡迁移），迁移前缓坡沉积体系发育，迁移后陡坡沉积体系规模大。

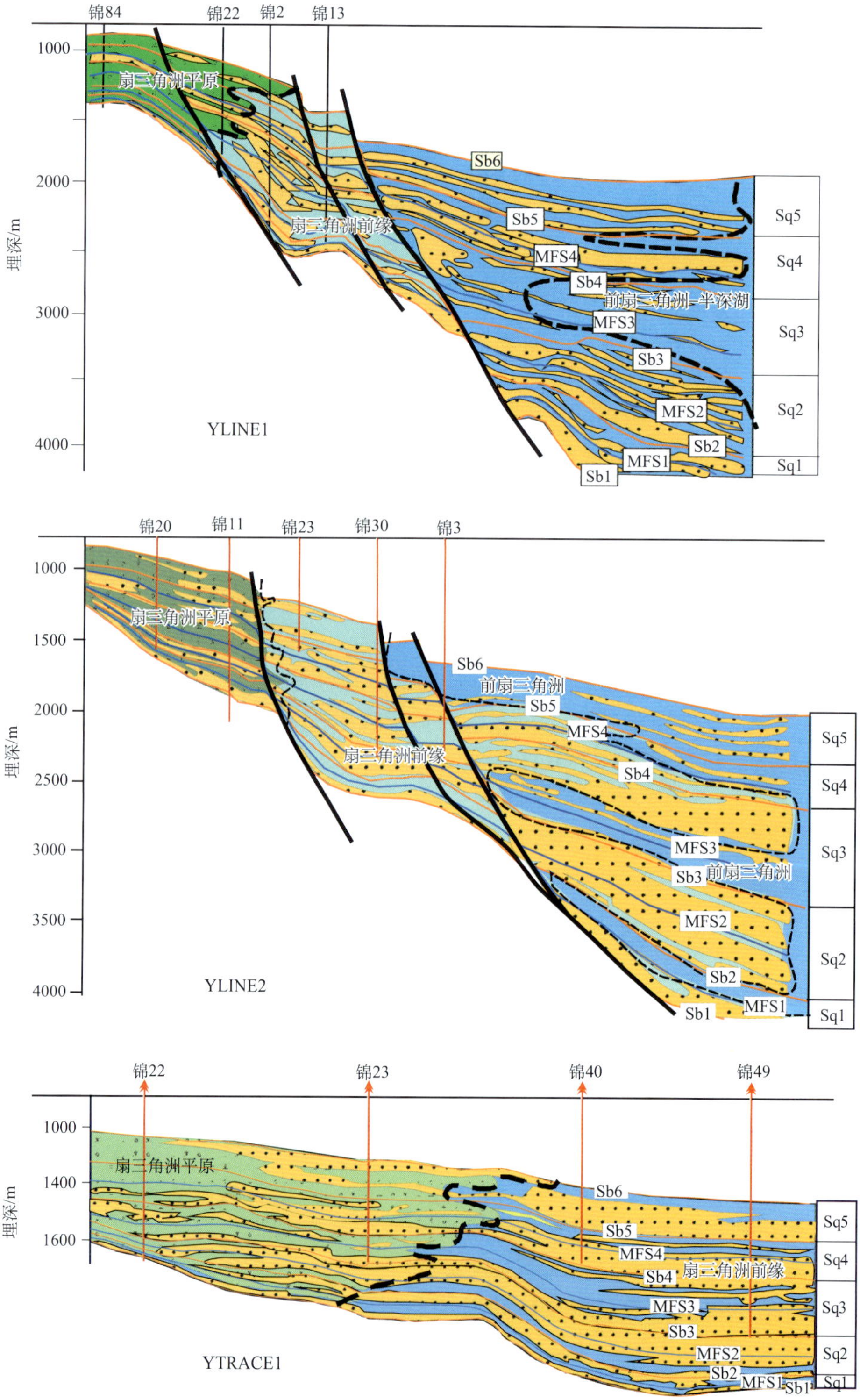

图 4.19　鸳鸯沟工区沉积相剖面图

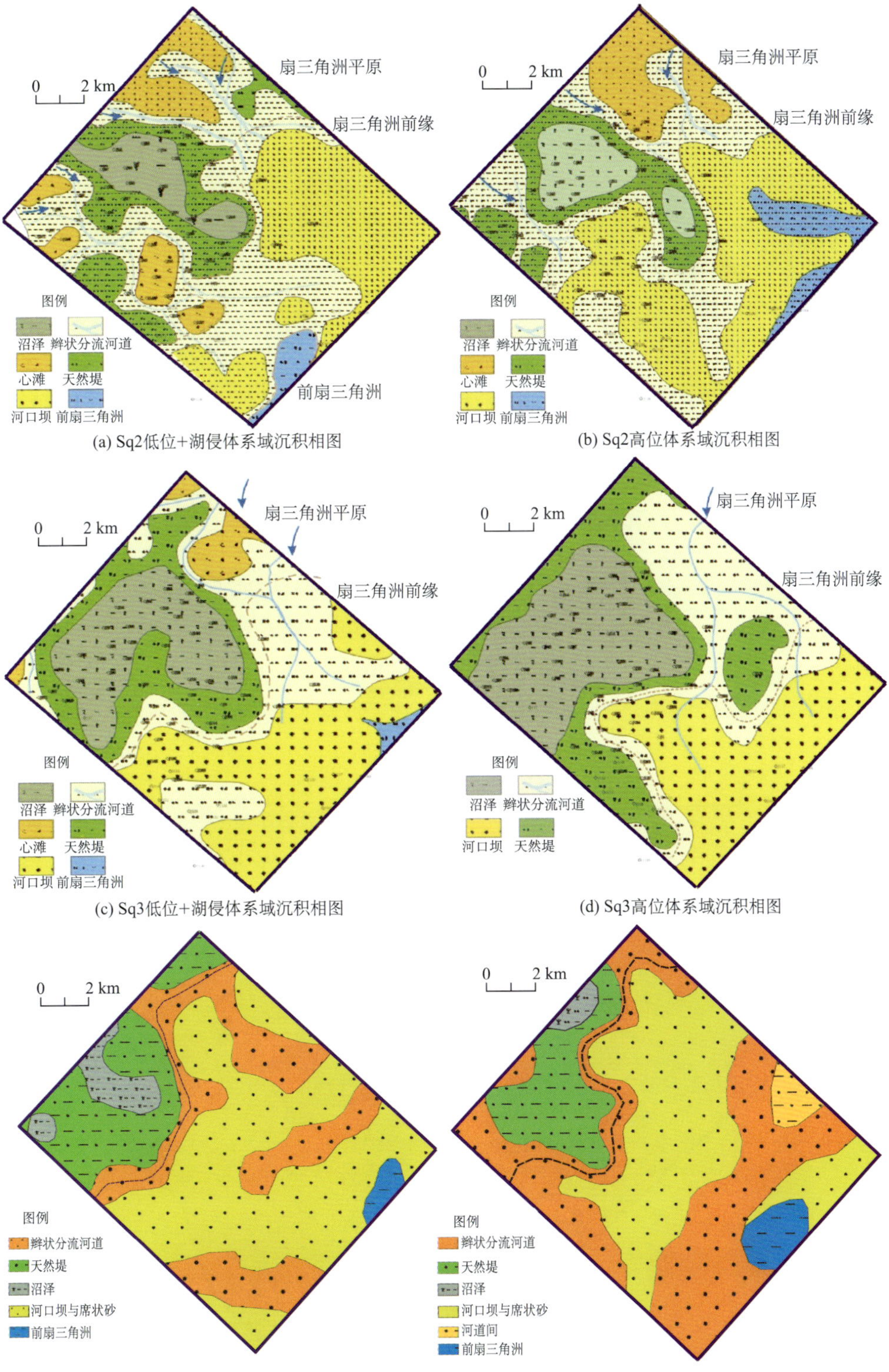

(a) Sq2低位+湖侵体系域沉积相图　(b) Sq2高位体系域沉积相图

(c) Sq3低位+湖侵体系域沉积相图　(d) Sq3高位体系域沉积相图

(e) Sq4低位+湖侵体系侵域沉积相图　(f) Sq4高位体系域沉积相图

图 4.20　鸳鸯沟工区沉积相平面图

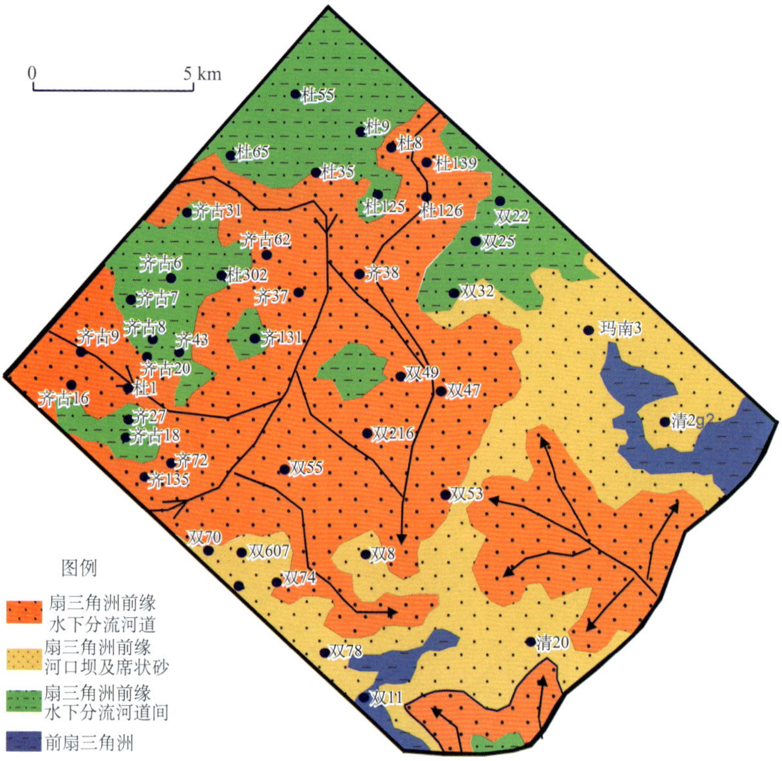

(a) Sq1低位+湖扩体系域沉积相图

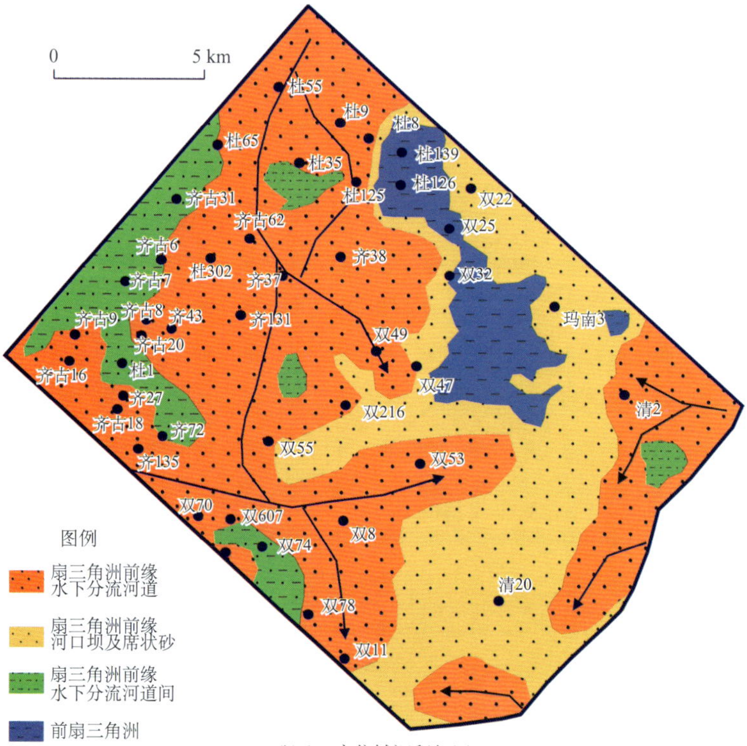

(b) Sq1高位域沉积相图

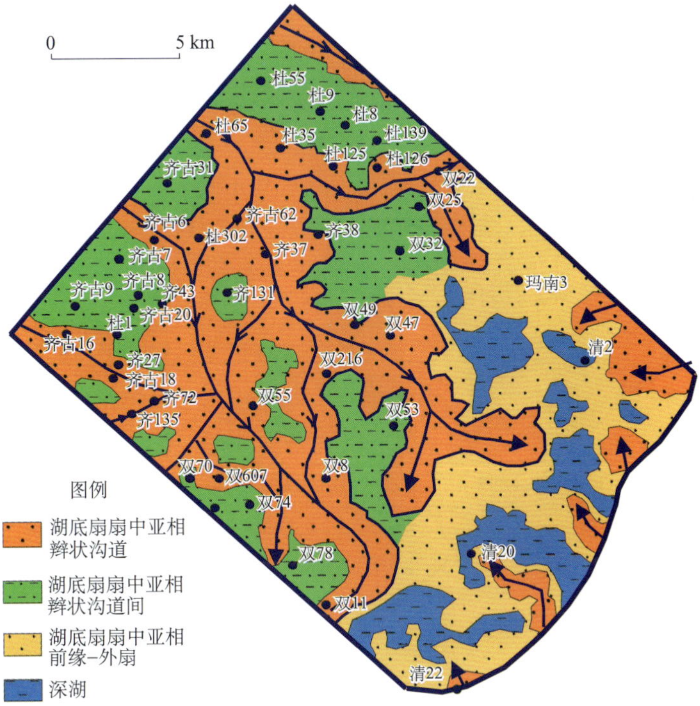

(c) Sq2低位+湖扩体系域沉积相图

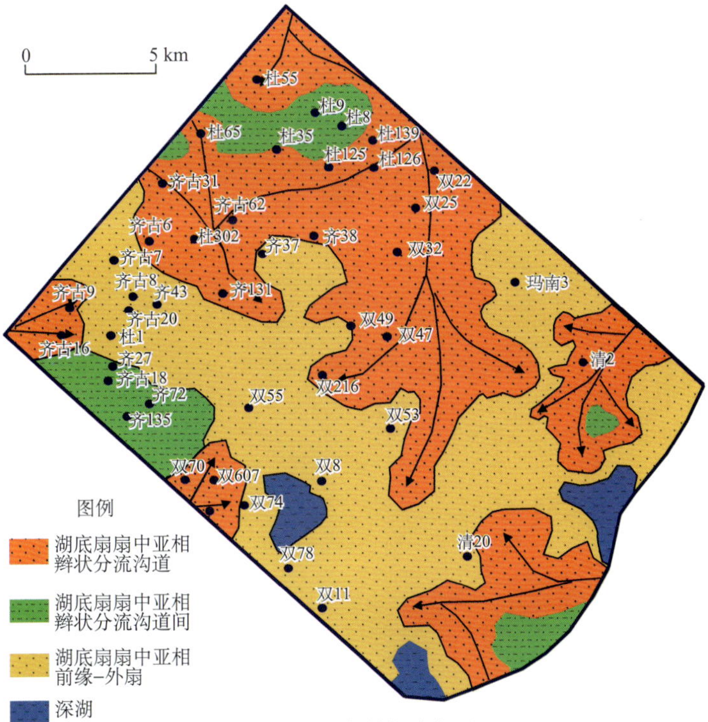

(d) Sq2高位体系域沉积相图

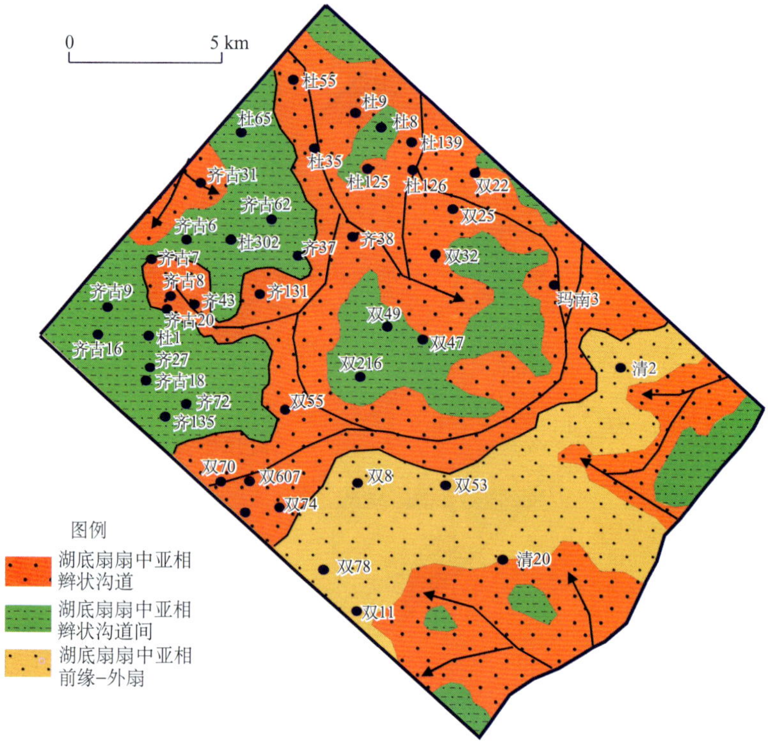

(e) Sq3低位+湖扩体系域沉积相图

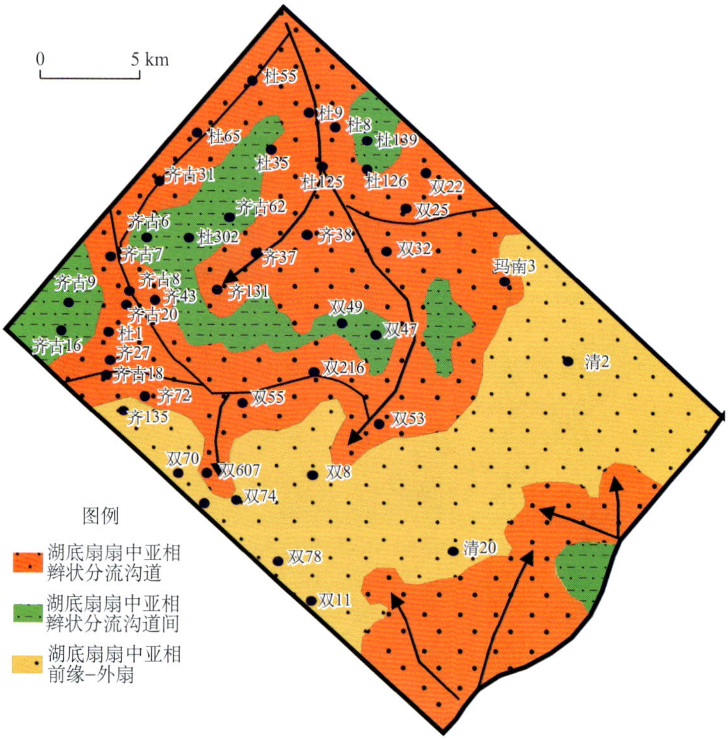

(f) Sq3高位体系域沉积相图

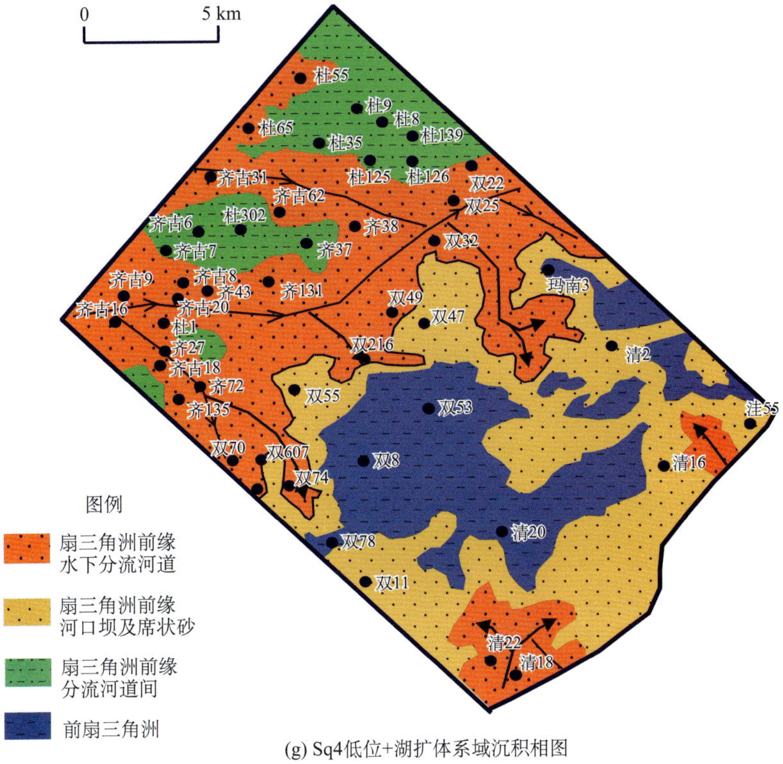

(g) Sq4低位+湖扩体系域沉积相图

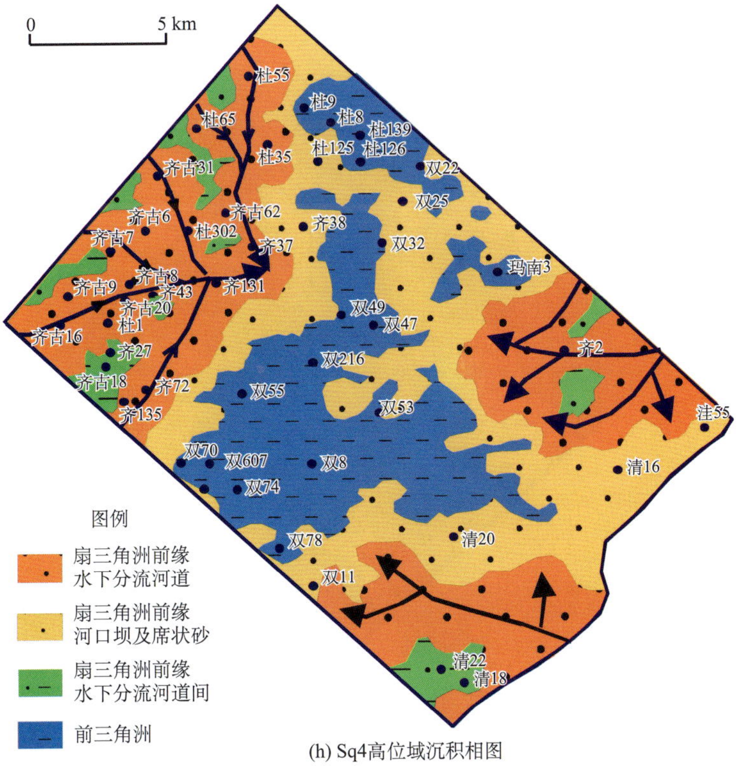

(h) Sq4高位域沉积相图

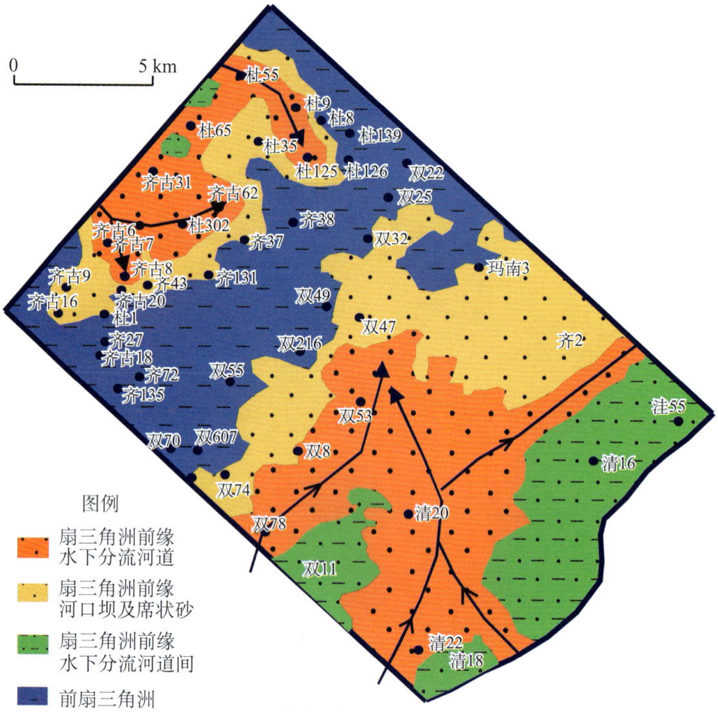

(i) Sq5低位+湖扩体系域沉积相图

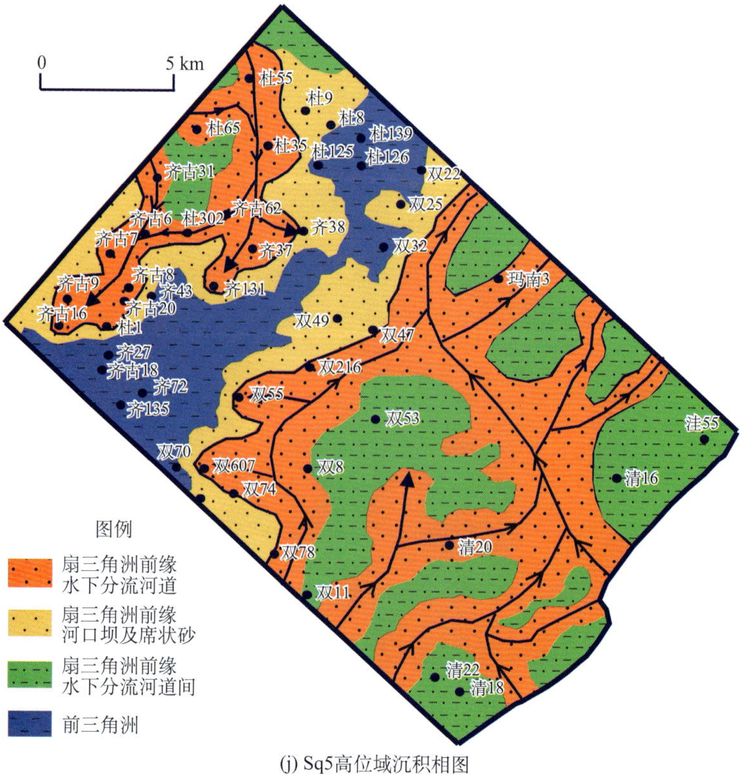

(j) Sq5高位域沉积相图

图 4.21 清水工区 Sq1—Sq5 各体系域沉积相平面图

(3) 鸳鸯沟工区沙河街组沉积相的演化历程具有如下特点。早期（Sq1 沉积时期）是湖盆的初陷期，总体水体较浅，以扇三角洲沉积为主。此时古地貌总体具有自北向南呈阶梯状下降的特征，受此影响，物源的推进方向也主要是自北向南推进。由于受古地貌的影响，研究区被分割成两大主要水系带，但没有截然分开。两大水系都受潜山-断槽地貌体系控制。在湖盆整体狭窄的背景下，以及斜坡带上众多的沟谷和断槽发育，造成扇三角洲形态和规模受到影响。扇三角洲以辫状水道沉积为主，水道呈多期发育，在井上表现为砂泥岩的互层沉积，单层厚度不大。斜坡中部低洼平缓地带是扇三角洲的主体部分。在研究区下台阶，水流不受沟谷的约束散开进入开阔水域，形成了广布的河口坝沉积，表现为以泥岩为主的砂泥岩薄互层沉积。从 Sq2 开始整个西部凹陷进入湖盆主体沉陷期，沉积面貌和沉积类型较沉陷初期的 Sq1 有所不同。由于古地貌的继承性发育，古地貌对沉积体系发育的控制作用和特征与 Sq1 类似，即南北向的物源指向受地形坡降控制；潜山分割南北两大主流水系，即西北方向和西南方向两个分流河道；局部古地貌（断槽、洼地）控制局部沉积的发育。在 Sq2 早期（低水位和湖侵期），砂体向湖盆内部推进，扇三角洲沉积主要发育在斜坡的上部，主要表现为扇三角洲平原辫状水道沉积。水道间的局部高地常常发育薄层泥质夹砂岩的滩相沉积。在斜坡下部位，由于西北和西南方向推进的两大物源汇集于此，因此该处三角洲前缘河口坝砂体比较发育。而沿西南方向往下，辫状河道和心滩比较发育；在深洼陷带可能发育深水浊积扇体。在层序 2 晚期（高水位期），湖盆水体很深，虽然湖盆水体开始减退，但减退速度很慢，扇三角洲沉积仍然向湖盆边缘推进，主要表现为扇三角洲前缘河口坝砂体规模明显比低位期时要大。Sq2 晚期，斜坡上部辫状水道不太发育，河道间可见沼泽和天然堤沉积。在深洼带主要为湖相泥岩沉积。Sq3 早期，湖盆继续强烈沉降，湖盆扩大，水进加剧，水体加深。古地貌形态仍然继承性发育，但影响力逐渐减弱，北东向断槽逐渐被填平补齐，对沉积物的控制作用不复存在。此时分流河道由早期的两个演变为一个，即西南方向的分流河道消失，只剩下西北方向进入研究区的分流河道，因此物源也主要来自斜坡西北部。北东向东倾正断层非常活跃，所形成的平行断阶状坡折带成为控制沉积的重要因素。沿西北方向从北向南，斜坡上部主要发育扇三角洲平原辫状河道和心滩，斜坡下部则以扇三角洲河口坝沉积为主。斜坡中上台阶南部，沼泽和边滩沉积比较发育。到 Sq3 晚期，已进入了湖盆的整体水退阶段，湖盆范围逐渐收缩，但湖盆的水体仍然维持在较深的水平。此时前期的古地貌形态已经消失，不再影响沉积作用，整体自北向南成为一缓倾斜坡，扇三角洲的沉积范围扩大。总体特征表现为斜坡中上台阶主要发育沼泽相，而河口坝砂体只在斜坡低部位可见。沙河街组沉积晚期，盆地演化进入裂陷二幕阶段，湖盆缓慢沉降，此时三角洲平原相只在工区斜坡边缘可见，扇三角洲前缘水下分流河道、河口坝及席状砂沉积比较发育。

(4) 清水工区沉积相演化过程表现出如下特征。Sq1 时期为断陷湖盆演化的初期阶段，发育扇三角洲前缘亚相-前扇三角洲亚相沉积体系，微相类型以水下分流河道、分流河道间、河口坝和席状砂为主。发育缓坡扇三角洲体系和陡坡扇三角洲体系，缓坡扇三角洲体系更为发育，向湖盆延伸更远，分布范围更广，陡坡扇三角洲分布范围局限，两套扇三角洲体系的河口坝及席状砂呈群带状在湖盆中心部位相交。Sq1 沉积的早期

（低位和湖扩体系域）与晚期（高位体系域）相比，两套扇三角洲体系的主水道方向和空间展布特征有所差别，缓坡扇三角洲体系早期物源主要来自北西、北东向的三股水流，晚期物源合并为北西、北部两个，水下分流河道发生迁移，延伸方向和展布形态有较大变化；陡坡扇三角洲体系早期呈较为典型的扇状展布，晚期扇状形态不太明显，呈长条状沿大断裂由北东向西南延伸。Sq2—Sq3 时期为断陷湖盆的深陷阶段，此时的沉积相以湖底扇扇中亚相-外扇亚相为特征，所发育的微相主要包括辫状分流沟道、辫状分流沟道间、前缘无水道砂等。与 Sq1 时期类似，湖底扇体系也有来自缓坡和陡坡两套，但两个三级层序的早期和晚期湖底扇体的展布特征和规模有较大的差异。Sq2 早期缓坡辫状沟道分叉较多，呈指状向湖盆中心延展，陡坡湖底扇规模小，多呈孤立的条带状，两套沉积体系以前缘无水道砂和外扇在湖盆中心部位指状相交。Sq2 晚期缓坡辫状沟道主要分布区由早期的西南部迁移至东北部，陡坡湖底扇规模较早期大，出现在工区南部，同时在工区西部出现了一个轴向物源扇体。Sq3 早期缓坡辫状沟道向湖盆中心呈面状推进，北部和西部物源相交于湖盆中心，反映了从 Sq2 到 Sq3 水退进积的过程，与西部凹陷沙三晚期水退的演化规律也是一致的。陡坡湖底扇发育规模继续加强，发育了南北两个扇体。Sq3 晚期缓坡辫状沟道主要来自北部物源，在沟道外发育大面积的前缘无水道砂，陡坡带在南部发育一个扇体，规模较早期扩大。Sq4—Sq5 时期为断陷盆地演化的裂陷二幕，此阶段工区内沉积相类型为扇三角洲前缘亚相-前扇三角洲亚相，发育的沉积微相类型与 Sq1 时期相同。Sq4 与 Sq5 的早期和晚期扇三角洲的展布特征有较为明显的区别。Sq4 早期西北为主物源方向，水下分流河道主流线呈近东西向，陡坡带扇三角洲发育在南北两端，主要发育河口坝和席状砂，来自缓坡和陡坡的扇体前缘席状砂在湖盆低部位指状相交。Sq4 晚期湖盆沉降中心开始向缓坡方向迁移，因此缓坡带的扇三角洲体系明显退缩，陡坡带则向前有一定规模的推进，此时缓坡物源以西北为主，陡坡带南部有一个较大的扇体，在马南地区还出现一个可能来在兴隆台隆起的扇体，此时来自两坡的前缘席状砂仅在南北两端有接触。Sq5 早期缓坡带扇体进一步萎缩，仅在局部分布，陡坡带扇体则向湖盆呈大规模推进，且物源方向由以前的北东向转变为西南向，两套扇体之间被深湖隔开，基本没有联系。Sq5 晚期继早期短期的湖扩之后，伴随水退环境的形成，发生了较强的进积作用。表现为缓坡扇三角洲和陡坡扇三角洲规模都有所壮大，尤其是陡坡带扇体更为明显，但是两侧扇体仍为深湖隔开。

（5）盆地演化对沉积相特征具控制作用。辽河盆地演化历程具有明显的阶段性，呈现出幕式特点。沙四—沙三时期为裂陷一幕、沙二—沙一时期为裂陷二幕，其中沙四时期为初陷阶段、沙三早期为裂陷一幕、沙一时期为裂陷二幕沉降强度和沉积范围最大的时期。正是盆地演化过程的阶段性和扩张-萎缩的旋回性变化（图 4.22），导致了湖盆面积、可容纳空间、沉降中心的相应变化，从而导致沉积体系和沉积相类型、沉积微相空间匹配和展布特征也发生了变化，其中沙三时期沉降强度最大，湖盆深度最深，从而发育了湖底扇，沙二和沙一时期断陷规模小得多，发育扇三角洲沉积体系。

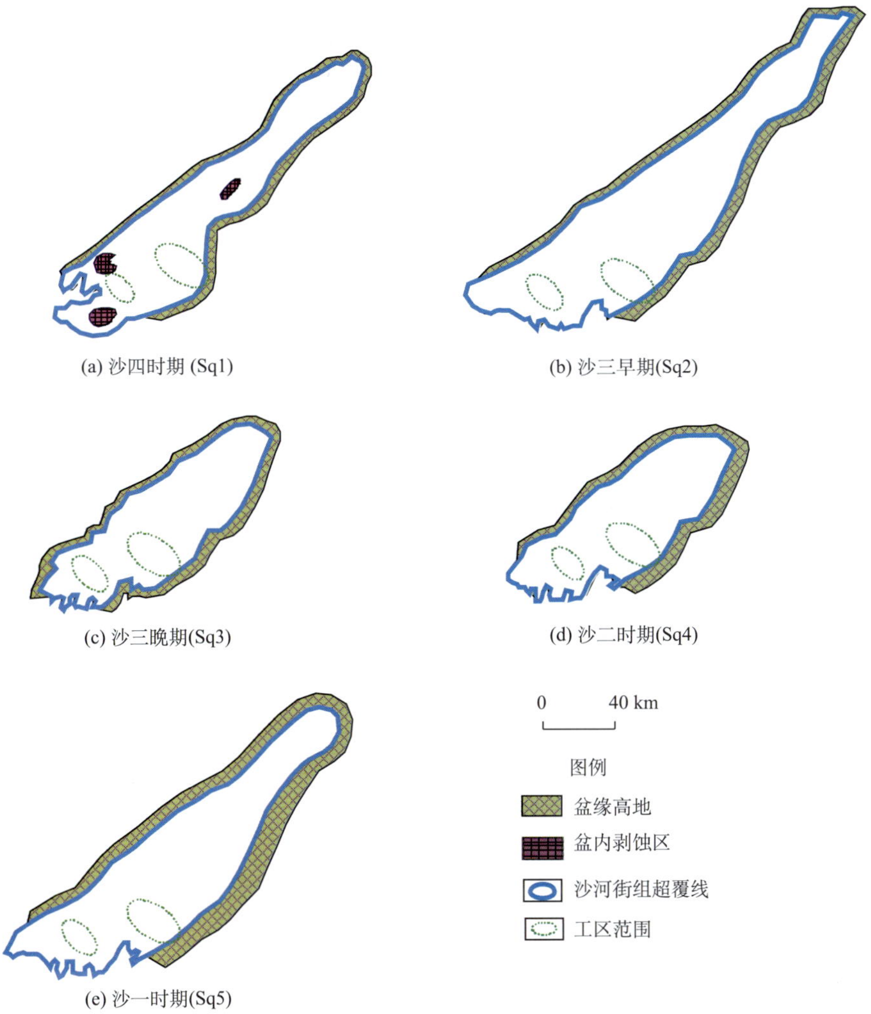

图 4.22　辽河盆地西部凹陷沙河街时期湖盆演化特征

4.6 小　结

取心井岩石相研究表明研究区共出现 13 种岩石相类型。通过分析测井曲线特征，利用自然电位曲线划分六种测井相，即箱形（包括典型箱形、齿化箱形和似箱形）、漏斗形（包括典型漏斗形、齿化漏斗形）、钟形（包括典型钟形、复合钟形、齿化钟形）、指形、齿形、平直形。不同的测井相，反映了不同的沉积条件、沉积体系和沉积微相类型、岩石相和录井相特征。11 口单井沉积相研究，结合剖面地震相和剖面沉积相分析表明，研究区沙河街组发育扇三角洲和深湖-湖底扇沉积体系，并详细划分了各三级层序体系域的沉积微相平面图。对两个工区沉积相的演化特征分析表明，构造位置、古地貌、物源方向和西部凹陷幕式裂陷过程对沉积相具有重要的控制作用。综合上述研究成果建立了工区内沉积模式，见图 4.23。

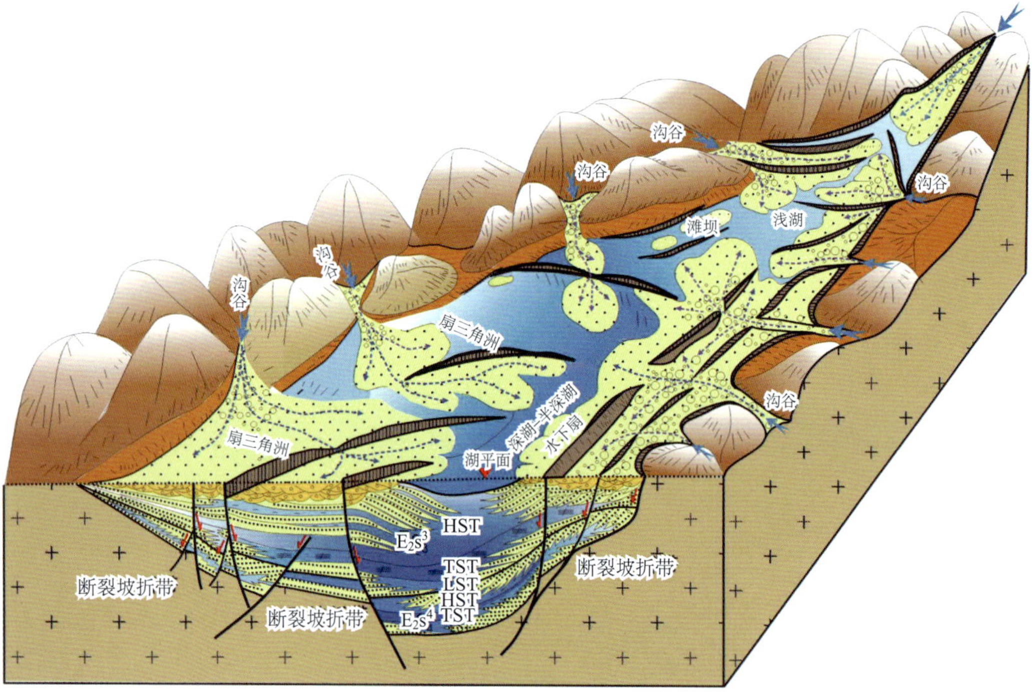

图 4.23 研究区沙河街组沉积模式图

第5章　层序格架内储层综合评价

对油气藏的预测，很大一部分工作是针对储层进行的，包括储层的分布、储层物性特征、成岩作用及其与相带的关系和有利储层的预测等，是有利目标预测和评价的基础。岩性油气藏的主要特点是成因复杂、类型繁多、形态隐蔽、纵横向变化大（潘元林，1998），因此岩性油气藏的识别难度大、勘探风险高。岩性油气藏的油气聚集不像单纯的构造油气藏那样主要受构造因素控制（牛嘉玉等，2005a，2005b），而是主要受储层的控制，如物性、沉积相和成岩相（邹才能等，2005）等因素，例如，松辽盆地、鄂尔多斯盆地中生界大面积低丰度岩性油气藏勘探以及川西北浅层气勘探的关键是含油气砂体的准确识别与精细描述（邹才能等，2006），以发现主砂带、裂缝发育带等“甜点”；再如塔里木盆地台盆区、四川盆地、鄂尔多斯盆地古生界碳酸盐岩油气藏勘探的关键是确定碳酸盐岩溶洞型储层内幕及风化壳孔、洞、缝系统的展布（夏新宇等，1998；马振芳等，1999；曹正林等，2001）。因此，本书从储层的空间分布、成岩作用、异常高孔带的成因和分布以及有利储集相发育区预测几方面开展了工作，对储层进行了综合评价，为岩性油气藏的综合评价提供重要依据。

5.1　储层反演及砂体分布特征

结合完钻井资料和地震资料，采用限制稀疏脉冲反演和岩性指示模拟进行岩性预测，对储层的分布进行研究。

5.1.1　限制稀疏脉冲反演

限制稀疏脉冲反演是一种基于反褶积理论的递推反演方法，该方法的基本出发点是认为地下的反射系数不是连续分布而是稀疏分布的（邹才能等，2004）。因此，在反演前必须先确定出反射系数序列的稀疏程度，即反射系数的频率。限制稀疏脉冲反演实际上在反演过程中引入了测井资料进行趋势约束，使反演的结果既忠实于原始的地震记录，又能与测井进行对比。这种方法最大的优点是在反演过程中忠实于原始的地震资料，中高频不受初始模型的影响，但分辨率较低，与地震分辨率一致。

反演所使用的软件是Jason，Jason反演软件的CSSI模块就是一种限制稀疏脉冲反演。其反演流程主要由两部分组成，一是运用地震资料反演地层的相对波阻抗和测井约束波阻抗；二是提取测井的低频和高频信息与地震带通反演信息合并，即道合并的过程。在反演中，地震子波首先与初始的反射系数进行褶积，计算初始的合成模型，并计算原始地震记录与合成地震记录的误差，根据误差修改反射系数，再重复上述步骤，直到符合误差要求为止。其λ值的确定方法如下：首先选取一定范围地震道作为控制道；然后在其他参数固定的情况下，用不同的λ值针对控制道做合成地震记录；再根据信噪比高、相关系数高和地震能量剩余小等约束条件来综合判别最合适的 λ 值；最后将该 λ 值用于全工区的波阻抗反演，得到相对波阻抗体。

由 CSSI 模块直接反演所得到的仅是地层之间的相对波阻抗，不能反映真实的岩层情况，必须进行低频和高频补偿。具体做法是：首先必须有波阻抗属性体（由测井资料在模型中内插得到）；再根据地震的子波信息制作滤波因子；然后用该滤波因子对波阻抗模型体滤波，将得到的低频和高频分量加入到反演结果中，这就是道合并过程。最后所得到的就是最终的反演结果。

根据限制稀疏脉冲反演的原理及流程，本书选取了 36 口井作为约束参加反演，通过反演生成波阻抗属性体。

5.1.2 岩性预测

波阻抗体生成以后，有多种途径可以生成岩性体，如通过钻井岩性录井约束，从波阻抗剖面上人工追出砂岩体；或者根据波阻抗同岩性的岩-电关系自动生成岩性体。本书通过 StadMod 模块中的带趋势的岩性指示模拟生成岩性体。其流程如下。

（1）建立井上岩性曲线。井上岩性曲线的建立方式主要有两种方法，一种是从测井曲线上制作岩性曲线，如利用 SP 曲线、GR 曲线、Density 曲线或其中两种曲线交会生成岩性曲线；另一种是从测井解释结果中获取岩性曲线，对泥质含量曲线，在不同地区采用不同截断值。本书利用 Ac 和 Density 曲线交会生成岩性曲线。

（2）概率分析。概率分析就是分析砂岩和波阻抗之间的概率分布关系和泥岩与波阻抗之间的概率分布关系。根据这种关系，计算每一个波阻抗值所对应于成为砂岩的概率与泥岩的概率的大小，如果某一个波阻抗值对应于成为砂岩的概率大于成为泥岩的概率，则在随机模拟中该波阻抗值模拟出来的是砂岩，反之就是泥岩。

（3）岩性概率体的制作。岩性概率体的制作是通过随机反演的平均波阻抗或稀疏脉冲反演的波阻抗与砂岩对波阻抗概率分布函数和泥岩对波阻抗概率分布函数的乘积而获得。

（4）砂岩和泥岩的变差函数分析。岩性概率体的制作是作为横向趋势的一种准备。对于岩性指示反演而言，为了描述砂岩和泥岩的空间随机性和结构性特征，就要进行不同岩性的变差函数分析。图 5.1 分别为砂岩和泥岩的指示变差图。

（5）岩性统计分析与岩性转换。研究过程中共产生了 16 个模拟实现，统计 16 个岩性实现中在同一个地震道位置模拟结果为砂岩的次数，模拟出来的砂岩次数大于 8 次的模拟结果认为是可靠的，而小于 8 次的认为是不可靠的。然后将可靠的结果认为是砂岩，不可靠的结果认为是泥岩，建立最终的岩性指示模拟结果（图 5.2）。

5.1.3 砂体展布特征

波阻抗和岩性反演的最终目的之一就是在等时格架内，以体系域为单位，搞清砂岩的平面展布特征，再结合其他分析资料来预测沉积相的横向变化。因此，在岩性模型生成之后，就要根据需要选定目标层段，并根据目标层段内主要储层砂岩样点数及采样率计算出该储层砂岩厚度，然后再根据地层厚度计算出该储层在地层中的百分含量，最后

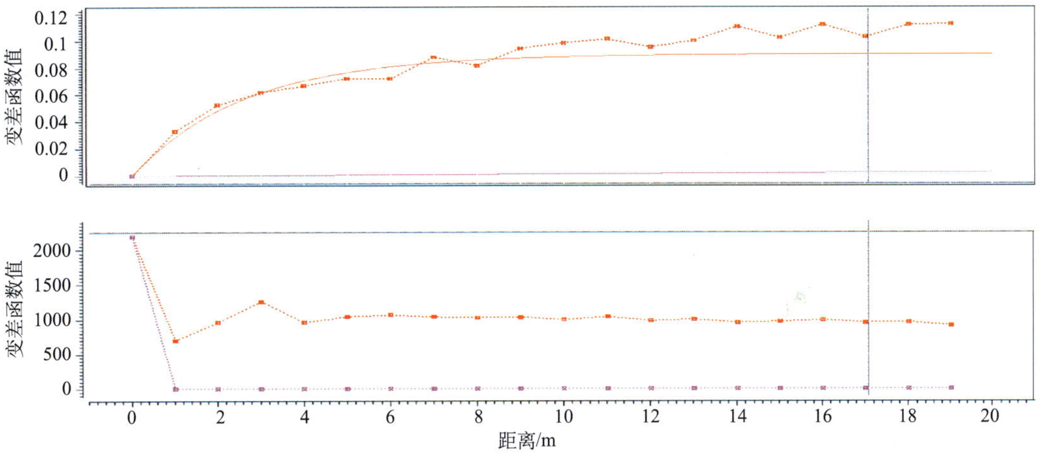

图 5.1　研究区砂岩（上）、泥岩（下）指示变差图

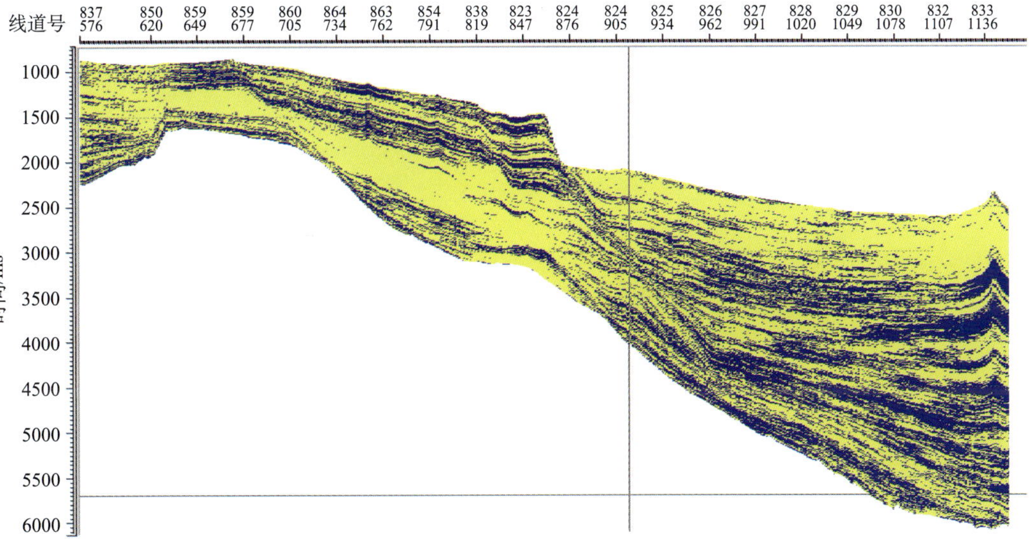

图 5.2　研究区带趋势的岩性指示模拟综合剖面图

再对不同层段主要储层砂岩的厚度和百分含量平面成图，编制砂岩等厚图和砂地比等值线图，并对其砂岩分布特征进行预测（图 5.3，图 5.4）。

西部凹陷砂体的展布具有受断裂坡折带和沟谷控制的特点（图 4.25，图 5.5）。鸳鸯沟工区上台阶砂体不太发育，砂岩厚度较小；中下台阶砂岩相对比较发育，砂体的厚度明显增大。与构造图结合来看，可以发现砂体比较发育的地方一般都位于同生断层的下降盘，这说明该区断层对沉积具有明显的控制作用。纵向上，不同时期砂体平面分布有一定差异，早期（Sq1）沉积期，砂体厚度较大，平面分布也比较广；中期低位和湖进期，砂体平面分布有限，厚度相对较小；高位期砂体分布面积又逐渐变大。晚期不论

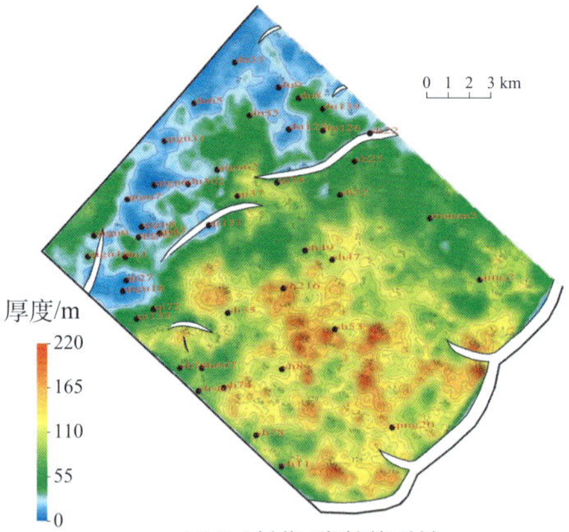

(a) Sq1低位+湖扩体系域

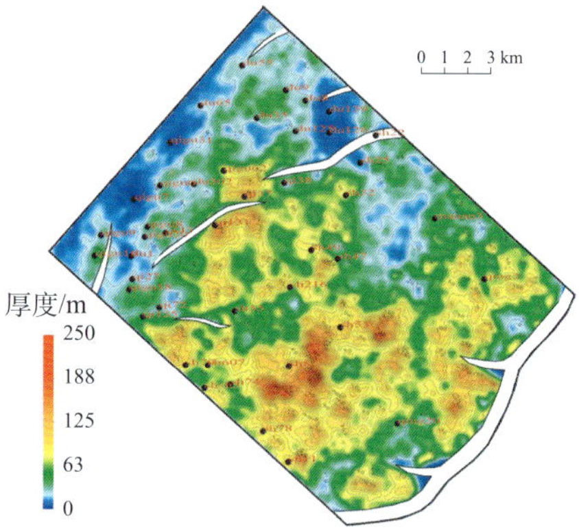

(b) Sq1高位体系域

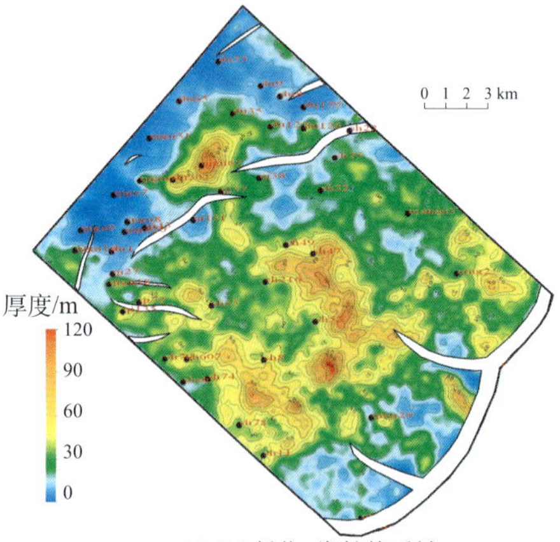

(c) Sq2低位+湖扩体系域

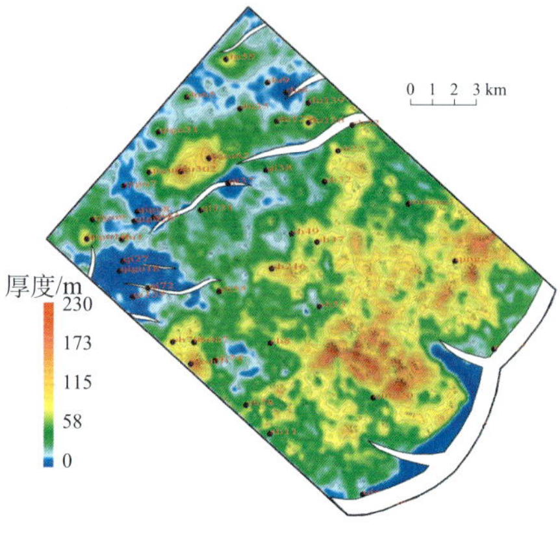

(d) Sq2高位体系域

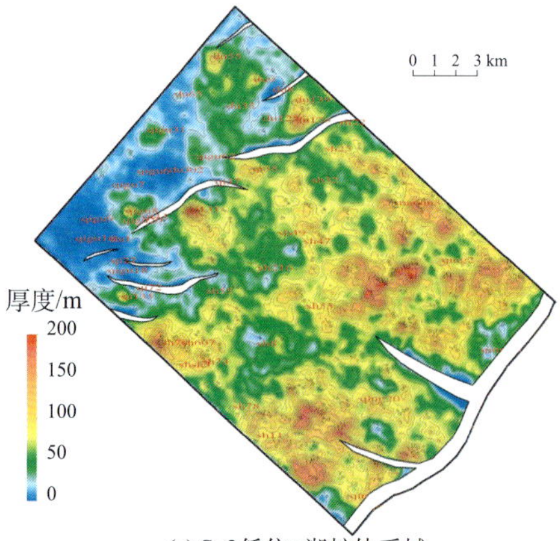

(e) Sq3低位+湖扩体系域

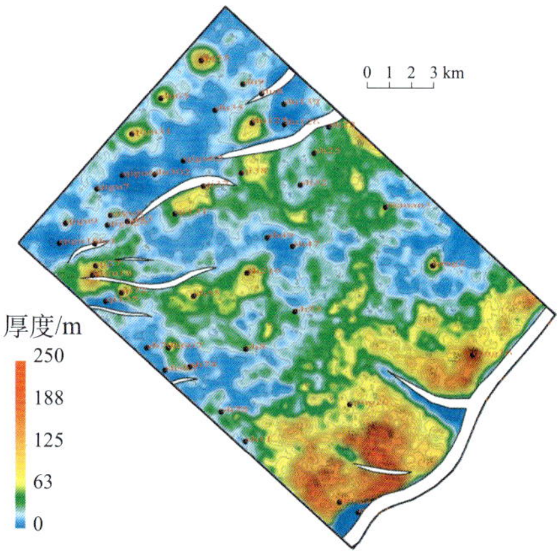

(f) Sq3高位体系域

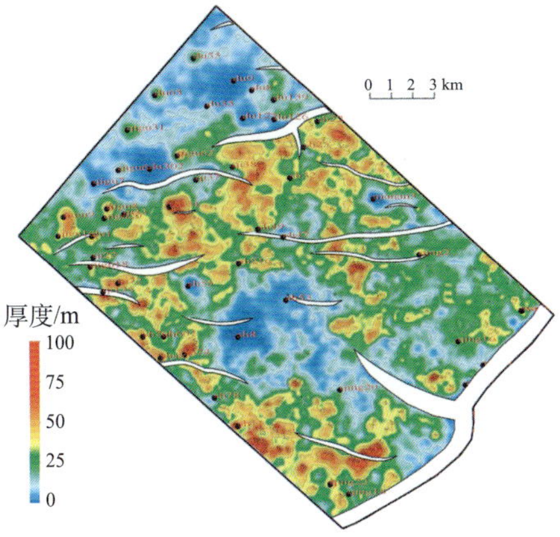

(g) Sq4低位+湖扩体系域

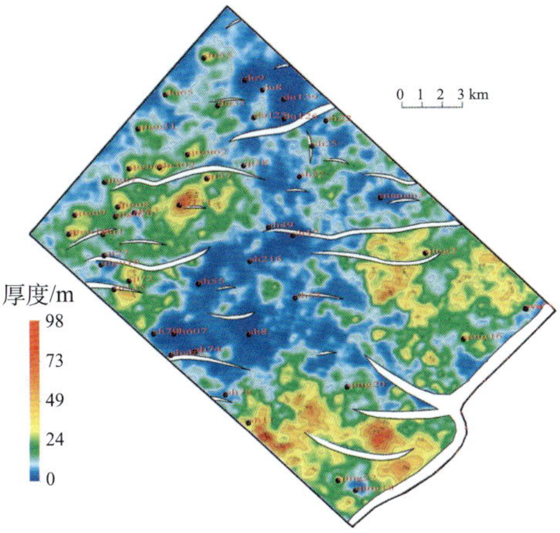

(h) Sq4高位体系域

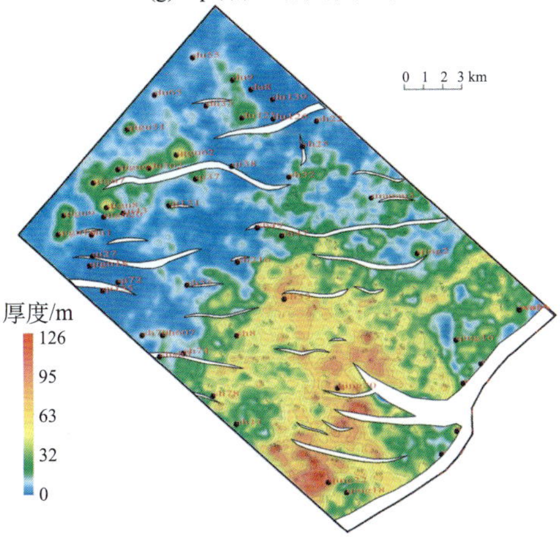

(i) Sq5低位+湖扩体系域

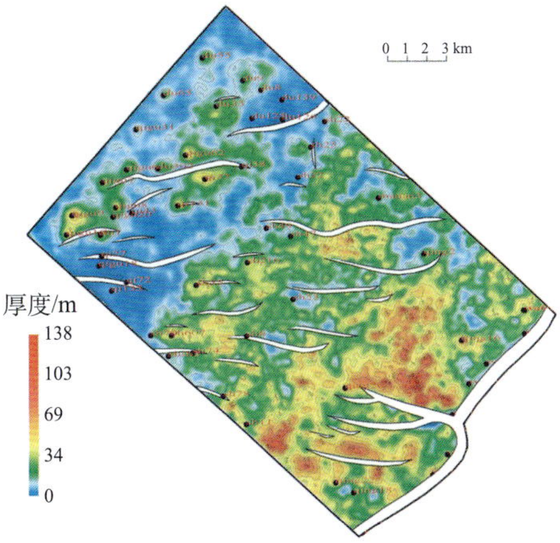

(j) Sq5高位体系域

图 5.3　清水工区砂岩等厚图

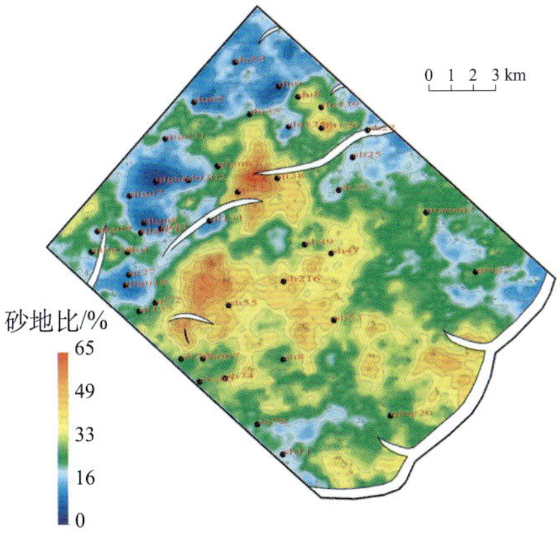

(a) Sq1低位+湖扩体系域

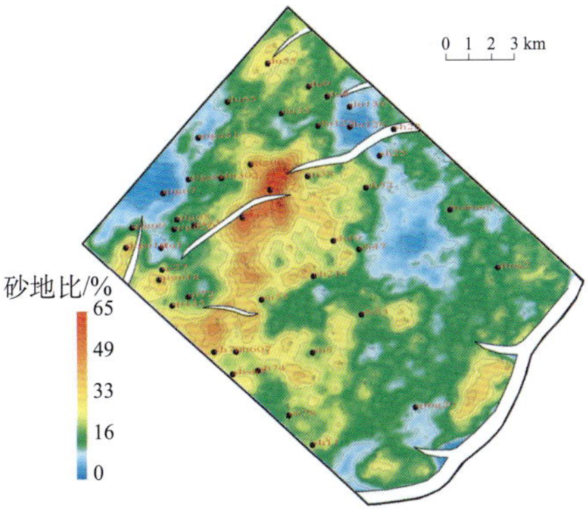

(b) Sq1高位体系域

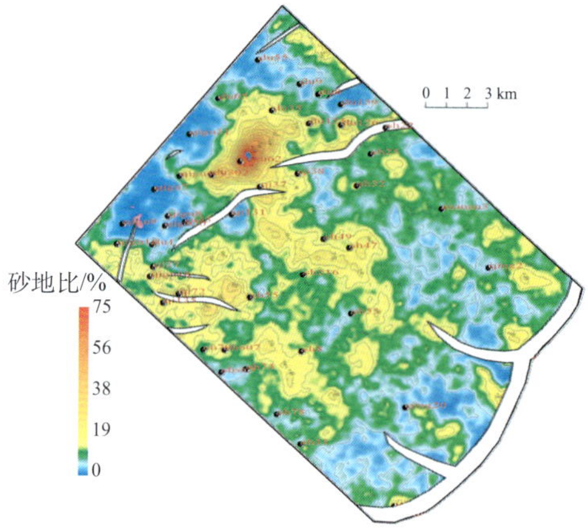

(c) Sq2低位+湖扩体系域

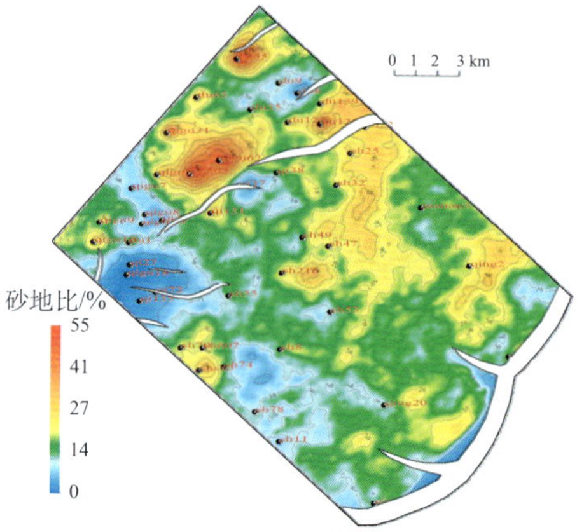

(d) Sq2高位体系域

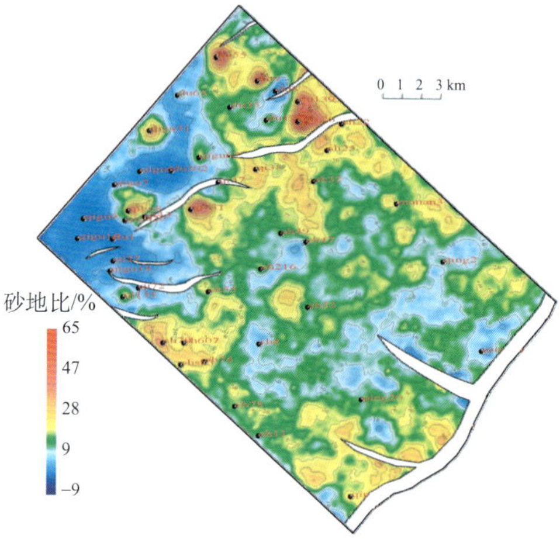

(e) Sq3低位+湖扩体系域

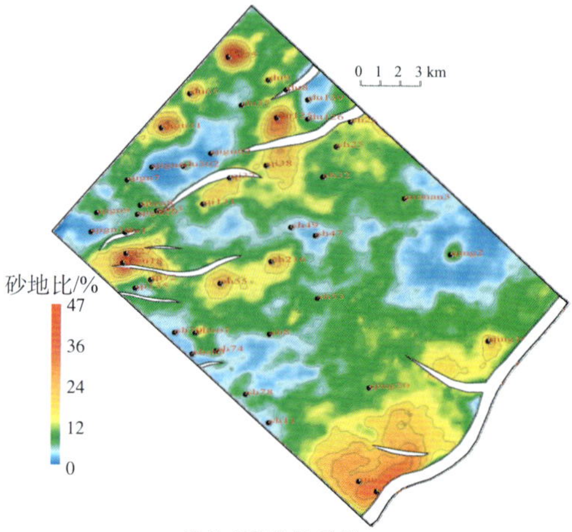

(f) Sq3高位体系域

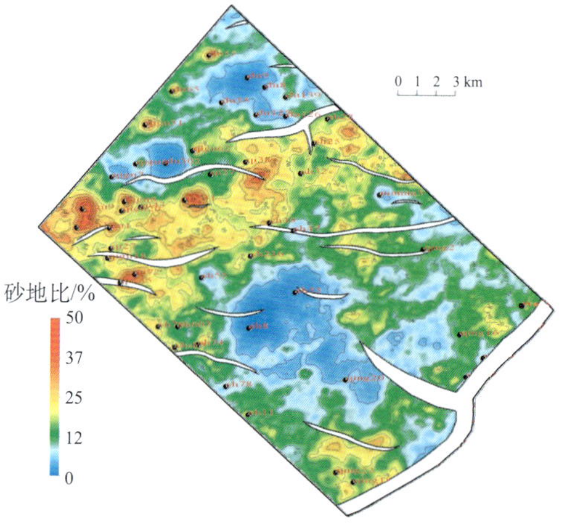

(g) Sq4低位+湖扩体系域

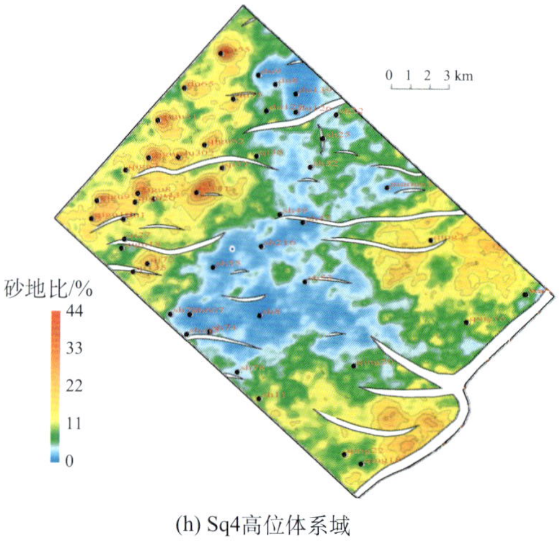

(h) Sq4高位体系域

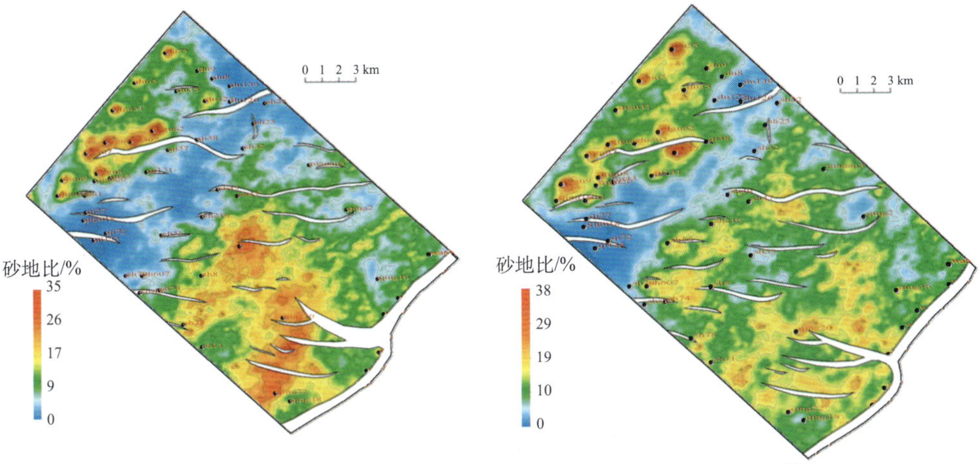

(i) Sq5低位+湖扩体系域　　(j) Sq5高位体系域

图 5.4　清水工区砂岩百分含量等值线图

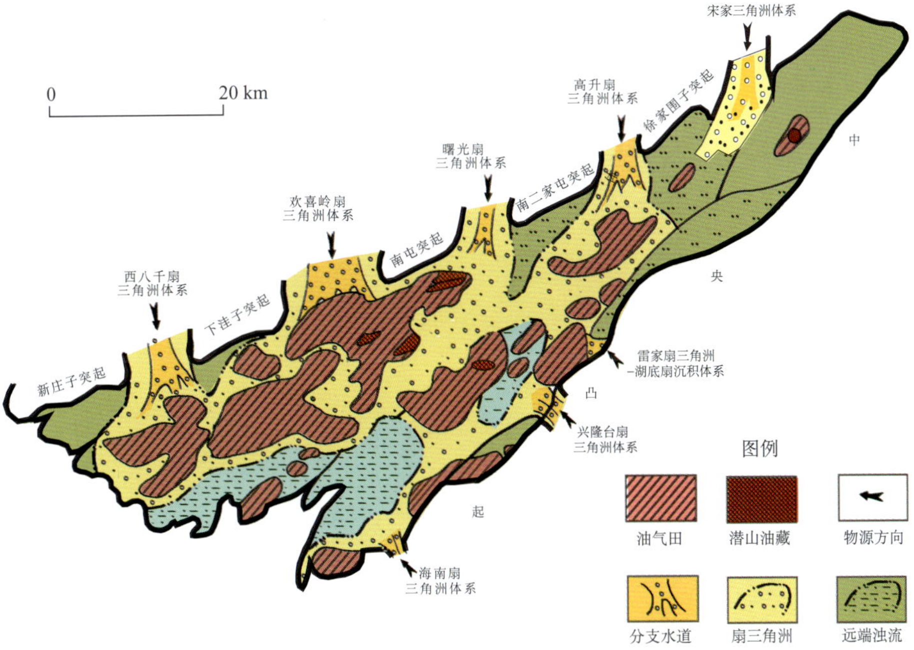

图 5.5　西部凹陷沟谷对大型沉积砂体的控制作用

是低位-湖进期还是高位期，砂体厚度都比较大，而且平面分布也较广。从砂岩百分含量分布图来看，早期到中期，沿斜坡西北到下台阶方向，砂岩百分含量逐渐增加；同样沿西南到下台阶方向，砂岩百分含量也有类似的变化规律；晚期沿斜坡西北到下台阶方向，砂岩百分含量逐渐增加，这种变化规律依然很明显；而从西南方向到下台阶方向的砂岩百分含量的这种变化规律逐渐消失。这表明该区在早期到中期具有两大沉积物源，分别来自西北和西南方向，到晚期，来自西南方向的物源逐渐消失，只剩下西北方向的物源。研究区中部砂岩相对不发育，厚度不大但变化较平稳，沿中部到下台阶方向，砂岩百分含量具有增大的趋势，这表明研究区中部应当具有间歇性物源供给。总之，在斜坡带发育的一系列近东西向展布的南倾正断层，使斜坡带呈断阶状展布，这种断阶状古地貌控制了一系列砂岩扇体的展布：同生沉积断裂控制的下台阶砂体发育比上台阶更为发育（图 5.6）。

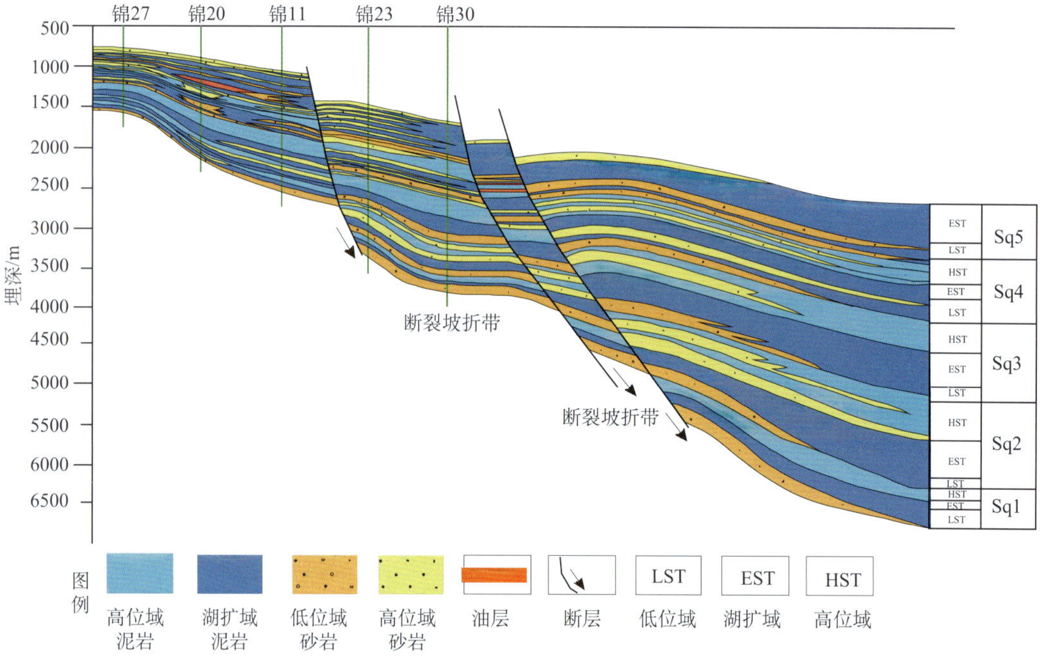

图 5.6　断裂坡折带对砂体的控制作用（YLINE2）

清水工区砂体分布也受物源和断裂坡折带的联合控制，同样在断层的下降盘砂体发育，厚度相对较大（图 5.4，图 5.7），物源方向主要有缓坡和陡坡两个，可以发现深层缓坡物源供给强度大大超过陡坡，至晚期陡坡有所加强。缓坡砂体和陡坡在湖盆中心位置有时会叠置、交叉，有时会指状交错（图 5.7），但在纵向上呈叠加连片分布。

5.2　成岩作用研究

油气的形成和分布与沉积相和成岩作用密切相关，油气储层的分布和物性主要受沉积相、成岩作用的影响与控制，沉积相决定着储层的空间分布和原始物性，而储层的最终物性由成岩作用控制（Bloch，1994；Bloch and Helmod，1995；Byrnes 1994；李思田等，1997；裘怿楠等，1997；Smosna and Bruner，1997；Anjos et al.，2000；黄思静和侯中建，2001）。成岩作用研究是有利目标综合评价和优质储层预测的地质基础，研究泥岩和砂岩的成岩作用有助于理解油气成藏系统中储层储集能力的成因和油气分布

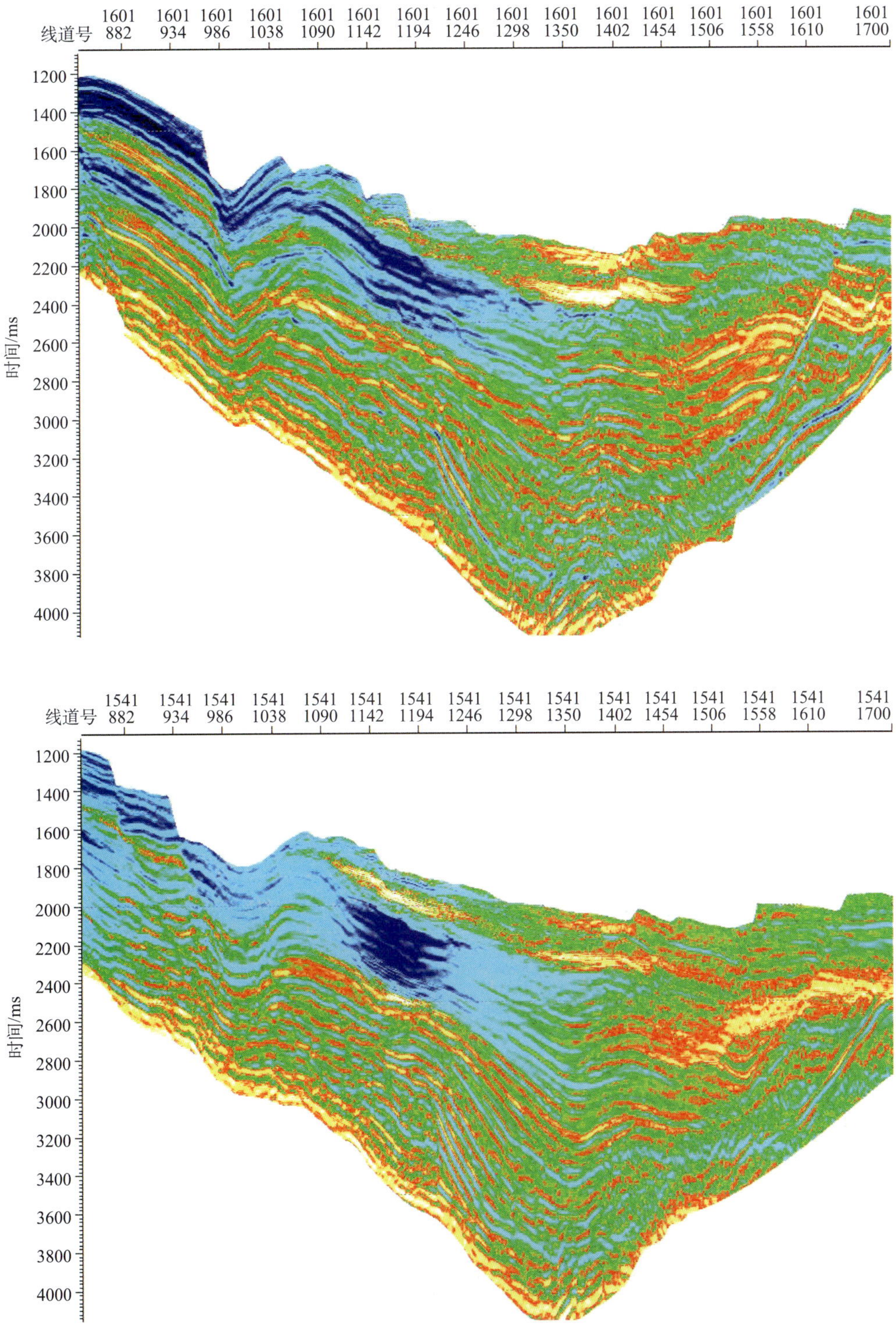

图 5.7　清水工区断裂坡折带对砂体的控制作用及砂体的叠置特征

的差异性，进而对目标的评价和选择提供钻前依据。因此，在岩性油气藏和深层油气藏勘探中，在沉积学研究和砂体预测的同时，注重成岩作用的研究（孟元林，2001；肖丽华等，2003），搞清深层所处的成岩状态和储层高孔带的分布意义重大。前人对西部凹陷成岩作用已开展了大量的研究（于兴河等，1999；陈义贤等，2000；孙洪斌和张凤莲，2002；张占文和谷云飞，2003），很好地指导了生产实践。

5.2.1 成岩环境分析

碎屑岩的成岩作用除与其岩性有关外，主要受成岩环境的影响与控制。成岩环境是指各种成岩参数的作用范围和作用梯度，它包括温度、压力和流体等地质因素（孙永传等，1996），亦即 Byrnes（1994）提出的压力-温度-时间和成分体系，简称 *P-T-t-X* 体系。

1. 温度场和压力场

已有的分析化验资料表明，鸳鸯沟工区和清水工区地层压力均属于正常静水压力［图 5.8(a)、(b)］。鸳鸯沟工区现今地温梯度平均为 3.71℃/100m，清水工区现今地温梯度平均为 3.22℃/100m［图 5.8(c)、(d)］，均属于高地温梯度区（裘怿楠等，1997）。

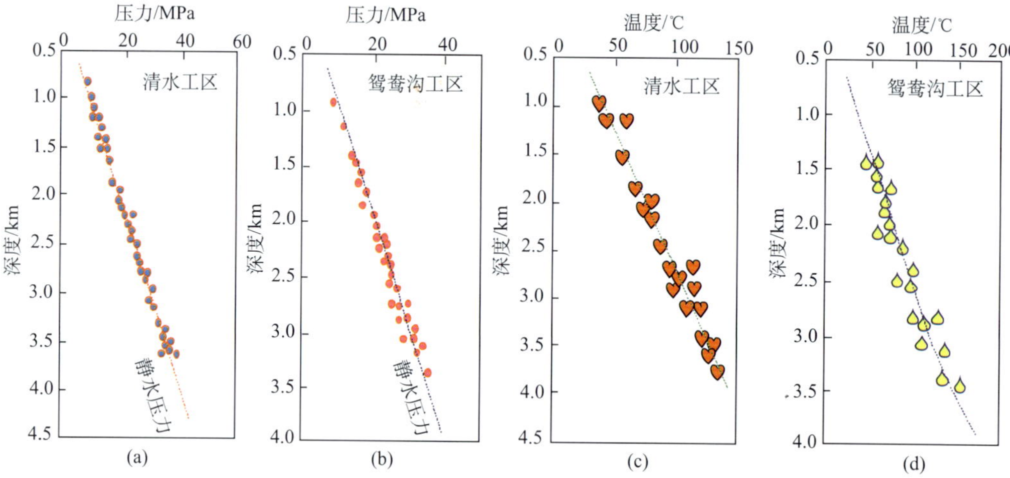

图 5.8 研究区实测温度、压力曲线

2. 有机质热演化特征

有机质成熟度是古地温及其受热时间的综合反映。图 5.9 和图 5.10 是两个工区有机质热演化剖面图，由图可见，两个工区有机质热演化程度较低，处于生油窗内。成岩作用并不很强，目前主要处于中成岩阶段 A_2 亚期以上的阶段。总的来说，在同一深度范围内新地层的有机质成熟度低于老地层，这是温度、时间共同作用的结果。同时，由于凹陷区的地温梯度较低，凸起区较高，所以达到同一有机质成熟度的深度在凹陷区比凸起区要深。由此看来，同一有机质成熟度在不同的地区和不同的地层，理应不同，生油门限应为一个范围值。

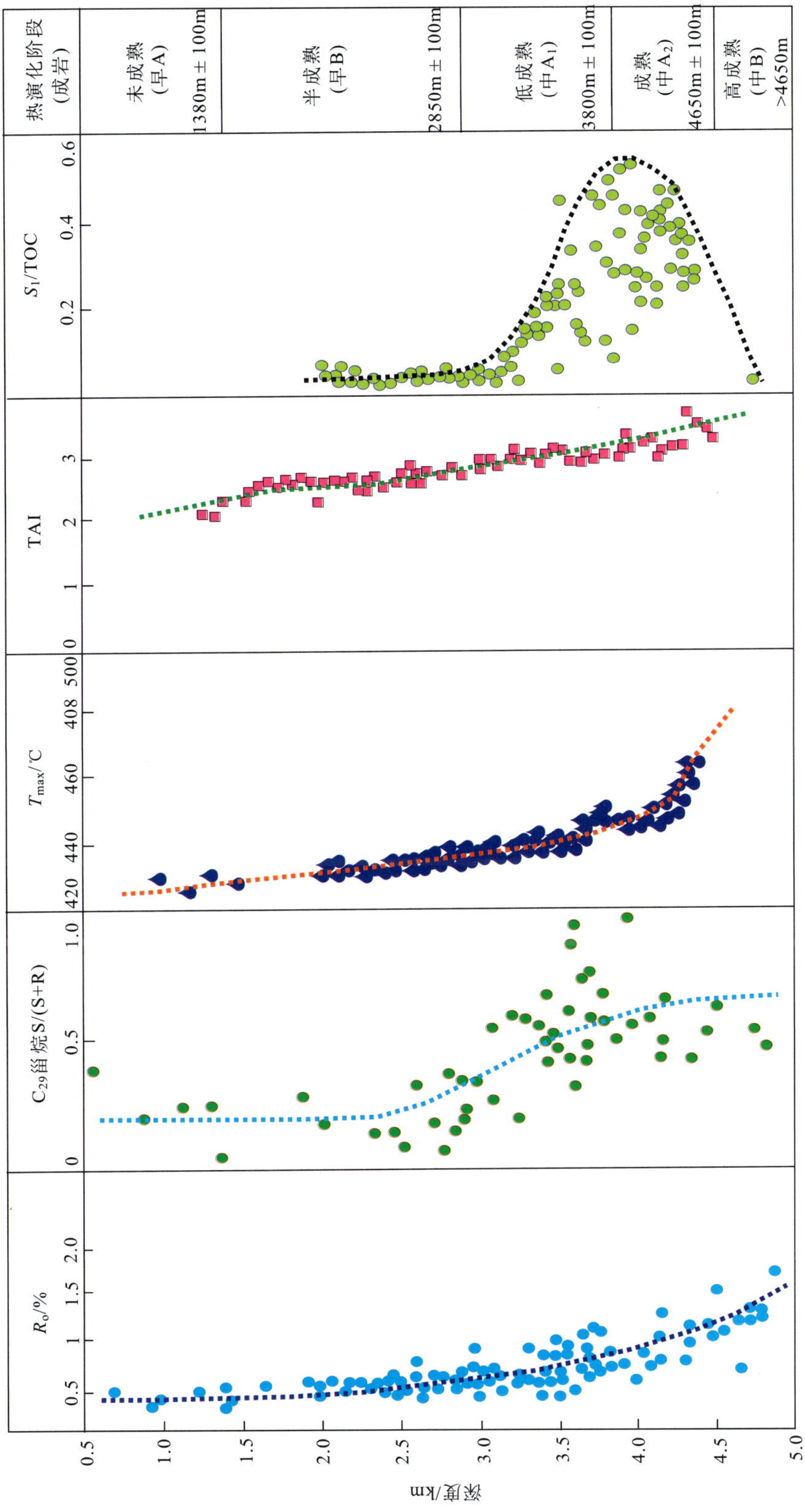

图 5.9　鸳鸯沟工区有机质热演化剖面

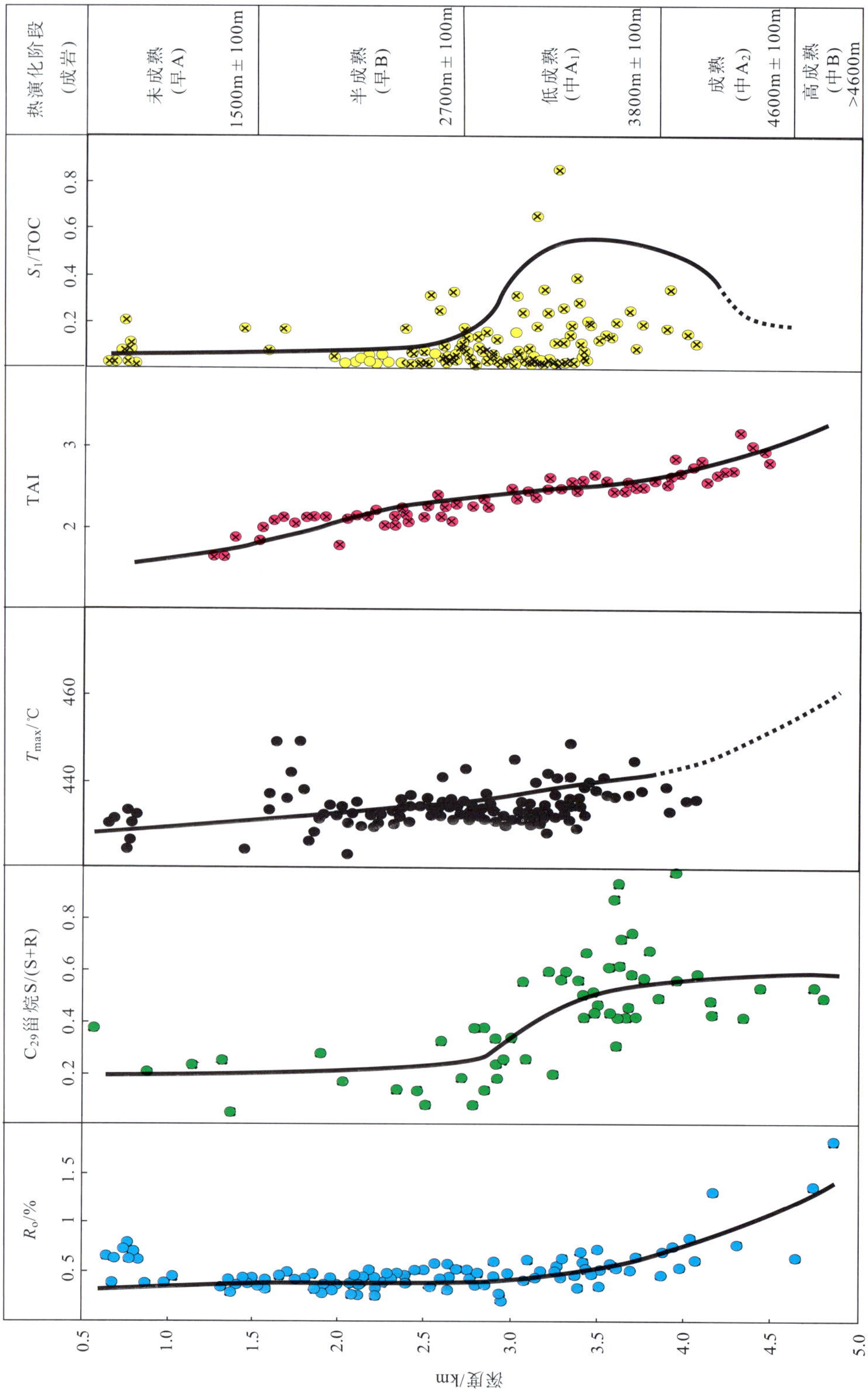

图 5.10　清水工区有机质热演化剖面

两个工区有机质热演化的地化指标略有差异。①鸳鸯沟工区：R_o一般小于1.5%，最大值为2.05%，其他地化指标T_{max}、$\alpha\alpha\alpha C_{29}$甾烷S/(S+R)（SI）、TAI、$S_1$/TOC所反映的有机质热演化特征与$R_o$基本相同，在2850m±100m，$R_o$>0.5%，$T_{max}$>435℃，甾烷异构化指数SI>0.2，TAI>2.8，S_1/TOC出现“拐点”，烃源岩进入生油门限，相当于早成岩阶段的底界。在3800m±100m，R_o>0.8%，T_{max}>440℃，SI>0.41，TAI>3.0，烃源岩进入大量生烃的成熟阶段，相当于中成岩阶段A_1期。在4650m±100m，R_o>1.3%，T_{max}=440～460℃，SI>0.41，TAI>3.5，烃源岩中的有机质达到成熟，相当于中成岩阶段A_2期。②清水工区：R_o一般小于0.8%，最大值为1.81%，其他地化指标T_{max}、$\alpha\alpha\alpha C_{29}$甾烷S/(S+R)（SI）、TAI、$S_1$/TOC所反映的有机质热演化特征与$R_o$基本相同，在2700m±100m，$R_o$>0.5%，$T_{max}$>435℃，甾烷异构化指数SI>0.25，TAI>2.8，S_1/TOC出现“拐点”，烃源岩进入生油门限，相当于早成岩阶段的底界。在3800m±100m，R_o>0.75%，T_{max}>443℃，SI>0.4，TAI>3.0，烃源岩进入大量生烃的成熟阶段，相当于中成岩阶段A_1亚期。在4600m±100m，R_o>1.3%，T_{max}=443～460℃，SI>0.4，TAI>3.5，烃源岩中的有机质达到成熟，相当于中成岩阶段A_2亚期。

3. 有机酸窗

有机质在热演化、降解生烃的同时，生成有机酸和CO_2，溶于水，形成有机酸性热流体，溶蚀储层中的硅铝酸盐矿物和碳酸盐胶结物，形成次生孔隙（Surdam，1989）。尽管近年来国外有人对这一理论提出很多疑问（Bloch and Helmod，1995；Kupecz et al.，1997；Anjos et al.，2000；Bloch et al.，2002），但本书认为有机酸溶蚀硅铝酸盐和碳酸盐矿物形成次生孔隙仍是高孔带形成的主要机制。由于鸳鸯沟工区和清水工区的地温梯度差别不大，所以有机酸窗口的深度范围虽略有差别但基本一致。

鸳鸯沟工区和清水工区有机酸与深度的关系曲线见图5.11，由图可见，有机酸主要分布在1100～4500m，相当于R_o=0.3%～1.36%，高值带分别（有机酸含量>50μg/g）位于1380～3865m和1500～3800m，高值带对应的R_o分布范围即为有机酸窗口，分别为0.35%～0.8%、0.35%～0.75%，几乎是一致的，在这一深度范围内，泥质烃源岩的产酸潜量高，产酸能力强，有利于储层中不稳定矿物硅铝酸盐和碳酸盐胶结物的溶蚀和次生孔隙的发育。有机酸的大量生成时间在大量生烃之前，因此，有机酸溶蚀储层形成的次生孔隙时间早于大量生烃，并为油气的充注做好了准备。

4. 流体场

研究区油田水的水型绝大多数为$NaHCO_3$型，只有少数为$CaCl_2$型。总的特点是阳离子中K^+、Na^+的含量较高，平均为30%～48%；Mg^{2+}和Ca^{2+}的含量较低，平均为2.7%～8%；阴离子中HCO_3^-+CO_3^-的含量较多，占25%～50.2%；Cl^-的含量次之，平均占16%～24%；SO_4^{2-}的含量最少，仅占2%～3.6%。

地层水的化学性质和矿化度随深度的变化特征是不同层系压实程度、岩性组分和封闭性的综合反映。矿化度按地层层序有从上到下增加，又逐渐减小的趋势（图5.12）。

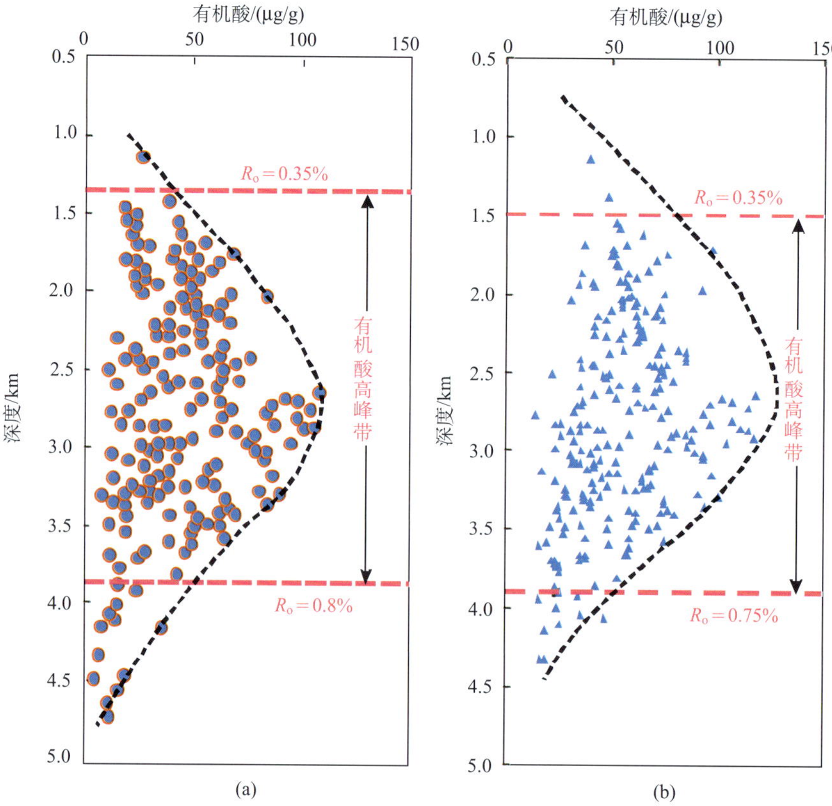

图 5.11 研究区有机酸窗纵向分布图

(a) 鸳鸯沟工区；(b) 清水工区

传统的石油地质学认为，地层水的矿化度主要与封闭性有关（张厚福，1999），在浅部地层，由于地层的封闭性较差，地层水与外界大气水发生水交换，从而使地层水的矿化度较低；随埋深的增加，封闭性变好，矿化度增高。但早在 1984 年辽河油田和中国科学院的地质家们就已发现，在辽河油田深部，存在矿化度较低的地层水，地层水矿化度从上到下有“低—高—低”的变化趋势，但其成因不明（王永玲等，1984）。本书认为，地层水中的矿物质可能主要来自有机酸对岩石的溶解，比较地层水的矿化度与有机酸随深度的演化规律，不难发现，地层水矿化度在纵向上的演化规律与有机酸的分布规律基本一致，有机酸生成、溶蚀作用和矿化度具有良好的相关性。深层地层水矿化度变低的原因可能是有机酸生成量减少。但在浅层由于地层水与大气降水的交换，不可避免地使其矿化度降低。

5.2.2 成岩作用

1. 泥岩的成岩作用

泥岩的成岩作用和砂岩相比，比较简单，主要表现在各种黏土矿物随埋深的演化。泥岩中黏土矿物以伊利石、伊/蒙混层为主，二者的含量均可大于 75%（图 5.13），其

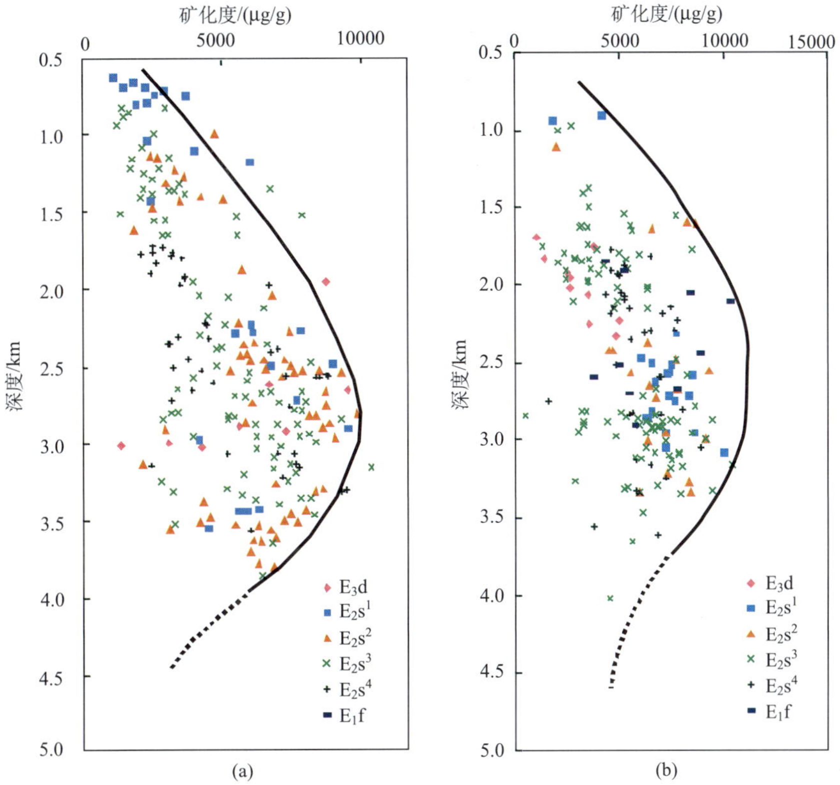

图 5.12　研究区地层水矿化度纵向分布特征

(a) 鸳鸯沟工区；(b) 清水工区

次为高岭石和绿泥石。鸳鸯沟工区蒙皂石主要在 1500m 以上出现，在 1500m 以下基本消失；清水工区蒙皂石主要在 2200m 以上出现，在 2200m 以下基本消失。伊利石含量随埋深的增加而增加，这是蒙皂石和高岭石伊利石化的结果。

$$KNaCa_2Mg_4Fe_4Al_{14}Si_{38}O_{100}(OH)_{20}\cdot 10H_2O(\text{蒙皂石}) + 4.5K^+ + 8Al^{3+} \longrightarrow K_{5.5}Mg_2Fe_{1.5}Al_{22}Si_{35}O_{100}(OH)_{20} + Na^+ + 2Ca^{2+} + 2.5Fe^{3+} + 2Mg^{2+} + 3Si^{4+} + 10H_2O \tag{5.1}$$

$$3Al_2Si_2O_5(OH)_4(\text{高岭石}) + 2K^+ \longrightarrow K_{5.5}Mg_2Fe_{1.5}Al_{22}Si_{35}O_{100}(OH)_{20}(\text{伊利石}) + 2H^+ + 3H_2O \tag{5.2}$$

$$3.5Fe^{2+} + 3.5Mg^{2+} + 9H_2O + 3Al_2Si_2O_5(OH)_4(\text{高岭石}) \longrightarrow Fe_{3.5}Mg_{3.5}Al_6Si_6O_{20}(OH)_{10}(\text{绿泥石}) + 14H^+ \tag{5.3}$$

在蒙皂石转化过程中，释放出的 Si^{4+} 可促使浅处砂岩中高岭石的形成和石英碎屑产生自生加大，Ca^{2+} 可以形成早期方解石胶结物。在温度更高的情况下，蒙皂石转化为伊利石所放出的 Fe^{2+} 和 Mg^{2+}，可使之形成铁方解石和铁白云石，在深处铁、镁与高岭石反应则能生成绿泥石（郑浚茂和庞明，1989）。

然而，在清水工区高岭石含量随埋深的增加虽然有所减小，但变化不是很大，绿泥石含量变化也不是很大（图 5.13），这主要是由于泥岩的黏土矿物中一般伊利石的含量较高，它在纵向上的变化可在 20％以上，而高岭石的含量除煤系地层外一般小于 20％，所以向伊利石的转化，一般不易在黏土矿物含量的纵向变化中准确地辨认。

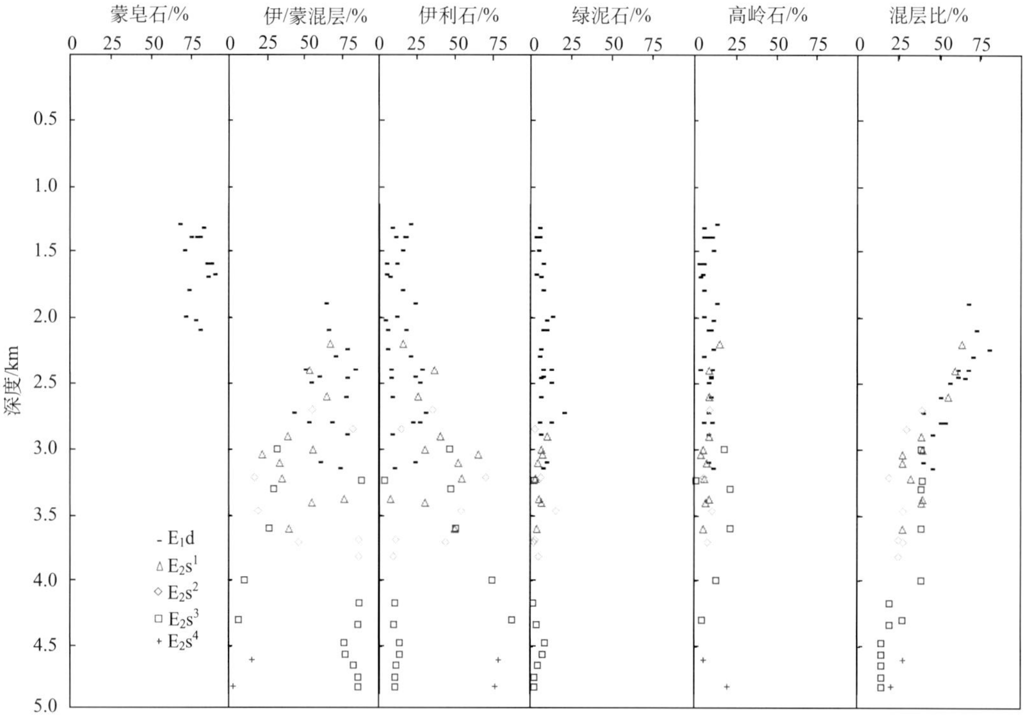

图 5.13　研究区泥岩中黏土矿物组成与演化

由上可见，泥岩黏土矿物转化可导致砂岩中一系列成岩作用的发生，如石英次生加大、高岭石的形成、早期碳酸盐胶结、晚期铁方解石和白云石的形成等。根据鸳鸯沟工区和清水工区泥岩中伊蒙混层中蒙皂石层的含量均可将黏土矿物转化作用分为三个带，略有差别。鸳鸯沟工区：①2250m±100m≤埋深＜2600m±100m，I/S 混层中 45％≤S＜80％，为无序混层带（渐变带）；②2600m±100m≤埋深＜3500m±100m，I/S 混层中 25％≤S＜45％，为部分有序混层带，是黏土矿物的第一迅速转化带；③3500m±100m ≤埋深＜4400m，I/S 混层中 15％≤S＜25％，为完全有序混层带，是黏土矿物的第二迅速转化带。清水工区：①1500m±100m≤埋深＜2700m±100m，I/S 混层中 50％≤S＜70％，为无序混层带（渐变带）；②2700m±100m≤埋深＜3400m±100m，I/S 混层中 30％≤S＜50％，为部分有序混层带，是黏土矿物的第一迅速转化带；③3400m±100m≤埋深＜4500m±100m，I/S 混层中 15％≤S＜30％，为完全有序混层带，是黏土矿物的第二迅速转化带。

在蒙皂石向伊利石转化的过程中，放出 H^+，其反应方程式如下：

$$\text{蒙皂石} + K^+ + Al^{3+} \longrightarrow \text{伊利石} + SiO_2 + 2H^+ \tag{5.4}$$

$$\text{蒙皂石} + K^+ \longrightarrow \text{伊利石} + H^+ \tag{5.5}$$

高岭石在向伊利石、绿泥石转化的过程中，也可以释放出 H^+，如式(5.2)和式(5.3)所示。当 H^+ 进入岩石孔隙时，与地层流体混合，即可形成酸性热流体，溶蚀储层，产生次生孔隙。我国苏北油田高邮凹陷阜宁组一段储层的次生孔隙，就与黏土矿物的脱水密切有关（施振飞等，2005)。应凤祥等（2004）在研究我国东部泌阳、东营、辽东等凹陷蒙皂石的伊利石化时，将蒙/伊混层矿物转化及脱水特点等相结合，把黏土矿物纵向剖面划分为蒙皂石带、渐变带、第一迅速转化带、第二迅速转化带、第三迅速转化带五个带，在蒙皂石向伊利石转化过程中，有两次大量脱去层间水的阶段，分别为第一、第二迅速转化带，它们均对应着 H^+ 的大量释放。研究区大量释放 H^+ 的深度范围为 2500～4400m（图 5.14）。在这个深度范围内，黏土矿物转化释放出 H^+，形成酸性水，溶蚀地层中的酸性不稳定矿物，产生次生孔隙，成为本区中成岩阶段 A_1—A_2 亚期储层次生孔隙形成的另一种因素。

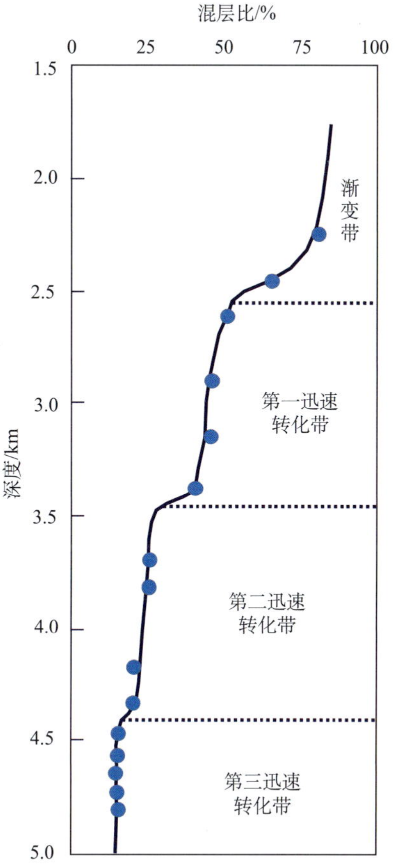

图 5.14　双深 3 井黏土矿物转化特征

2. *砂岩的成岩作用*

沙河街组碎屑岩储集层以长石砂岩、长石岩屑砂岩和岩屑长石砂岩为主（图 5.15)，砂岩碎屑组分中可溶性组分长石和岩屑含量较高，易被溶蚀，为次生孔隙的形成提供了物质基础。长石含量平均值为 31.9％～36.7％，岩屑含量介于 22.2％～32.4％，成分主要为火成岩屑、中性喷出岩屑和碳酸盐岩岩屑。砂岩分选由差、中等、好不等，但中等占主要；磨圆度以次圆-次棱角为主，其次为次棱或次圆状；粒度较细，主要为细粒砂岩，次为中砂岩。填隙物平均含量在 9.9％～19.8％，其中泥质在 6.64％～10.9％，其余为碳酸盐胶结物。砂岩的成岩作用主要包括机械压实作用、碳酸盐的胶结与交代作用、石英次生加大、长石的钠长石化、溶蚀和溶解作用等。

1）机械压实作用

在 1000m 以上的地层主要为第四系、新近系和少部分古近系地层。成岩作用以机械压实为主，储层孔隙度随埋深的增加而线性减小（图 5.16)。机械压实作用受杂基含量高低的影响比较明显。杂基含量高，对颗粒的支撑作用强，压实作用相对较弱。同时，由于杂基的填隙作用，砂岩孔隙发育较差，因而限制了流体的渗流，抑制了其他成岩过程的进行。此外，自生矿物的析出也强烈抑制机械压实作用的进行，一旦砂岩中某些部位被胶结了，该部位的机械压实作用便会被阻止，而未被胶结部位仍继续被压实。在该地区孔隙度由 500m 左右的 46％锐减至 1000m 的 39％，衰减梯度为 1.4％/100m。

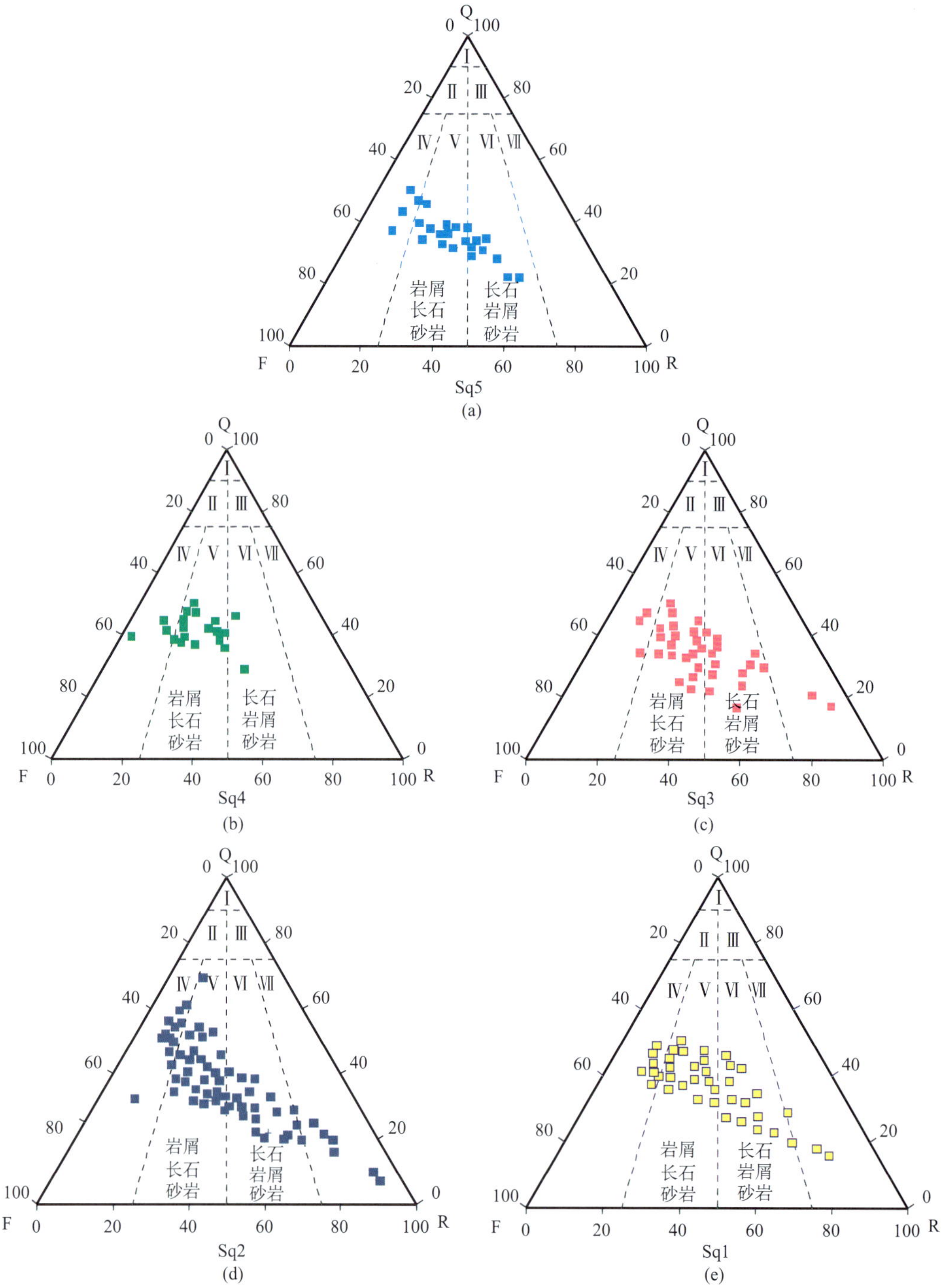

图 5.15　沙河街组砂岩岩石类型

在 1000m 以下，烃源岩有机质成熟度增加，有机酸生成量增加，机械压实对孔隙度的影响减弱，代之为溶解作用和胶结作用，孔隙度随深度的变化不再呈线性关系。形成该区的三个次生孔隙发育带，或称为高孔带。第Ⅰ高孔带埋藏较浅，其形成除与有机酸溶蚀有关之外，可能还与 E_2s^3 顶、E_2s^1 顶和 E_3d 顶几个不整合面附近大气水的淋滤有关。随机械压实作用的增强，颗粒接触关系由悬浮—点—线—缝合的顺序演变，并出现云母和长石压弯、压断等现象，在深部亦可出现裂缝（图版Ⅰ.1，图版Ⅰ.2）。

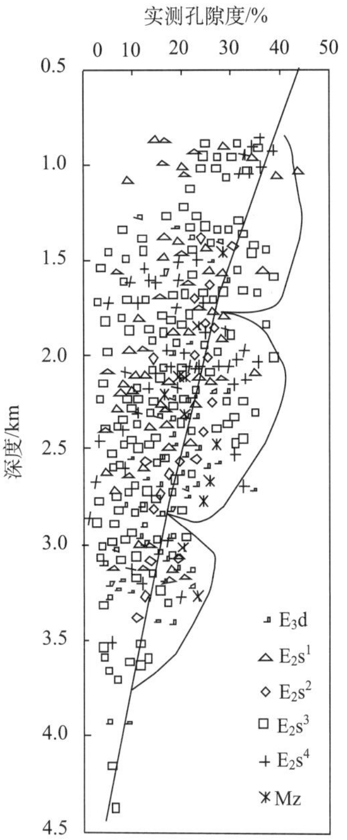

图 5.16　清水工区孔隙度与深度关系

2）碳酸盐的胶结与交代作用

胶结作用开始发生在大约 700m 以下的地层中，与地层水矿化度开始增加的深度大致相同。胶结物主要为碳酸盐，包括方解石和白云石等，其次是硅质、黏土矿物和少量铁质胶结等；而交代物则主要是碳酸盐等。杂基主要为泥质。各种胶结物的含量随深度的变化规律不尽相同（图 5.17）。

泥晶碳酸盐主要分布在 800～4000m，其含量一般小于 15%，最高可达 40%左右，从新近系到沙四段的各层段均有分布。很显然，早期碳酸岩胶结作用占据了孔隙，从而降低了储集层的孔隙度。这种在油气运移之前发生的事件具有双重性，一方面破坏储集层的孔渗性；另一方面它又有效地阻止或减轻了机械压实作用的强度，为次生孔隙的产生创造了条件。

方解石主要分布在 800～4000m。方解石胶结物主要以亮晶和连晶方解石的方式产出（图版Ⅰ.3，图版Ⅰ.4），形成时间较晚，常形成于石英次生加大之后（图版Ⅰ.3），也常见晚期方解石交代长石和岩屑的现象（图版Ⅰ.5、Ⅰ.6）。方解石胶结物分布于新进系和古近系不同层位和深度的砂体内，具强烈的不均一性。纵向上，连晶方解石呈隔层的形式出现，隔层的厚度一般较小，间隔在几米至几十米之间，但未见大规模的连晶胶结。

清水工区深部储层发育含铁碳酸盐胶结物，且以粗晶为主，为含（铁）方解石、铁白云石等（图版Ⅱ.1，图版Ⅱ.2，图版Ⅱ.3）。该区碳酸盐电子探针的分析结果表明（图 5.18），Fe_2O_3 与 CaO+MgO 成负相关。这说明含铁碳酸盐是成岩流体中的 Fe^{2+} 置换了方解石和白云石中的 Ca^{2+}、Mg^{2+} 而形成的（Anjos et al.，2000），这些 Fe^{2+} 可以由黏土矿物转化释放或长石的溶解等多种来源获得。

3）石英次生加大作用

砂岩中石英胶结比较发育，往往以加大边的形式出现或充填于孔隙中，常具有较好的晶形（图版Ⅱ.3，图版Ⅱ.4）。石英胶结物（硅质胶结物）的含量随深度的增加而增

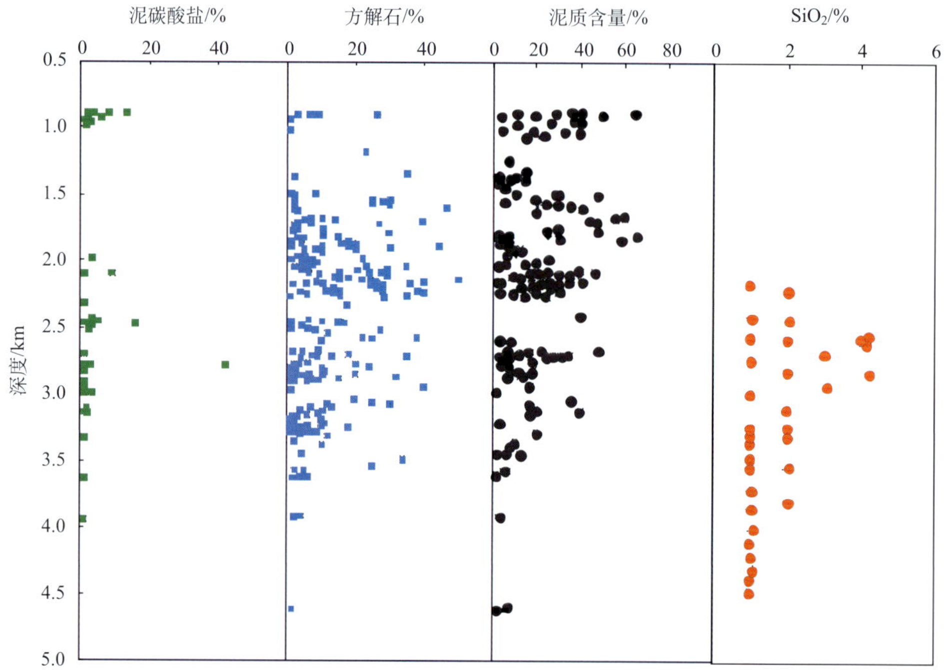

图 5.17　沙河街组砂岩胶结物含量

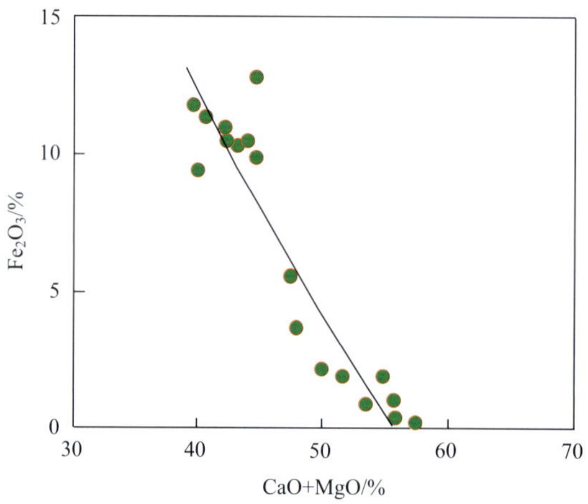

图 5.18　碳酸盐 Fe_2O_3 与 CaO+MgO 关系

加，大量出现的深度在 2300～4400m，其含量一般在 1%～2%，最高可达 4%以上，其形成温度大于 90℃，与 Walderhaug（1996，2000）提出的自生石英形成的最低温度相当。由于石英次生加大使孔隙减小，并使石英颗粒之间的接触关系呈线接触和缝合接触，不利于优质储层的发育。由于石英次生加大的 SiO_2 来自黏土矿物转化，而黏土矿物转化所需 K^+ 又来自有机酸对长石的溶解（Thyne et al.，2001）。况且石英次生加大的 SiO_2 也可以直接来源于长石的溶解（图 5.19），所以石英次生加大常与长石的溶解作用相伴生（图版Ⅱ.5）。当然也有人认为，石英次生加大的 SiO_2 有部分来自石英的压溶作用（Walderhaug，1996）。

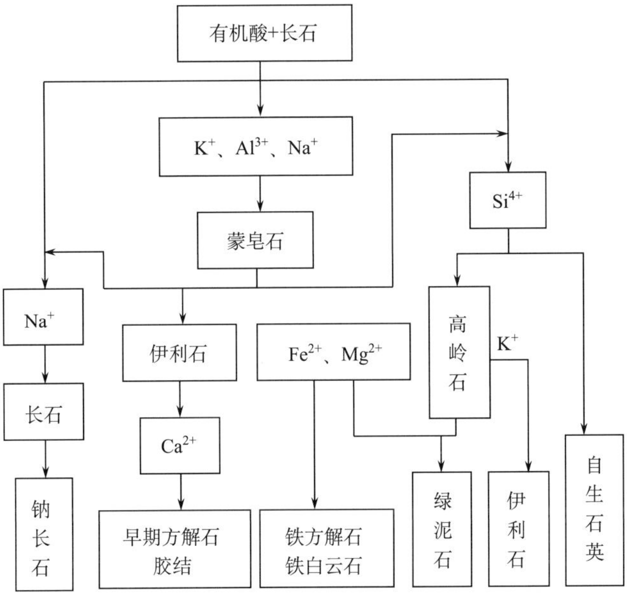

图 5.19　有机酸溶蚀长石及其引起的成岩连锁反应

近年来，许多人认为石英颗粒外面的黏土包壳（grain claycoats and rims）可以有效地抑制砂岩中自生石英的形成，从而延缓孔隙度随深度的衰减，在深部形成高孔带（Ramm and Bjorlykke，1994；Bonnell et al.，1998；Bloch et al.，2002），但研究区砂岩中石英颗粒表面的黏土膜多呈半封闭状态（图版Ⅱ.6，Ⅲ.1），并不能有效地阻止石英次生加大，在泥膜和菱铁矿膜之外，仍可发育石英次生加大，而且由于陆相盆地的石英含量低，石英的次生加大不足以大量减少孔隙。

4）长石的钠长石化

随埋深的增加，钠长石化和加大边的发育程度提高（图版Ⅲ.2，图版Ⅲ.3），钠长石化也是长石加大边的一种。研究表明，钠长石化均为碎屑长石颗粒的交代产物和（或）增生边，钾长石的溶解和钠长石的沉淀同时进行：

$$Na^+ + KAlSi_3O_8 \longrightarrow NaAlSi_3O_8 + K^+ \tag{5.6}$$

所以，钠长石化的大量出现与长石的溶解有关，可作为溶解作用的标志，本区这种现象常见（图版Ⅲ.2）。有些碎屑长石是斜长石或碱性长石系列的中间长石，在低温时远不如端元组分稳定，它们先部分溶解，然后再沉淀为纯净的自生长石（郑浚茂和庞明，1989）：

$$CaAl_2Si_2O_8 + 2Na^+ + 2Cl^- + 4SiO_2 \longrightarrow NaAlSi_3O_8(\text{钠长石}) + Ca^{2+} + 2Cl^- \tag{5.7}$$

研究区无论是钾长石还是斜长石均可发生钠长石化，钠长石化带、黏土矿物转化带与次生孔隙发育带基本吻合。

5）溶蚀、溶解作用

溶蚀、溶解作用主要发生于早成岩阶段B期—中成岩阶段A期。在有机质热演化的过程中，泥质中的有机质脱羧产生的有机酸和CO_2，以及蒙皂石转化释放的H^+，进入孔隙形成酸性水，破坏了原孔隙水矿物之间的化学平衡，对储集层的易溶组分溶蚀、溶解，主要表现为酸性不稳定矿物铝硅酸盐长石和碳酸盐胶结物的溶解：

$$CaCO_3\text{(方解石)} \longrightarrow H^+ + HCO_3^- \tag{5.8}$$

$$2NaAlSi_3O_8\text{(钠长石)} + H_2O + 2H^+ \longrightarrow Al_2Si_2O_5(OH)_4 + 2Na^+ + 4SiO_2 \tag{5.9}$$

$$2KAlSi_3O_8\text{(钾长石)} + 2H^+ + H_2O \longrightarrow Al_2Si_2O_5(OH)_4 + 4SiO_2 + 2K^+ \tag{5.10}$$

$$2Na_{0.6}Ca_{0.4}Al_{1.4}Si_{2.6}O_8\text{(斜长石)} + 1.4H_2O + 2.8H^+ \longrightarrow 1.4Al_2SiO_2 + 1.2Na^+ + 0.8Ca^{2+} + 2.4SiO_2 \tag{5.11}$$

碱性不稳定矿物石英的溶蚀现象少见。被溶解的长石有斜长石、正长石和钠长石，被溶解的岩屑为富含长石的岩屑，被溶解的碳酸盐矿物多为方解石、含铁方解石和铁白云石等，偶见生物化石被溶蚀形成次生孔隙。溶解作用在储层中形成次生孔隙（图版Ⅲ.1～图版Ⅲ.6，图版Ⅳ.1～图版Ⅳ.6，图版Ⅴ.1～图版Ⅴ.6），各种溶解孔隙类型所占的比例见表5.1。

表5.1　砂岩孔隙类型统计表　　（单位：%）

孔隙类型		水下分流河道	河口坝及席状砂	前扇三角洲
原生	粒间孔	0.3～6/2.67（7）	0.5～7/2.56（23）	0.5～5/1.96（14）
次生	粒间溶孔	0.3～3/1.6（3）	0.1～9/3.7（28）	0.7～7/2.92（16）
	粒内溶孔	0.1（1）	0.1～1/0.33（7）	0.2～0.4/0.3（2）
	颗粒溶孔	0.2～0.3/0.25（2）	0.2～1.8/0.87（6）	0.4（1）
	Σ溶孔	0.1～3/0.9（6）	0.1～9/2.71（41）	0.2～7/2.49（19）

注：括号内数字为样品数。

5.2.3　沉积相与成岩作用的关系

1. 沉积相与机械压实作用的关系

不同沉积相的机械压实特征各不相同。统计表明，碎屑岩储层孔隙度衰减主要由机械压实作用引起，其次为胶结作用，二者之比大于2.5∶1，这与国外的统计结果相似（Bloch，1994；Primmer et al.，1997）。而不同微相由机械压实作用和胶结作用引起孔隙度损失的相对比例各不相同（图5.20）。

2. 沉积微相对胶结物的影响

Primmer等（1997）在全球范围内各种类型砂岩成岩类型的研究表明，沉积相影响和控制着碎屑岩储层中填隙物的相对含量和成分。在同一沉积体系内，泥质填隙物的含量与沉积微相密切相关，在扇三角洲水下分流河道、湖底扇辫状分流沟道中，水流动

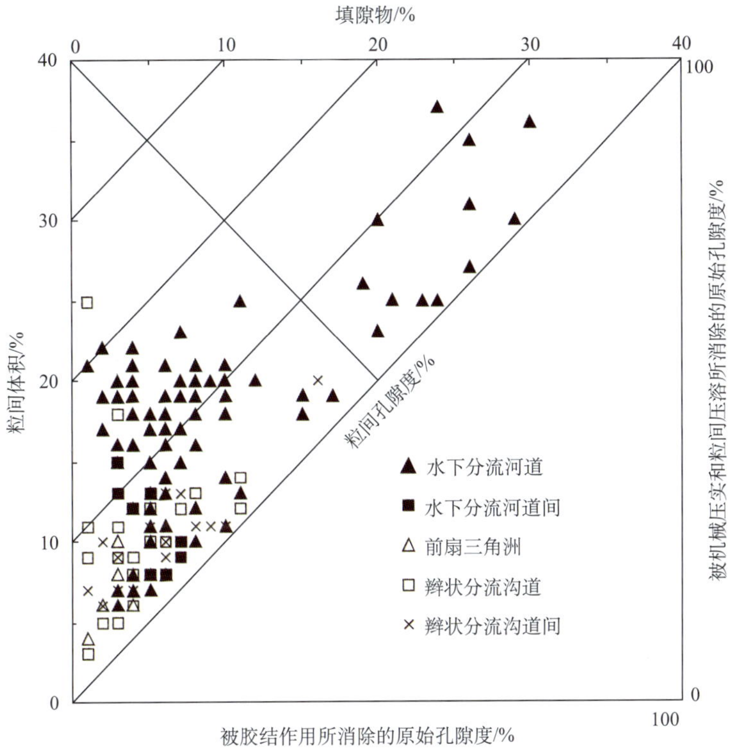

图 5.20　砂岩压实与胶结作用对比图

较强，泥质填隙物含量较低；而在分流河道间、辫状分流沟道间以及前缘-外扇沉积相中，水动力较弱，泥质含量较高（图 5.21）。

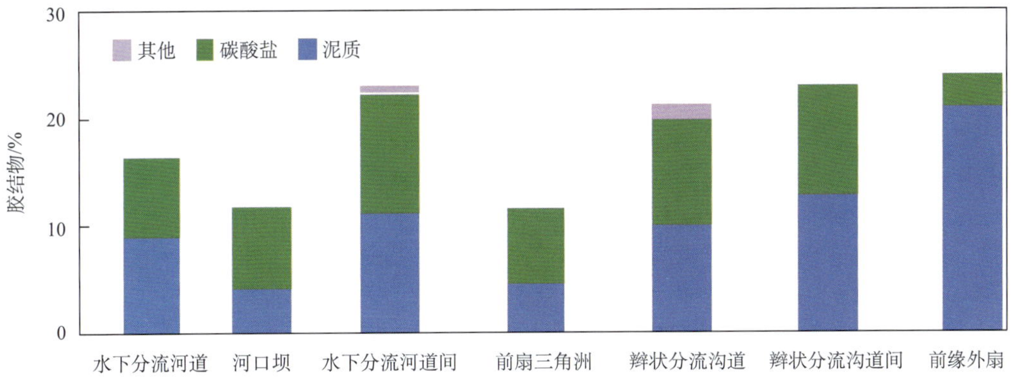

图 5.21　研究区不同沉积微相胶结物相对含量

3. 沉积微相对石英加大和钠长石化的影响

二氧化硅胶结物主要发育于河口坝微相中，这与河口坝埋深较深，已进入中成岩阶段，距离有机酸较近，硅质来源丰富有关。碎屑岩中的硅质主要由压溶作用、黏土矿物转化和长石溶解等产生，而河口坝位于凹陷区，同一层位其埋深较大，压溶作用、黏土矿物转化和长石溶解作用较强，故其硅质胶结较为发育。

钠长石化的程度主要受钠的来源和成岩强度两方面的影响与控制。钠的来源主要有长石溶解和黏土矿物转化。河口坝沉积微相长石含量高，在该区埋藏深，有机质热演化程度和黏土矿物转化程度高，钠离子的来源相对丰富，所经受的古地温较高，钠长石化的程度最高（图版Ⅲ.2）。

4. 沉积微相对溶蚀作用的影响

沉积相和成岩作用共同影响溶蚀作用的发育程度，影响与控制碎屑岩溶蚀作用发育的地质因素主要有：①长石和碳酸盐胶结物的含量；②有机酸的浓度；③溶解物质的迁移。而长石和碳酸盐岩胶结物的含量和溶解物质的迁移主要受沉积微相的控制。矿物成分成熟度和结构成熟度越高的储层，其长石和碳酸盐胶结物的含量越高，越有利于溶蚀作用的进行。而且结构成熟度高的砂砾岩其渗透性好，有利于溶解物质的迁移。清水地区河口坝微相具有丰富的可溶性长石和碳酸盐胶结物，处于早成岩阶段 B 期—中成岩阶段 A 期，有机酸含量高，矿物成分成熟度较高，储层物性较好，有利于有机酸的进入与溶解物质的迁移，其溶蚀程度最强，由溶蚀作用形成的溶蚀孔隙最高可达 9%，平均为 2.71%，镜下观察的结果还表明，原生孔隙较少，在各种沉积微相中均有分布，从盆地边部向中心，原生孔隙所占的比例渐小，分流河道砂体中原生孔隙面孔率相对较高，河口坝+席状砂微相次之，前扇三角洲及湖相最少，这主要是由于埋深和成岩强度的不同造成的。

5.2.4 成岩阶段划分

根据成岩环境分析和砂、泥岩的成岩作用研究结果，将古近系碎屑岩的成岩作用划分为早成岩和中成岩两个阶段，共五个亚期。在同一深度，老地层的成岩强度高于新地层，而对于同一成岩阶段凹陷区的深度大于斜坡区（王永玲等，1984），这是大地热流折射的结果。换言之，在同一凹陷内不同地区、不同时代的地层在同一深度的成岩强度不尽相同。所以，各成岩阶段的深度理应是一个范围值。下面详细描述清水工区各成岩阶段的特征（图 5.22），鸳鸯沟工区各成岩阶段的特征与其颇为相近，此不赘述，详见图 5.23。

1. 早成岩阶段 A 期

早成岩阶段 A 期埋深在 1500m±100m，主要特征为：古温度至 60℃，R_o<0.35%，有机质未成熟。孢粉颜色为淡黄，TAI<2.3。成岩作用以机械压实作用和早期胶结作用为主，主要发育早期压实与胶结相，砂岩弱固结—半固结。碎屑颗粒呈悬浮-点状接触。砂岩中次生孔隙不发育，孔隙类型主要为原生孔隙。泥岩中蒙皂石层发育，含量大于 70%，为蒙皂石带。砂岩中出现少量泥晶碳酸盐方解石胶结，但其含量一般小于 10%。

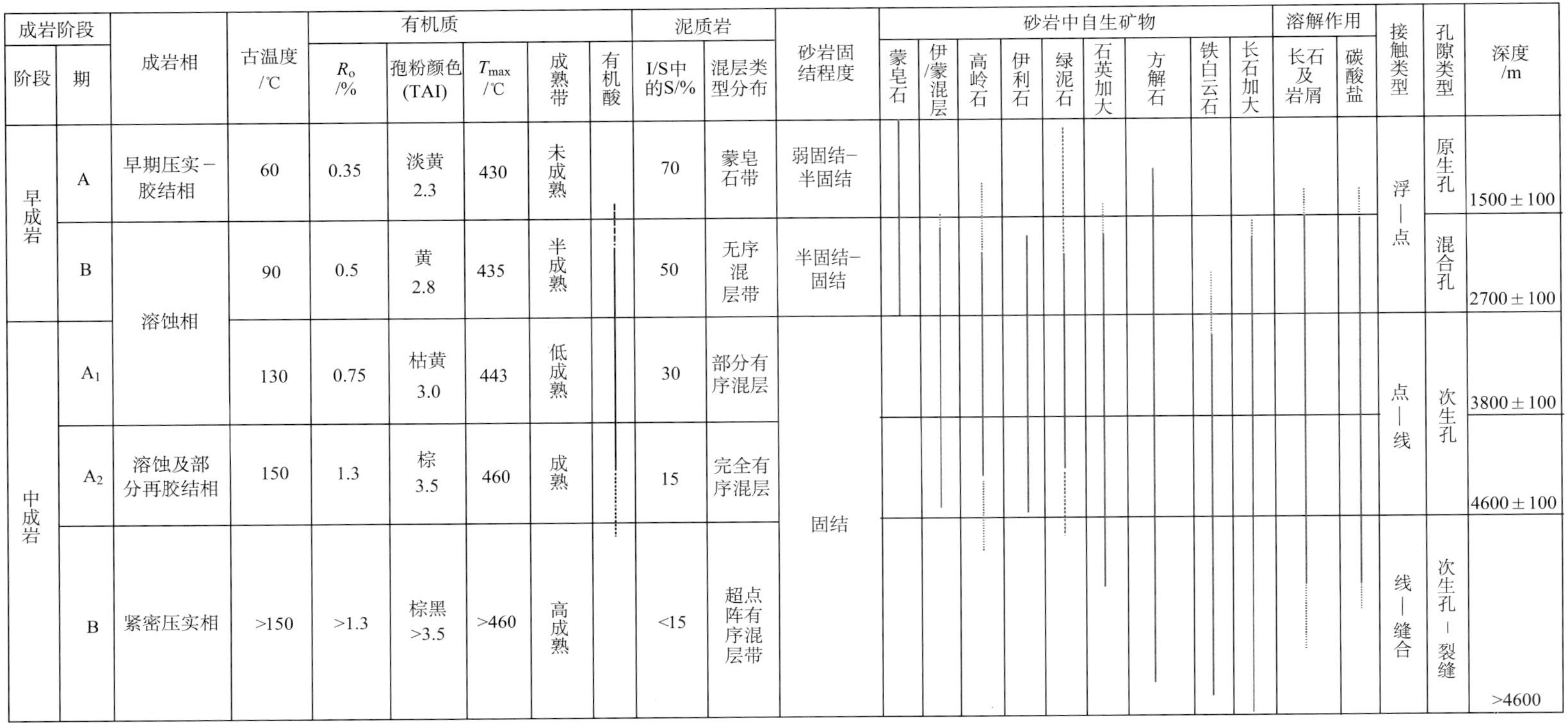

图 5.22　清水工区成岩阶段划分及主要特征

成岩阶段		成岩相	古温度/℃	有机质					泥质岩		砂岩固结程度	砂岩中自生矿物									溶解作用		接触类型	孔隙类型	深度/m
阶段	期			R_o/%	孢粉颜色(TAI)	T_{max}/℃	成熟带	有机酸	I/S中的S/%	混层类型分布		蒙皂石	伊蒙混层	高岭石	伊利石	绿泥石	石英加大	方解石	铁白云石	长石加大	长石及岩屑	碳酸盐			
早成岩	A	早期压实-胶结相	55	0.35	淡黄 2.3		未成熟		85	蒙皂石带	弱固结-半固结												浮—点	原生孔	1380±100
	B	溶蚀相	85	0.5	黄 2.8	432	半成熟		45	无序混层带	半固结-固结													混合孔	2850±100
中成岩	A_1		120	0.8	枯黄 3.0	448	低成熟		25	部分有序混层	固结												点—线	次生孔	3800±100
	A_2	溶蚀及部分再胶结相	140	1.3	棕 3.5	531	成熟		15	完全有序混层															4650±100
	B	紧密压实相	170	>1.3	棕黑 >3.5	>531	高成熟			超点阵有序混层带													线—缝合	次生孔-裂缝	>4650

图 5.23　鸳鸯沟工区成岩阶段划分及主要特征

2. 早成岩阶段 B 期

在 1500m±100m≤埋深<2700m±100m 的范围内，机械压实对储层孔隙度的影响减弱，胶结作用增强，砂岩中的胶结物以方解石为主，其次为白云石、泥晶碳酸盐以及硅质。在该阶段，出现石英和长石加大，但加大边均较窄。砂岩中黏土矿物以高岭石、伊/蒙混层为主，绿泥石和伊利石的含量随深度增加。泥岩中蒙皂石含量逐渐减小并消失，伊利石、I/S 混层和绿泥石的含量增加。I/S 混层中 S 的含量在 50%之内，属于无序混层带。0.35%<R_o<0.5%，有机质处于半成熟阶段，但已有有机酸生成，成岩流体呈酸性。孢粉颜色为黄色，TAI=2.3～2.8。储层进入有机酸生成高峰带（0.35%≤R_o≤0.75%），储层中的硅铝酸盐和碳酸盐矿物被溶蚀，形成次生孔隙，溶蚀作用成为该阶段最主要的成岩事件。因此，早成岩阶段 B 期主要发育溶蚀成岩相。

3. 中成岩阶段 A_1 亚期

在 2700m±100m ≤埋深<3800m±100m 的深度范围内，处于中成岩阶段 A_1 亚期，主要发育溶蚀成岩相。溶蚀作用和交代作用为本阶段的主要成岩作用，同时伴有胶结作用，机械压实对储层孔隙的影响减弱，但随着压实作用的增强，颗粒之间的接触关系以点-线状为主。0.5%≤R_o≤0.75%，有机质已进入生油门限，开始生油，同时进入有机酸的高峰带（0.35%≤R_o≤0.75%），大量生成有机酸和 CO_2，溶于水，形成酸性有机热流体，溶蚀储层中的长石和碳酸盐胶结物，形成次生孔隙，孔隙类型以粒间溶孔为主。中成岩阶段 A_1 亚期是工区内储层次生孔隙发育的主要时期之一。其形成时间早于大量生烃的成熟时间（R_o>0.75%），次生孔隙的形成为后期（中 A_2）油气的充注做好了准备。孢粉颜色为橘黄，TAI =2.8～3.0。长石的溶解为黏土矿物的转化提供了丰富的 K^+。泥岩中蒙皂石层向 I/S 混层转变，黏土矿物中以伊利石和 I/S 混层为主，I/S 中 S 在 30%～50%，进入第一迅速转化带（部分有序混层带）。砂岩中的黏土矿物主要为高岭石、I/S 混层、伊利石和绿泥石。黏土矿物的转化和长石溶解排出丰富的 Si^{4+} 和 Na^+，为石英和长石的次生加大提供了更为丰富的阳离子来源。在这一阶段石英加大边和长石加大边更宽，石英次生加大达Ⅱ级以上，见铁方解石和白云石呈胶结、交代物的形式出现。由于该阶段黏土矿物发生快速转化，脱出大量 H^+，形成酸性流体，溶蚀储层中的碳酸盐和长石等不稳定矿物，对次生孔隙也有一定的贡献。因此，该阶段发育的溶蚀相主要由有机酸和黏土矿物脱水共同作用产生。

4. 中成岩阶段 A_2 亚期

在 3800m±100m≤埋深<4600m±100m 的深度范围内，处于中成岩阶段 A_2 亚期，主要发育部分溶蚀及再胶结相。有机质进入大量生烃的成熟阶段，0.75%<R_o<1.3%，油气大量生成，运移到中成岩阶段 A_1 亚期形成的次生孔隙中。孢粉颜色为棕色，TAI=3.0～3.5。在中成岩 A_2 亚期有机酸的生成量减少，但仍可形成一定数量的次生孔隙，孔隙类型绝大部分为溶蚀孔。在该阶段成岩作用以胶结作用和交代作用为主，机械压实对储层孔隙的影响进一步减弱。泥岩中黏土矿物以伊利石和 I/S 混层为

主，高岭石含量渐小，趋于消失；混层黏土已由部分有序转化为完全有序，I/S 混层中 S 为 15%～30%，进入第二迅速转化带（属于完全有序混层带）。砂岩中黏土矿物主要为绿泥石、伊利石和 I/S 混层。石英次生加大和长石加大进一步增强，石英加大达Ⅱ-Ⅲ级。含铁方解石和铁白云石发育，形成晚期碳酸盐胶结。该阶段的黏土矿物也处于快速转化阶段，与中成岩阶段 A_1 亚期相类似，该阶段的黏土矿物脱水对溶蚀作用也有一定的贡献。

5. 中成岩阶段 B 期

在埋深＞4600m 的深度范围内，进入中成岩阶段 B 期，主要发育紧密压实成岩相。在该阶段有机质进入高成熟阶段，R_o＞1.3%。孢粉颜色为棕黑，TAI＞3.5。干酪根不再大量生成和排出有机酸，压实作用和胶结作用占主导地位。混层黏土已由完全有序转化为超点阵有序，I/S 混层中 S＜15%，层间水的脱出大大减少。砂岩中黏土矿物主要为方解石和铁白云石。机械压实作用已非常强烈，颗粒之间呈现线-缝合线接触，并出现长石和云母压弯与压断现象，孔隙类型为溶蚀孔，还可见到裂缝。

5.2.5 成岩作用与生储盖的关系

碎屑岩的成岩作用和结果是成岩环境中各地质因素在地史时期规律性的演化和组合，形成了一系列成岩序次和成岩阶段。同时，其也使各种成岩参数，如镜质组反射率 R_o、伊/蒙混层中的蒙皂石含量 S 等发生有规律的变化。考虑温度、压力、流体和时间四种因素对成岩作用的影响，按照孟元林等（2005）的方法，选取古地温 T、镜质组反射率 R_o、甾烷异构化指数 SI、黏土矿物伊/蒙混层中蒙皂石的含量 S 和自生石英含量 V_q 五项参数作为成岩作用过程综合模拟的主要参数，在埋藏史、地热史恢复的基础上，通过模拟 T、R_o、SI、S、V_q 这五项参数在时空领域内的分布，计算成岩指数 I_D，划分成岩阶段、模拟成岩演化史：

$$I_D = \sum_{i=1}^{n} (P_i \times Q_i / \max Q_i) \tag{5.12}$$

式中，I_D 为成岩指数；n 为成岩指标的个数；Q_i 为第 i 个成岩指标模拟计算的结果，如镜质组反射率、古地温等；$\max Q_i$ 为第 i 个成岩指标在晚成岩阶段的最大值；P_i 为第 i 个成岩指标的权值。

各成岩阶段的 I_D 界限值，用下式计算：

$$L_k = \sum_{i=1}^{m} [L_{Q_i} / (\max Q_i \times P_i)] \tag{5.13}$$

式中，L_k 为第 k 个成岩阶段的成岩指数界限值；m 为成岩参数的个数；L_{Q_i} 为第 i 个成岩指标界限值，如 R_o 早成岩阶段 A 期、B 期，中成岩阶段 A_1、A_2 亚期、B 期和晚成岩阶段 R_o 的界限值分别为 0.35%、0.5%、0.75%、1.3%、2.0%。

参考我国石油与天然气行业标准碎屑岩成岩阶段划分规范（应凤祥，1993）、陆相烃源岩评价方法中有关有机质热演化阶段的划分（黄飞和辛茂安，1996）和研究区的实际地质特点，初步制定出研究区不同成岩阶段各成岩参数所对应的值，可以看出鸳鸯沟工区（表 5.2）和清水工区（表 5.3）的成岩参数略有差别。

油气藏形成的六大要素均与成岩作用有关（孟元林等，2003），但成岩作用对六大成藏要素影响最明显的是生、储、盖层。烃源岩中有机质的热演化是一种特殊的成岩作用，油气生成、破坏与成岩阶段具有很好的对应关系（表 5.2，表 5.3）。在早成岩阶段，R_o<0.5%，烃源岩尚未成熟；在中成岩阶段 A_1 亚期，烃源岩进入生油门限，开始生烃；在中成岩阶段 A_2 亚期，烃源岩开始大量生烃；在中成岩阶段 B 期烃源岩进入高成熟阶段，以生成凝析油、气为主。

表 5.2　鸳鸯沟工区不同成岩阶段所对应的成岩参数和生储盖层特征

T/℃	R_o/%	SI	I/S 中 S/%	V_q/%	I_D	成岩阶段		成岩相	有机质热演化	孔隙演化	盖层封闭能力
						阶段	期				
<65	<0.35	<0.025	>70	<1	<0.18	早成岩	A	早期压实胶结相	未成熟	原生孔	差-中
65~85	0.35~0.50	0.025~0.2	50~70	1~2	0.18~0.28		B	溶蚀相	半成熟	混合孔 次生孔	中-好
85~120	0.50~0.80	0.2~0.4	35~50	2~3	0.28~0.45	中成岩	A_1		低成熟	次生孔 发育	好
120~140	0.80~1.30	>0.538	15~35	3~5	0.45~0.68		A_2	溶蚀及部分再胶结	成熟	次生孔 减小	好-中
140~170	1.30~2.00		<15	5~15	0.68~1.00		B	紧密压实相	高成熟	残余孔	

表 5.3　清水工区不同成岩阶段所对应的成岩参数和生储盖层特征

T/℃	R_o/%	SI	I/S 中 S/%	V_q/%	I_D	成岩阶段		成岩相	有机质热演化	孔隙演化	盖层封闭能力
						阶段	期				
<60	<0.35		>70	<1	<0.2	早成岩	A	早期压实胶结相	未成熟	原生孔	差-中
60~90	0.35~0.50	0.25	50~70	1~2	0.2~0.29		B	溶蚀相	半成熟	混合孔	中-好
90~140	0.50~0.75	0.25~0.4	35~50	2~3	0.29~0.44	中成岩	A_1		低成熟	次生孔	好
140~170	0.75~1.30	0.4~0.58	15~35	3~5	0.44~0.69		A_2	溶蚀及部分再胶结	成熟		好-中
170~200	1.3~2.0	>0.58	5~15	5~15	0.69~1.00		B	紧密压实相	高成熟	次生孔 裂缝	

储层的原始物性主要与沉积相有关，而成岩作用则决定着储层的最终物性。在不同成岩阶段储层的物性不同，而且发育不同的孔隙类型。在早成岩阶段 A 期，主要发育

早期压实与胶结相，碎屑岩储层的储集空间以原生孔隙为主，随埋深增加孔隙度减小；在早成岩阶段B期（R_o>0.35%），主要发育溶蚀相，烃源岩中的干酪根降解，生成有机酸和CO_2（图5.11），溶蚀储层中的铝硅酸盐矿物和碳酸盐胶结物，形成次生孔隙；在中成岩阶段A期，烃源岩进入生烃门限，开始生烃。在其前期（R_o=0.5%～0.8%），进入有机酸生成主带，生成更多的有机酸和CO_2，再加上黏土矿物脱水时排出的H^+，溶蚀储层中的易溶组分，形成次生孔隙，孔隙度显著增加，主要发育溶蚀相；在其后期，有机酸的生成量减少，次生孔隙发育程度减弱，主要发育溶蚀及部分再胶结相。在中成岩阶段B期，储层脱离有机酸生成带，溶蚀作用减弱，次生孔隙减少，并出现裂缝，主要发育紧密压实成岩相。所以，通过成岩史的模拟，即可预测地史时期碎屑岩储层的孔隙类型和次生孔隙发育史。

目前有关盖层的微观研究较多，而宏观特征和控制因素的研究减少。影响盖层质量的宏观地质因素有沉积相、断层和成岩作用。断层对盖层的封闭性和连续性有明显的影响，在其活动期可使盖层的连续性遭到明显的破坏，只能形成一些小面积的局部盖层；在其静止期才可能形成大面积的区域盖层。沉积相控制着盖层的最大分布面积和原始潜在封闭能力。例如，在深湖低能环境下形成的盖层泥岩质纯，经压实之后，可以形成良好的盖层，其原始潜在封闭能力大；相反，在浅湖相形成的泥质盖层往往含有一定量的粉砂，封闭能力相对较差，其原始潜在封闭能力小。泥质盖层并不是沉积下来之后就具有封闭能力的，仅具有原始潜在封闭能力。随埋深和地温的增加，成岩强度增强，盖层的封闭能力也随之发生变化（庞雄奇等，1993）。一方面，随成岩强度的增加，压实作用增强，泥岩孔隙度减少，孔喉变细，排替压力增大。特别是当出现欠压实时，形成超压封闭。而且随埋深和地温的增加，干酪根降解生烃，逐渐形成烃浓度封闭。几种封闭机理的叠加使其封闭能力越来越强。另一方面，随成岩强度的增加，黏土矿物中可塑性和膨胀性较强的蒙皂石转化为可塑性和膨胀性较差的伊利石和绿泥石，脆性增大，容易产生裂缝，盖层封盖能力变小。综合考虑上述因素，参考国内有关盖层分级标准，将盖层的封闭能力分为四个级别（表5.2，表5.3）。

5.3　有利储集相预测

继源控论、复式油气带聚集理论和富油气凹陷理论之后，近年来又提出了“相控论”的理论。所谓的相控论是指在具备有效烃源岩和有利构造背景的前提下，不同类型盆地中的各类油气藏都处于有利相带中，是若干有利“相”交会作用的产物，因此普遍具有“相控”的特征，油气成藏和分布均不同程度地受有利沉积相和成岩相的综合控制。在深部高温、高压和低孔渗条件下存在优质储层是大家公认的事实，这类优质的储层普遍处于有利储集相中，要寻找富油气聚集区带，核心是寻找有利储集相。有利储集相的保存机理以及异常高孔带的预测是困扰勘探的突出难题（Kupecz et al.，1997；罗平等，2003；赵澄林和陈纯芳，2003）。中国石油天然气股份有限公司所辖地区低渗透储层中拥有大量的未动用储量，如何在低孔渗地区中预测具有异常高孔渗的有利储集相，提高生产效益，是摆在储层地质研究面前的重大挑战之一。

研究表明（Byrnes，1994；裘怿楠等，1997；Smosna and Bruner，1997；Anjos et al.，2000），沉积相控制着储层的空间分布和原始物性，而成岩作用决定了储层的最终物性。一般情况下，沉积物在埋藏的过程中，随埋深的增加，储层的成岩强度增加，孔隙度和渗透率不断降低，直至失去工业价值。所以，通过成岩场分析和成岩阶段的预测就可以在一个盆地或凹陷内寻找储层物性相对较好的区域。Bloch 等（2002）的研究表明，在特殊的地质条件下，4000m 以下的深层仍有可能发育异常高孔带（anomalously high porosity zone），并形成大中型油气田，将异常高孔带定义为"孔隙度超过正常沉积和成岩条件下砂岩储层最高孔隙度的储层发育带"，国内一般称为高孔带或次生孔隙发育带。Bloch 在全球范围内的统计进一步表明，形成异常高孔带的地质因素主要有如下四条：①超压；②次生孔隙；③烃类早期位侵；④黏土包壳（grain clay coats and rims）。所以，通过考察一个地区的储层是否具备这四项地质因素，即可确定发育异常高孔带的可能性，并以此预测高孔带的分布。本书试图在分析储层异常高孔带纵向分布的基础上，讨论其形成的沉积环境和成岩环境，及其成因和主控因素，最终在横向上加以预测，从而确定有利储集相，为油气预探提供科学的依据。

5.3.1　异常高孔带的纵向分布特征

辽河西部凹陷深层（埋深大于 3500m）有利储集相的主要储集空间是次生孔隙。然而，有关次生孔隙发育带的分布和成因，争议较大，不同研究者所得出的次生孔隙发育带的分布和成因相差很大，异常高孔带的数目少则两三个，多达五六个（表 5.4）。本次研究试图通过实测孔隙度资料、铸体薄片、扫描电镜和测井资料，分析异常高孔带在纵向上的分布，并进一步探讨其成因，为有利储集相的预测奠定基础。

表 5.4　前人关于西部凹陷次生孔隙发育带及其成因的观点

研究者（发表时间）	次生孔隙发育带的分布范围/m	主要成因
赵澄林等（1999）	3200～3500 3700～4600	有机酸溶蚀＋热循环对流
顾志明等（1996）	＜1200 1400～1800 2000～2300 2500～2900 3100～3600 4000～4600	泥岩欠压实
赵澄林和陈纯芳（2003）	3400～3800 4100～4300 4400～4500	浅部大气水淋滤 中部有机酸和黏土矿物脱水 超压
于兴河等（1999）	2850～3150 3450～3850	有机酸溶蚀 中性水循环溶蚀
李琳等（1999）	3200～3600 4100～4680	干酪根降解生成有机酸 烃类裂解生成有机酸

续表

研究者（发表时间）	次生孔隙发育带的分布范围/m	主要成因
陈义贤（1982）	3200～3700 4100～4700	干酪根降解生成有机酸和碳酸溶蚀 烃类裂解生成有机酸溶蚀
陈义贤等（2000）	2700～3300 3200～4500 4500～5000	黏土矿物脱水、有机酸溶蚀
李晓光和陈振岩（2006）	3200～3600 4100～4600	溶蚀＋超压
张占文等（2002）	2800～3400 4100～4700	有机酸溶蚀、黏土矿物脱水、烃类脱羧生成有机酸，无机矿物演变，热循环对流，火山活动
孙洪斌和张凤莲（2002）	＜1200 1400～1800 2000～2300 2500～2900 3100～3600 4000～4600	泥岩压实脱水 大气水淋滤 有机酸溶蚀 烃类裂解

1. 异常高孔带的纵向分布与物性特征

根据鸳鸯沟工区和清水工区岩心的实测孔隙度和测井资料，古近系和新近系储层均发育三个异常高孔带，但深度范围和物性特征略有差别。凹陷区三个异常高孔带均有发育，斜坡区只发育第Ⅰ、Ⅱ异常高孔带。每个异常高孔带可由不同层段的储层组成，具有穿时性。两个工区发育的异常高孔带的分布范围和物性分别描述如下。

鸳鸯沟工区（图 5.24，表 5.5）：①第Ⅰ高孔带，位于 1050～1700m，孔隙度平均为 37.62%，最大可达 39.9%。高孔隙储层主要分布在凹陷区的东营组和斜坡带的沙河街组。②第Ⅱ高孔带，位于 1950～2700m，孔隙度平均为 27.03%，最大可达 35.6%，渗透率平均为 0.001μm^2，最大可达 19.903μm^2，高孔隙储层分布在凹陷区的东营组、沙一段和斜坡带的沙河街组。③第Ⅲ高孔带，位于 2800～3800m，孔隙度平均为 17.59%，最大可达 28.5%，渗透率平均为 0.001μm^2，最大可达 3.503μm^2，高孔隙储层主要分布在沙二段，其次为沙一段和沙三段。

清水工区（图 5.25，表 5.6）：①第Ⅰ异常高孔带，位于 800～1800m，孔隙度平均为 34%，最大可达 43.2%。异常高孔隙优质储层主要分布在凹陷区的馆陶组、东营组和斜坡带的沙河街组。②第Ⅱ异常高孔带，位于 1800～2900m，孔隙度平均为 29%，最大可达 38.4%，异常高孔隙优质储层分布在凹陷区的东营组和斜坡带的沙河街组。③第Ⅲ异常高孔带，位于 2900～3650m，孔隙度平均为 18%，最大可达 24.5%，异常高孔隙优质储层主要分布在沙河街组。

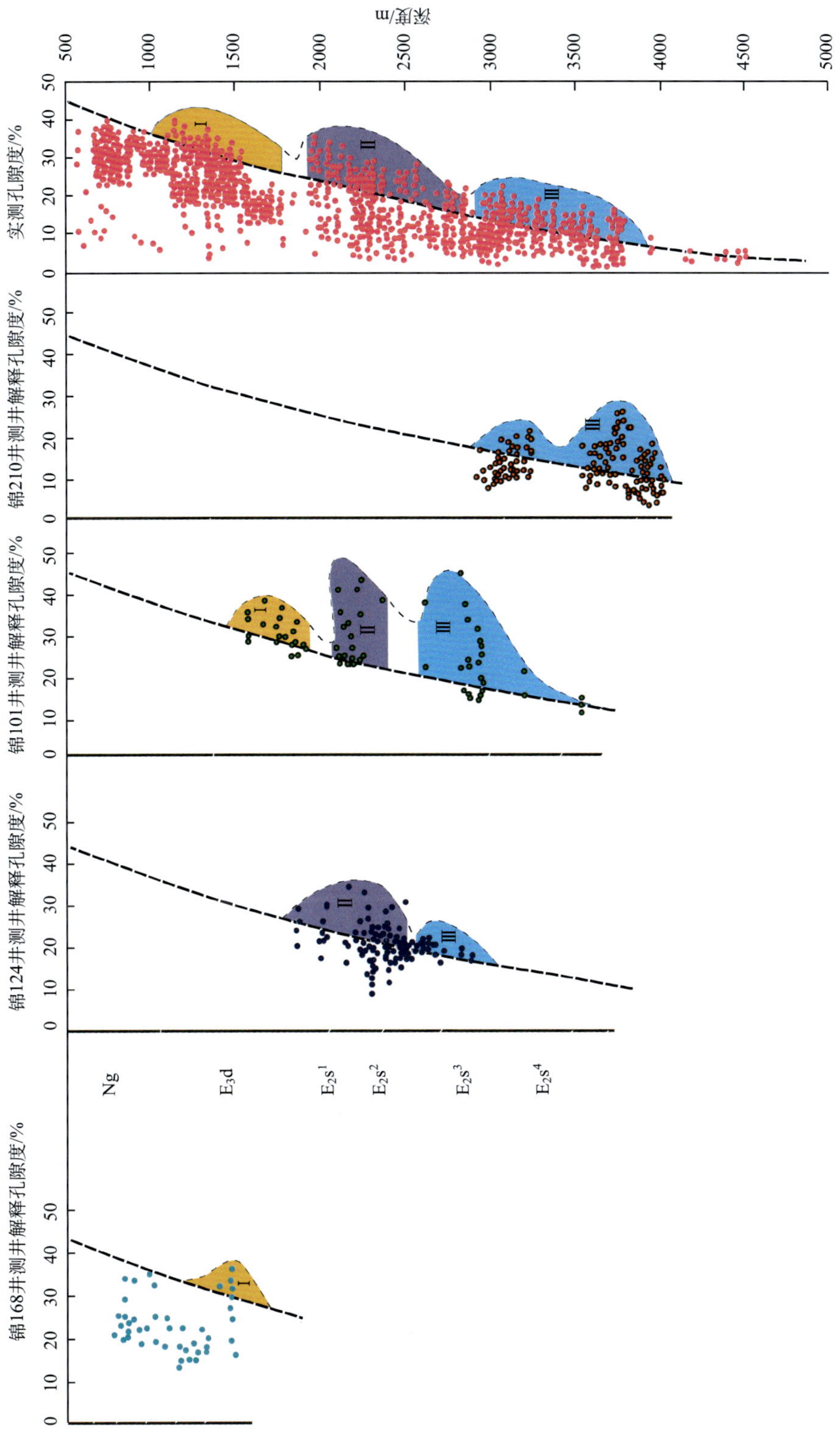

图 5.24　鸳鸯沟工区异常高孔带分布

表 5.5　鸳鸯沟工区高孔带地质特征

高孔带	深度/m	孔隙度/%	R_o/%	有机酸/(μg/g)	成岩阶段	长石含量/%	分选系数	沉积微相	成因	分布
Ⅰ	1050～1700	33.4～39.9 / 37.62 (6)	0.33～0.37 / 0.36 (22)	18.44～55.06 / 31.69 (13)	早 A—早 B	5～63 / 33.6 (152)	1.47～2.22 / 1.76 (11)	河口坝、辫状河道	有机酸溶蚀、大气水淋滤	凹陷在 E_3d；斜坡区在 E_2s^1—E_2s^4
Ⅱ	1950～2700	23～35.6 / 27.03 (13)	0.36～0.55 / 0.49 (81)	50.86～108.49 / 64.52 (42)	早 B	2～65 / 34.1 (60)	1.42～2.06 / 1.69 (5)	河口坝、天然堤	有机酸溶蚀	凹陷在 E_3d、E_2s^1；斜坡区在 E_2s^1—E_2s^4
Ⅲ	2800～3800	10.6～28.5 / 17.59 (61)	0.54～1.16 / 0.72 (353)	50.26～104.89 / 71.96 (35)	早 B—中 A_2	2～57 / 30.5 (205)	1.37～1.78 / 1.61 (8)	河口坝、辫状河道、心滩	有机酸溶蚀	凹陷主要在 E_2s^2，次为 E_2s^3 和 E_2s^1；斜坡区在 E_2s^3

表 5.6　清水工区高孔带地质特征

异常高孔带	深度/m	孔隙度/%	R_o/%	有机酸/(μg/g)	成岩阶段	长石含量/%	沉积微相	成因	分布
Ⅰ	800～1800	2.00～43.20 / 34.00 (1255)	0.29～0.49 / 0.40 (31)	28.43～98.00 / 48.43 (21)	早 A—早 B	3.00～54.00 / 35.15 (127)	水下分流河道、辫状分流沟道	有机酸溶蚀和大气水淋滤	东营组 沙河街组
Ⅱ	1800～2900	0.70～38.40 / 29.00 (6429)	0.25～0.59 / 0.42 (79)	14.03～118.49 / 54.58 (157)	早 B—中 A_1	3.00～52.00 / 31.74 (204)	河口坝、水下分流河道、前缘-外扇、辫状分流沟道	有机酸和黏土矿物脱水产生 H^+ 溶蚀	东营组 沙河街组
Ⅲ	2900～3650	1.60～24.50 / 18.00 (1600)	0.22～0.74 / 0.52 (34)	16.43～132.90 / 48.57 (135)	中 A_1	20.00～47.00 / 33.60 (12)	水下分流河道、辫状分流沟道、前缘-外扇	有机酸和黏土矿物脱水产生 H^+ 溶蚀	沙河街组

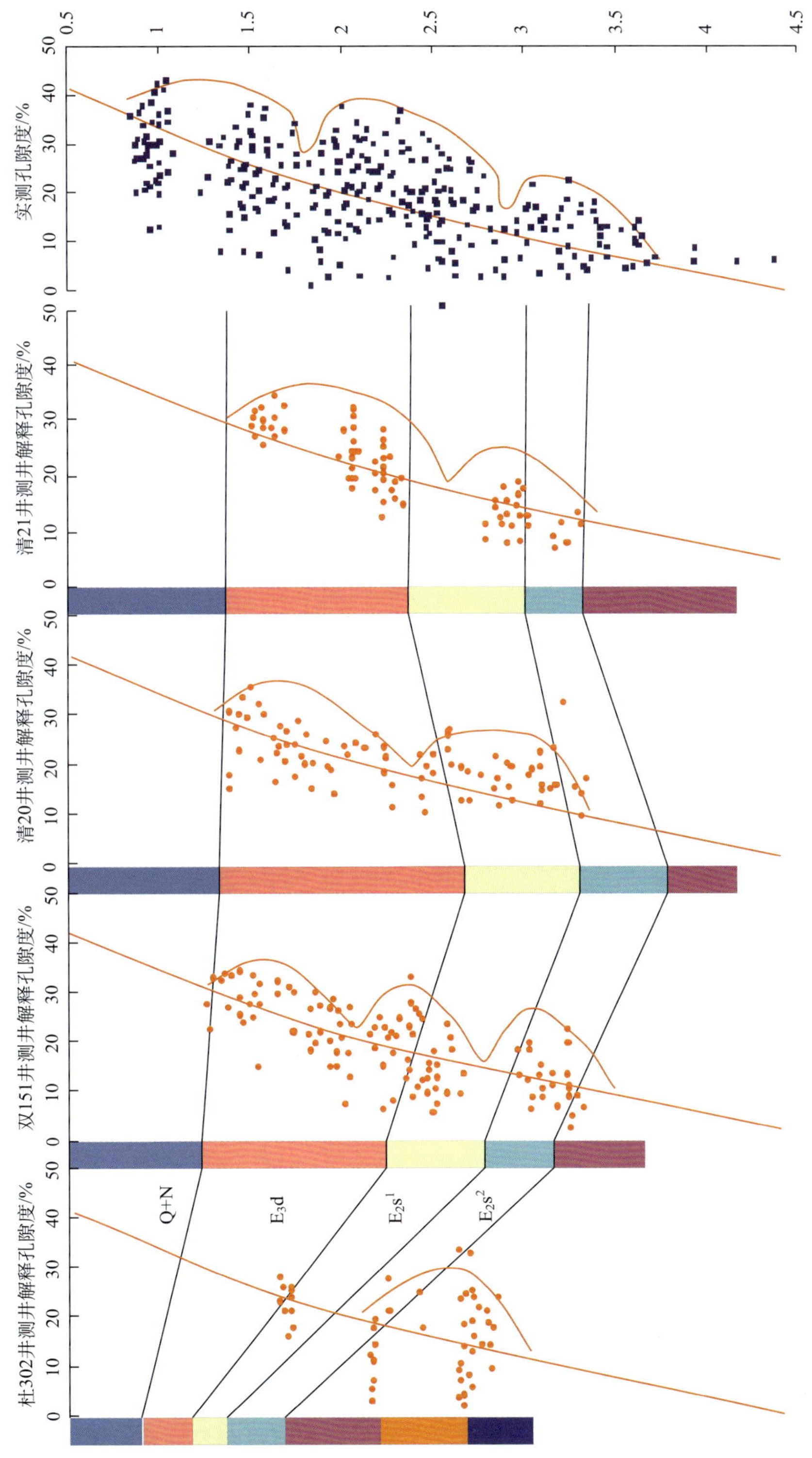

图 5.25　清水工区异常高孔带分布

2. 异常高孔带的沉积相与岩石学特征

鸳鸯沟工区沙河街组主要发育扇三角洲相沉积，高孔带主要发育在沉积微相为河口坝、辫状分流河道的砂体中，其次发育在天然堤和心滩的砂体中［表 5.5，图 5.26（a）］。清水工区沙一、沙二、沙四段同样主要发育扇三角洲相沉积，具有异常高孔带的有利储集相主要发育在沉积微相为河口坝、辫状分流河道的砂体中［表 5.6，图 5.26（b）］，这一结果进一步证实了前人沉积学研究的成果（王多云，1993；王多云等，2002，2003；史基安等，2001；李凤杰等，2002；孙洪斌和张凤莲，2002；薛叔浩等，2002；蔡希源和李思田，2004）。清水工区沙三段则发育湖底扇相沉积，具有异常高孔带的砂体主要发育于辫状沟道相和前缘-外扇相。尽管每个高孔带储层形成的沉积环境不同，但这些砂体却有着共同的岩石学特征——均为结构成熟度和成分成熟度较高的砂岩，矿物成分中长石含量平均大于 30%，几乎全部为长石砂岩，而且以细砂岩为主，次为中砂岩、粉砂岩。但由于其埋藏史和地热史不同，这三个高孔带的成因又有所不同。

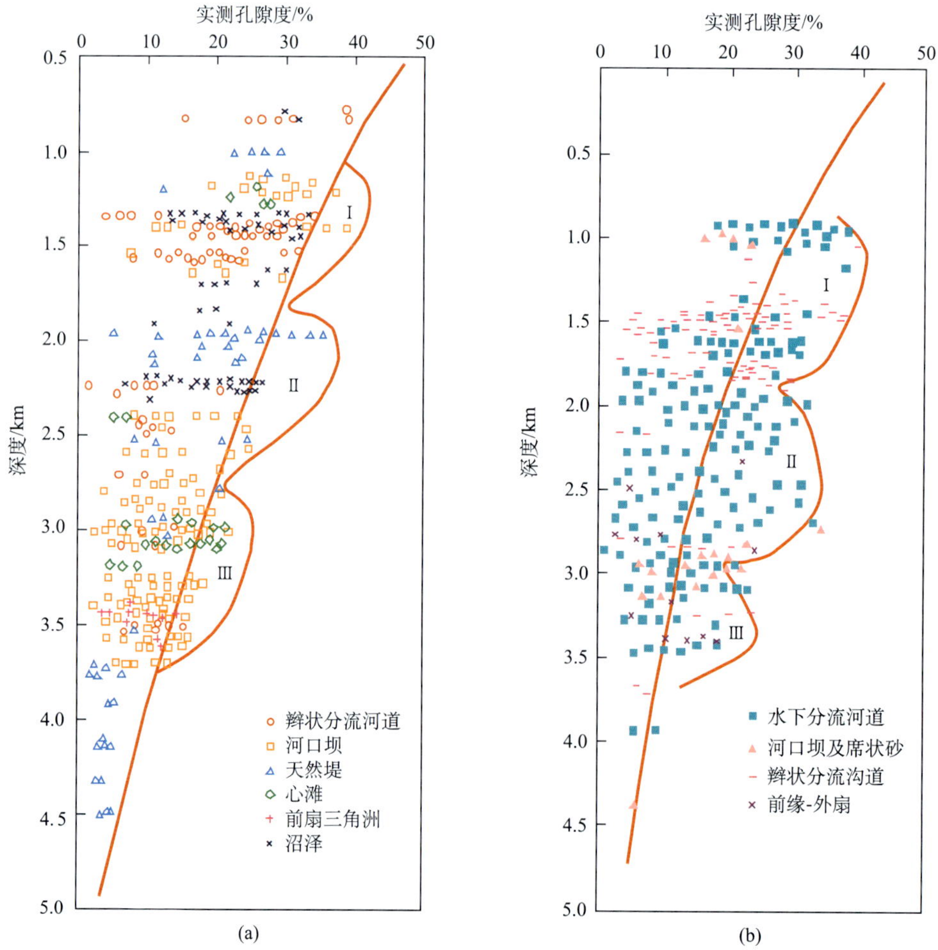

图 5.26 研究区不同沉积微相孔隙度与深度关系

（a）鸳鸯沟工区 （b）清水工区

5.3.2　异常高孔带的主控因素分析

异常高孔带形成的成岩环境包括超压、有利于次生孔隙形成的酸性流体介质和黏土包壳等（Bloch et al.，2002）。但石英颗粒黏土包壳主要抑制石英含量较高的石英砂岩的硅质胶结，研究区内储层以长石砂岩和岩屑砂岩为主，硅质胶结物含量较低，SiO_2 胶结物的含量一般小于 2%，最大的仅为 4%左右（图 5.17），也未发现完整的石英颗粒黏土包壳，多为半封闭的黏土包壳和菱铁矿包壳（图版Ⅱ.3，图版Ⅱ.4），不能有效地抑制硅质增生。同时，不存在大面积的超压分布（张占文等，2002）。所以，异常高孔带的发育可能主要与次生孔隙及其形成的酸性成岩环境有关。

1. 第Ⅰ异常高孔带主要由大气水淋滤和有机酸溶蚀作用形成

溶蚀作用分为大气降水通过不整合和断层进入储层的淋滤和泥岩生成有机酸对储层的溶蚀（赵澄林等，1999）。第Ⅰ异常高孔带主要由馆陶组、东营组、沙一段和沙三段储层组成，但其分布均与不整合有关（图 5.24，图 5.25）。在凹陷区第Ⅰ异常高孔带分布于古近系和新近系的不整合面附近，在斜坡带则分布于沙一段和沙三段之间的不整合面上下。其形成可能与大气降水对不整合面附近储层的淋滤或储层在地史时期暴露地表的表生成岩环境有关。在浅部，地层水与大气水交替，其矿化度较低，随埋深的增加，封闭性变好，地层水矿化度逐渐增加。第Ⅰ异常高孔带的成因除与大气水淋滤有关外，还与有机酸的溶蚀有一定的关系（图 5.27，图 5.28）。

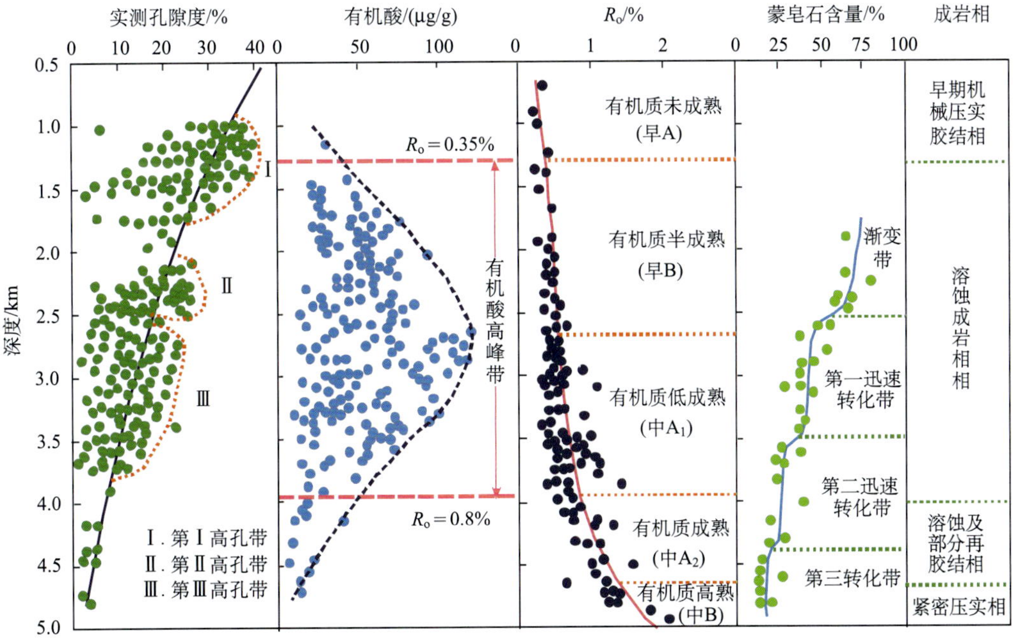

图 5.27　鸳鸯沟工区高孔带及其形成因素

2. 第Ⅱ、Ⅲ高孔带由有机酸溶蚀和黏土矿物脱水作用形成

虽然鸳鸯沟工区和清水工区第Ⅱ、Ⅲ异常高孔带在纵向上分布的深度不同，但它们均位于有机酸生成的高峰带和黏土矿物第Ⅰ迅速转化带—第Ⅱ迅速转化带的上部，相当于早成岩阶段B期—中成岩阶段A_1亚期（图5.27，图5.28），成岩流体介质呈酸性，属于溶蚀成岩相。异常高孔带所分布的深度范围与有机酸生成的高值带和黏土矿物迅速脱水带所对应的深度范围具有良好的一致性。由此可见，异常高孔带主要是有机酸对储层的溶蚀所造成的，而黏土矿物脱水也发挥了一定作用。

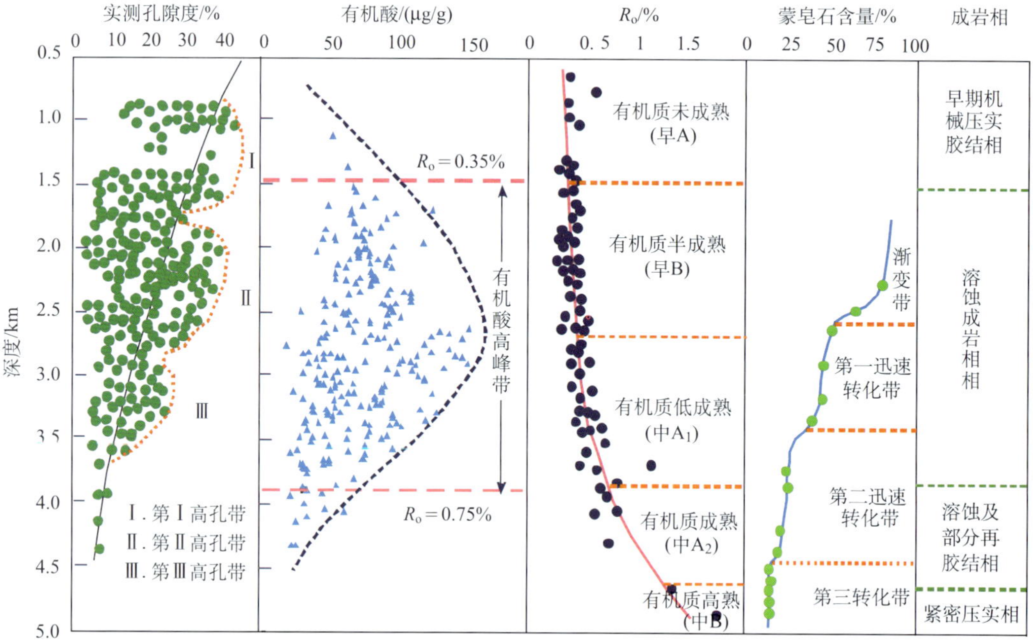

图5.28　清水工区高孔带及其形成因素

研究区最有利于优质储层发育的沉积微相为分流河道、河口坝及席状砂、辫状分流沟道，最有利于优质储层形成的成岩环境为有机酸和黏土矿物脱水产生H^+共同造就的酸性环境，位于早成岩阶段B期—中成岩阶段A_1亚期，属溶蚀成岩相，其次为弱酸性成岩相，位于中成岩阶段A_2亚期。

为了进一步证实有机酸溶蚀作用与储层异常高孔带形成的关系，本书系统测试了锦101井的有机酸（图5.29）。由图可见，锦101井的三个异常高孔带的深度分布范围与有机酸生成高峰带的分布深度基本吻合，二者具有良好的对应关系。锦101井的第Ⅰ、Ⅱ异常高孔带分别发育于1500～1950m和2040～2370m，层位上均属于东营组，岩性为砂泥岩互层，这一深度段主要对应有机质的低成熟阶段，相当于早成岩阶段B期。第Ⅲ异常高孔带则发育于2810～3550m，层位上属于东营组、沙一段和沙二段，岩性也为砂泥互层，但粒度相对第Ⅱ异常高孔带要略细一些，这一深度段对应有机质的低成熟阶段和中成岩阶段A_1亚期，其有机酸的高值带与储层异常高孔带具有良好的对应关

系，从而表明锦 101 井的三个异常高孔带主要是由有机酸的溶蚀而形成，并且异常高孔带内储层的岩性均为长石砂岩或粉砂岩，其岩性和上、下非异常高孔带层段没有明显的区别，所以异常高孔带形成的最主要原因还是与有机酸的浓度有关。

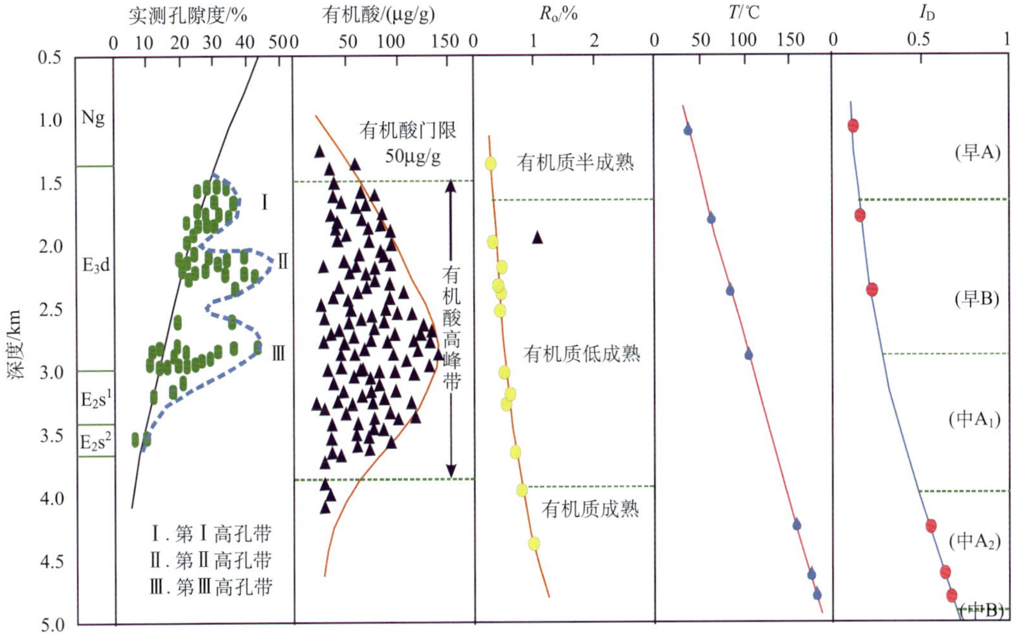

图 5.29　锦 101 井高孔带及其形成因素

5.3.3　有利储集相预测与综合评价

储层成岩作用研究的最终目的是寻找优质储层，在平面上和纵向上预测有利储集相的分布，为岩性油气藏的勘探指明方向。预测工作根据有利目标分布层位和区带（详见第 7 章）有目的地开展。

1. 鸳鸯沟工区

Sq2 底界埋深在 1291～6835m，其顶部的成岩强度略低于底部。其中处于早成岩阶段 B 期—中成岩阶段 A_1 亚期的储层位于有机酸生成的高值带，是最有利于发育次生孔隙的地区。Sq2 砂体发育，目前处于有利于高孔带发育的成岩阶段，具备形成高孔带的地质条件。有机酸溶蚀是储层次生孔隙形成的主要地质因素，其浓度决定着高孔带的发育程度，在有机碳等

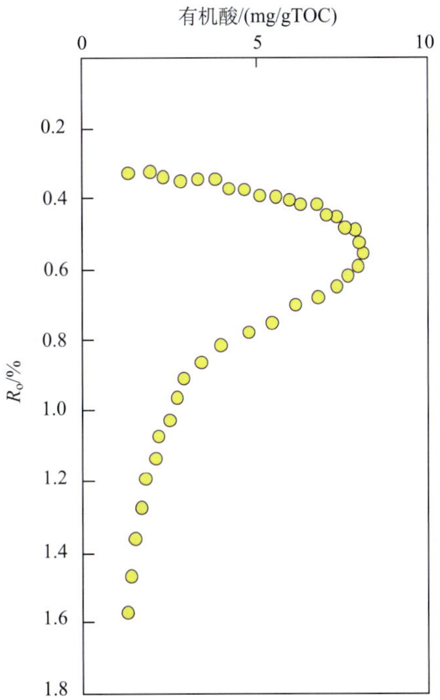

图 5.30　鸳鸯沟工区有机酸与 R_o 关系曲线

值线图和 R_o 等值线图的基础上，应用研究区有机酸（mg/gTOC）-R_o 的实测关系曲线（图 5.30），通过成岩作用数值模拟技术，计算出 Sq2 的有机酸等值线图（图 5.31）。

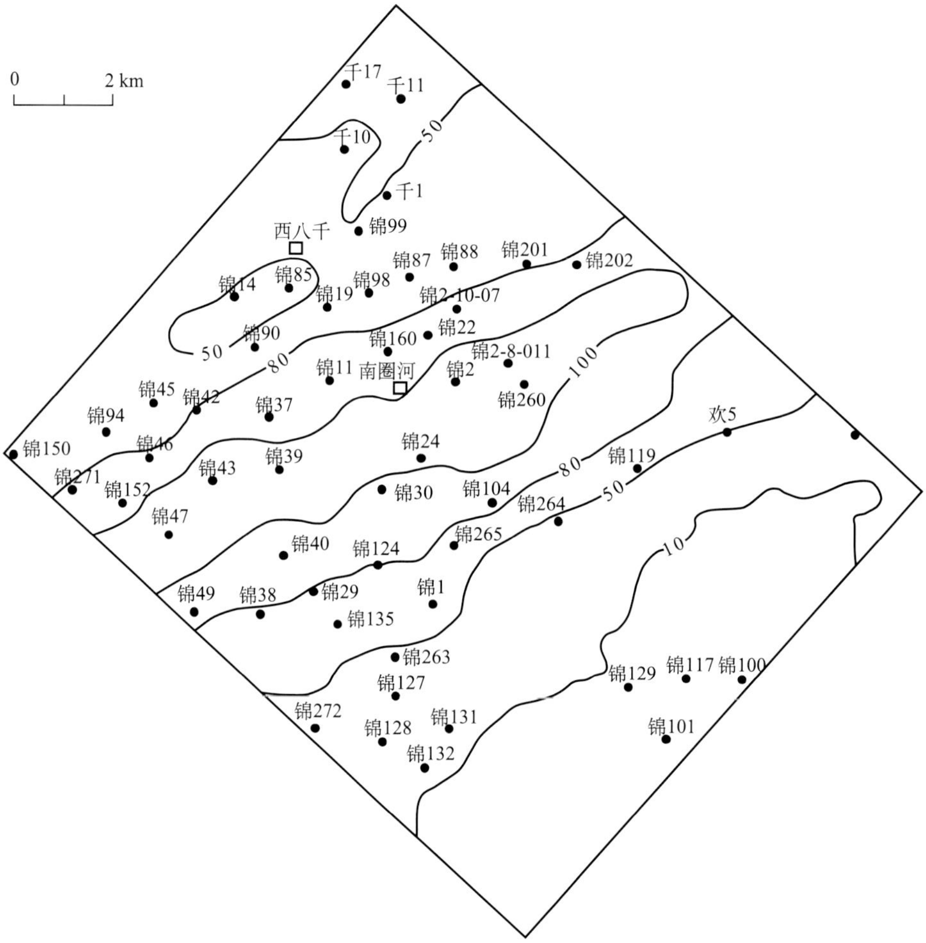

图 5.31　鸳鸯沟工区 Sq2 有机酸等值线图（单位：μg/g）

有机酸等值线图和成岩强度 I_D 等值线图（图 5.32）的叠合表明，有机酸大于 50μg/g 的区域主要分布在成岩强度 I_D＝0.18～0.45 的范围内，属于早成岩阶段 B 期—中成岩阶段 A_1 亚期。在该区域内，R_o＝0.35％～0.8％，正好对应有机酸生成的高值带。由此可见，有机酸含量的平面分布主要受成岩作用与有机质成熟度的控制。由此可以推论，在横向上处于早成岩阶段 B 期—中成岩阶段 A_1 亚期的储层次生孔隙发育，可形成高孔带。在该区通过测井解释孔隙度资料得出的 Sq2 发育高孔带的井点平面分布图（图 5.33），也支持上述结论，从而更进一步证实了有机酸溶蚀是研究区储层次生孔隙发育的主要成因。

在上述研究的基础上，叠加成岩强度 I_D 等值线与沉积相图，可以预测不同体系域的有利沉积相展布图（图 5.34，图 5.35）。图中处于早成岩阶段 B 期—中成岩阶段 A_1

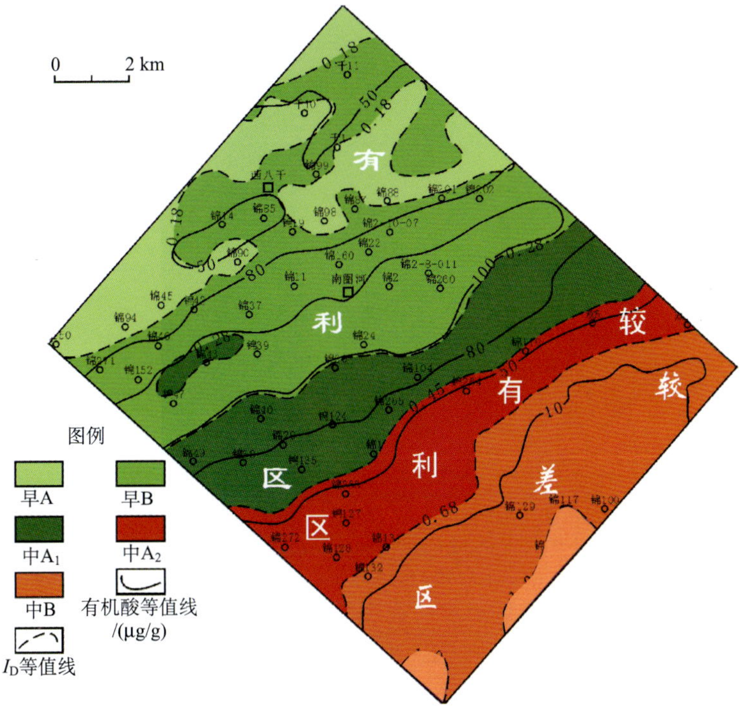

图 5.32　鸳鸯沟工区 Sq2 有机酸等值线和成岩强度叠合反映次生孔隙发育特征

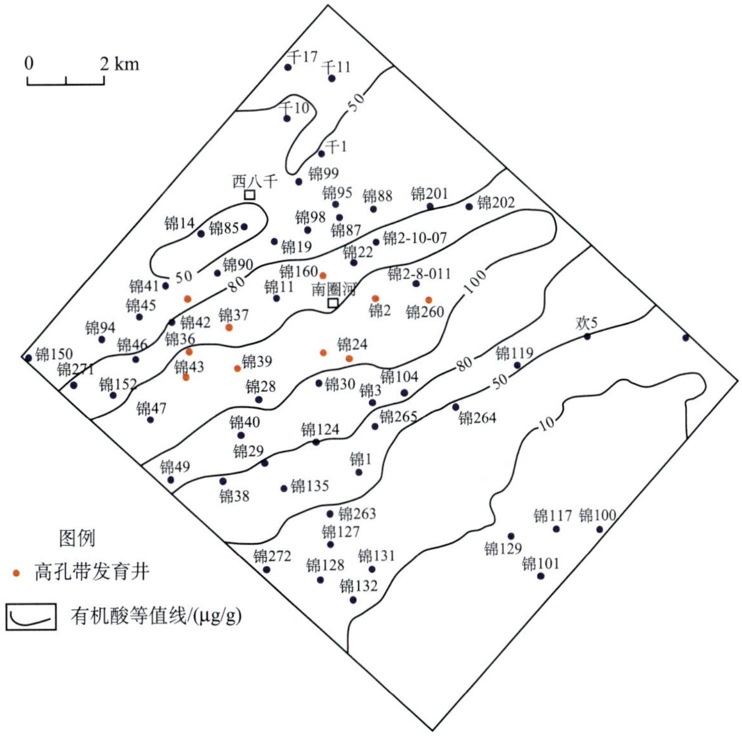

图 5.33　鸳鸯沟工区 Sq2 发育高孔带的井点平面分布图

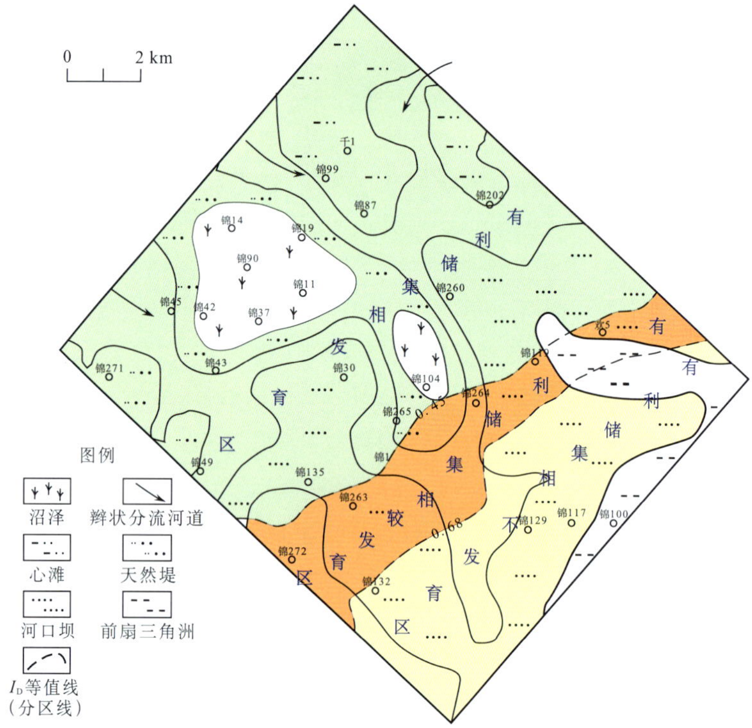

图 5.34 鸳鸯沟工区 Sq2 高位体系域高孔带预测图

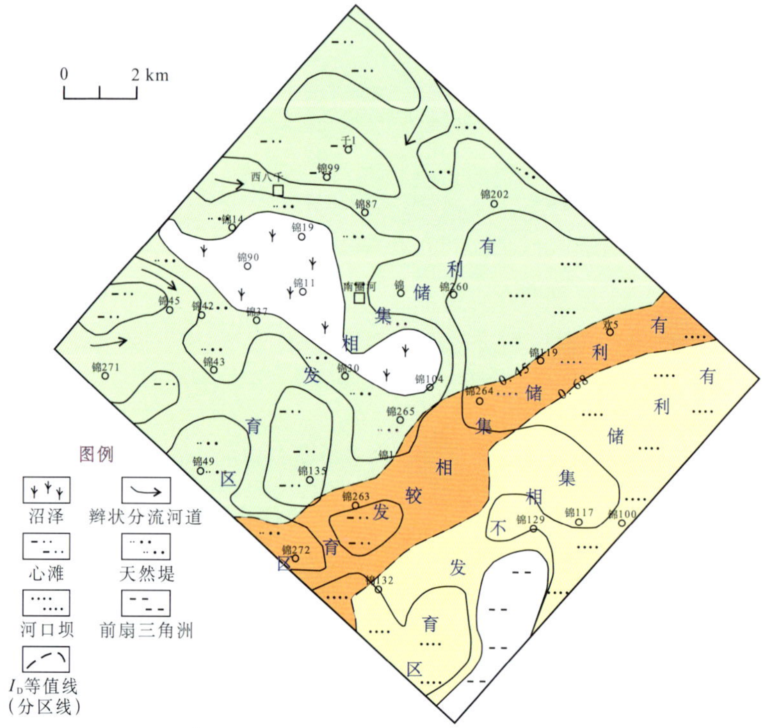

图 5.35 鸳鸯沟工区 Sq2 低位-湖侵体系域高孔带预测图

亚期（I_D＝0.18～0.45），且沉积微相为河口坝、辫状分流河道、天然堤和心滩的区域，即为 Sq2 储层次生孔隙带的发育区；但在 I_D＜0.18 的区域，储层处于早成岩阶段 A 期，原生孔隙发育，物性较好，故也将其划入高孔带发育区；而处于中成岩阶段 A_2 亚期（I_D＝0.45～0.68），且沉积相也为河口坝、辫状分流河道、天然堤和心滩的区域，即 Sq2 储层高孔带的较发育区，储层物性相对较差。

Sq3 目前也处于有利于高孔带发育的成岩阶段，具备形成高孔带的地质条件。图 5.36 是鸳鸯沟地区 Sq3 的有机酸等值线图，其中有机酸大于 50μg/g 的区域可能是储层次生孔隙发育的区域，与早成岩阶段 B 期—中成岩阶段 A_1 亚期的分布范围相当（图 5.37）；而且通过实测孔隙度资料和测井解释孔隙度资料得出的 Sq3 高孔带平面分布图（图 5.38），也同样支持上述结论：发育高孔带的钻井均分布在有机酸大于 50μg/g 的区域。

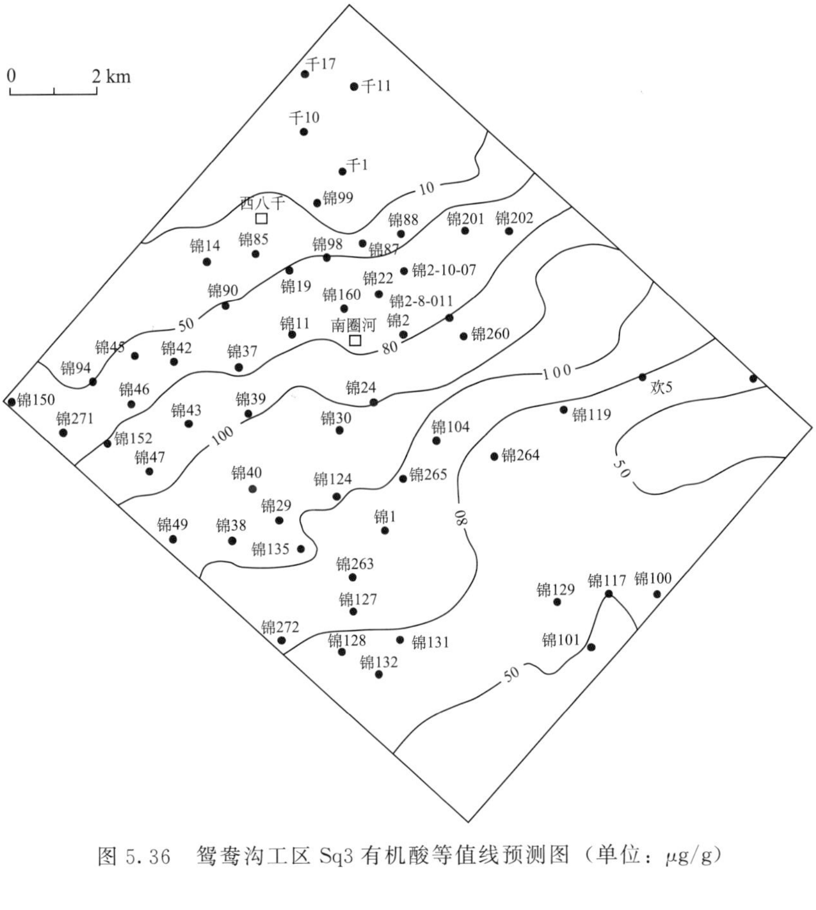

图 5.36　鸳鸯沟工区 Sq3 有机酸等值线预测图（单位：μg/g）

在上述研究的基础上，叠加成岩强度 I_D 等值线与沉积相图，可以预测有利储集相平面展布特征（图 5.39，图 5.40），图中处于早成岩阶段 B 期—晚成岩阶段 A_1 亚期（I_D＝0.18～0.45），且沉积微相为河口坝、辫状分流河道、天然堤和心滩的区域，即 Sq3 储层次生孔隙带的发育区，同时考虑到处于早成岩阶段 A 期的储层，原生孔隙发育良好，所以，也将其划入高孔带发育区；而处于中成岩阶段 A_2 亚期（I_D＝0.45～0.68），且沉积相也为河口坝、辫状分流河道、天然堤和心滩的区域，即 Sq3 储层高孔带的较发育区，储层物性相对较差。

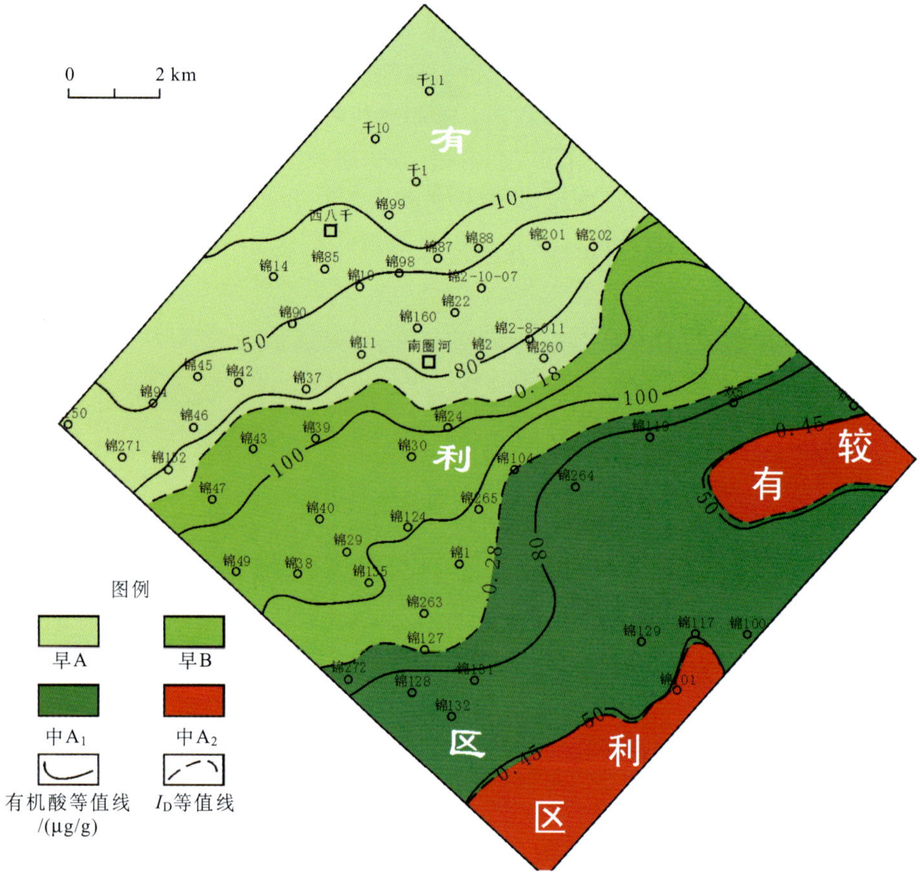

图 5.37　鸳鸯沟工区 Sq3 有机酸等值线和成岩强度叠合反映次生孔隙发育特征

2. 清水工区

下面以 Sq3 为例说明清水工区有利储集相的预测与分布过程，所采用的方法与鸳鸯沟工区有利储集相预测方法和流程相同。

Sq3 处于早成岩阶段 B 期—中成岩阶段 A_1 亚期（I_D＝0.2～0.44）的分布范围内，其 R_o＝0.35%～0.75%，正好对应有机酸生成的高值带（图 5.28），再加上黏土矿物脱水排放 H^+，成岩环境呈酸性，溶解作用明显强于胶结作用，属于溶蚀成岩相，是最有利于发育次生孔隙和有利储集相形成的地区。而处于中成岩阶段 A_2 亚期（I_D＝0.44～0.69）的地区，有机酸的生成量减少，储层已脱离有机酸生成高峰区，但黏土矿物脱水还可产生 H^+，成岩环境为弱酸性—酸性，在溶蚀的同时又有胶结作用发生，属于溶蚀及部分再胶结相，是较有利于发育次生孔隙的地区。处于中成岩 B 期的储层

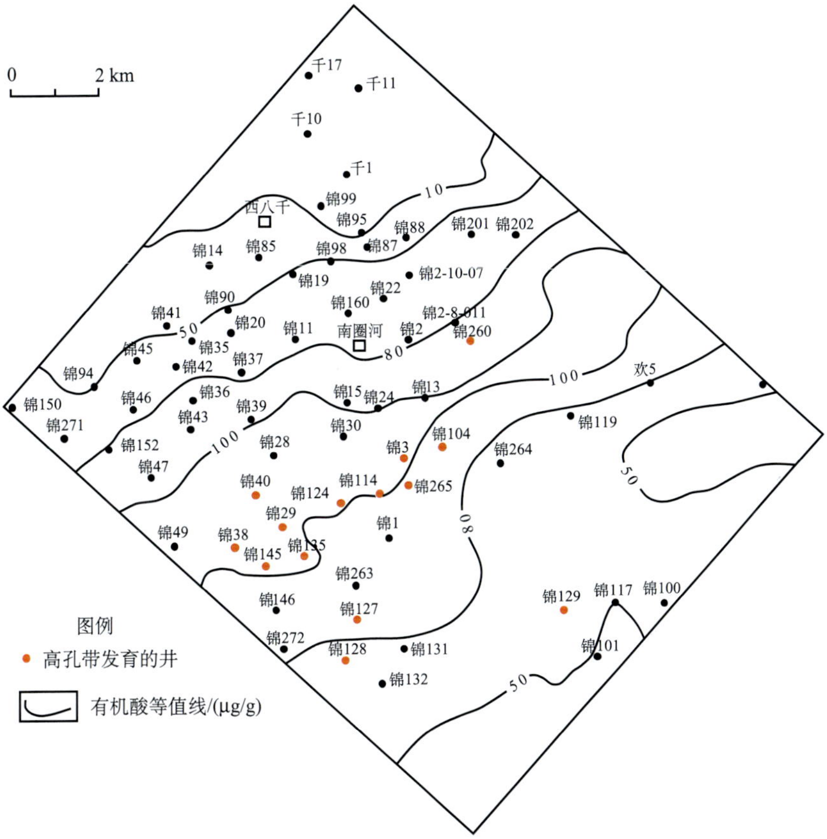

图 5.38　鸳鸯沟工区 Sq3 发育高孔带井点平面分布图

(I_D>0.69)，岩石致密，颗粒呈线性-凹凸接触，属于紧密压实相发育区，成岩环境呈碱性，次生孔隙的发育程度较差，不利于有利储集相的形成。在上述研究的基础上，叠加成岩相和沉积相图，对有利储集相的分布进行预测。Sq3 现今处于早成岩阶段 B 期—中成岩阶段 A_1 亚期（I_D=0.2～0.44）溶蚀相区，且沉积微相为辫状（分流）沟道和前缘-外扇的区域即为双清地区有利储集相的发育区；在 I_D<0.2 的区域，储层处于早成岩阶段 A 期，属于早期机械压实胶结相，原生孔隙发育，物性较好，属于中高孔渗有利储集相发育区；而处于中成岩阶段 A_2 亚期（I_D=0.44～0.69）溶蚀及部分再胶结相区，且沉积相也为辫状（分流）沟道和前缘-外扇的区域，即双清地区有利储集相较发育区，储层物性相对较差。在 I_D>0.69 的区域，储层已进入紧密压实成岩相，有机酸大部分被裂解为 CO_2 和 H_2O，溶蚀作用很弱，胶结和压实作用强烈，储层物性很差。

采取相同的方法，对清水工区各三级层序不同体系域的沉积相图和成岩相图进行叠合，预测了有利储集相的平面分布（图 5.41～图 5.50）。

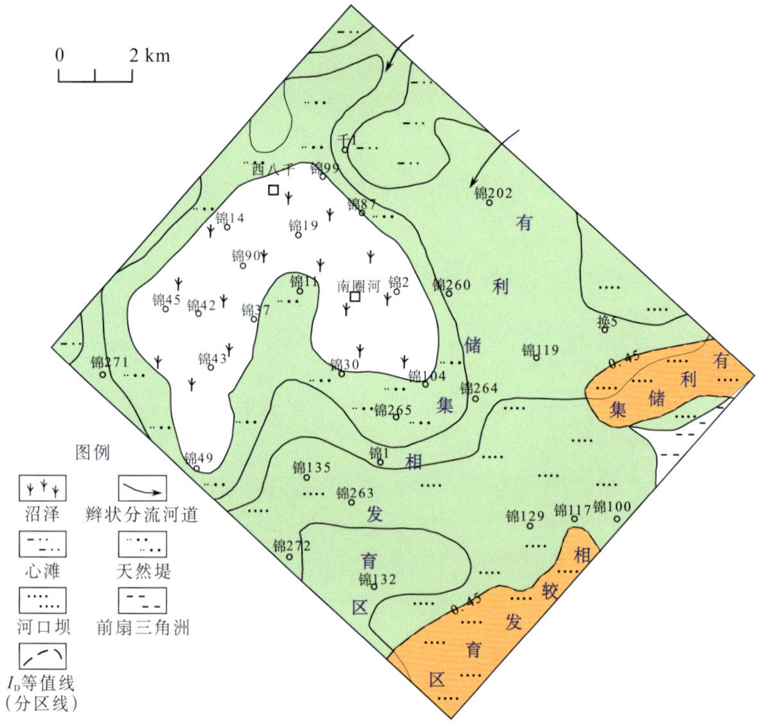

图 5.39　鸳鸯沟工区 Sq3 低位-湖侵体系域高孔带预测图

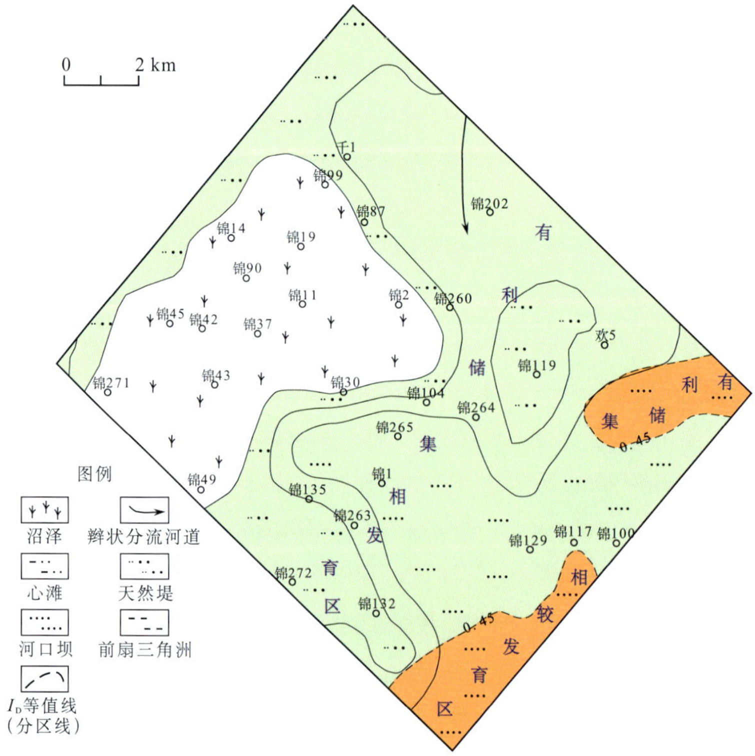

图 5.40　鸳鸯沟工区 Sq3 高位体系域有高孔带预测图

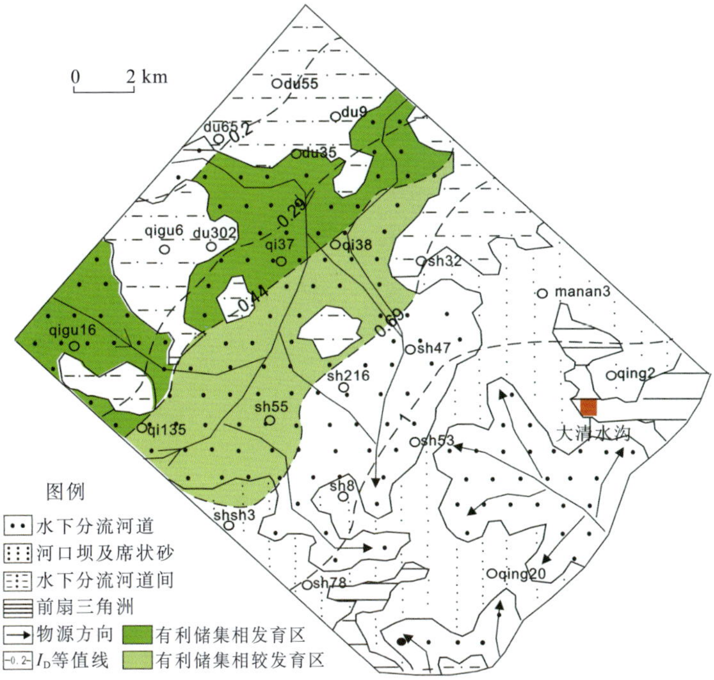

图 5.41　Sq1 低位＋湖扩体系域有利储集相预测图

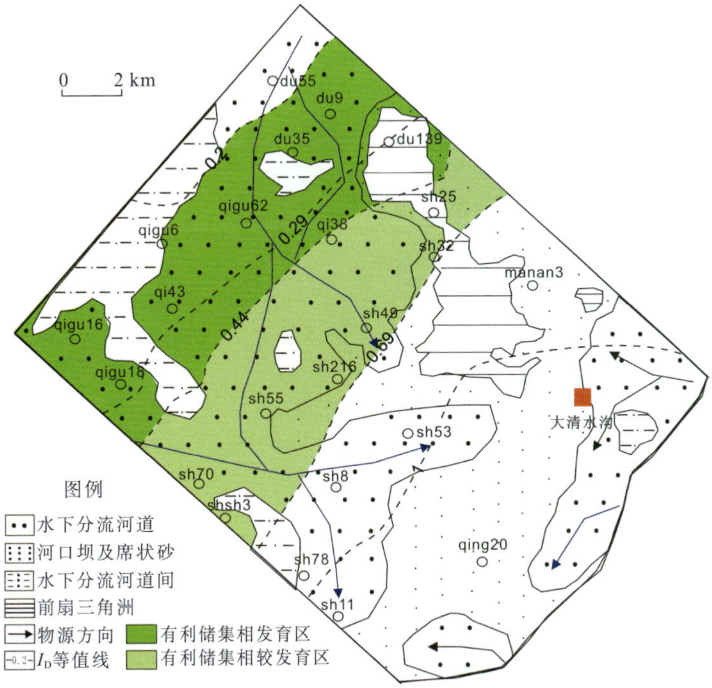

图 5.42　Sq1 高位体系域有利储集相预测图

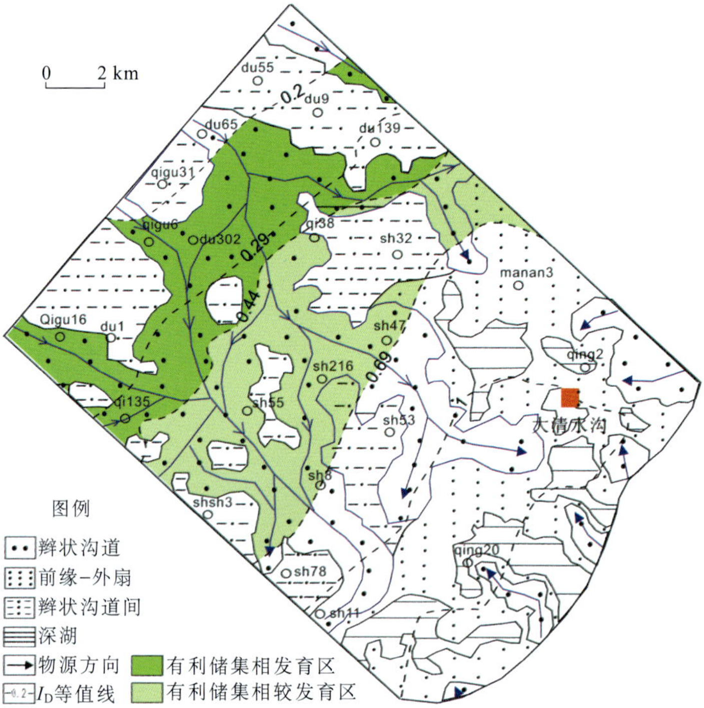

图 5.43 Sq2 低位+湖扩体系域有利储集相预测图

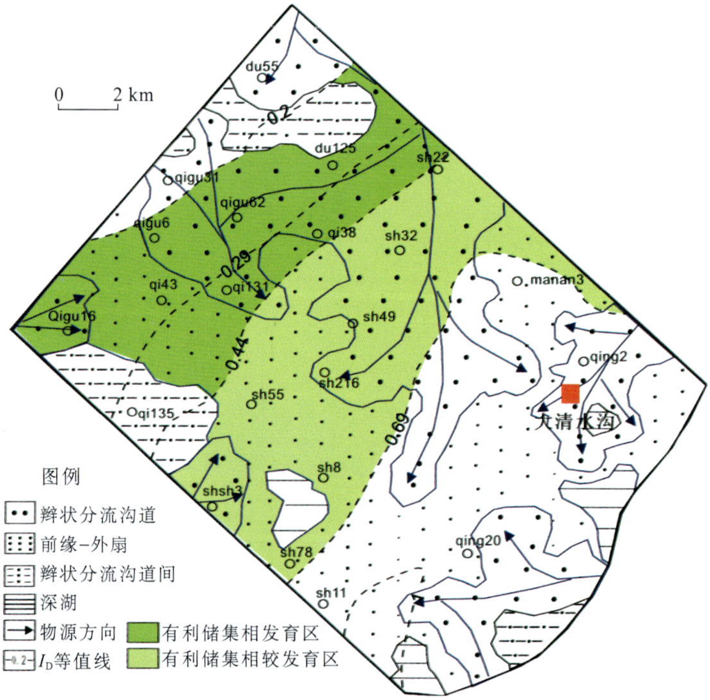

图 5.44 Sq2 高位体系域有利储集相预测图

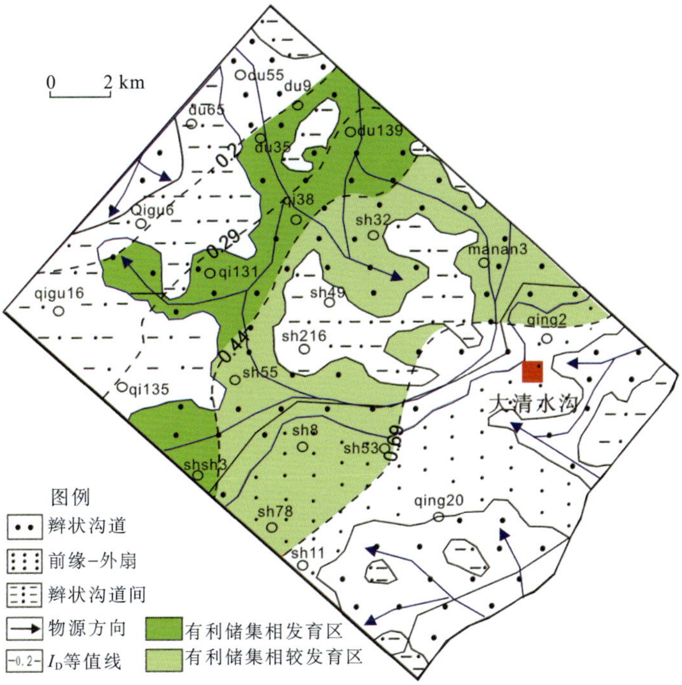

图 5.45　Sq3 低位+湖扩体系域有利储集相预测图

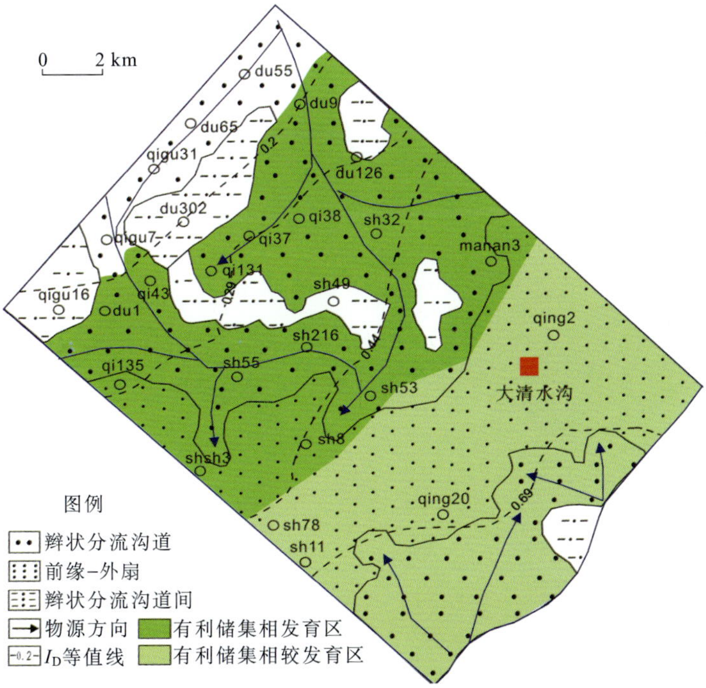

图 5.46　Sq3 高位体系域有利储集相预测图

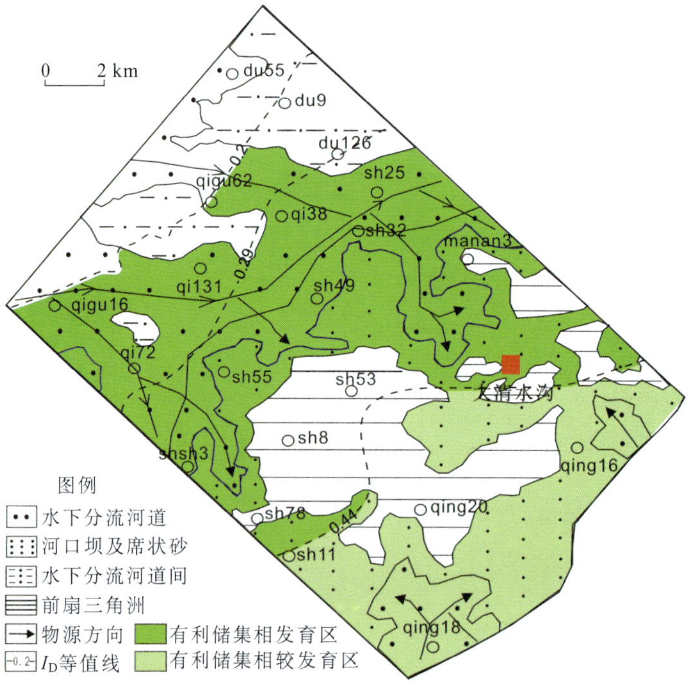

图 5.47　Sq4 低位+湖扩体系域有利储集相预测图

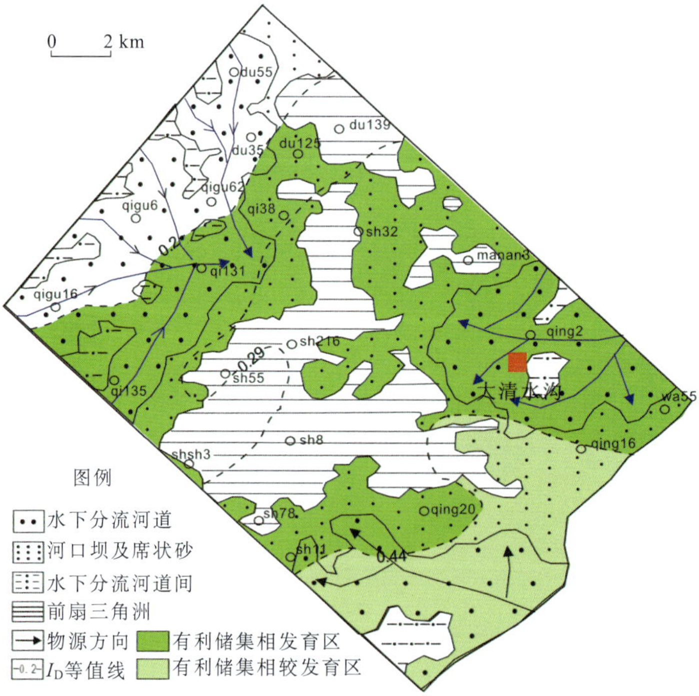

图 5.48　Sq4 高位体系域有利储集相预测图

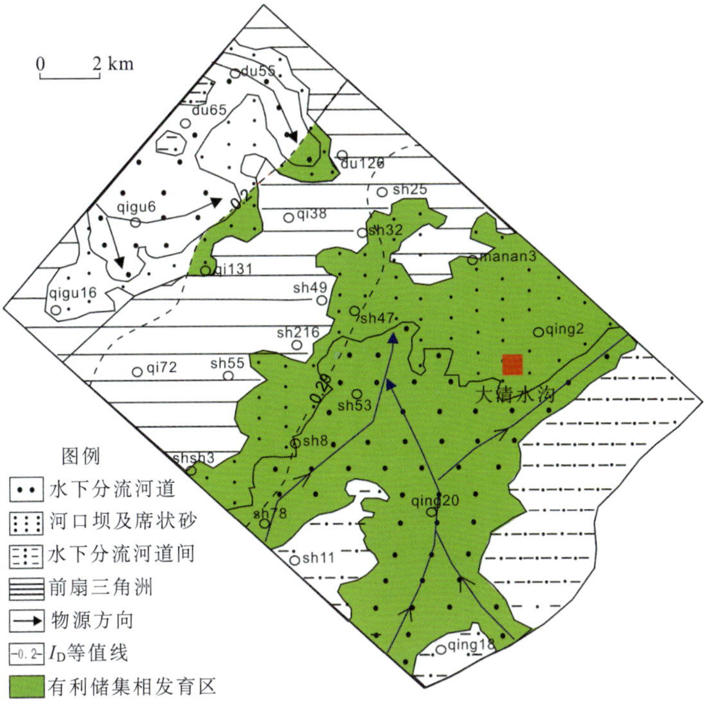

图 5.49　Sq5 低位+湖扩体系域有利储集相预测图

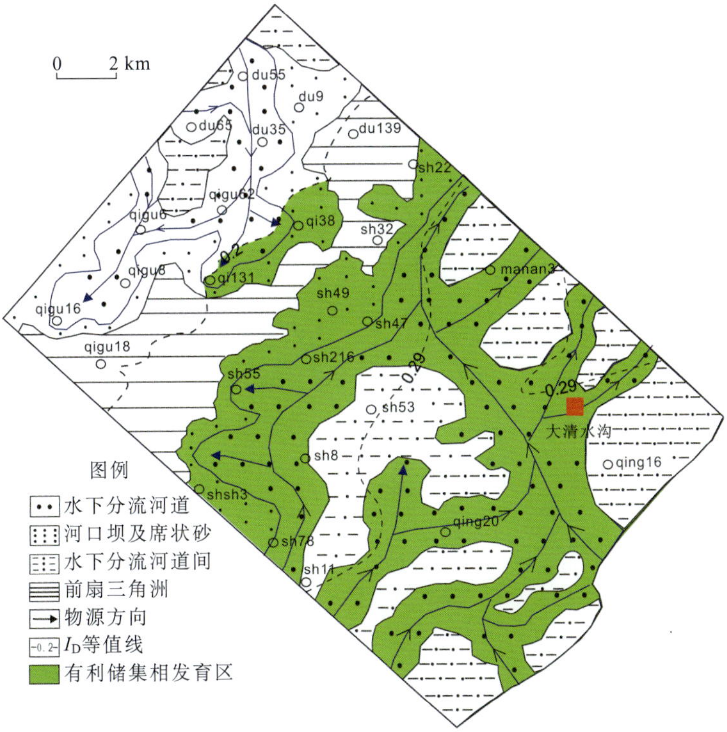

图 5.50　Sq5 高位体系域有利储集相预测图

由图 5.41～图 5.50 可见，沙河街组从下到上有利储集相的发育区面积逐渐增加。Sq1 埋藏最深，成岩作用最强，有利储集相发育区仅局限于西北部靠近凹陷边部的地区，其分布面积小于研究区的 1/4（图 5.41，图 5.42）；Sq2、Sq3 有利储集相发育区进一步向西部凹陷边部退缩，仅占研究区面积的 1/4～1/3（图 5.43～图 5.46）；Sq4 段有利储集相发育区的面积有所减小，在研究区西南部凹陷中心出现了较有利的储集相发育区（图 5.47，图 5.48）；Sq5 的成岩作用较弱，所有砂体发育区均为有利储集相发育区（图 5.49，图 5.50）。

5.4 小　　结

储层的综合评价表明：①砂体的分布受沟谷、物源、断裂坡折带的控制，分布广泛。②储层砂岩的成岩作用主要表现为机械压实作用、碳酸盐胶结和交代作用、长石钠长石化、溶蚀与溶解作用。成岩阶段可划分为早 A、早 B、中 A_1、中 A_2 和中 B 两个阶段五个亚期。③发育三个异常高孔带，其中第Ⅰ高孔带的成因为大气降水淋滤和少量的有机酸溶蚀，第Ⅱ、Ⅲ高孔带是有机酸溶蚀和黏土矿物脱水共同作用的结果。④综合成岩相、异常高孔带、有机酸、沉积相、成岩阶段等研究成果，以内体系域为单元，预测了工区储层的有利储集相，为岩性油气藏目标评价奠定了基础。

第 6 章　岩性油气藏成藏条件分析

同构造油气藏相比，岩性油气藏的形成条件更为苛刻和复杂（庞雄奇等，2003；贾承造，2004；易士威，2005；卓勤功，2005），需要有特殊的成藏环境才能形成。本章通过对西部凹陷南段的烃源岩特征、储盖特征、生储盖组合特征、输导体系、输导模式、油气运移特征、油气成藏史等成藏条件的分析，发现研究区具有形成岩性油气藏的诸多有利条件，为区带和具体的目标评价奠定了基础。

6.1　烃源岩条件

烃源岩是形成油气资源的物质基础，烃源岩的特征（包括分布、发育程度、有机质类型和丰度、热演化特征等）在很大程度上决定了一个盆地（凹陷）或一个区带油气资源丰富程度以及油气成藏的基本特征。由于西部凹陷是与台安-大洼深大断裂有关的张性凹陷，具有断陷深、沉降速率高、水体深、深部物质供给丰富、地温梯度高、多阶段沉降的演化特点，发育了优质的烃源岩，无论是资源丰度（图 6.1）还是总资源量，西部凹陷都属于典型的富油气凹陷（王玉满等，2002；袁选俊和谯汉生，2002），富集了丰富的油气资源。

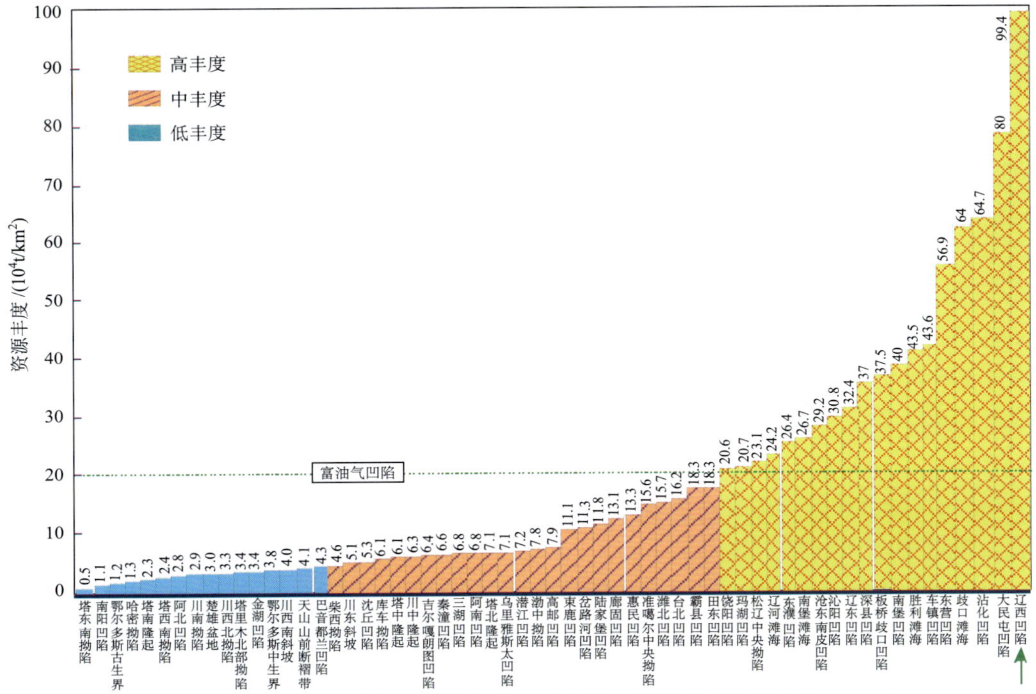

图 6.1　中国主要含油气凹陷资源丰度对比图（据周荔青和刘池阳，2005）

6.1.1 烃源岩分布特征

烃源岩的发育受断陷盆地幕式裂陷作用和东部边界大断裂周期性活动的影响，发育了沙四段、沙三段和沙一段+沙二段三套烃源岩。古近纪沙河街时期，研究区内沉积了巨厚的暗色泥岩，品质优良，是主要的烃源岩，此阶段研究区大体经历了从水进到水退的两个沉积旋回，旋回之间都存在着沉积间歇。第一旋回发育了沙四段和沙三段两套生油层系，特别是沙三段沉积时期沉降幅度大，具有持续时间长、水域广阔的深湖-半深湖条件，沉积了面积广泛、巨厚的暗色泥岩，这两套烃源岩品质好。第二旋回发育了沙一段下部和沙二段暗色泥岩生油建造，是持续水进、湖泊环境相对稳定条件下沉积的，也具有一定的生烃能力。凹陷演化的旋回性和断裂活动的分段性，控制着各套烃源岩的发育程度，其中沙三段是主力烃源岩，分布面积和厚度最大，沙四段次之，沙一段较差（图 6.2）。

沙四段鸳鸯沟工区范围内暗色泥岩厚度在 200m 左右，清水工区范围内暗色泥岩厚度在 200～450m；沙三段鸳鸯沟工区范围内暗色泥岩厚度在 400m 左右，清水工区范围内暗色泥岩厚度在 1000～1500m；沙一段+沙二段鸳鸯沟工区范围内暗色泥岩厚度在 400m 左右，清水工区范围内暗色泥岩厚度在 400～600m。可见，工区内暗色泥岩厚度大，尤其是清水工区是西部凹陷烃源岩厚度最大的位置，烃源岩条件优良。

6.1.2 有机质丰度与类型

研究区生油岩中有机质的含量与湖泊相沉积特点有着密切的关系。在湖盆水域内生物繁盛以低等浮游生物为主，深水相的古生物组合发育，藻类生物很多，有机质比较丰富，西部凹陷周边水系发育，物源充足，短距离搬运，大量有机质随水流注入湖盆，为水生生物、低等植物及菌类大量繁殖和生长创造了条件（张占文等，2002）。凹陷快速沉降，有机质保存条件有利，形成良好的生油岩系，有机质丰度较高。

有机质丰度是反映生油岩中生油母质丰富程度、数量多少的指标（张厚福，1999），目前评价生油岩的有机质丰度指标主要有有机碳、氯仿沥青“A”和总烃。据辽河油田多年积累的数据，西部凹陷沙四段生油岩有机质主要类型为 I-II_A，有机碳含量主要集中于 0.5%～4.35%，平均为 2.83%；氯仿沥青“A”含量主要集中于 0.04%～0.64%，平均为 0.22%；总烃含量主要集中于 200～6400μg/g，平均高达 1142μg/g，可见其有机质丰富，综合评价为优质烃源岩。沙三段生油岩有机质类型为 I-II_A，有机碳含量主要集中于 0.4%～3.36%，平均为 1.99%；氯仿沥青“A”含量主要集中于 0.05%～0.64%，平均为 0.14%；总烃含量主要集中于 200～6400μg/g，平均高达 543μg/g，综合评价为优质烃源岩。沙一段生油岩有机质主要类型为 II_A-II_B，有机碳含量主要集中于 0.4%～3.25%，平均为 1.85%；氯仿沥青“A”含量主要集中于 0.02%～0.32%，平均为 0.11%；总烃含量主要集中于 150～3200μg/g，平均高达 358μg/g，综合评价为较好烃源岩。因此按我国主要含油气盆地生油岩类型划分标准，沙河街组各段均为良好生油层，尤以沙四段、沙三段最好，沙一段次之（图 6.3，图 6.4，表 6.1）。

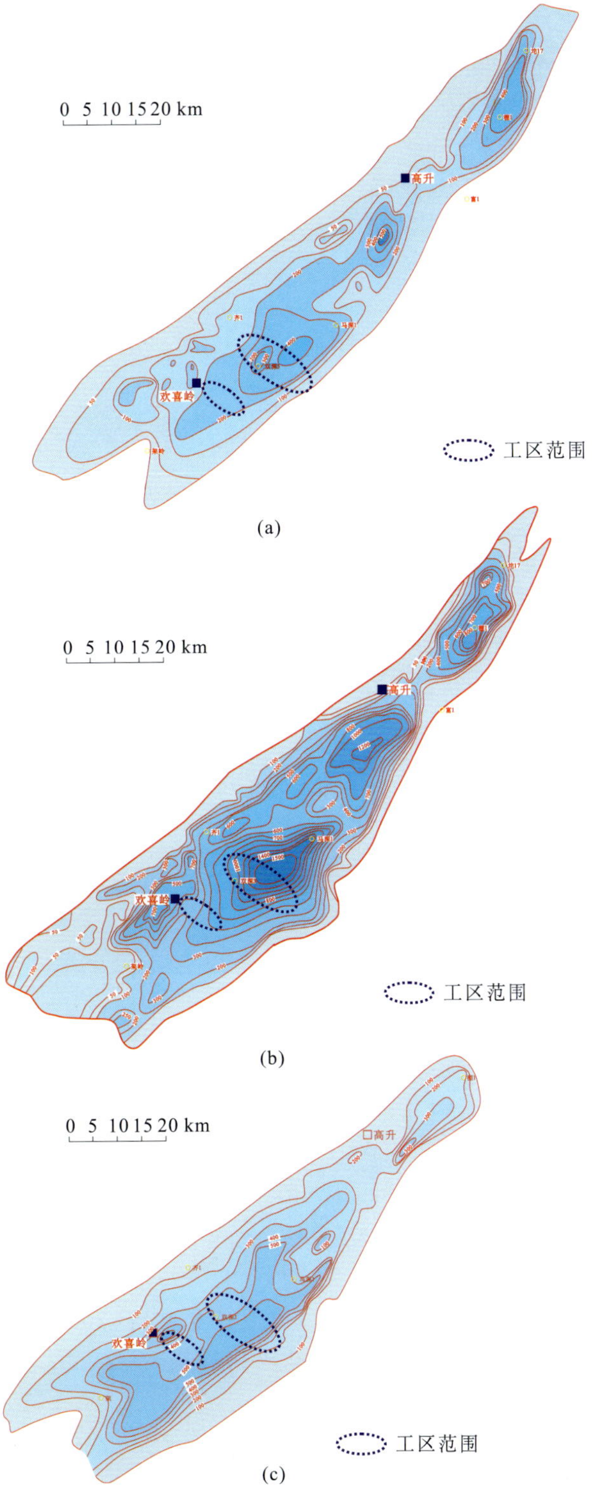

图 6.2　西部凹陷沙河街组暗色泥岩等厚图（单位：m）

(a) 沙四段；(b) 沙三段；(c) 沙一段+沙二段

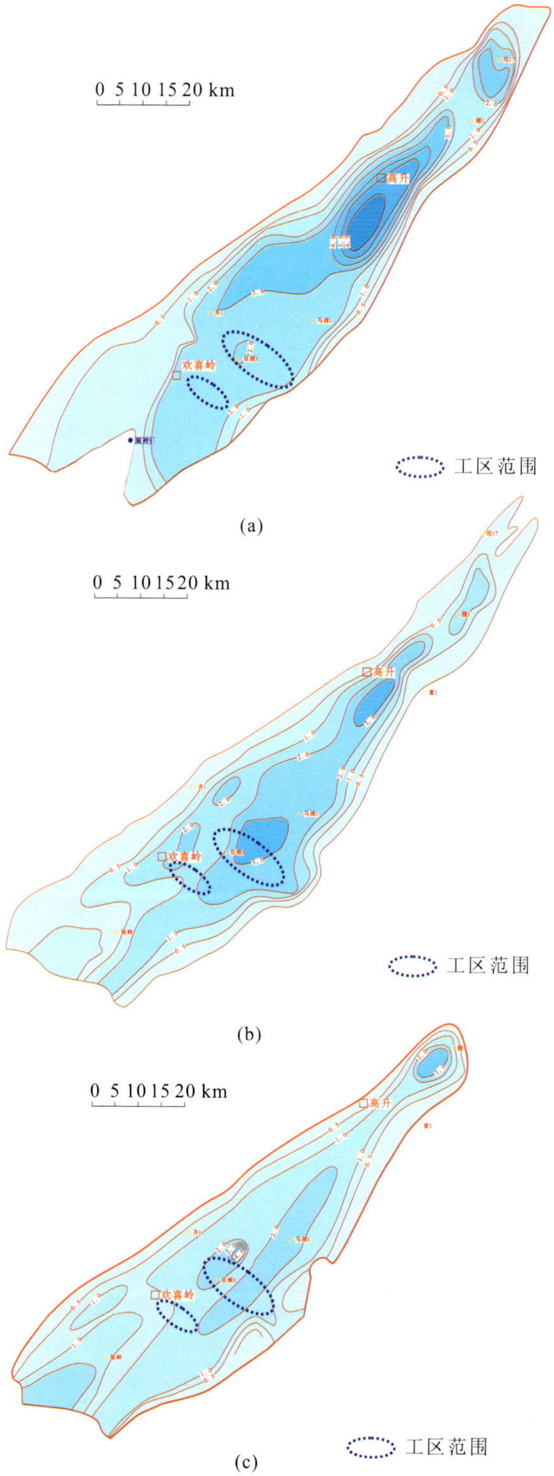

图 6.3　西部凹陷沙河街组有机碳百分含量等值线图（单位：%）

(a) 沙四段；(b) 沙三段；(c) 沙一段+沙二段

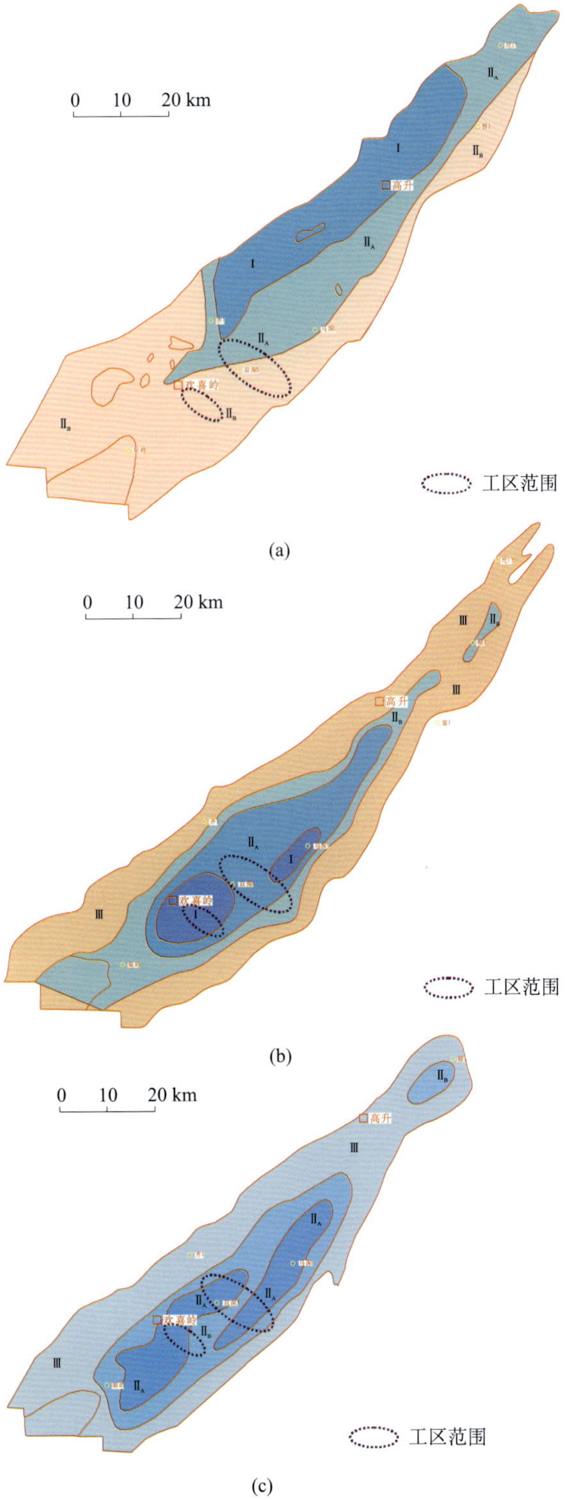

图 6.4　西部凹陷沙河街组干酪根类型分布图

(a) 沙四段；(b) 沙三段；(c) 沙一段＋沙二段

表 6.1 西部凹陷烃源岩参数表

层位	TOC/%		"A"/%		总烃/(μg/g)		S^{2-}/%	厚度/m	有机质主要类型	综合评价
	范围	平均值	范围	平均值	范围	平均值				
E_2s^1	0.4～3.25	1.85	0.02～0.32	0.11	150～3200	358	0.54	400～600	$Ⅱ_A$-$Ⅱ_B$	较好烃源岩
E_2s^3	0.4～3.36	1.99	0.05～0.64	0.14	200～6400	543	0.59	400～1500	Ⅰ-$Ⅱ_A$	优质烃源岩
E_2s^4	0.5～4.35	2.83	0.04～0.64	0.22	200～6400	1142	0.42	200～700	Ⅰ-$Ⅱ_A$	优质烃源岩

从图 6.3 和图 6.4 可以看出，工区范围内沙河街组有机碳含量相当高，基本处于 1%～3%，有机质类型以Ⅰ-Ⅱ型为主，尤其是主力烃源岩沙三段有机质类型为Ⅰ-$Ⅱ_A$型，这为工区内的油气成藏提供了雄厚的物质基础。

6.1.3 烃源岩热演化特征

油气是烃源岩中有机质经过热演化后的产物。烃源岩的热演化及其成熟作用直接决定着烃源灶的生烃和排烃，影响着油气成藏的规模和空间分布。

清水工区内的双深 3 井（完钻井深 5205.5m）靠近清水洼陷，其地球化学剖面图（图 6.5）反映了生烃指标的演化特征，可视为西部凹陷烃源岩演化特征的代表。主要生烃指标具有如下演化特征：①有机碳含量在 2300m 以下都大于 1%，大多数井段含量在 2%以上；②氯仿沥青"A"的含量从 2300m 开始由 0.03%增至 0.1%，于 2700m 以下继续增大，最大值在 3800m 左右，可达 0.42%，在 4000m 以下又逐渐下降至 0.2%左右；③饱和烃+芳香烃含量是在 2500m 以下增至 30%以上的，到 3500m 以下增大到 50%以上，最大可达 63%；④总烃/有机碳的变化趋势与氯仿沥青"A"的变化特征非常相似；⑤正构烷烃的 OEP 值也是从 2300m 开始由大于 2.0 下降到 1.5 以下，至 2700m 进一步下降到 1.3 以下，往下一直稳定在 1.2 左右；⑥R_o在 2300m 以上小于

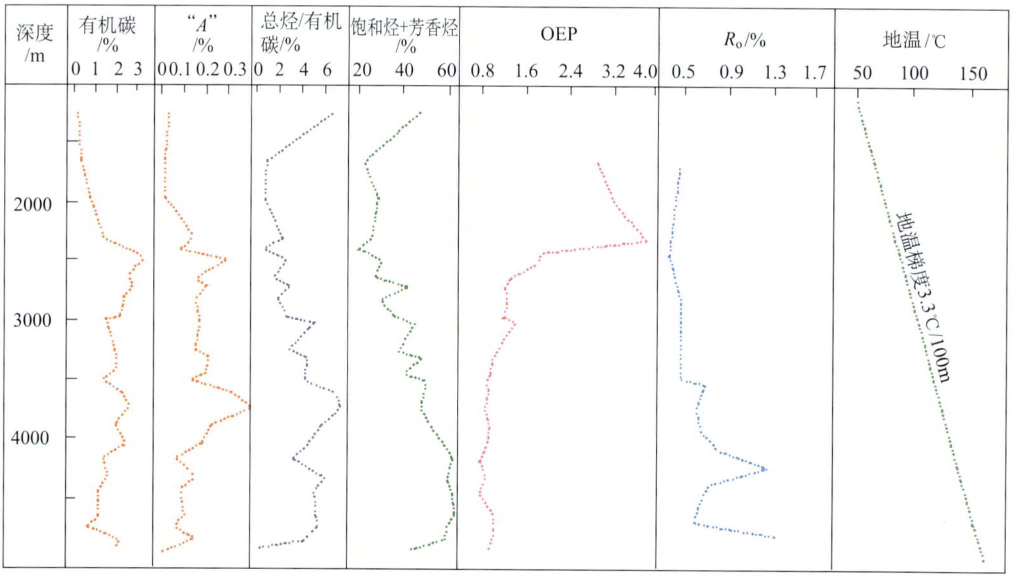

图 6.5 双深 3 井地球化学综合剖面图

0.4%，至 2700m 以下才增大到 0.45%以上，其值急剧增大是在 3500m 以下。总的看来，双深 3 井各项参数变化较大的深度是 2300m、2700m、4000m 和 4800m，其突变点的位置较斜坡地带相对更深一些，这是因为在洼陷带基岩埋深大，地温梯度相对较小。

从锦 28 井和双深 3 井的沉积埋藏史图（图 6.6，图 6.7）可以看出，不同构造部位的有机质热演化史有差异，①鸳鸯沟工区：东营组较早时期，沙四段烃源岩已开始进入成熟阶段，进入主要生油期；沙三段烃源岩是到了东营组沉积末期进入成熟阶段，此时沙四段烃源岩已全部进入成熟阶段；到现阶段，沙三段烃源岩大部分已进入成熟阶段，而其上覆沙二段以上的烃源岩仍处于未成熟阶段。②清水工区：沙四段烃源岩是在沙二初期开始进入成熟阶段；沙三段烃源岩则是到了东营期才进入成熟阶段，此时沙四段的烃源岩已全部进入成熟阶段；到现阶段，沙三段烃源岩已基本上全部进入成熟阶段，而其上覆沙二段以上的烃源岩仍处于未成熟阶段。因此，由研究区生油岩埋藏深度和有机质热演化规律看出，沙三段和沙四段烃源岩为主要烃源岩。锦 28 井处于鸳鸯沟洼陷的西部斜坡，离洼陷较远，埋藏相对浅，因此烃源岩热演化成熟时期稍晚；双深 3 井离清水洼陷较近，埋藏相对较深，故此烃源岩热演化成熟时期相对较早。

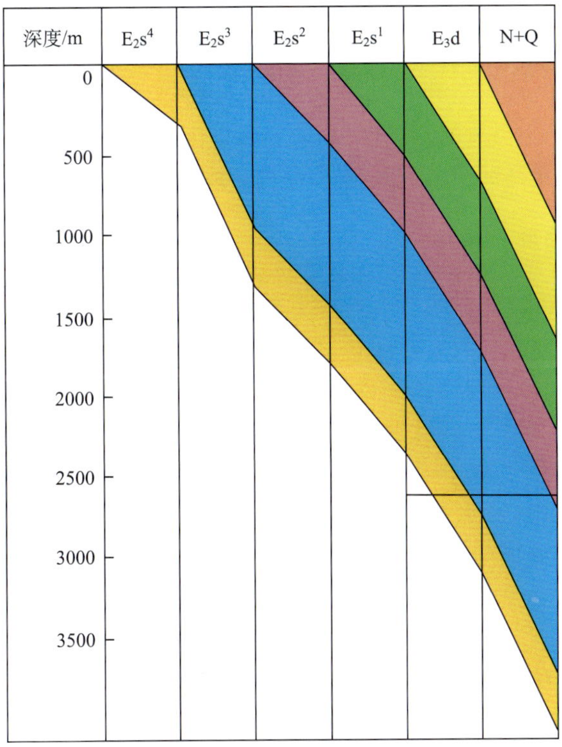

图 6.6　锦 28 井沉积埋藏史图

由前述可知，沙三段与沙四段的烃源岩是研究区最为重要的烃源岩，有机质的丰度和类型较好，烃源岩的成熟度可以达到高-过成熟（图 6.8）。分析沙河街组烃源岩平面上的成熟度，可以发现烃源岩在欢喜岭和双南油田以南，即工区一带的成熟度较高，特

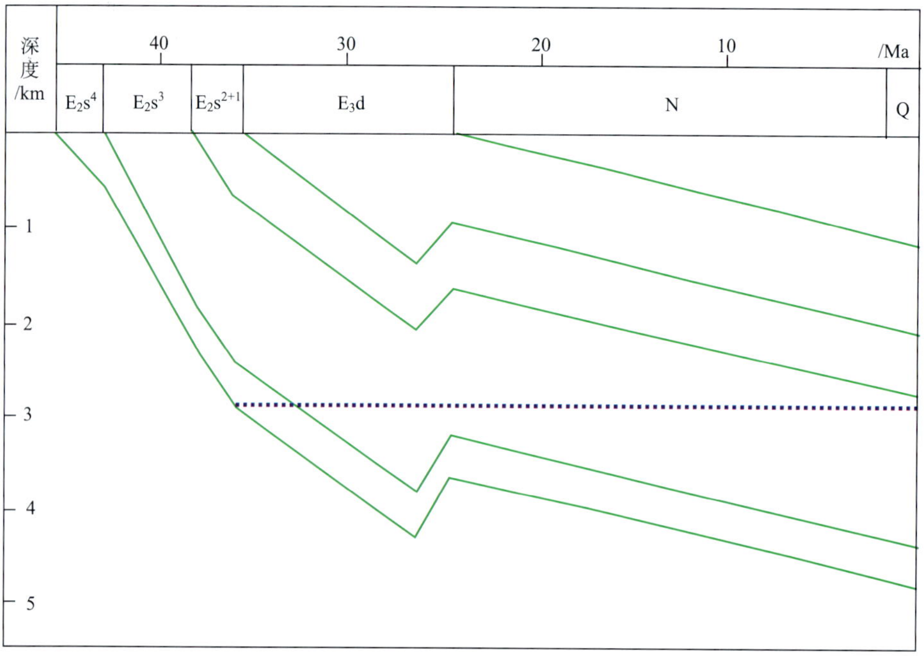

图 6.7　双深 3 井沉积埋藏史图

别是清水洼陷成熟度最高，最高可达 3.6 左右，成为西部凹陷南段最主要的烃源灶。

6.1.4　烃源岩生烃强度

前人根据采用热模拟实验生烃率法建立的烃源岩生烃史的准三维（X，Y 和纵向的地质层段，加时间）计算模型，得出了辽河坳陷的不同层位在不同时期的生烃强度与生烃量（胡礼国等，2002），西部凹陷沙四段生烃中心位于盘山-清水洼陷一带，主要生烃时代自沙三末期至今。沙三段生油中心位于清水洼陷，主要生油时代为沙一—沙二末期至今，生气中心位于盘山-清水洼陷；主要生气时代自沙三末期至今。沙一及沙二段生油中心位于盘山-清水洼陷地区，主要生油时代自东营末期至今。可见，清水洼陷是西部凹陷最重要的生烃中心（图 6.9），生烃强度远高于其他洼陷（表 6.2），鸳鸯沟洼陷生烃强度位居中等，因此。工区范围处于生烃较强的位置，油气成藏的物质基础雄厚。

从以上论述可以看出西部凹陷之所以资源富集，成为典型的富油气凹陷，其根本原因是烃源岩条件优越。就工区范围内而言，岩性油气藏的物质基础无疑也是非常雄厚的。工区处于较强的生烃洼陷内，有沙四段和沙三段两套优质烃源岩，有机质丰度高、类型优、厚度大，且它们发育、保存及演化都是在还原-强还原的沉积环境中进行的（图 6.10），工区内原油的姥植比特点也说明了这一点（Pr/Ph 几乎都小于 1.5，主要在 1.0～1.2）。具有很强生烃能力的优质烃源岩为岩性油气藏的形成和富集提供了充足的物质保障。

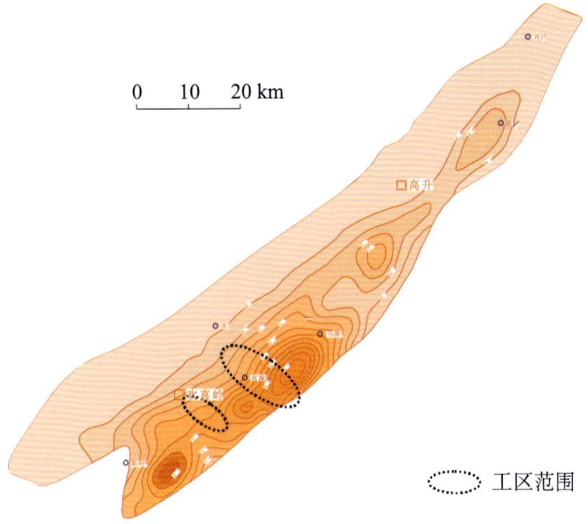

(a)

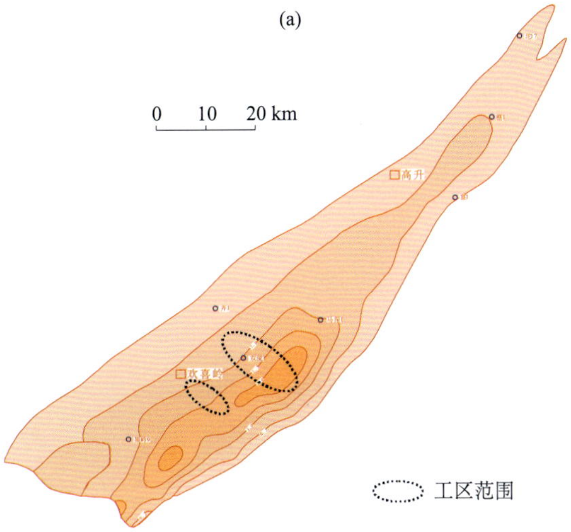

(b)

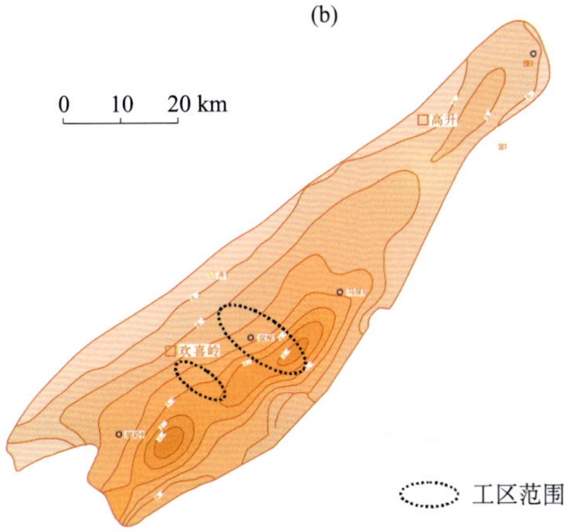

(c)

图 6.8　西部凹陷沙河街组有机质成熟度等值线图

(a) 沙四段；(b) 沙三段；(c) 沙一段＋沙二段

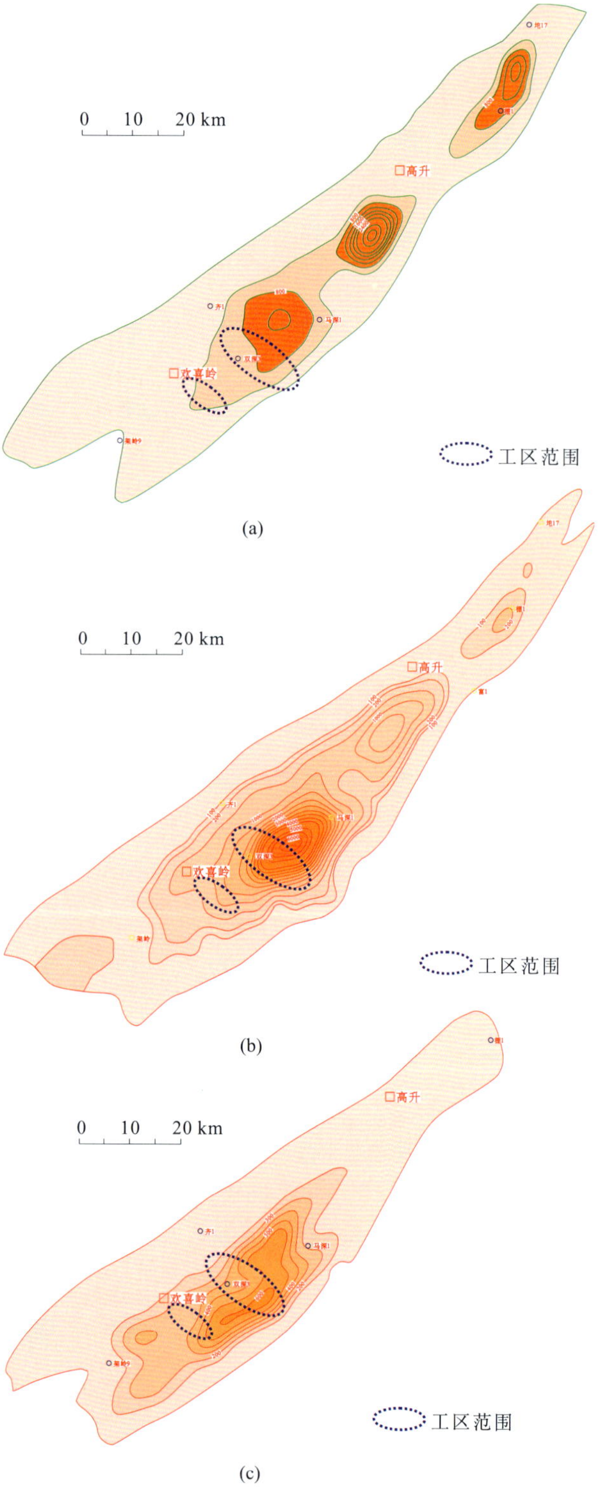

图 6.9　西部凹陷沙河街组生烃强度等值线图（单位：10^4 t/km^2）

(a) 沙四段；(b) 沙三段；(c) 沙一段+沙二段

表 6.2　西部凹陷生烃洼陷主要烃源岩生烃强度对比表

生烃强度	层位	鸳鸯沟	清水	盘山	陈家	牛心坨
最大生油强度	E_2s^3	1200	8400	600	1200	300
/(10^4t/km^2)	E_2s^4	0	1200	600	1050	1350
最大生气强度	E_2s^3	12000	52000	2000	2000	2000
/(10^6m^3/km^2)	E_2s^4	300	7800	300	300	300

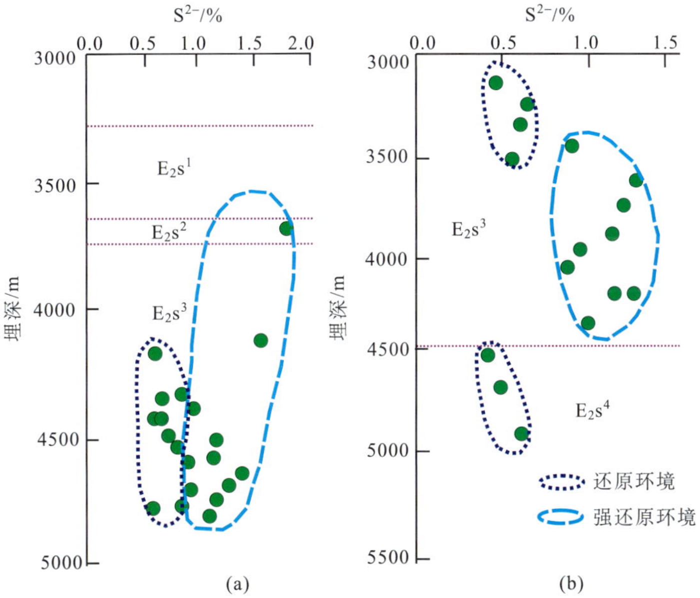

图 6.10　研究区内双深 3 井(a)和双 202 井(b)S^{2-}含量随埋深变化图

6.2　储 集 条 件

裂谷演化的幕式特点及边界大断裂活动的阶段性和持续性，导致古近系不同时期的凹陷内部沉积环境变化较大，从而形成了丰富多彩的沉积体系，它们在平面上自湖盆边缘向洼陷中心伸展，在纵向上相互叠置构成多层次、大面积连片分布的储层条件。其物性好、厚度大，不仅可以储集油气，而且还能作为油气运移的输导通道。

6.2.1　发育类型多样、规模大的砂体

西部凹的沉积物源主要来自西部凸起，东部陡坡物源来自盆地内部的中央凸起，碎屑物质供应的强度比西部缓坡物源小得多，物源具有继承性发育的特点，且垂直于构造轴向。受物源供给特点、构造及沉积演化的影响，形成了沙河街组大型断陷湖盆缓坡带扇三角洲、湖底扇、湖泊沉积体系和陡坡带冲积扇、扇三角洲、湖底扇沉积体系。始新世沙四沉积时期，随着西部凹陷的不断拉张，不断裂陷，湖盆开始稳定下沉，并逐步扩

大，受基底古地貌影响，整个西部凹陷的沉积环境以中部曙光古潜山和兴隆台古隆起一线为界，形成南北两种沉积环境。南部地区为砂泥岩沉积区。来自西部凸起的陆源碎屑由山区辫状河携带进入凹陷形成了西部缓坡型扇三角洲沉积体系。主要发育有齐家、欢喜岭和西八千三个大型扇三角洲，来自东部陡坡的物源形成了兴隆台、冷家等扇三角洲、近岸水下扇等沉积体系（图 6.11）。由于受古地貌的控制，低处为河道，高地为浅滩，横向连为一体成带状。此时地层沉积具有填平补齐的性质。沙三沉积时期，盆地发育处于鼎盛时期，湖盆进一步扩张，强烈的块断运动使得盆地急剧下沉，形成面积开阔的以深水环境为主的断陷湖盆。在齐家、欢喜岭和西八千地区形成莲花、大凌河油层的扇三角洲-湖底扇沉积体系。这种复杂的演化过程及古近系的多期构造活动，使本区整体表现为沉积类型丰富，为油气聚集提供了良好的储集体，从而为岩性油藏的形成奠定了基础。储集体主要包括沉积作用形成的上倾尖灭型岩性砂体、浊积型岩性砂体型储集体和沉积-构造共同作用形成的复合成因储集体两类。

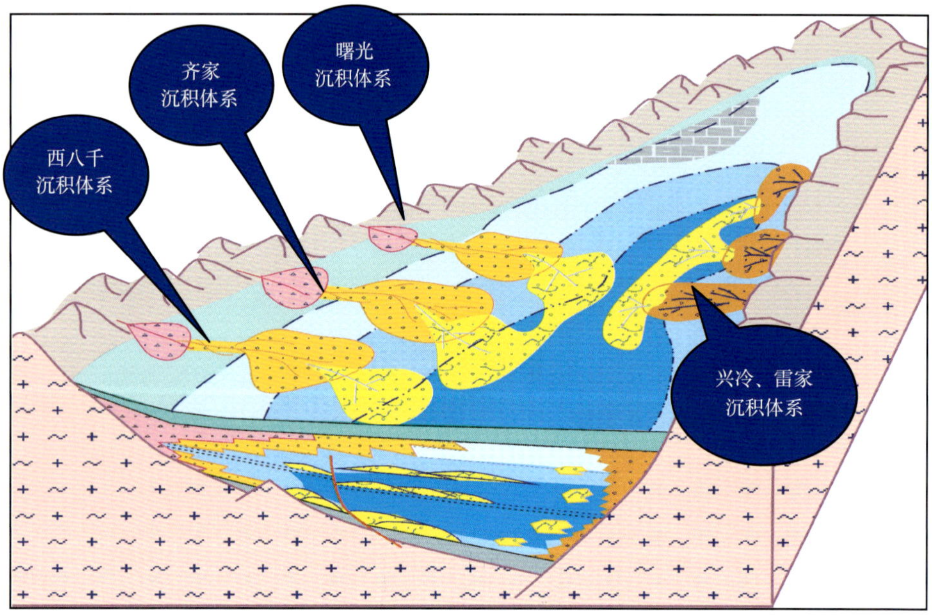

图 6.11　西部凹陷大型沉体系沉积模式图

西部凹陷主要发育扇三角洲-湖底扇沉积体系，这些沉积体系规模大（表 6.3），其中沙四段以扇三角洲沉积体系为主，主要发育水下分支河道砂体、河口坝席状砂体，走向为北东—南西向；沙三段以湖底扇和扇三角洲砂体为主。与沙四段相比，沙三段砂体分布范围更广，厚度更大，缓坡带砂体累计最大厚度超过 800m，由于沙三段为凹陷深陷期，水体较深，砂体主要沿垂直于凹陷边界方向延伸；沙一、沙二段与沙四段相似，主要发育扇三角洲砂体，砂体分布范围与沙三段基本一致，砂体走向与凹陷边界一致为北东—南西向。这些不同时期、不同地区的砂体在平面上连片发育，在纵向上相互叠置（图 6.12）。

表 6.3　西部凹陷主要扇三角洲沉积体系规模参数表（据赵文智等，2005，增改）

沉积体系	层位	砂体面积/km^2	与烃源岩接触面积/km^2	与烃源岩接触砂体面积比例/%
曙光	$E_2s^{1\text{-}2}$	132	98	74.2
齐家	$E_2s^{1\text{-}2}$	316	306	96.8
	E_2s^3	345	280	81.2
西八千	$E_2s^{1\text{-}2}$	405	357	88.1
	E_2s^3	350	300	85.7
兴冷	$E_2s^{1\text{-}2}$	303	293	96.7
	E_2s^3	225	215	95.6

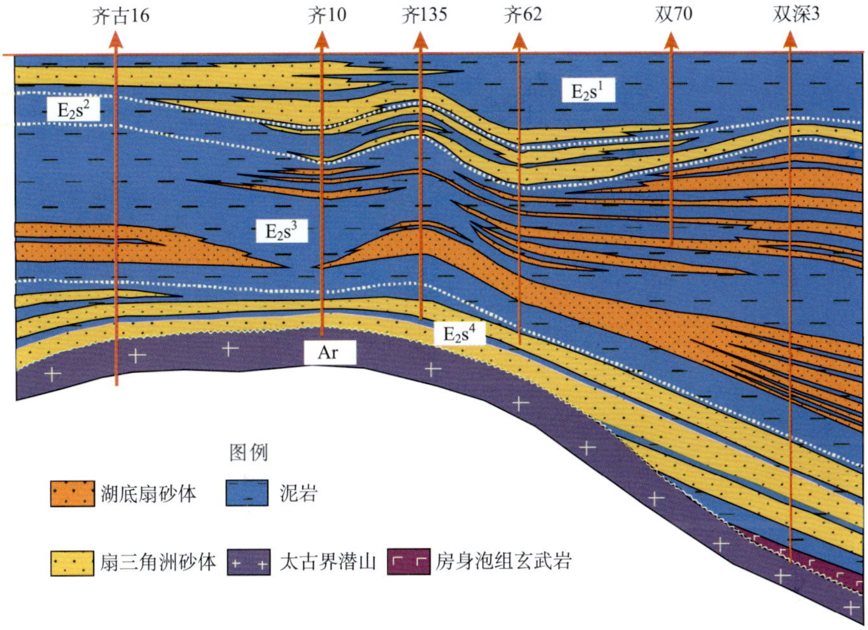

图 6.12　清水工区沙河街组砂体空间叠置关系

工区内发育了扇三角洲和湖底扇沉积体系，缓坡沉积体系即为齐家-欢喜岭大型沉积体系的前端部分，不同期、不同类型的碎屑岩沉积体系横向上叠合连片，纵向上相互叠置，形成多层系、大面积分布的碎屑岩储集体。缓坡的古地形和较强的古水流条件，使砂体延伸较远，且多期砂体横向上相互连片，形成大面积分布、相带较宽的砂岩储集体。这些储集体呈“透镜状”或“楔状”斜插入泥岩发育的湖区范围形成许多岩性圈闭，与烃源岩大面积接触（表 6.3），利于油气向其中运移，为油气的聚集提供良好的储集场所，具有最大的成藏概率，是岩性油气藏形成的有利条件（图 6.12，图 6.13）。

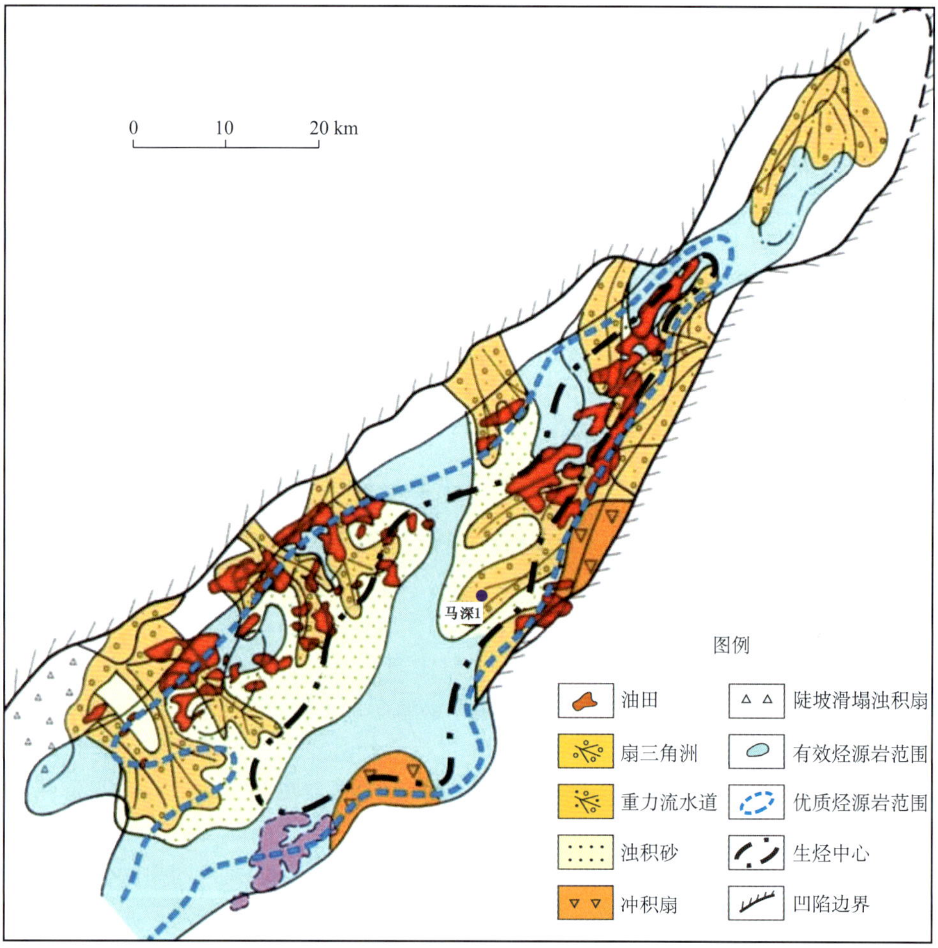

图 6.13 西部凹陷沙三中段沉积砂体与主力烃源岩分布图

6.2.2 砂体具备良好的物性条件

前已述及（详见第 5 章）油气储层的物性主要受沉积相、成岩作用的影响与控制，沉积相决定着储层的空间分布和原始物性，而储层的最终物性由成岩作用控制。整体来看，与构造圈闭油气藏储集体相比，岩性油气藏储层孔渗性相对较差，因此，研究有利沉积微相的分布和次生孔隙发育带的主控因素是实现断陷湖盆岩性油气藏富集高产的关键。在不同的沉积微相，形成不同类型的砂岩体，无论是其发育规模、分布特征、结构成熟度、成分成熟度等微观特征均有明显差异。由于西部凹陷近物源快速堆积的沉积环境，使储集砂体具有颗粒粗、孔隙发育、储集物性好的储集条件。扇三角洲沉积体系中平原和前缘亚相的辫状河道砂体、河口坝砂体以及浊积砂体是有利的储集砂体（表 6.4）。这些微相的砂体孔喉大，物性好，孔隙结构类型以高渗、大孔、中-粗喉型为主，这是油气成藏的有利条件。

研究区内砂体的物性条件亦与沉积体系和沉积微相密切相关，清水工区内最为有利的沉积微相主要包括扇三角洲前缘水下分流河道、河口坝、湖底扇辫状沟道等。鸳鸯沟工区发育的扇三角洲沉积体系中，水下分流河道砂体的储集物性最好，其次为河口坝砂体（表 6.5）。

表 6.4　不同孔隙结构类型在各种沉积微相中的比例统计（平均值/样品数）

微相类型	高渗、大孔、粗喉	高渗、大孔、中喉	中渗、大孔、细喉	低渗、中孔、细喉	特低渗、小孔、微细喉
水下分流河道	51.4/18	30.0/6	19.5/44	13.0/7	5.9/1
水下分流河道间	22.9/8	10.2/2	14.6/33	14.8/8	
河口坝	20.0/7	40.0/8	27.0/61	18.5/10	5.9/1
浅湖滩坝	5.7/2	15.0/3	24.3/55	37.0/20	29.4/5
席状砂			106/24	7.4/4	17.6/3
前扇三角洲薄层砂					41.2/7

表 6.5　研究区各沉积微相储层砂体物性统计表

工区	沉积亚相	微相	平均孔隙度/%	样品数/块	平均渗透率/($10^{-3}\mu m^2$)	样品数/块
鸳鸯沟工区	扇三角洲平原-前缘亚相	辫状分流水道	20.57	132	111.73	92
		河口坝	16.73	410	89.85	163
		心滩	11.32	36	8.39	15
		沼泽	7.85	54	1.02	39
清水工区	扇三角洲平原-前缘亚相	水下分流河道	15.2	232	73.5	109
		分流河道间	5.7	35	<1	15
		河口坝	13.4	103	58.9	45
		席状砂	10.7	25	18.3	17
	湖底扇扇中-外扇亚相	辫状沟道	18.7	326	88.7	223
		辫状沟道间	8.7	19	<1	19
		扇中前缘	10.5	276	7.8	175
		外扇	4.1	56	<1	16

6.2.3　异常高孔隙带的发育等因素改善了深层储层的物性

由第 5 章讨论可知，鸳鸯沟工区和清水工区古近系砂岩储层在纵向上均发育三个异常高孔带，其中第Ⅰ异常高孔带由大气水淋滤和有机酸对储层的溶蚀共同形成，第Ⅱ、Ⅲ异常高孔带则主要由有机酸的溶蚀作用和黏土矿物脱水作用形成。尤其是第Ⅱ、Ⅲ异常高孔带发育大量的溶蚀孔隙，改善了储层的物性（图 6.14），另外断层的活动和切割改造作用在一定程度上也可以促使埋藏很深的砂体发育异常高孔带，如双深 3 井因紧邻一条规模较大的断层，在 4200～4300m 出现了一个异常高孔隙带（图 6.15）。

图 6.14　异常孔隙带内发育的溶蚀孔

(a) 锦 100 井，3371.5m，正×50，长石晶内溶孔；(b) 欢 631 井，3252.6m，长石晶体溶蚀缝，×3980，扫描电镜；(c) 齐 2-19-6 井，2720.8m，单×50，杂基溶蚀孔，充填沥青；(d) 欢南 7 井，3618.3m，铸体单×50，碳酸盐胶结物溶蚀孔

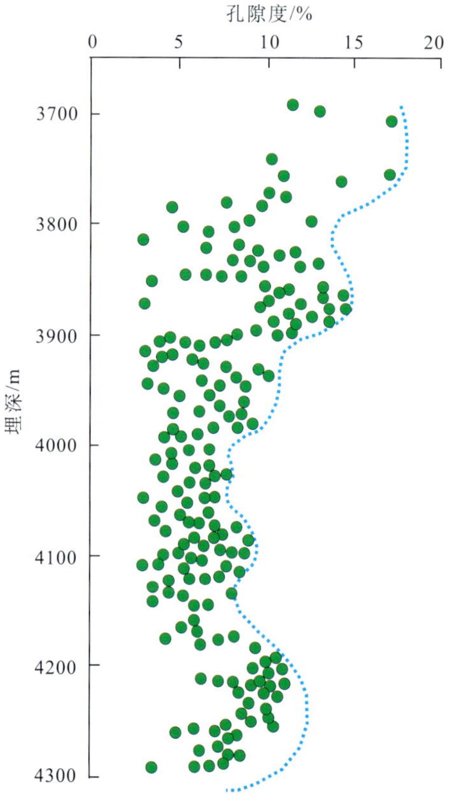

图 6.15　双深 3 井异常高孔带发育特征

研究区深层高孔带的发育对岩性油气藏的发育十分有利。因为沙三段位于断阶带下降盘的砂体和透镜状砂体的生储盖组合条件十分优越，而储层物性好坏是砂体含油的关键，高孔带的发育改善了砂体的储集物性，使岩性油气藏的成藏概率大为提高。总之，研究区储集砂体发育，储集条件好，中浅层发育原生孔隙、中深层具备促使次生孔隙发育的有利因素，为岩性油气藏的形成提供了重要的和必需的条件。

6.3 盖层条件

封盖体系是形成岩性油藏的有利保证。西部凹陷发育的封盖体系主要为泥质岩、砂质岩及火山岩三大类（张占文等，2002），其中泥质岩分布于各时代的广阔区域，是主要的封盖层类型。

进一步对该区起主要作用的泥岩封盖体系进行研究发现，泥岩只有达到了一定的厚度和连续性分布才能实现有效的封盖。该区暗色泥岩集中分布在沙四段、沙三段和沙一段。对该区沉积体系演化研究表明，沙四段泥岩主要为杜家台泥岩，累计厚度可达350m，是重要的局域性盖层（图6.16）。沙三段是断陷盆地强烈沉降水进期形成的半深—深湖相沉积，发育了有机质丰富的油页岩和暗色泥岩，泥岩质纯，含砂量小于10%，累计厚度达500～1000m，突破压力为1～11MPa。除沙三上段多为砂泥岩薄互层、泥岩厚度在10～30m、连片性差、只能形成局部盖层外，其余均分布广且稳定，

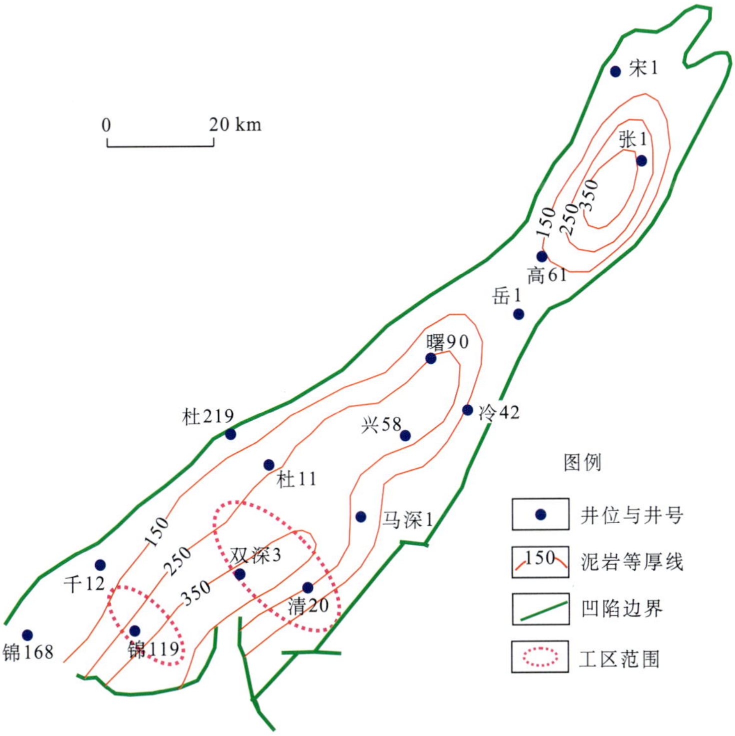

图6.16　西部凹陷沙四段泥岩盖层等厚图（据张占文等，2002，修改）

既是重要的生油层，又是区内广泛分布的最优区域盖层。沙一段泥岩盖层属于水进期沉积，是除沙三段外另一个区域性分布的盖层（表 6.6，图 6.17）。

表 6.6 工区内沙河街组不同层位泥岩封盖体系对比表

层位	沉积相	分布	成分	厚度/m	盖层类型
E_2s^4	扇三角洲沉积	局限	较纯	350	局部盖层
E_2s^3	半深—深湖相	广且稳定	最纯	500～1000	最优区域盖层
E_2s^1	扇三角洲沉积	较发育	较纯	300～500	区域盖层

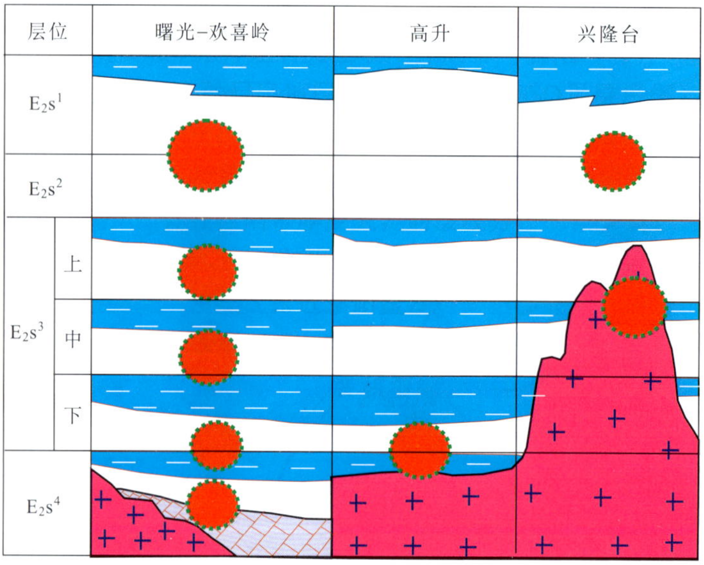

图 6.17 研究区泥岩盖层特征

红圈大小表示油田规模相对大小

因此，泥岩盖层沙三段最发育，厚度最大、分布最广；沙四段厚度不大但分布较稳定；沙一段的泥岩较厚，分布面较广。优良的盖层条件为油气聚集与保存提供了有利的条件，各个层位泥岩盖层的互补更是为岩性油气藏的形成造就了得天独厚的背景。

6.4 生储盖配置

研究区沉积的多旋回性导致了多层次的生、储油层的广泛分布（图 6.18），而生油层经成岩作用、排烃后，本身即是良好的盖层。依据盆地各含油层生储盖组合的配置方式，可划分为新生古储、上生下储、自生自储、下生上储、侧生侧储五种类型。

新生古储组合：这类组合是以古近系为生油层，前古近系为储集层。古近系生油层超覆于基底之上，前古近纪各时代的侵蚀潜山都可以成为储层，古近系烃源岩生成的油气通过不整合面、断面运移到古潜山中，形成古潜山油气藏。

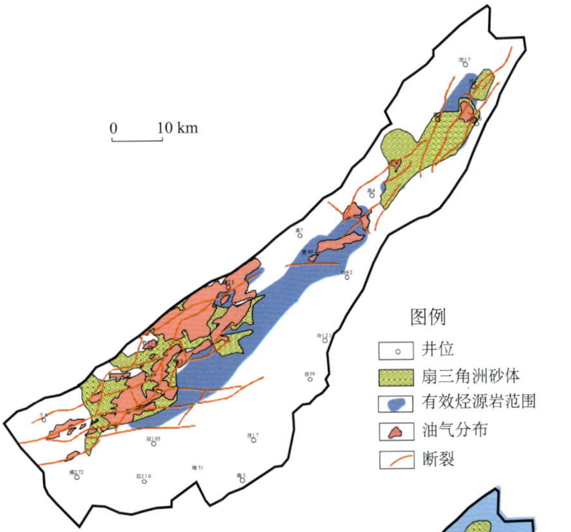

(a)

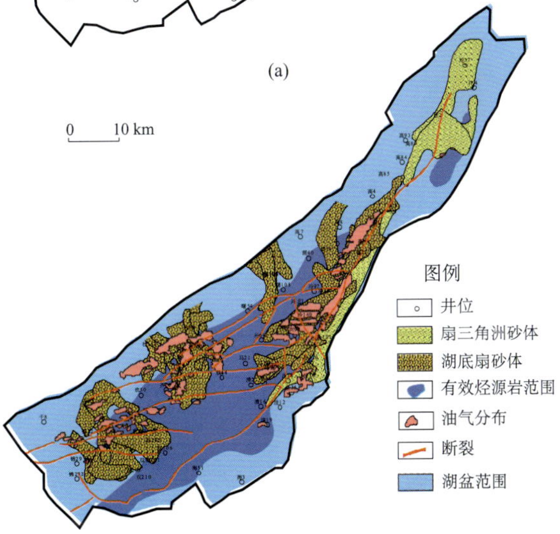

(b)

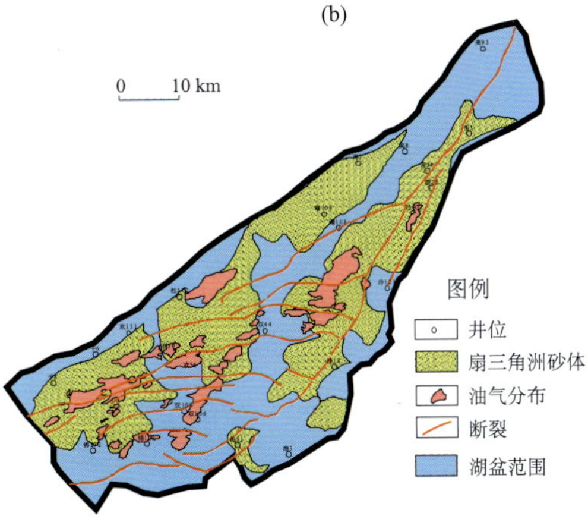

(c)

图 6.19　西部凹陷砂岩和断裂疏导体系综合图

(a) 沙四段；(b) 沙三段；(c) 沙一、沙二段闭，而且构成了油气垂向运移的通道。因此造就了目前已知油藏围绕主干断裂展布的特点（常津焕和赵立民，2000）。研究表明，地层水运动是油气运移聚散的动力和载体（刘崇禧和孙世雄，1988），地层水的某些离子特征与油气运移有着密切的关系，可以指示油气运移的方向和途径（刘桂凤等，2007）。本书分析了工区内锦 310 井区地层水的 Cl^-，发现 Cl^- 浓度与断裂之间存在着明显的规律（图 6.20）：靠近断裂 Cl^- 浓度高，离断裂远则 Cl^- 浓度低，从而反映了断裂能够作为油气运移的有效途径。

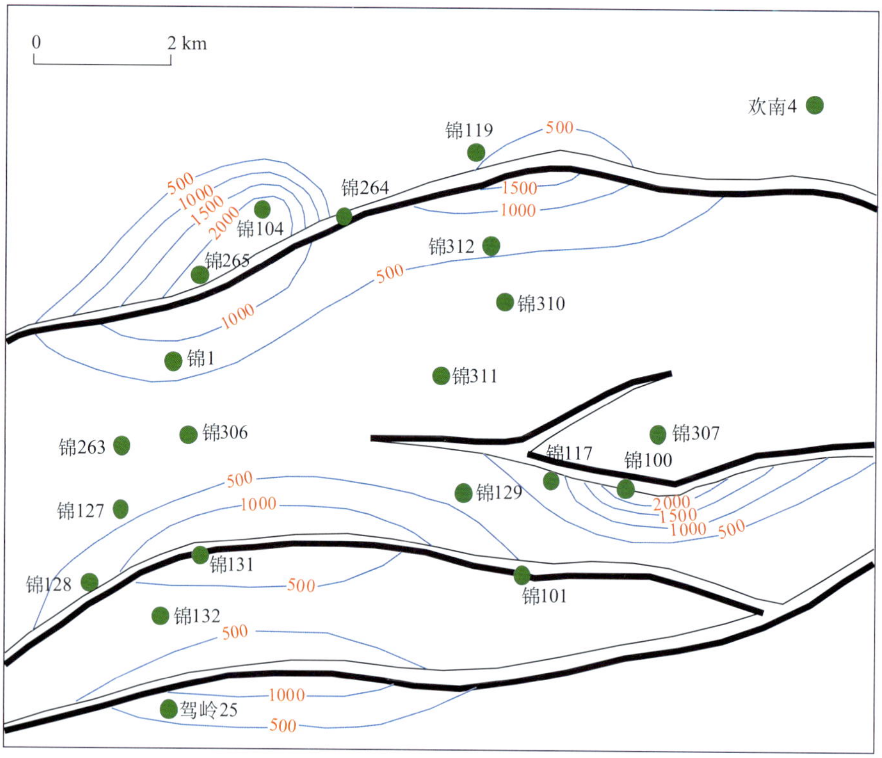

图 6.20　锦 310 井区 Cl^- 浓度平面变化趋势（单位：ppm）

砂岩输导对岩性油藏的形成具有重要意义。研究区内较为宽缓的斜坡带和与之相接的洼陷带中砂体能够形成面积相对较大的稳定分布，从而有效地保证了足够数量的油气充分地运移。西部凹陷自沙四段以来，在凹陷的缓、陡坡都发育有扇三角洲-湖底扇沉体系，在这些沉积体系中发育了许多大小不等、形态不一砂体（图 6.12），它们在空间上多层叠置，连片分布；在垂向上与烃源岩互层；在平面上与烃源岩紧密相邻，部分指状砂体深插入半深湖、深湖相的烃源岩区，构成了凹陷内油气向凹陷边缘运移的基本输导格架。由于砂体物性和展布形态的差异，只有那些与烃源岩接触良好、物性较好、连续分布的骨架砂体才能充当油气运移的输导体系。如沙四段发育了许多物性好的水下分支河道砂体和物性较好的河口坝席状砂砂体。其中，物性好的水下分支河道砂体构成了凹陷内油气向西侧缓坡运移的油气输导体系，生成的油气先充满与烃源岩紧密接触的砂体，接着沿砂体向缓坡继续运移，在运移通道附近的圈闭中聚集成藏。沙三段主要发育重力流辫状沟道砂体，物性较好，呈指状插入烃源岩中，构成主要的砂岩输导体系。砂体一般都承担了储集油气和输导通道的两个角色，尤其对于与烃源岩紧密接触的砂体，更是充分发挥了这两个功能。通常情况下，只有那些与烃源岩距离近、物性良好，且处在势降方向的砂体才能发挥这两个功能，而在这些砂体附近的圈闭则是油气有利聚集场所。

不整合代表地层曾经历过区域性的风化剥蚀作用，往往可形成区域性稳定分布的高孔高渗古风化壳，这对油气的长距离运移或形成大油气田非常有利，不整合面可以作为油气运移的通道（付广等，2001；金之钧和张发强，2005；张建林，2005）。许多大的潜山型油气田，常常都是油气通过不整合面运移聚集成藏的，如兴隆台潜山油藏（图 6.21）。由第 3 章讨论可知西部凹陷发育了多个较大规模的不整合面，它们均可以作为油气运移的输导空间。

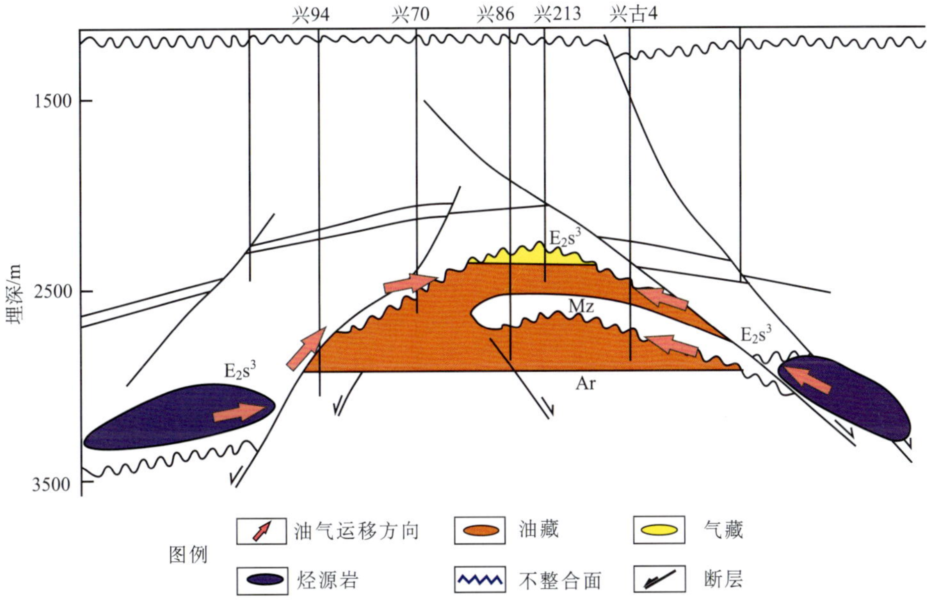

图 6.21　清水洼陷通过不整合面与断裂向北部潜山供烃模式图

断裂、高渗砂体及不整合面一起构成了研究区的油气输导格架。不同层系的油气输导格架存在一定的差别（图 6.19）。沙四段油气输导格架主要为扇三角洲砂体和断裂，以及沙四段与前古近系之间的不整合面，砂体为主，其中不整合面是西部凹陷潜山油气藏的主要输导格架；沙三段油气输导格架以湖底扇砂体和断裂为主；沙一、沙二段油气输导格架与沙三段相同，主要为砂体与断裂。但由于沙一、沙二段自身是非烃源岩层，油气主要来自下伏层位，因此，沙一、沙二段输导格架以沟通深部烃源岩的通源断层为主。不同构造部位的输导格架也有一定的差异。

缓坡从沙四段沉积以来，在纵向和横向上了沉积了许多大小不等、物性较好的扇三角洲砂体和湖底扇砂体，它们在凹陷缓坡分布广泛，连片分布，其中凹陷下台阶砂体与深洼陷内烃源岩紧密接触，部分湖底扇砂体直接深插入深洼陷内烃源岩中。这些物性较好的砂体及其与烃源岩良好的配置关系，使得洼陷生成的油气离开烃源岩后，首先进入这些砂体。随着洼陷内油气不断生成，油气首先充注满砂体，多余的油气源源不断地通过砂体输导层向缓坡运移。由于断陷盆地断裂十分发育，在凹陷缓坡发育了多期、倾向洼陷的断层，这些断层发育时间长，断开层系多，不仅能够作为油气垂向运移通道，还能够起封闭作用，形成断块、断鼻等多种油气藏类型。它们与砂体一起构成了凹陷缓坡油气运移的输导格架（图 6.22）。此外，在缓坡还广泛存在沙四段与前古近系和区域性的沙一、沙二段与沙三段两条不整合面，它们的存在不仅为油气侧向远距离运移提供通道，还丰富了缓坡带油气藏的类型。缓坡主要存在新生古储、自生自储及下生上储三种成藏组合，分别以断层-不整合面、断层-砂体及断层-不整合面和断层为主构成多种复合型油气输导格架。

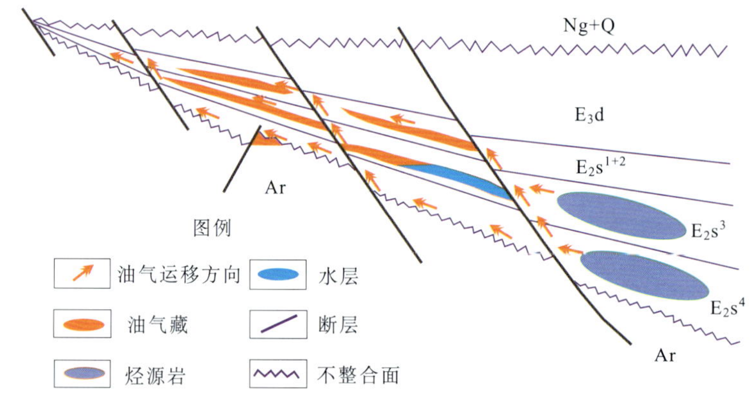

图 6.22 缓坡油气输导模式图

与缓坡相比，陡坡带砂体展布面积较小，砂体非均质性更强，受断裂影响作用更大，断层倾角更高，垂向输导能力更强。凹陷陡坡发育较陡，沉积速度快，砂泥岩分异较差，因此，砂体的侧向运移能力受到抑制。洼陷内烃源岩生成的油气主要沿通源断层向上运移，油气运移至上伏地层中断层附近的圈闭中聚集成藏，形成断层-岩性油气藏，或沿断层进入潜山圈闭中形成潜山油气藏。陡坡带成藏组合与缓坡相同，即新生古储、自生自储及下生上储三种成藏组合，断层是其主要的油气输导格架（图 6.23）。

洼中隆起带断裂、砂体和不整合面发育，相比缓坡带，不整合面和断裂输导作用加强，砂体输导作用减弱。油气主要通过断裂和不整合面输导体系向潜山和上覆储集层运移（图 6.24）。

洼陷带处于湖盆的最低部位，发育多套生油岩系，沙三段中、下部为最主要生油层系，发育以深湖相沉积为主的大套暗色泥岩，生油条件优越。洼陷带被凸起环绕，具多物源、多沉积体系、多砂体类型的特点。砂体极其发育，并且类型繁多，形成砂、泥交互沉积地层结构。生储盖的配置关系可以归纳为三种方式：①侧变式，储集岩体呈指状、楔状或叶状伸入生油岩内；②叠合式，生油层和储层呈板状或席状接触关系，如下生上储或上生下储；③封闭式，储集岩体呈透镜体状或扁豆体状孤立分布于生油岩中，

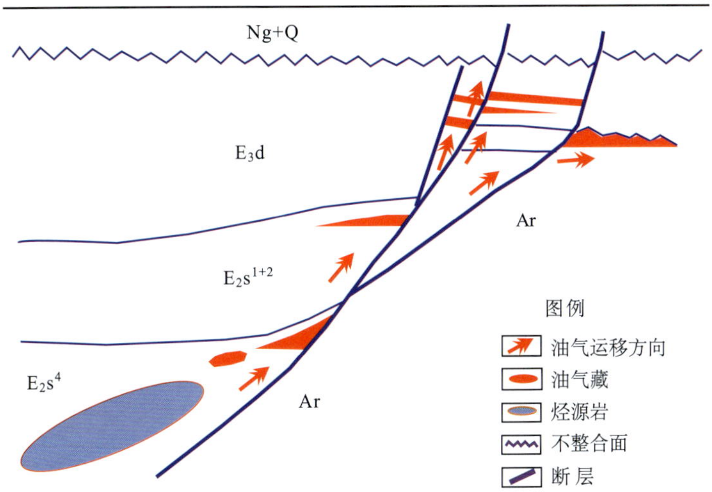

图 6.23　陡坡油气输导模式图

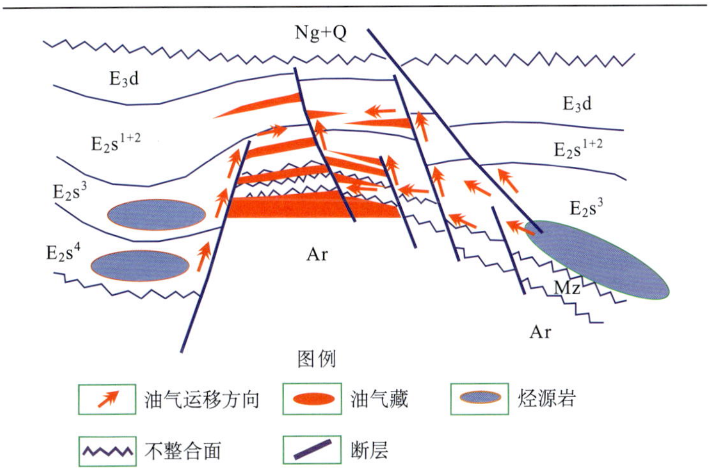

图 6.24　洼中隆起带油气输导模式图

形成生油岩包围储集体的生储结构。这些不同类型不同形状的砂体穿插于生油岩中，不但有丰富的油源和优越的供油条件，而且由于差异压实作用使之成为一个低位能领域，因此，它们是油气运移的主要指向，也就形成了洼陷带独特的输导体系模式——隐蔽输导（卓勤功等，2003；卓勤功，2005），同时断裂仍然发挥了一定输导作用（图 6.25）。由于储层夹于泥岩之中，形成泥岩隔层厚的地层结构，油藏封闭性好，保存条件优越，尤其洼陷都是相对稳定的构造单元，一般不会发生剧烈的断裂活动和地层剥蚀作用，不会使圈闭有重大的改变或破坏。因此，油藏形成后，油气多数只在砂体内做局部调整。

从上述分析可以看出，研究区内油气输导格架复杂多样，断裂和砂体是最主要的输导体系。断裂输导体系无论在何地、何种成藏组合中，都起着油气输导通道的作用。不

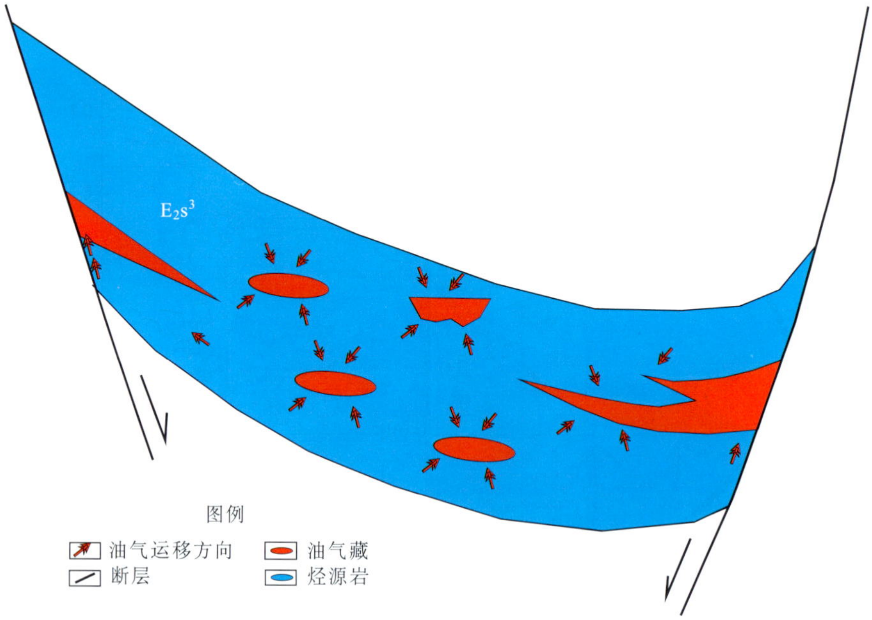

图 6.25　洼陷带输导模式图

整合面发育有限，起辅助输导作用。断裂主要是油气垂向运移的通道，砂体和不整合面是油气侧向运移的主要通道。因此，多类型的输导体系和输导模式构成的输导格架为岩性油气藏的油气运聚提供了有效的通道条件。

6.6　岩性油气藏的分布特点

烃源岩生成的油气优先向势能低且与源岩势能差较大的方向运移（张厚福，1999），该方向上如果存在合适的输导体系，即规模较大的高孔高渗砂体、通源断裂或不整合面，则构成了油气优势运移通道。在该运移方向附近的圈闭即能形成油气聚集成藏；在非油气优势运移方向上，即使有圈闭存在，也难以形成油气藏。因此，油气运移的方向和模式决定了圈闭能否有效地捕获油气而成藏，也决定了岩性油气藏的分布特点。

为了进一步认识工区内输导体系和油气运移特征，本书选择了四条剖面进行油气水及运移特征分析（图 6.26）。

剖面 AA' 位于西部凹陷南端，垂直凹陷走向，由西斜坡经双台子地区至陡坡月海（图 6.27）。从剖面 AA' 可以看出，双台子地区靠近洼陷中央，具有原油比重、黏度低、甲烷含量低，矿化度和流体势高等特征，从双台子地区向陡坡、缓坡两侧原油比重、黏度、甲烷含量逐渐增加，矿化度和流体势逐渐降低，表明油气从洼陷向两侧运移的特征。

剖面 BB' 位于西部凹陷欢曙斜坡中部，与剖面 AA' 走向一致，其剖面上井位的油气水变化特征与 AA' 一致，表明了油气由洼陷中央向凹陷两侧运移（图 6.28）。

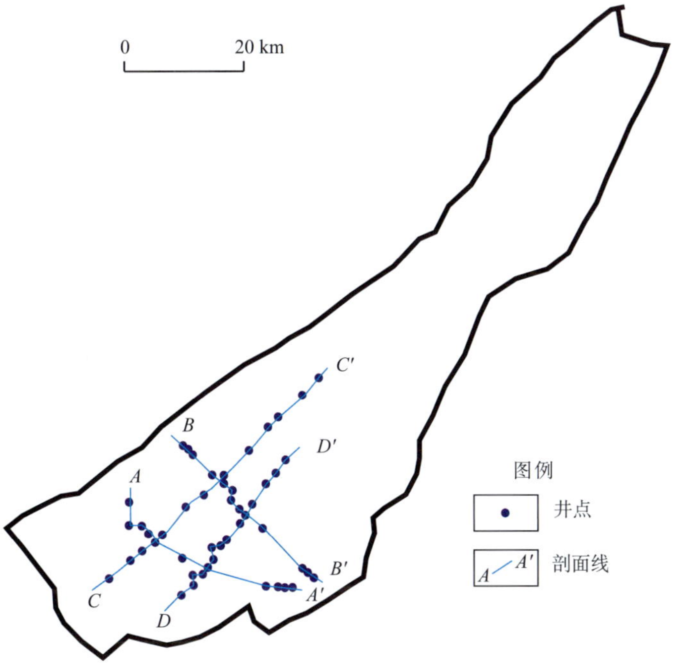

图 6.26　油气运移分析选择的剖面线位置

剖面 DD' 位于双台子地区，与构造走向一致，由双 203 至双 32 井（图 6.29）。该剖面紧临清水洼陷，距离源岩较近。从油气水特征变化来看，原油比重一般不大于 $0.85g/cm^3$，黏度小于 10MPa·s，甲烷含量较低。由于整个剖面油气水变化特征相近，且沿剖面方向，流体势无规律可循。因此，认为双台子地区油气主要来自侧面清水洼陷，油气主要通过断裂进入沙一、沙二段，然后聚集成藏。剖面 CC' 位于西斜坡中台阶（图 6.30），油气水变化特征与剖面 DD' 相似，原油比重、黏度、甲烷含量、流体势及矿化度沿剖面走向方向无规律可循。进一步表明了西斜坡油气主要沿垂直凹陷走向向斜坡高部位运移的特征。

可以看出流体势与原油比重和甲烷具有相反的变化趋势，由凹陷中央向西斜坡流体势（油势）逐渐降低，原油比重、甲烷逐渐增加，反映了油气由凹陷中央向西斜坡运移的宏观特征。根据油气二次运移理论（李明诚，2004），油气通常沿构造高部位、势降大的方向运移。凹陷西斜坡油气主要沿流体势等值线向西、北西运移（图 6.31）。根据油气运聚理论，处在油气主要运移方向上的地区都可能是油气的有利聚集区。

由油气运聚综合图可以看出（图 6.31），油气主要从洼陷向凹陷两侧或高部位运移聚集，沙三时期油气运移强度和范围最大，是研究区最重要的油气运聚时间。沙四段油气主要运移方向为沿垂直凹陷走向指向缓坡；沙三段，发生油气运聚范围变大，油气呈放射状向四周运移。沙一、沙二段与沙三、沙四段有所不同，油气主要通过断裂以垂向运移为主。尽管沙一、沙二段砂体分布广泛，但油气分布主要与断裂有关。所有层位的油气分布与油气运移方向和路径相关，只有处在这些油气运移方向和路径上的岩性圈闭才能有油气充注，形成有效的岩性油气藏，这就决定了岩性油气藏的空间位置。

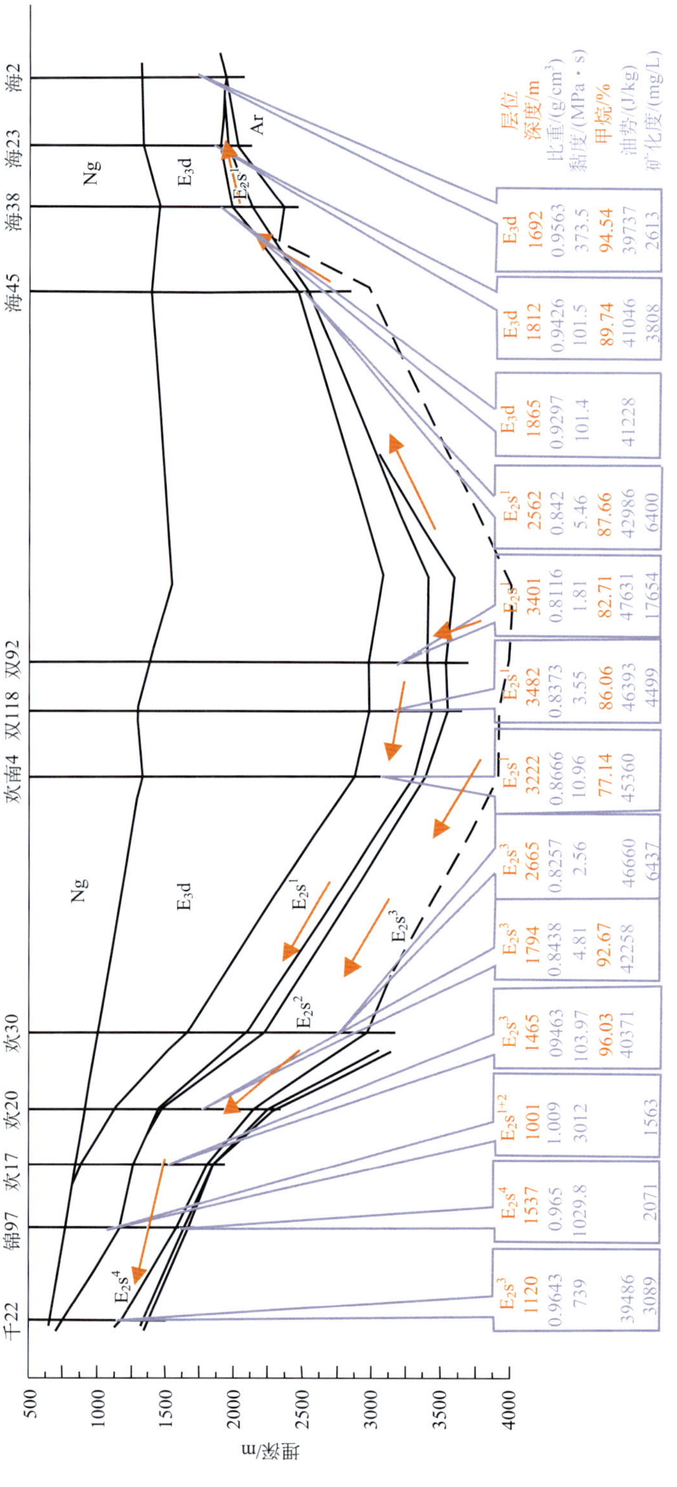

图 6.27　剖面 AA′油气水特征及运移模式图

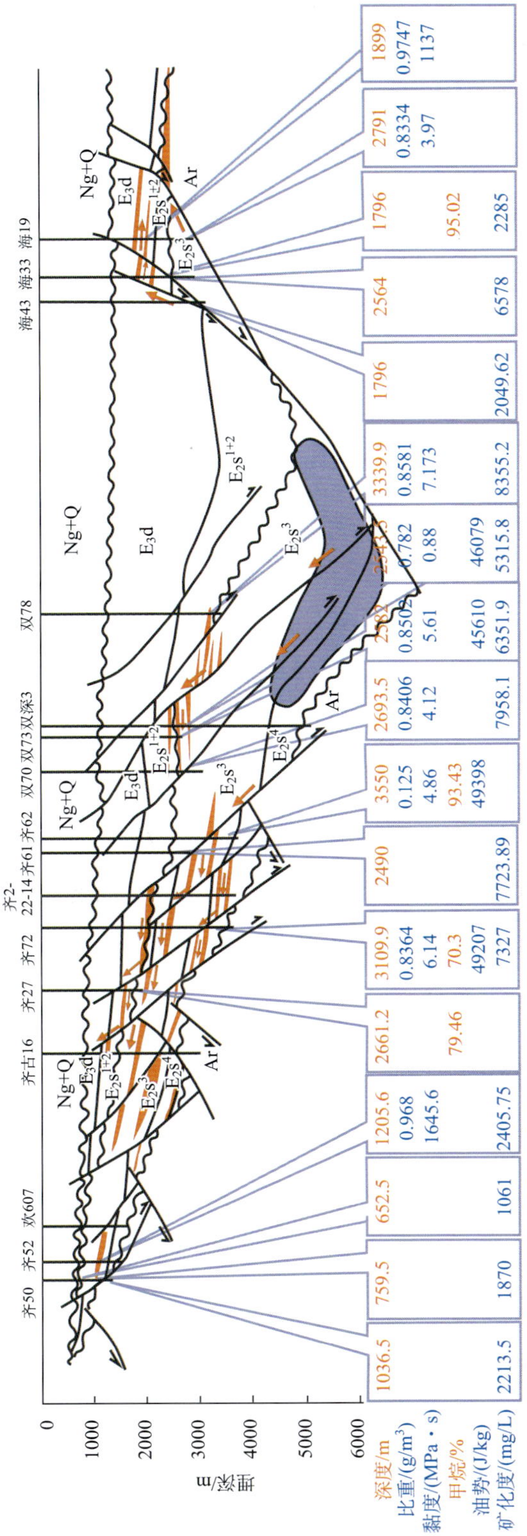

图 6.28　剖面 BB' 油气水特征及运移模式图

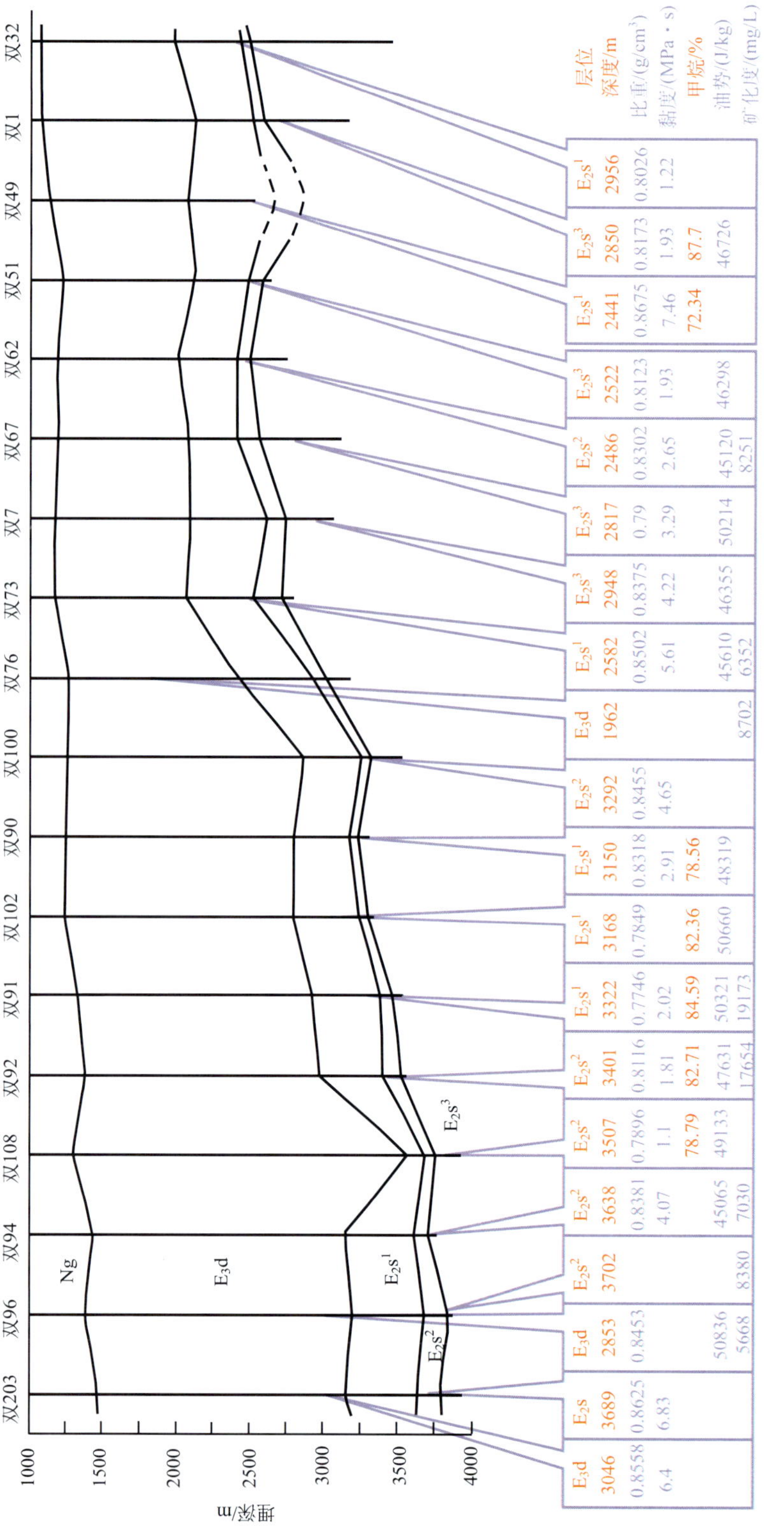

图 6.29　剖面 DD' 油气水特征及运移模式图

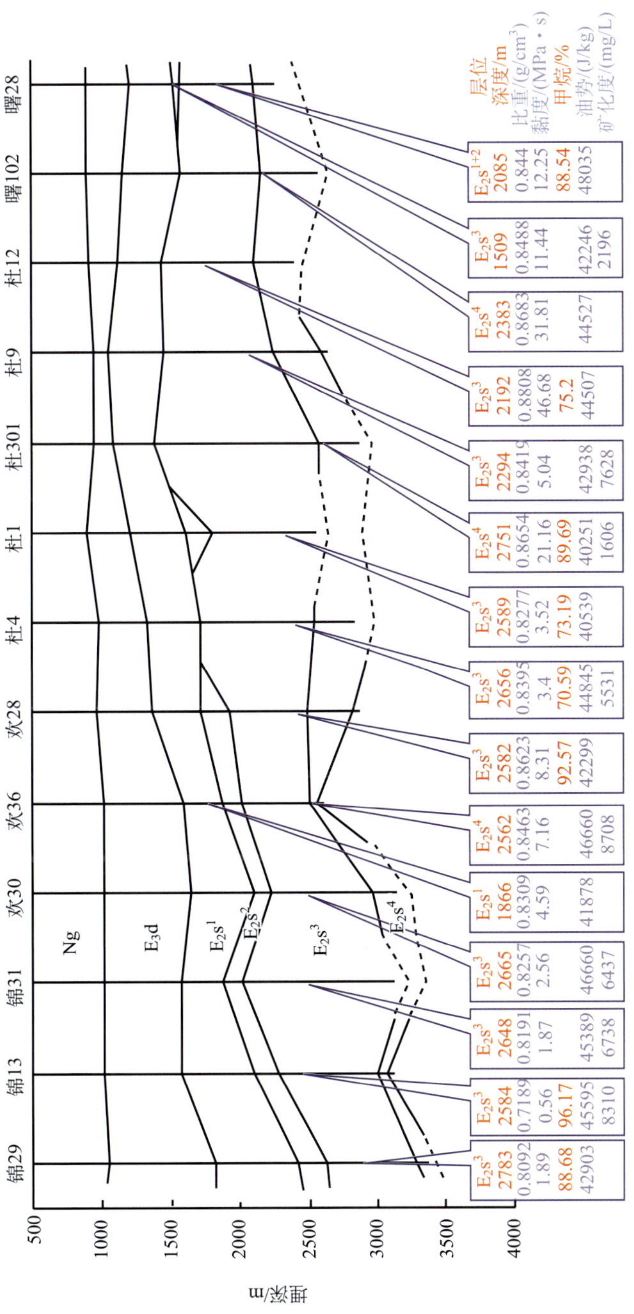

图 6.30　剖面 CC′油气水特征及运移模式图

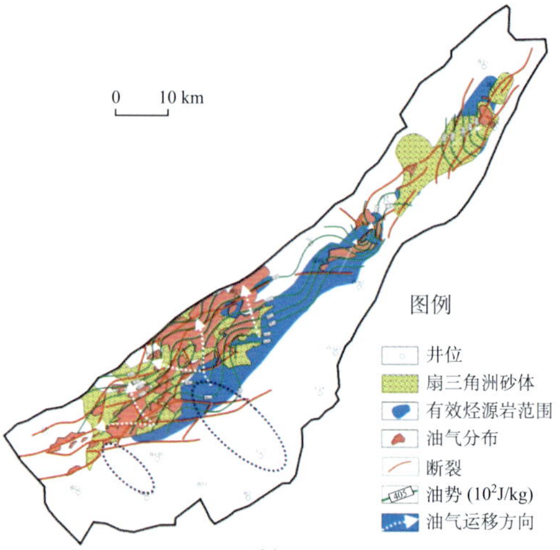

(a)

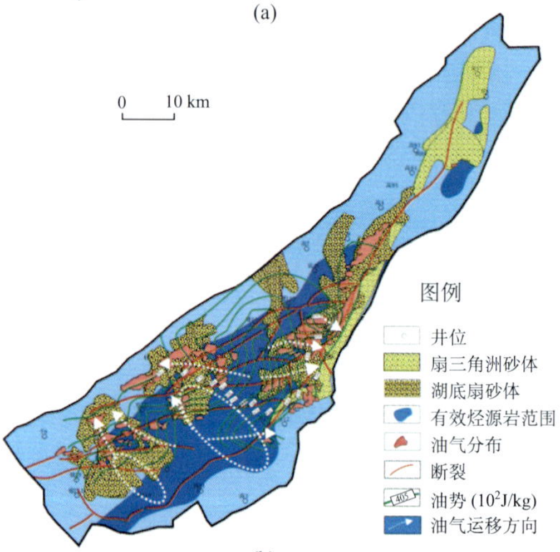

(b)

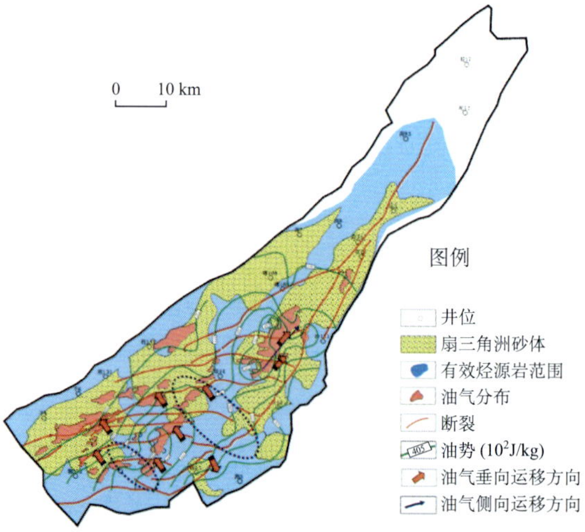

(c)

图 6.31 西部凹陷沙河街组油气运聚综合图

(a) 沙四段；(b) 沙三段；(c) 沙一、沙二段

6.7　油气成藏史分析

成藏历史的研究方法多种多样，目前使用较多、使用效果较好的方法主要有圈闭形成期法、生烃史法、流体包裹体分析法、油层饱和压力法以及综合分析法等（张厚福，1999）。本书首先采用圈闭形成期法和生烃史法确定油气成藏的时间上限，再结合流体包裹体分析法确定油气运移时间，得出油气成藏时间，并进一步分析油气成藏的动力学过程。

6.7.1　圈闭形成期法

圈闭是形成油气藏的前提，油气藏的形成时间不可能早于圈闭的形成时间。尤其是构造圈闭的形成明显受构造样式和构造运动的制约，不同时期的构造活动对油气成藏有着不同的贡献。西部凹陷虽然在主体上以北西—南东向拉张为主，但由于构造应力场的多期次转变（图 6.32），在凹陷内形成了多期次、多类型的构造圈闭，其成藏效应也是不同的。与凹陷发育阶段相对应，凹陷内圈闭的形成至少可以分为两个时期，一是凹陷大规模沉降、沉积时期形成的同沉积背斜、滚动背斜、地层、岩性、部分潜山以及在凹陷基底形态上所继承发育的断块、断鼻、断背斜等；二是凹陷沉积后期由构造运动所形成的断块、断鼻、断背斜、背斜以及部分潜山和地层圈闭等。由于西部凹陷在沙河街组及东营组早期构造活动强烈、沉降速率大，且后期断层活动具有强烈的继承性，故西部凹陷中的大部分圈闭都具有早期形成特点。以断块圈闭来说，它们在早始新世（沙四段

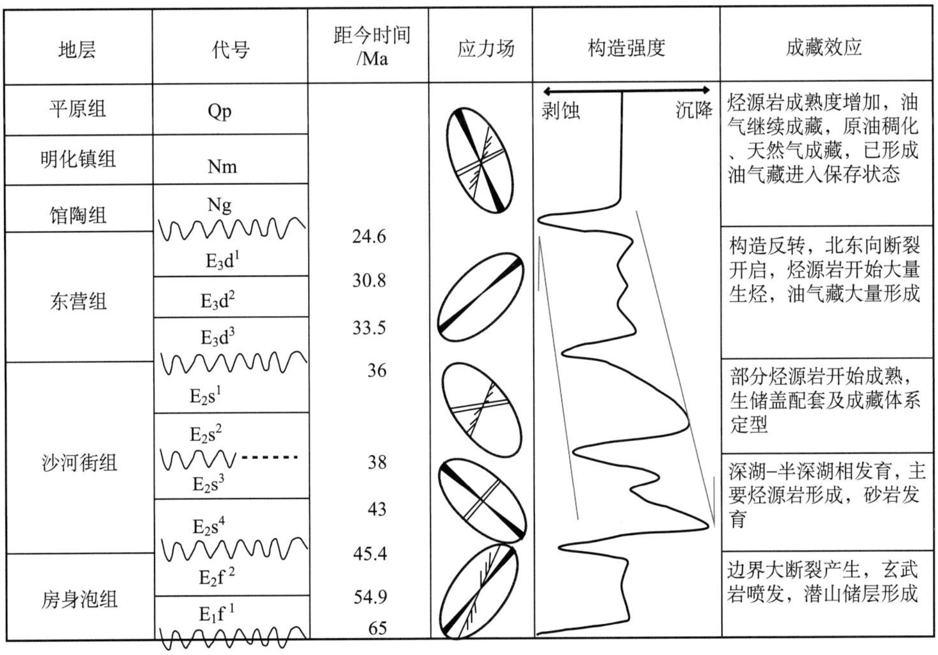

图 6.32　西部凹陷构造旋回演化示意图（据胡礼国等，2002）

沉积时期）的断陷活动时期就开始大量出现，并随着凹陷的演化一直持续活动到渐新世中晚期的张扭阶段（东营二段沉积时期）。随着凹陷内沉积沉降中心的南迁，在研究区内清水洼陷，受台安-大洼断层持续活动控制，古近纪末期的断裂活动强烈，在东营组沉积时发育了一系列近东西走向的南掉断裂。近东西向断裂与早期形成的北东向断裂相交形成了多个断块，加之凹陷基底形态的变化和应力场的改变，形成了形态复杂的断块、断鼻、断背斜及复合圈闭。

沙四沉积时期，西部凹陷内断裂活动范围局限，主要集中在北部的牛心坨地区和西部的缓坡带，随后沉降中心开始向南迁移至清水洼陷地区。沙三沉积时期，整个凹陷强烈块断。沙四、沙三阶段的沉积在西部凹陷形成了大套的烃源岩。同时，部分同生圈闭已经形成。沙一、沙二段沉积时期，断陷趋于衰减。东营组沉积时期为凹陷的构造转折-复活沉降期，凹陷构造活动再次加剧，凹陷经历了再次扩张沉陷。这是凹陷内最后一次大规模的构造运动，绝大多数圈闭都在该时期最终定型，决定油气藏的大规模形成时期也在该阶段最后定型。

据此，西部凹陷内油气藏可分两类，一类是在东营构造反转期之前已形成，在东营期之后不再发生重大变化的同生圈闭或早期圈闭，该类圈闭的油气成藏时间可能相对较早；另一类是或者在东营构造反转期之后形成，或形成时间相对更早，但在东营构造反转期发生了重大的调整改变，该类圈闭的油气聚集时间不可能早于东营沉积期末的构造反转时期。廖兴明等（1996）认为，大多数圈闭形成于沙一晚期—东营早期，该时期形成的圈闭数和圈闭面积占总数的 70%以上。综上所述，圈闭形成期法确定沙一晚期—东营早期为油气大规模成藏并定型保存的时间上限。

6.7.2 生烃史法

生烃史法原理认为，油气藏的形成时间不可能早于油气的生成时间。只有在烃源岩达到生烃高峰时才能够大量生成油气，因此，大规模的油气成藏期只能晚于油气生成高峰期，由此即可确定油气成藏的时间上限。

根据地质埋藏史及有机质热演化模拟结果，工区内烃源岩开始生烃的最早时间出现在沙三段沉积中—晚期（图 6.33），此后沙四段烃源岩成熟度进一步提高，而沙三段烃源岩也开始逐步成熟。以研究区内的双台子地区烃源岩为例，沙四段烃源岩的成熟时间开始出现在沙三沉积中期，在沙三段沉积晚期开始进入大量生油的高峰时期，并在后续的有机质成熟过程中表现为两个主要的生油阶段（图 6.34）。一是从沙三段沉积中期开始至东营组沉积晚期的第一次生油阶段，二是从馆陶组沉积开始并一直延续至今的第二次生油阶段，两者之间被东营组沉积末期强烈的构造运动所分隔。从烃源岩的产物类型来看，该地区烃源岩的生烃作用过程又分为以生油为主的第一阶段和以生气作用为主的第二阶段。两者之间被东营组沉积期末的强烈构造运动所隔。据此可以判断，双台子地区来源于沙四段烃源岩的油藏形成时间最早可能开始于沙三沉积中晚期（对应于 40Ma），对应的油成藏高峰时间不早于沙三段沉积末期（对应于 39Ma），对应的天然气开始成藏时间不早于 18Ma，对应于天然气大量生成期的大规模的天然气成藏时间则不早于 17Ma。

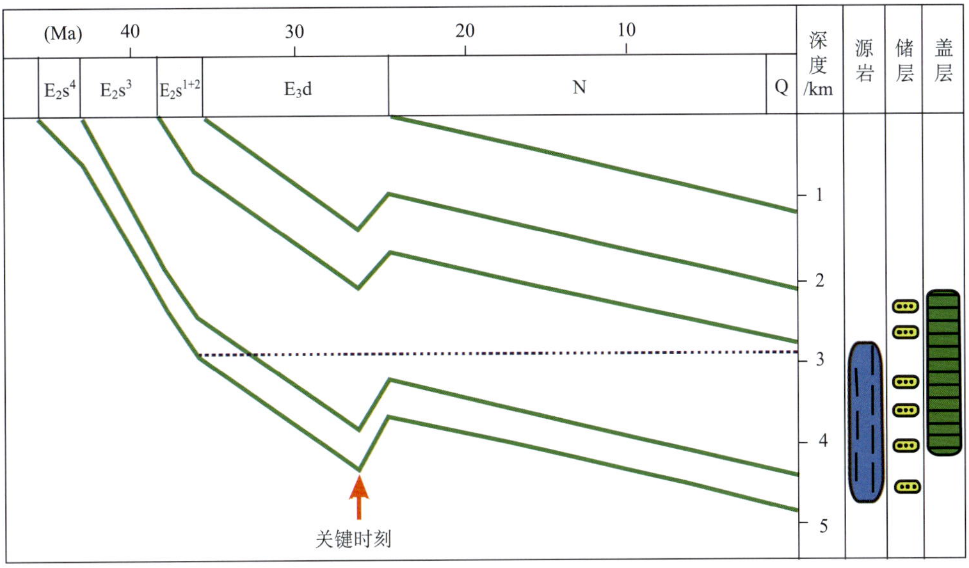

图 6.33　双深 3 井埋藏史曲线图

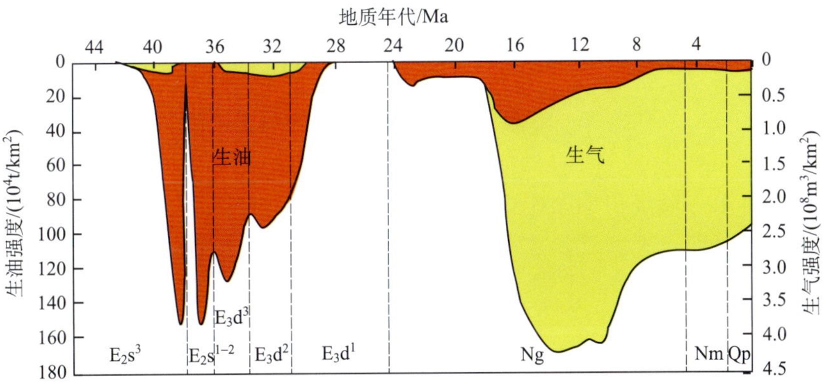

图 6.34　双台子地区沙四段生烃历史（据胡礼国等，2002）

前人研究同样表明，油气藏的形成过程分为两个阶段，一是早期成藏阶段，发生在古近系（沙三期末—东营期末），此阶段所生成的石油最早可能于沙三段沉积末期开始成藏（油气成藏的上限时间，图 6.35），一直持续至东营组沉积末期，该一阶段也可称为油气藏的开始形成阶段；二是晚期成藏阶段，即原生油藏在东一段沉积末期的改造（包括破坏及馆陶组沉积中期以后新生成油气的注入，图 6.35）阶段，主要发生在馆陶组沉积早期以新。

综合生烃史研究，可以得出如下结论：①以东营组沉积末期的构造运动为界，油气的生成分为两个阶段，从沙三段沉积中期到东营组沉积晚期的第一阶段（40～28Ma）以生油为主；从馆陶组开始沉积以来的新近纪为烃源岩的二次生烃阶段（24～0Ma），以生气为主。油气成藏的最早时间可能出现在 40Ma。②由于东营组沉积末期的构造运动强，影响范围广，是凹陷内最后一次大范围的强构造运动，导致大批圈闭在此时最终

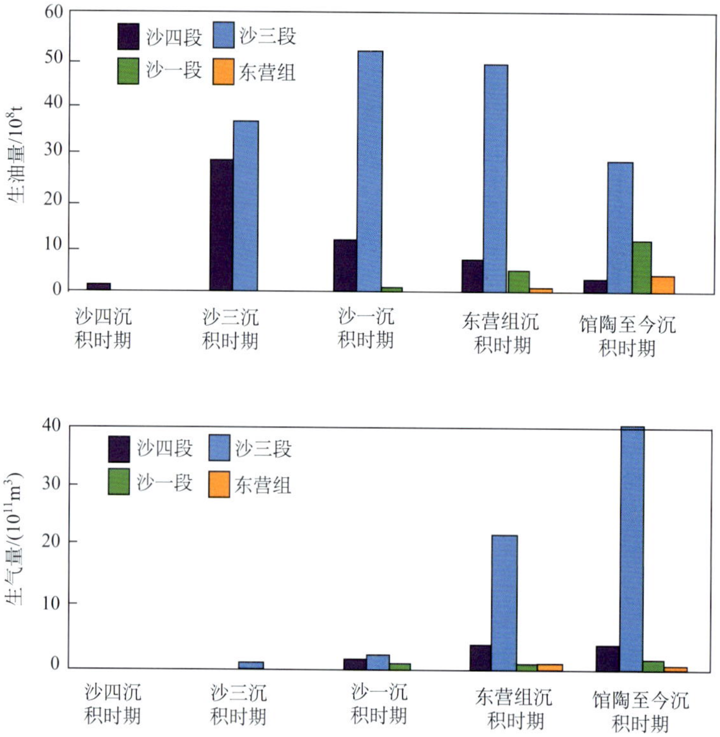

图 6.35　西部凹陷各层段不同时期生烃量对比图

定型，因此可将东一段沉积期末确定为石油成藏的下限时间。天然气的生成主要发生在馆陶组及其以新时期，天然气的成藏作用受控于二次生烃过程，充注过程延续至今。

6.7.3　流体包裹体分析法

伴随油气运移和成藏过程所形成的流体包裹体记录了油气成藏时的时间、温度、压力、盐度和烃源等方面的地质信息。通过流体包裹体研究，就可以破译这些信息，更精确地探讨其发生的时空特征，为油气勘探提供依据。运用流体包裹体资料研究油气成藏时期是在流体包裹体均一温度测定的基础上，根据地热增温率，即今地温或古地温梯度来推测古埋深，或是通过成岩序列的研究来大致推算包裹体形成的时间。这种方法直接利用了油气成藏中古油气流体的相关证据，结果更准确、更直接，故被广泛采用（Aplin et al.，1999；Munz，2001；Carlos et al.，2002；高玉巧等，2003；Chi et al.，2003；卢焕章等，2004；陶士振，2004）。

在研究区内采集了 9 口井共 15 块流体包裹体样品，在中国石油勘探开发研究院实验中心，测试了流体包裹体的大小、气液比、均一温度、盐度等（表 6.7）。所应用的仪器为多功能显微镜 ZEISS AXIOSKOP、LINKAM 液氮型冷热台以及 TMS 94 等。根据包裹体赋存主矿物的形成期次和包裹体自身的特征，将流体包裹体样品共分为两期，但有的样品只发育一期。各期流体包裹体的主要特征如下。

表 6.7　研究区内储层包裹体特征与显微测温数据表

井号	井深/m	岩性	期次	主矿物	均一温度/℃	盐度/(wt%NaCl)	大小/μm^2	气液比/%	偏光颜色	荧光发光色
锦 310	3378.23	砂砾岩	Ⅰ	石英	112.5～128.8 118.9 (7)	0.53～6.88 2.153 (7)	8～25	3～8	黑色、灰黑色	不发光
	3378.68	含砾细砂岩	Ⅰ	石英、石英缝	97.3～115 109.6 (4)	0.18～3.55 1.15 (4)	10～18	5	黑色	不发光
	3379.48	含砾细砂岩	Ⅰ	石英	95～130.3 106.76 (5)	0.53～3.39 1.6 (3)	15～30	5	黑色	不发光
	3433.38	细砂岩	Ⅰ	石英愈合缝、石英、石英加大边内缘	103.1～120.3 114.7 (9)	2.41～10.11 6.3 (9)	1～20	5～8	黑色	不发光
	3433.68	中砾岩	Ⅰ	石英	116.2～136.2 129.18 (5)	2.41～3.39 2.94 (4)	8～30	3～5	黑色	不发光
			Ⅱ	石英愈合缝、方解石胶结物	106.9～131.7 121.4 (4)	13.29 13.29 (1)	1～8	3～5	浅灰褐色	蓝白色
	3434.18	砂砾岩	Ⅰ	石英、石英愈合缝	123.5～130.9 126.64 (7)	0.35～6.88 3.078 (5)	7～25	5～10	黑色	不发光
欢 614	2925.00	砂岩	Ⅰ	石英	97.2～120.1 104.4 (7)	4.96 4.96 (1)	34～1000	3～8	黑色	不发光
海南 5	2964.70	含砾砂岩	Ⅱ	石英、缝隙、方解石	96.8～124.5 106.925 (8)	10.36 10.36 (1)	12～126	5～8	黑色、灰黑	不发光

续表

井号	井深/m	岩性	期次	主矿物	均一温度/℃	盐度/(wt%NaCl)	大小/μm^2	气液比/%	偏光颜色	荧光发光色
海南 5	3312.63	含砾砂岩	Ⅰ	石英、长石	95.1～120.6 109.47（7）	0.53～8.28 3.45（7）	7～220	5～8	黑色、灰黑	不发光
海南 7	3360.12	含砾砂岩	Ⅰ	石英	103.5～118.6 112.03（9）	1.57～11.1 5.538（5）	240～1500	5	黑色	不发光
双 102	3171.23	细砂岩	Ⅰ	石英	101.3～117.6 110.08（5）	4.65～4.96 4.805（2）	15～96	5	灰黑	不发光
双 105	3511.24	细砂岩	Ⅰ	粒间缝隙中	99.2～119.2 109.83（10）	0.71～5.56 2.85（7）	8～2100	5～8	褐黑色	不发光
双 107	3505.30	砂岩	Ⅱ	石英	96.2～132 118.18（10）	0.53～3.71 1.8025（4）	20～540	5	黑色	不发光
双 118	3454.60	砂砾岩	Ⅰ	石英	113.4～130.2 121.8（2）	4.96 4.96（1）	144～500	5～6	灰黑	暗蓝色
			Ⅱ	石英	85.1～137.9 117.1875（8）	0.71～5.41 3.27（8）	20～1800	5～6	黑色	不发光
双 208	3508.16	砂砾岩	Ⅰ	石英愈合缝	95.6 95.6（1）		8～72	5	灰褐色	暗蓝色
			Ⅱ	石英	100.2～120.3 112.05（4）	1.74～6.3 4.13（3）	27～135	5	黑色	不发光

第Ⅰ期包裹体：主要是气态烃包裹体（OG），其宿主矿物为石英、石英愈合缝、裂缝隙以及石英粒内缝隙等（图版Ⅶ.4，图版Ⅶ.5），包裹体的大小分布在5～100μm^2，气液比为5%～10%，偏光显微镜下呈灰黑色、黑色和褐黑色，荧光显示不发光。

第Ⅱ期包裹体：主要为液相烃包裹体、沥青包裹体以及气液烃包裹体二相（OL、OGL、OA），其宿主矿物为石英加大边，方解石、长石解理等（图版Ⅶ.6，图版Ⅷ.1～图版Ⅷ.3），包裹体大小分布在1～10μm^2，气液比为3%～6%，偏光显微镜下呈灰黑、灰褐、浅灰褐、褐灰以及褐色等，在UV（紫外光）激发下，显示蓝白、暗蓝白或暗蓝色的荧光。

目前，研究人员主要通过流体包裹体均一温度和平均古地温梯度、地表温度资料求取油气运移发生的深度，然后在埋藏史图中再找出相应的运移时间（卢焕章等，2004）。但这种方法误差较大，而且容易出现多解性的问题（陶士振，2004）。由于断陷湖盆的幕式升降旋回演化，必然导致其中地层古埋深的非单调性变化，并由此引起成藏期的多解性。同时，古地温梯度受构造运动和岩性的影响与控制，不同地质时期的地温梯度不同，要取准古地温梯度难度较大。此外，地表温度与古气候有关，不同时期的古地表温度因古气候的变化而不同。可以应用盆地模拟技术，通过恢复地热史的方法可以解决上述问题（孟元林，2004）。但由于古埋深和古地温的非单调性，同样会导致成藏期的多解性问题——同一期流体包裹体的均一温度可能对应多个成藏时间，而且不同期次包裹体的均一温度范围会在一定程度上部分重复、交叉（陶士振，2004）。例如，锦310井第Ⅰ期流体包裹体的均一温度平均为109.6℃，在其古地温曲线中，对应32.25Ma、28.3Ma和3.75Ma三个可能的油气运移期（图6.36）。

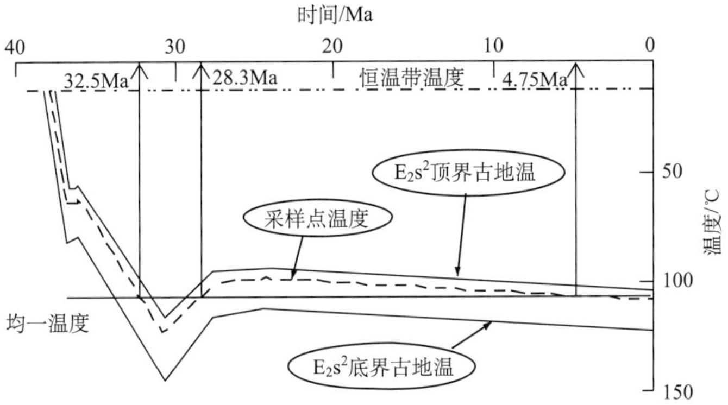

图6.36　锦310井3378.68m处成藏期的多解性问题

本次研究没有应用包裹体均一温度结合埋藏史的传统方法确定油气成藏期，而是在15块包裹体显微测温的基础上，进行了进一步的统计分析。首先，应用精细盆地模拟技术，作出每一块样品对应取样深度的古地温随时间的变化曲线；然后根据各样品中每一期与有机包裹体伴生的盐水包裹体的均一温度，在古地温曲线上确定该期有机包裹体可能被捕获的绝对年龄；最后，将全区所有样品每一期包裹体所记录的油气运移时间的绝对年龄进行数理统计分析，得出主要的油气运移期。统计结果表明，由于古地温曲线的非单调性，这 15 块包裹体样品的均一温度在各自的古地温曲线上，总共对应着 29 个可能的油气运移时间，这些运移时间分布在东二亚期（32.88～30.9Ma）、东一亚期（30.05～24.9Ma）及明化镇期（5.3～3.75Ma）三个时期，统计概率分别为 54.17%、41.67%和 4.17%（图 6.37）。由此可见，研究区的油气藏形成属于多期成藏，其中东一亚期和东二亚期为主要成藏期。由于陆相断陷盆地缺乏长距离运移的通道，所以多数为就近成藏，生油洼陷内的岩性油气藏尤为如此。因此，断陷盆地油气运移的时间往往就是原生油气藏形成的时间，该区就是一个很好的例证。当然，也并不排除断陷盆地有次生油气藏形成的可能性，该区明化镇期形成的油气藏就可能是次生油气藏。

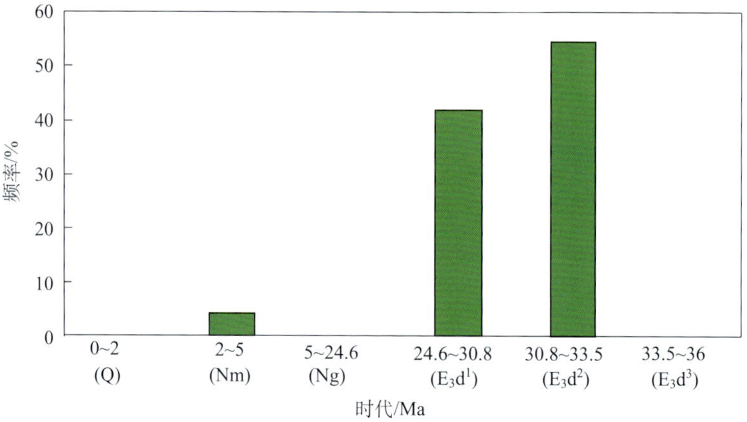

图 6.37　鸳鸯沟洼陷西斜坡油气运移时间统计分析

本书的研究结果，与前人的工作是一致的。胡振铎（1999）① 在辽河滩海地区用伊利石测年得出的成藏时间接近，他测得邻区的主成藏期分别为 32Ma、25Ma 和 15Ma，分别属于东一亚期、东二亚期和馆陶期。第三期成藏时间早于本书的研究结果，这可能是由于滩海地区东营组烃源岩的埋深较大，生、排烃时间相对较早所致。辽河油田研究院（2002）通过对西部凹陷数百个包裹体数据的统计，确定石油成藏时间大致介于28～39Ma，对应于从沙三段沉积末到东营组沉积末阶段，石油成藏高峰时间对应于东营组沉积时期，当东营期末的构造运动结束时，油藏最终定型。

通过上述三种方法确定石油的成藏期较早，可能从沙三时期已经开始，大规模成藏期为东营组；天然气在馆陶组沉积时期开始成藏，至今仍为运移成藏高峰期。总结上述研究，西部凹陷南段油气的生成主要分为两期（图 6.38），沙三至东营期主要为石油生成时间，石油的聚集首先满足同生圈闭的需要。同时，沙一、沙二至东营期也形成了大部分的构造圈闭，有利于油气的注入。随后，东营组沉积后的构造运动对已生成并聚集的石油进行了重新调整，由于构造作用导致了不同类型圈闭的最终定型，大规模的油气藏在此时得以定型，从而成为西部凹陷油气成藏的关键时期。馆陶组（17Ma）之后，天然气开始大量生成，在稳定的沉降背景下形成了天然气藏。

① 胡振铎 . 1999. 辽河滩海地区下第三系古地温及生烃成藏时间的地球化学研究 . 辽河油田研究院内部资料。

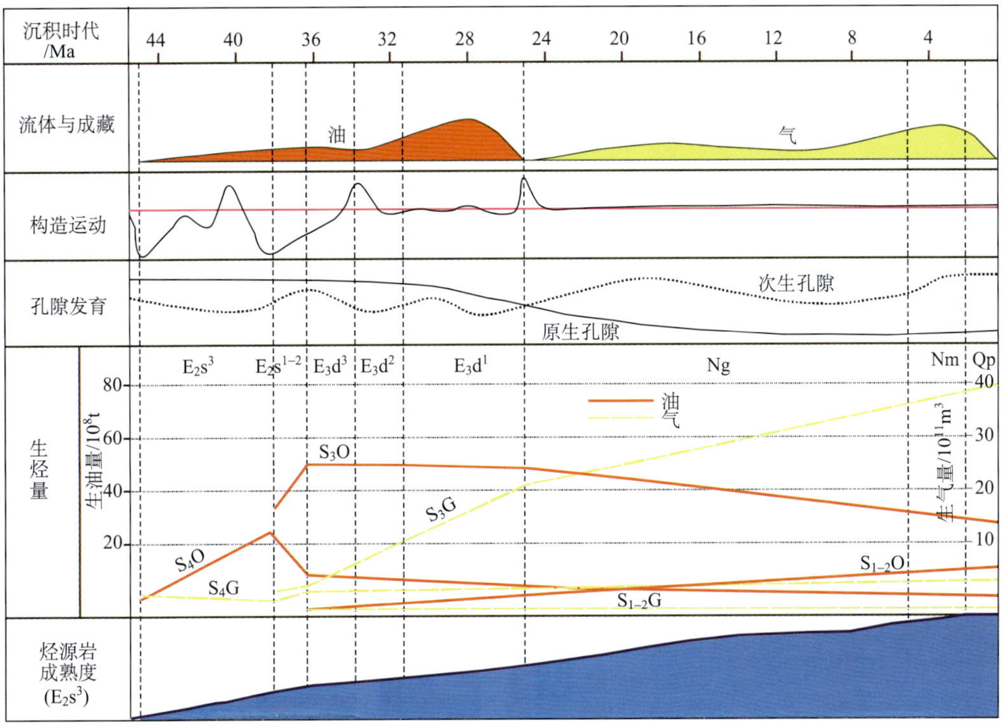

图 6.38 研究区油气成藏综合图

6.7.4 油气成藏动力学过程分析

盆地模拟可以动态模拟油气运移的过程并计算运移量。在流体包裹测试的基础上，本书采用孟元林（2004）编写的软件 DMS2004，分析了研究区的成藏动力学过程。

模拟结果显示，在沙一段沉积末期，该区只有凹陷区沙三段的部分烃源岩 $R_o>0.5\%$，进入生油门限，开始生油（图 6.39），但大部分区域 R_o依然小于 0.5%。然而，此时储层却处于有机酸窗内，而且黏土矿物大量脱水，排出 H^+，溶蚀储层，形成次生孔隙。东营组沉积时期，断裂活动变得更加剧烈，大地热流值增高，沉积速率加快，地层沉积厚度大，有机质热演化和成岩演化迅速。在东三亚期（34.17Ma），大部分地区沙三中上亚段烃源岩 $R_o=0.5\%$，进入低熟阶段，油气开始生成，但此时生成的油气被溶解和吸附，没有大量排出；直至东二亚期（31.5Ma），有机质进入成熟阶段，开始大量生成油气（图 6.40）。在东营组沉积末期，凹陷区的沙一段、沙二段和沙三段处于低成熟-成熟阶段，油气大量生成，斜坡带只有沙三段的烃源岩进入低成熟阶段，凹陷区只有少部分沙三中上亚段的 $R_o>1.3\%$，进入高成熟阶段。储层主要处于中成岩阶段的溶蚀相、溶蚀及部分再胶结相，次生孔隙发育良好。泥质盖层的埋深主要分布在小于 3500m的地层中，泥岩压实程度较高，但尚未进入晚成岩阶段，塑性较大，同时存在烃浓度封闭，盖层封闭能力较好。

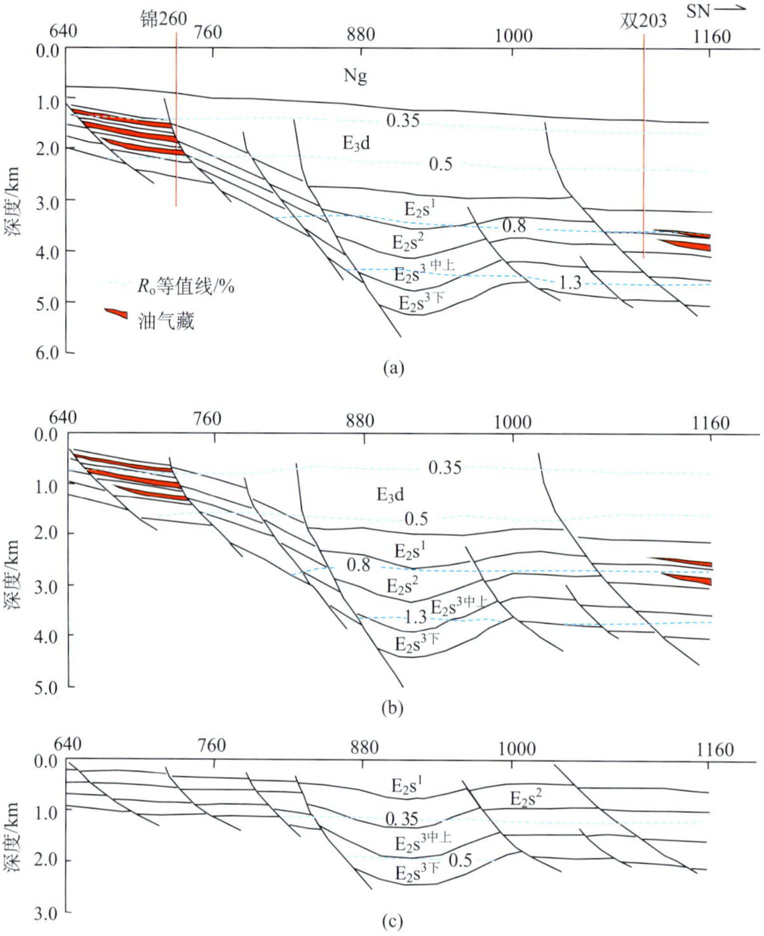

图 6.39 L780 测线成藏史

(a) 现今；(b) 东营组沉积后；(c) 沙一段沉积后

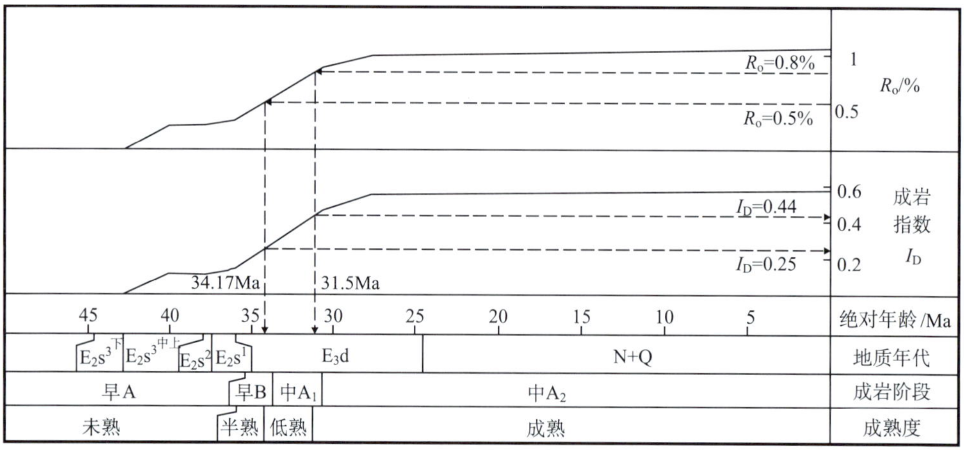

图 6.40 双 202 井沙三中上亚段（Sq3）生烃史、成岩史综合图

总之，在东营期研究区的生储盖层均处于其最佳发育状态，油气藏开始大规模形成。这一研究结果不仅与包裹体的测试结果完全相同，而且展示了该区油气藏形成的动态过程（图 6.41）。在古近纪，该区进入拗陷期，断裂活动大大减弱，油气聚集基本完成。只在后来的明化镇期，由于构造变动，该区的油气分布发生过一次小规模的重新分布，形成一些次生油气藏，但绝大部分油气藏分布在新近系区域盖层之下。

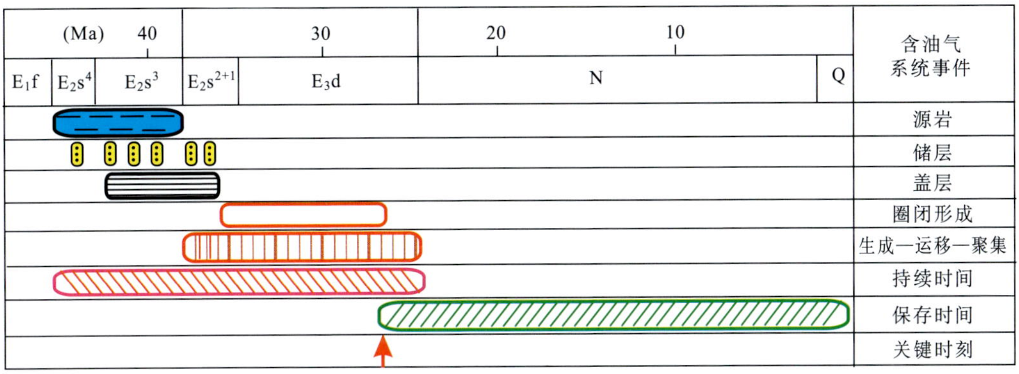

图 6.41　研究区油气藏形成事件图

6.8　岩性油气藏的类型和成藏模式

已有的研究表明，西部凹陷发育种类齐全、类型多样的油气藏。研究区内同样发育了多种类型的油气藏，在不同的构造带，发育的圈闭类型有较大的差异（图 6.42）。在

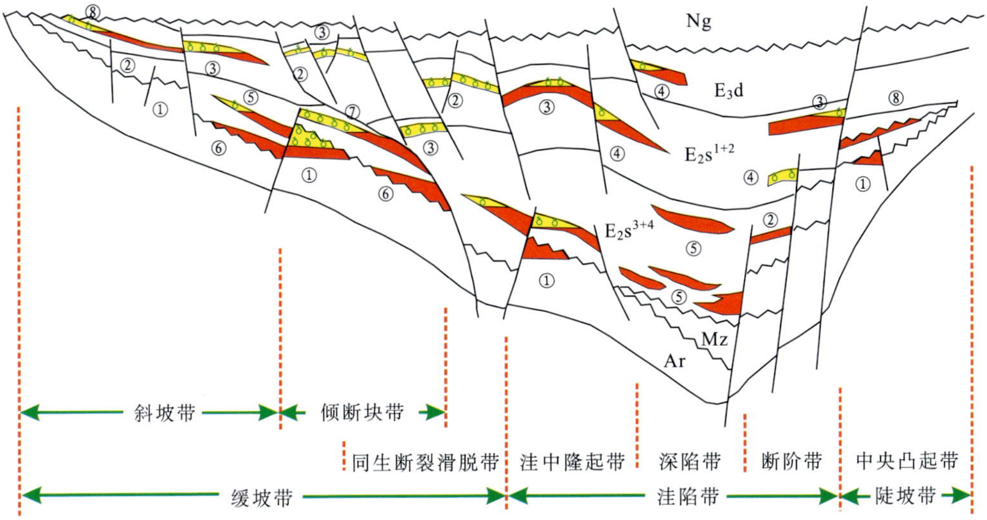

图 6.42　西部凹陷南段发育的圈闭类型与展布特征（据顾志明等，1996，修改）

①潜山圈闭；②断块圈闭；③滚动背斜圈闭；④鼻状构造圈闭；⑤岩性尖灭圈闭；⑥地层超覆圈闭；⑦褶皱背斜圈闭；⑧不整合遮挡圈闭

缓坡带，构造发育相对平缓，圈闭类型以岩性尖灭、地层不整合为特色；在倾翘断块带和同生断裂滑脱带，不同规模的断裂较为发育，圈闭类型以与断裂相关的断块、断鼻、断背斜等为特色；在深凹带，断裂活动相对减弱，特色圈闭以透镜状砂体、砂体上倾尖灭等类型为主；在陡坡带，重点发育了与深大断裂相关的断鼻、滚动褶皱、砂体上倾尖灭等类型的圈闭。此外，潜山圈闭广泛出现于各区带之中。

通过前面各个章节的论述，本书认为研究区内沙河街组发育的岩性油气藏类型可能有以下几种（表 6.8）：水下分流河道（沟道）砂体岩性油藏、砂岩透镜体岩性油藏、砂岩上倾尖灭岩性油藏以及复合岩性油藏（包括断层-岩性油藏、岩性-断层油藏、构造-岩性油藏和岩性-构造油藏）。

表 6.8　研究区内岩性油气藏类型

类型		发育部位
水下分流河道（沟道）砂体岩性油藏		扇三角洲前缘、湖底扇扇中
砂岩透镜体岩性油藏		深陷带、低位斜坡区
砂岩上倾尖灭岩性油藏		陡坡带、缓坡带、正向构造翼部
复合岩性油藏	断层-岩性油藏	斜坡带、断裂坡折带
	岩性-断层油藏	断层发育部位
	构造-岩性油藏	较大规模的正向构造
	岩性-构造油藏	斜坡带及正向构造两翼

不同类型的岩性油藏，其成藏模式有着较大的区别，具体的特点见图 6.43。从岩性油气藏的类型和成藏特点可以看出，多种有利因素的耦合是这些特点的内在控制因

类型	与烃源岩关系	输导体系	主要生储盖组合类型	模式图
水下分流河道(沟道)砂体岩性油藏	源内或源上	连通砂体、断层	下生上储、自生自储	
砂岩透镜体岩性油藏	主要分布于源内	隐蔽输导体系或断层	自生自储	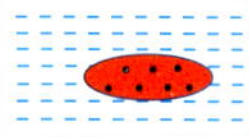
砂岩上倾尖灭岩性油藏	在烃源岩内	连通砂体、断层	自生自储	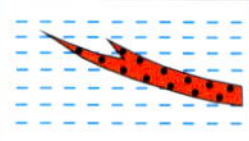
断层-岩性油藏	源内或源上	连通砂体、断层、不整合面	自生自储、下生上储	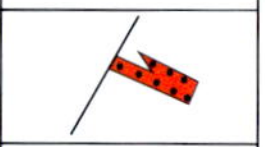
岩性-断层油藏	源上或源下	断层、连通砂体	下生上储、上生下储	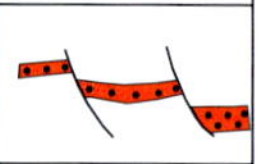
构造-岩性油藏	源内或源上	连通砂体、断层、不整合面	自生自储、下生上储	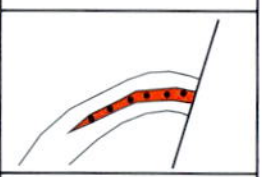
岩性-构造油藏	源内或源上	连通砂体、断层、不整合面	自生自储、下生上储	

图 6.43　研究区岩性油气藏形成模式

素。鸳鸯沟工区紧邻鸳鸯沟洼陷，清水工区横跨清水洼陷，沙四段、沙三段的暗色泥岩厚度大，烃源岩质量好，具有充足的油源条件，为岩性油气藏的形成提供了雄厚的物质基础；区内发育的扇三角洲前缘水下分流河道、河口坝、湖底扇扇中沟道砂体，物性较好，为油气聚集提供了良好的储集空间，而深层次生孔隙带的发育改善了储层物性，造就了较好的形成岩性油气藏的储集条件；多种类型的输导体系和输导模式为油气运移、聚集提供了良好的输导条件，是岩性油气藏形成过程中由“源”到“汇”的桥梁；广泛分布的沙四段、沙三段和沙一段暗色泥岩厚度大，是重要的区域性盖层，为岩性油气藏提供了优质的封盖条件；断陷盆地幕式沉积旋回使研究区具有多种生储盖组合方式，造就了岩性油气藏的油藏类型的多样性；沟谷、坡折带控制了低位体系域和高位体系域砂体的发育，坡折带之下是岩性油气藏发育的有利部位；研究区构造定形期为东营期末期，油气大规模运移期为东营末期，油气的生成、运移、聚集与岩性圈闭的形成演化形成了时间和空间上的有利配置关系，决定了岩性油气藏的成藏模式和基本特征。因此，可以说正是西部凹陷断陷湖盆演化过程为岩性油气藏的形成提供了有利条件，也是这些有利因素的耦合关系暗示着岩性油气藏的勘探潜力是确定的和有规律可循的。可以看出，研究区内岩性油气藏具有“源-沟-坡控砂、复合输导、复合成藏、类型多样”的特点，这使在该区进行“进源勘探”有规律可循，而且这是进行高成熟勘探油田深化勘探和精细勘探的主攻方向，也是辽河油田实现可持续发展的重要基础。

第7章 有利目标预测与综合评价

勘探实践证实，岩性油气藏的形成和分布不完全受构造区带的控制，而是受沉积体系、地层超覆、地层削截、有利沉积相与成岩相等因素控制（贾承造等，2005）。具有相似地质背景并受岩相、岩性或地层变化控制而形成的岩性地层油气藏组合，称为岩性地层油气藏区带（赵文智等，2004；易士威，2005；李建忠等，2007），表明岩性地层油气藏具有成群成带展布的特点。由前面章节的论述可知，研究区内具备形成岩性油气藏的良好条件，即充足的油源、广泛分布的扇三角洲前缘砂体和湖底扇砂体及其较好的储集能力、多种类型的生储盖组合、多种类型的输导体系和输导模式、与岩性因素有关的多种类型的圈闭等多种要素的耦合配置，是岩性地层油气藏形成的内在控制因素，也是本书开展“进源勘探”的地质基础和可行性保障。由于研究区处于半深湖-深湖环境，具备最佳的生储盖配置，非常有利于岩性油气藏的形成，从有利目标的平面分布来看，具有受环洼坡折带控制的特点（图7.1），这与前人总结的断陷湖盆中岩性地层油气藏的分布特征是相吻合的（邹才能等，2004）。

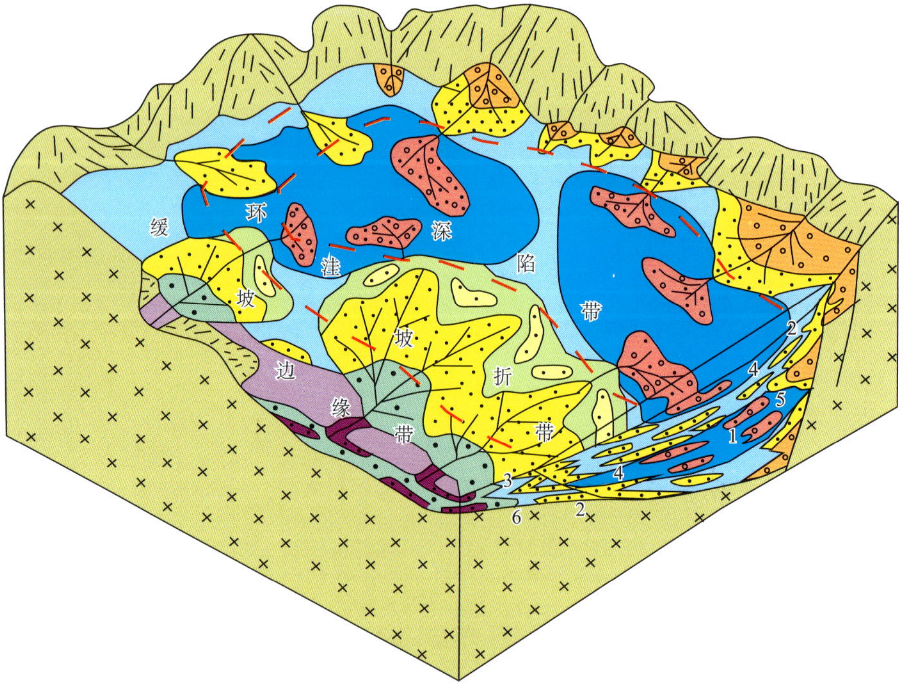

图7.1 断陷湖盆岩性地层油气藏发育及展布立体模式图（据邹才能等，2004）

1. 透镜体岩性油气藏；2. 断层岩性油气藏；3. 物性封堵岩性油气藏；4. 岩性上倾尖灭油气藏；5. 构造岩性油气藏；6. 不整合遮挡油气藏

7.1　有利区带预测

通过对研究区基本石油地质条件、地震储层预测、有利储层预测以及成藏特征研究等的分析，认为鸳鸯沟工区和清水工区的岩性油气藏分布具有成带展布的特点。有利的岩性油气藏发育带位于东部同沉积断裂坡折带的低位断阶和洼陷带内（图 7.2，图 7.3）。这是因为，首先，平行状断阶之下，地形突然变陡，水体加深，有利于形成透镜状岩性油气藏和储集层上倾尖灭油气藏；其次，研究区东部下台阶处于扇三角洲前缘外带，远离物源，砂体连续性差，尖灭线多，位于紧邻生油区的缓坡地带，是油气运移的优势指向区，油气生成后首先就近运移至河口坝砂体中，有利于形成自生自储型油气藏；最后，从地震储层预测结果来看，东部下台阶砂体厚度大，位于河口坝和辫状河微

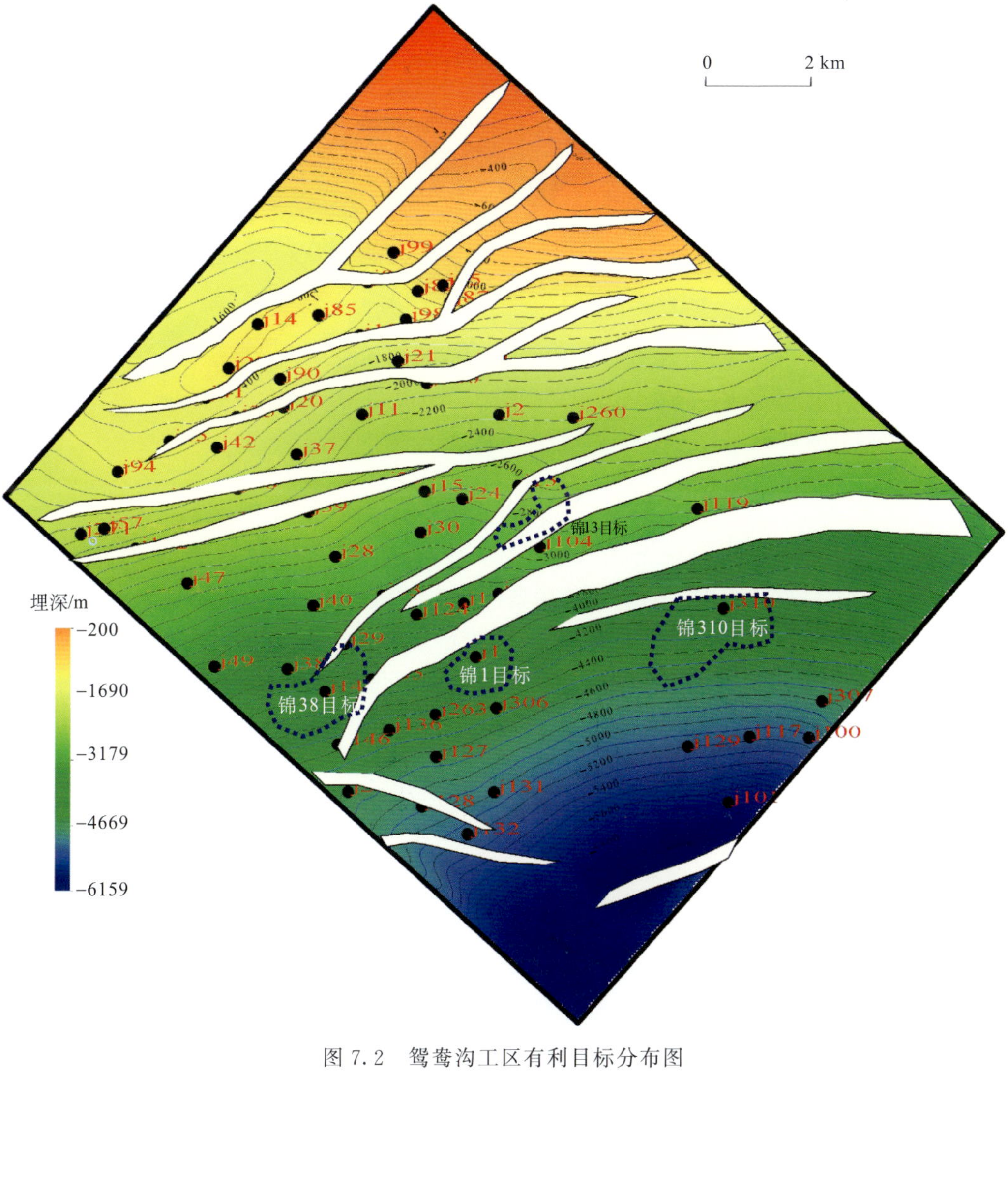

图 7.2　鸳鸯沟工区有利目标分布图

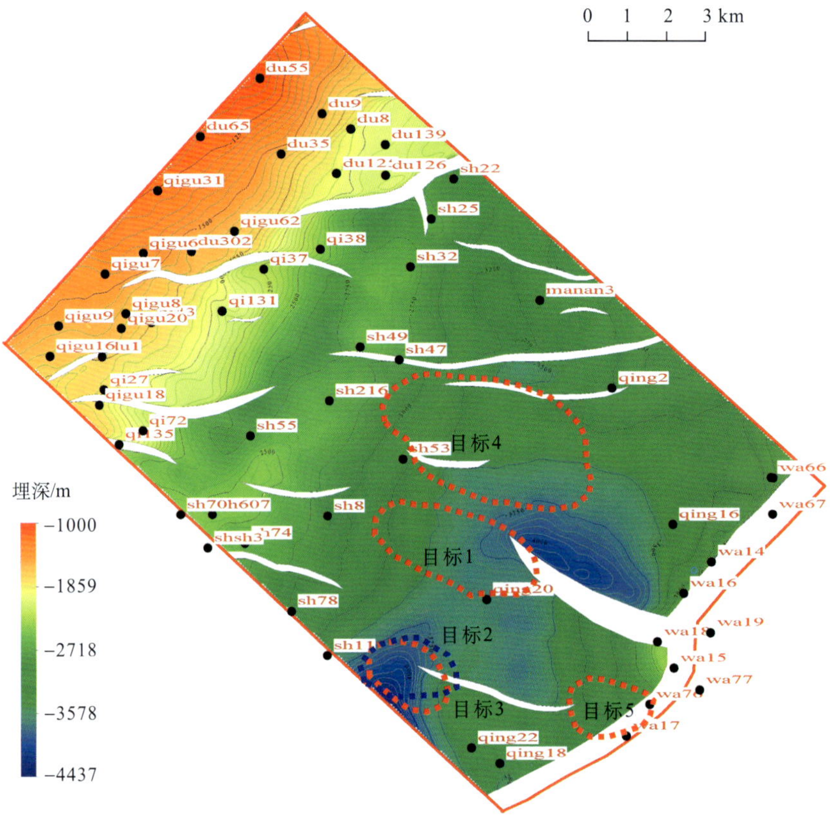

图 7.3　清水工区有利目标分布图

相，且处于高孔带较发育区，储集条件好。

7.2　有利层位预测

通过前面综合分析研究区的基本地质条件、测序格架特征、成藏条件以及地震储层预测和有利储层预测结果，确定鸳鸯沟工区的 Sq1、Sq2、Sq3 和 Sq4，为岩性油气藏的勘探目的层；清水工区的 Sq3、Sq5 为发育岩性油气藏的有利层位。两个工区有所差别，是因为所处的构造位置不同，清水工区目的层埋深相对较大。

7.3　有利目标综合评价

综合前面各项研究成果，本书认为西部凹陷南段具备形成岩性油气藏得天独厚的优势，根据生产实践的需要，初步筛选出了 9 个具体的目标圈闭（图 7.2，图 7.3），其中鸳鸯沟工区 4 个目标，共计预测资源量 5090×10^4t；清水工区 5 个目标，共计预测资源量 5966×10^4t，两个工区 9 个目标总计预测资源量约 1.1×10^8t（表 7.1）。下面对这些目标逐一进行评价。

表 7.1　有利目标综合评价表

工区	目标	层位	体系域	高点埋深/m	面积/km^2	砂体厚度/m	圈闭主体所处沉积微相	储集相	圈闭类型	预测资源量/10^4t
鸳鸯沟工区	锦 310	Sq2	高位	−3130	11	21	水下分流河道	有利储集相发育区	砂岩上倾尖灭	1848
	锦 1 上	Sq2	低位＋湖扩	−3180	5.4	25	水下分流河道	高孔带发育区	构造-岩性	1080
	锦 1 下	Sq3	高位	−4000	6.2	21	河口坝	高孔带较发育区	构造-岩性	1042
	锦 38	Sq3	低位	−2800	7.1	20	水下分流河道-河口坝	高孔带发育区	砂岩透镜体	1120
清水工区	目标 1	Sq5	低位	−2700	6.9	17	水下分流河道	高孔带发育区	砂岩透镜体	938
	目标 2	Sq5	高位	−2400	8.2	15	水下分流河道	高孔带发育区	砂岩上倾尖灭	800
	目标 3	Sq5	低位＋湖扩	−2800	8.5	20	水下分流河道	高孔带发育区	砂岩上倾尖灭	1300
	目标 4	Sq3	低位	−3500	21.1	15	湖底扇辫状沟道	高孔带较发育区	砂岩透镜体	2544
	目标 5	Sq3	高位	−3500	4.8	15	湖底扇辫状沟道	高孔带较发育区	岩性-构造	384

7.3.1　鸳鸯沟工区有利目标综合评价

1. 锦 310 目标（图 7.4）

该目标处于鸳鸯沟工区的井位空白 A 区（图 1.24），位于锦 1 大断层的下降盘，处于断裂坡折带的第二台阶，层位为 Sq4，高位体系域，沉积体系属于沙二时期的扇三角

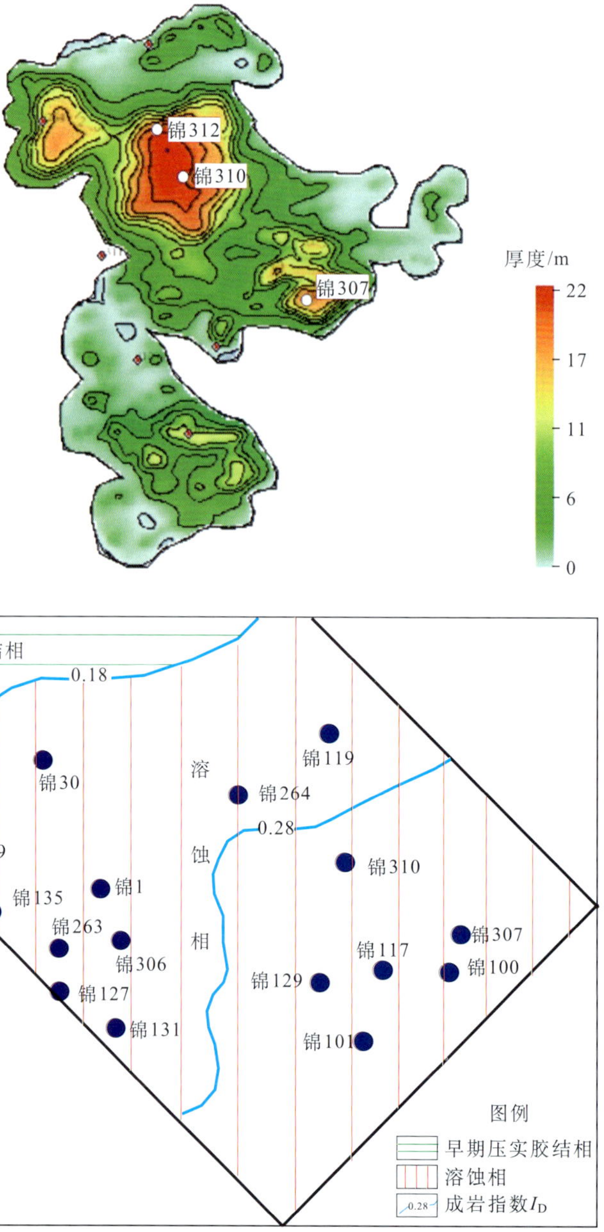

图 7.4　锦 310 目标综合评价图

早成岩阶段 A 期 $I_D \leqslant 0.18$，早成岩阶段 B 期 $0.18 < I_D \leqslant 0.28$

洲，沉积微相类型属于水下分流河道微相，成岩相为溶蚀相，属于有利储集相发育区。从剖面上看，该目标为上倾尖灭的砂岩透镜体，其上下都发育一条规模较大的断层，其下倾方向即为鸳鸯沟生烃洼陷，该砂岩透镜体处于油气运移的优势方向，并且其周边的锦 306、井 307、锦 100、锦 131 等井在相同层位均钻遇油层，获得了较好的产能，如锦 307 在相同层位获得日产 21t 的产能。该井于 2005 年实施后获得了成功，在 3352～3428m 井段见良好显示，录井解释油层 31.0m，3369.3～3375.6m 井段试油，8mm 油嘴，日产油 $85m^3$。该目标砂体成藏模式见图 7.5。

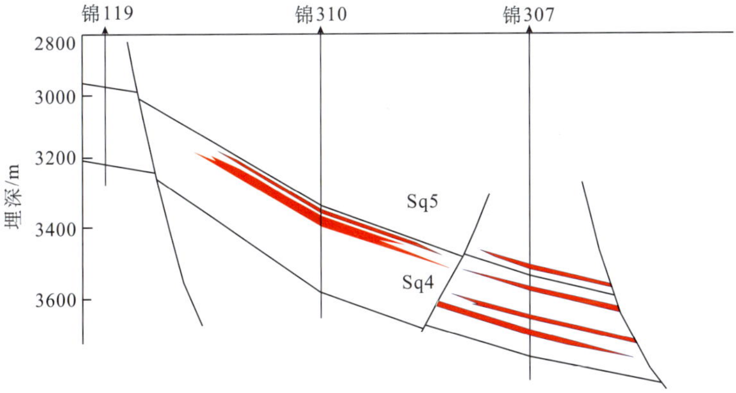

图 7.5　锦 310 上倾尖灭砂岩透镜体油藏剖面

2. 锦 13 目标

锦 13 目标包括锦 13 上和锦 13 下两个砂体，分别位于 Sq3 的低位＋湖扩体系域和 Sq2 的高位体系域，是在沙三时期形成的扇三角洲辫状河道和河口坝沉积体系，均属于断层-岩性圈闭。从地震剖面和反演剖面上看，这两个目标都表现出典型的楔形反射特征（图 7.6，图 7.7）。扇三角洲砂体靠近断层的下降盘，沿着断槽分布，沿上倾方向断层形成封堵，侧向由断层遮挡或岩性侧向尖灭。两个砂体顶面构造形态均为西北高东南低。顶部为盆地深陷期形成的一套深湖-半深湖泥岩盖层。由于锦 13 上和锦 13 下砂体顶部分别与层序 3 和层序 2 湖侵期生油层直接接触，同时又有断层沟通，具有优先捕获油气的条件。从储集相特征来看，处于有利储集相发育和较发育区（图 7.8，图 7.9），具有好—较好的储集能力。据反演资料可以清楚地看到这两个目标的砂体展布形态。锦 13 上、下砂体圈闭面积分别为 $5.4km^2$ 和 $6.2km^2$，预测资源量分别为 1080×10^4t 和 1042×10^4t。

3. 锦 38 目标

该目标位于斜坡下倾方向，层位为层序 3 低位体系域，属于砂岩透镜体岩性圈闭。它属于沙三时期形成的扇三角洲辫状河道和河口坝沉积体系。从反演剖面上看，楔形反射特征很清楚（图 7.10），从反演剖面可以看到岩性尖灭特征。该目标顶面西北高、东南低。其顶部为湖侵期盆地深陷形成的一套深湖相泥岩盖层。扇三角洲砂体沿上倾方向和侧向由岩性尖灭形成遮挡。由于砂体顶部与层序 3 湖侵期生油层直接接触，成为油气运移的最佳指向，具有优先捕获油气的条件。该圈闭可以与附近欢 629 井进行对比，邻近还有欢 103 井等产油井。锦 38 井目标埋藏深度相对较浅，比较有利，且处于有利储集相发育区（图 7.11）。该圈闭面积为 7.1km²，砂体有效厚度 20m，预测资源量为 1120×10⁴t。

图 7.6 锦 13 目标地震剖面

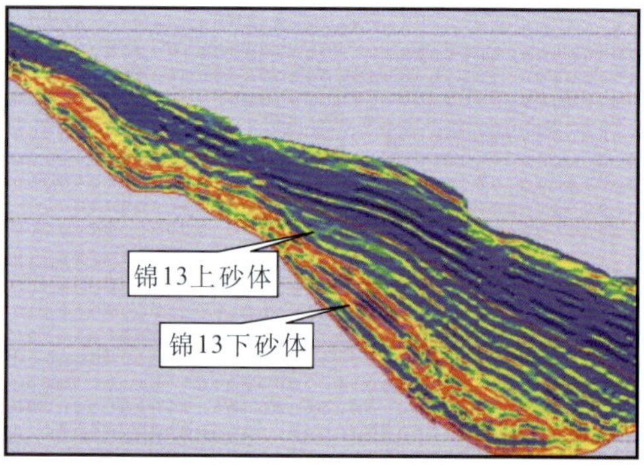

图 7.7 锦 13 目标反演剖面

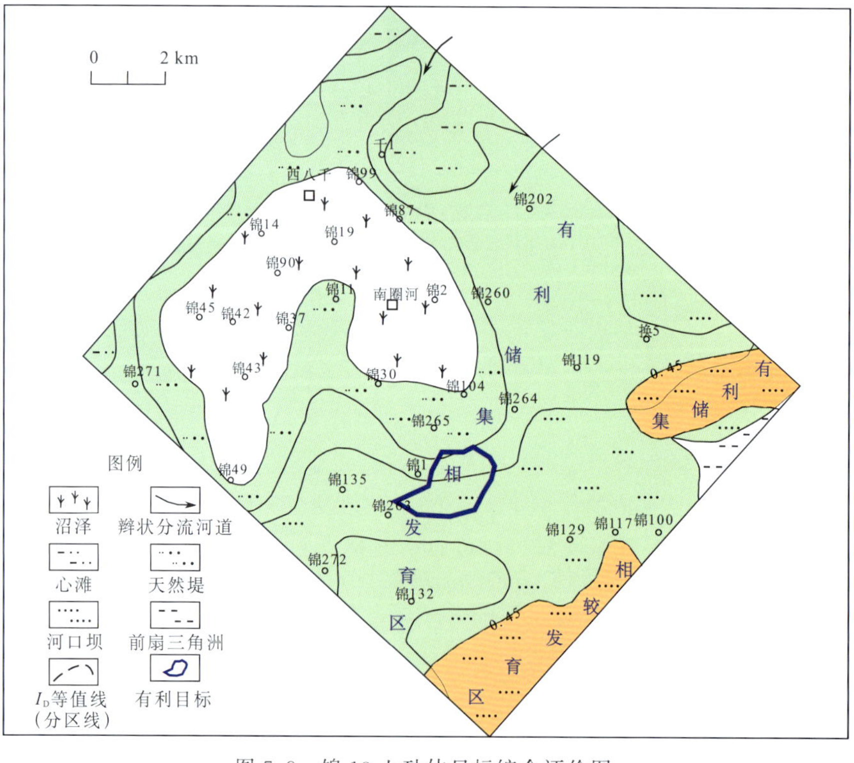

图 7.8 锦 13 上砂体目标综合评价图

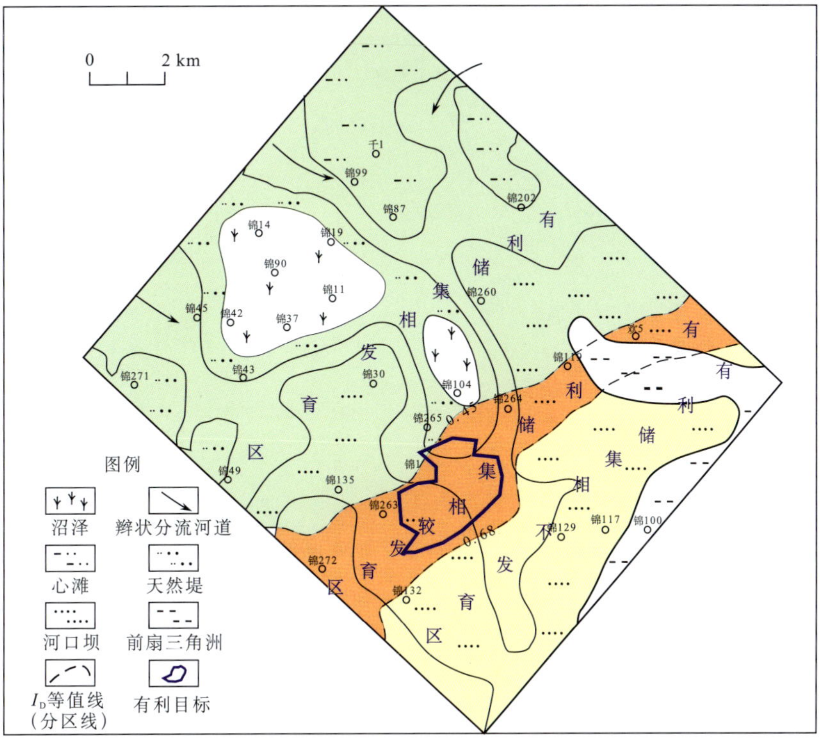

图 7.9　锦 13 下砂体目标综合评价图

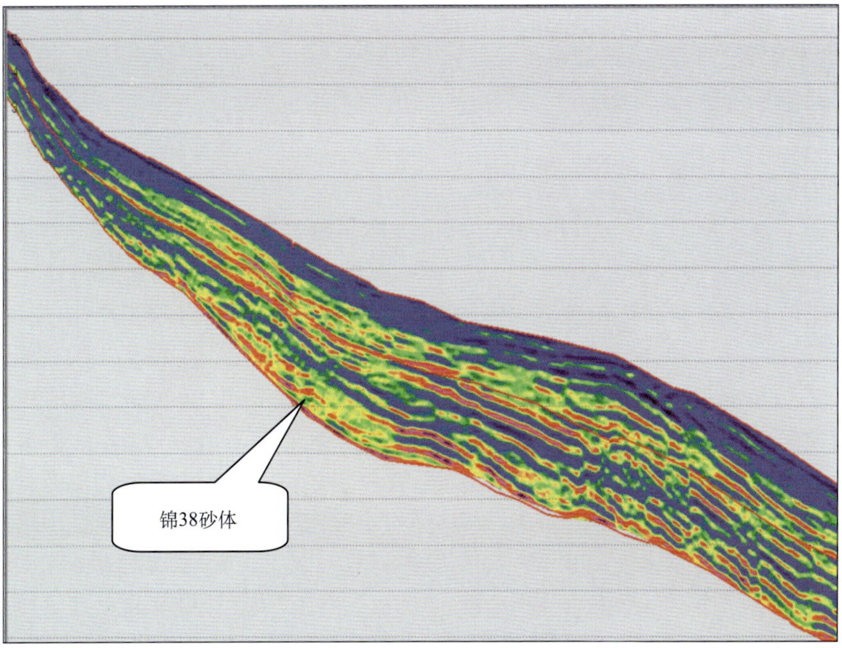

图 7.10　锦 38 目标反演剖面

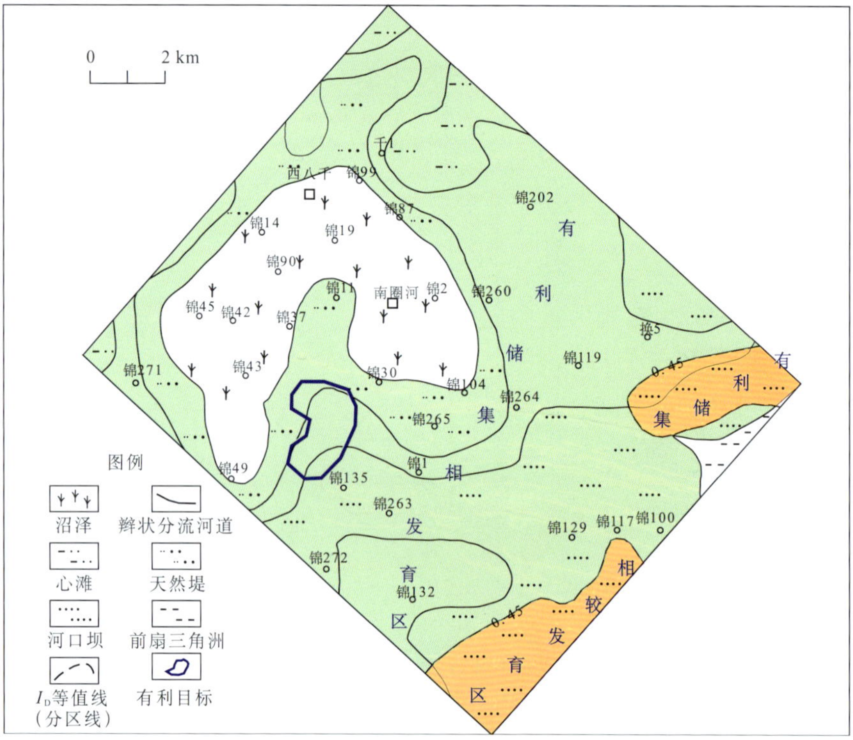

图 7.11 锦 38 目标综合评价图

7.3.2 清水工区有利目标综合评价

1. 目标 1

该目标位于洼陷带，层位属于 Sq5，低位体系域，属于砂岩透镜体岩性圈闭，呈向缓坡上倾，上薄下厚的不对称透镜状，两边被断层夹持（图 7.12）。高点埋深 2700m，面积 8.2km^2，预测资源量 800×10^{4}t。目标 1 沉积微相为扇三角洲前缘亚相水下分流河道微相，同时处于有利储集相发育区，即处于次生高孔带发育区（图 7.13）。目标 1 紧邻清 20 井，该井取心见含油砂岩 1.36m，油浸砂岩 0.17m，油斑砂岩 0.20m，荧光砂岩 3.38m，总显示长度 5.11m，并且电测解释气层 2.4m/1 层（2924.6～2927.0m），综合解释油层 3m/2 层（2575.0～2579.0m），虽然因工程原因（723m 钻头落井，鱼顶深 722.29m，打捞未成功）工程报废，但是显示了较好的含油气性。因此，该目标取得突破的可能是很大的。

2. 目标 2 和目标 3（图 7.14）

这两个目标的平面位置基本上是相同的，分别属于三级层序 Sq5 高位和低位体系域，圈闭面积分别为 6.9km^2 和 8.2km^2，预测资源量分别为 938×10^{4}t 和 800×10^{4}t。沉积相类型为扇三角洲前缘水下分流河道微相，砂体的主体部位基本上位于有利储层发

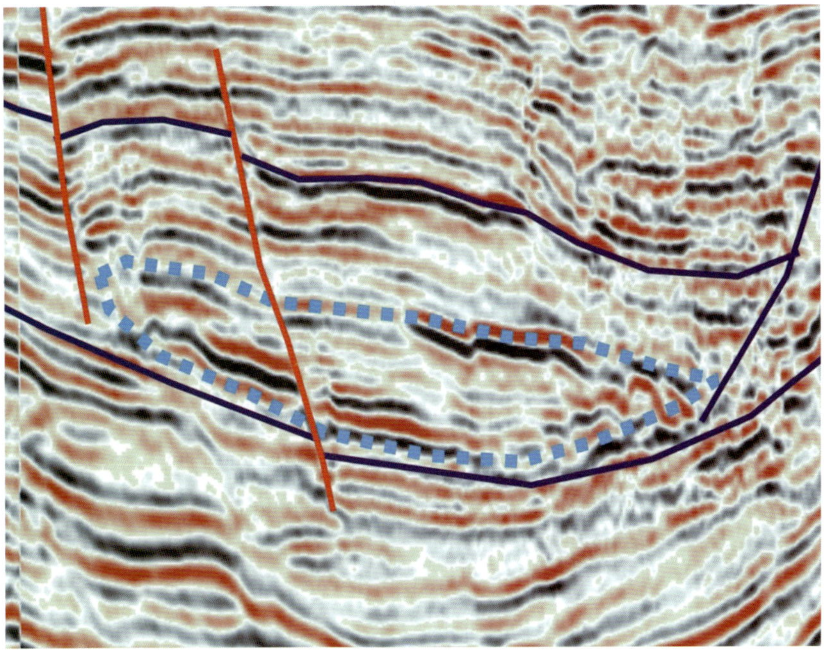

图 7.12　清水工区目标 1 地震剖面

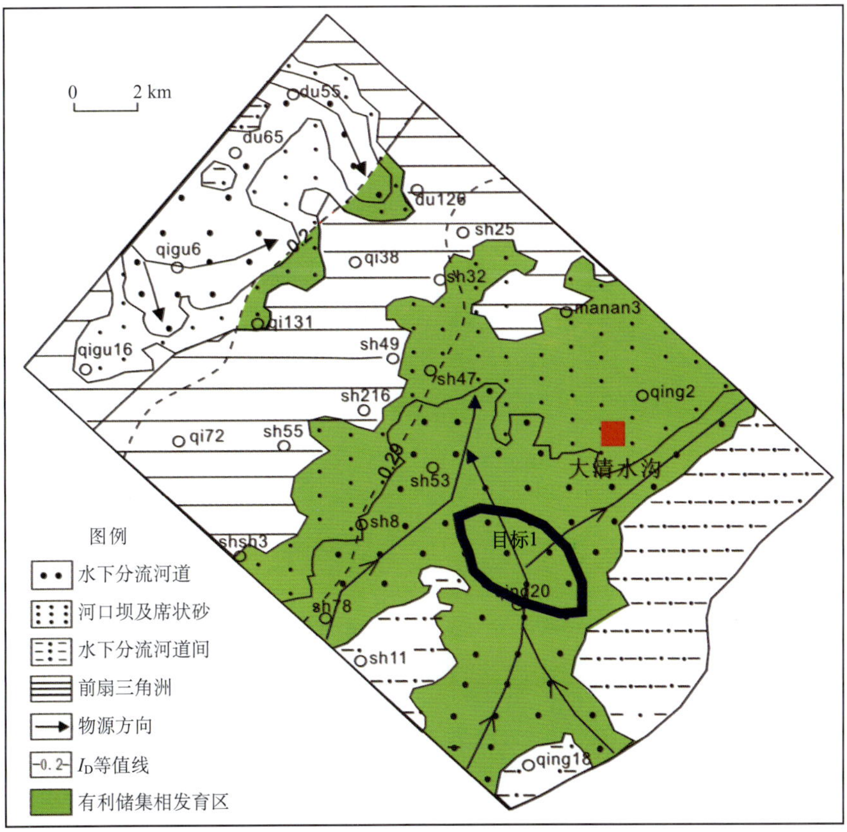

图 7.13　清水工区目标 1 综合评价图

育区，具备发育高孔带的条件（图 7.15，图 7.16）。这两个目标砂体来源于陡坡带，位于陡坡断裂坡折带的二台阶下降盘，背靠断层，向缓坡方向上倾尖灭，属于典型的砂岩上倾尖灭圈闭类型，是相当有利的圈闭。

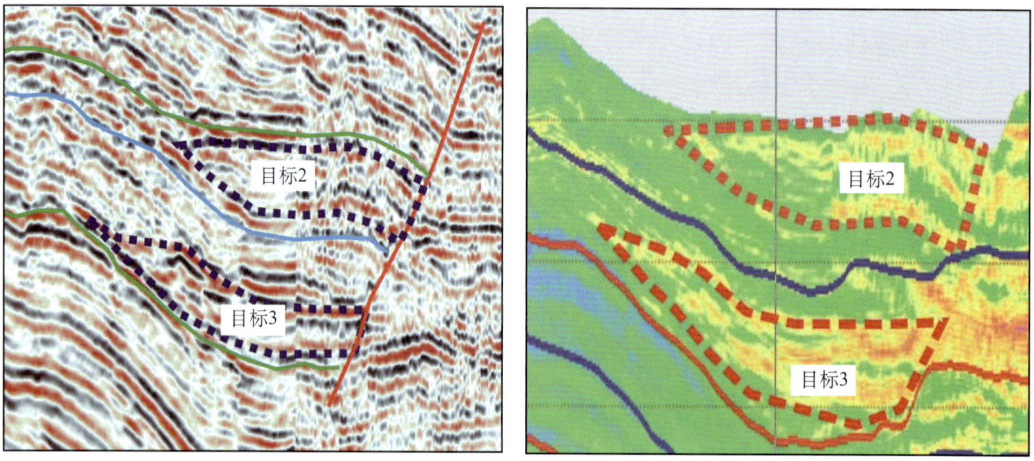

图 7.14 清水工区目标 2 和目标 3 地震剖面和反演剖面

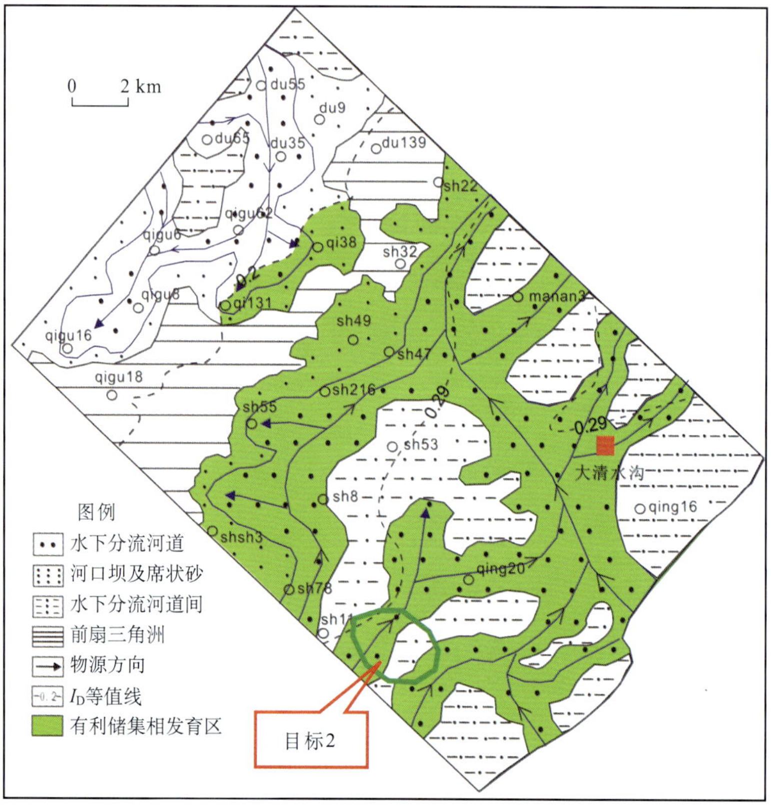

图 7.15 清水工区目标 2 综合评价图

3. 目标 4（图 7.17）

目标 4 是面积最大的一个有利圈闭，面积 21.1 km^2，预测资源量 2544×10^4 t。该目标是规模较大的一个砂岩透镜体（图 7.18），层位属于 Sq3 的低位体系域，沉积体系为湖底扇，沉积微相类型为辫状沟道-前缘微相。该岩性圈闭的主体部位位于有利储层较发育区，具有较好的储集能力。圈闭类型属于砂岩透镜体岩性圈闭。该圈闭下端深入到生烃洼陷内，而 Sq3（沙三中上段）烃源岩条件最为优越，又恰好处于油气运移的优势指向区内，基本具备了较好的成藏条件，捕获油气的机遇很高。

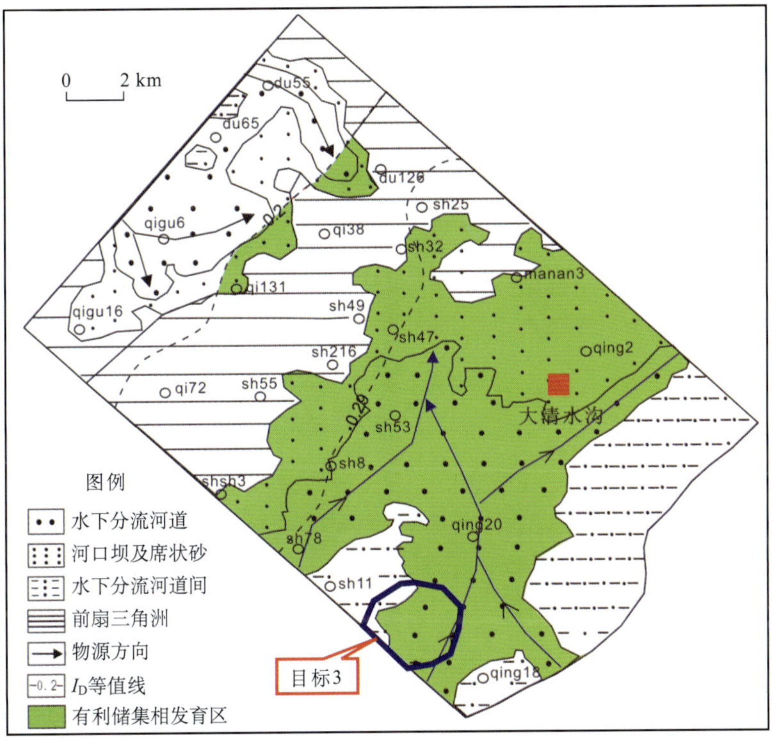

图 7.16　清水工区目标 3 综合评价图

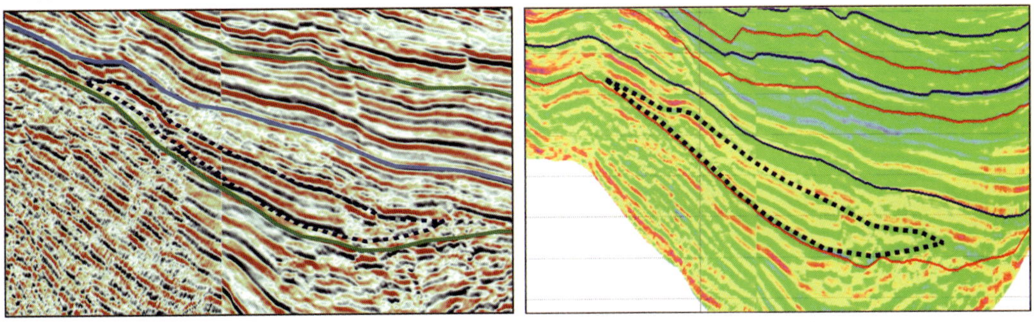

图 7.17　清水工区目标 4 地震剖面和反演剖面

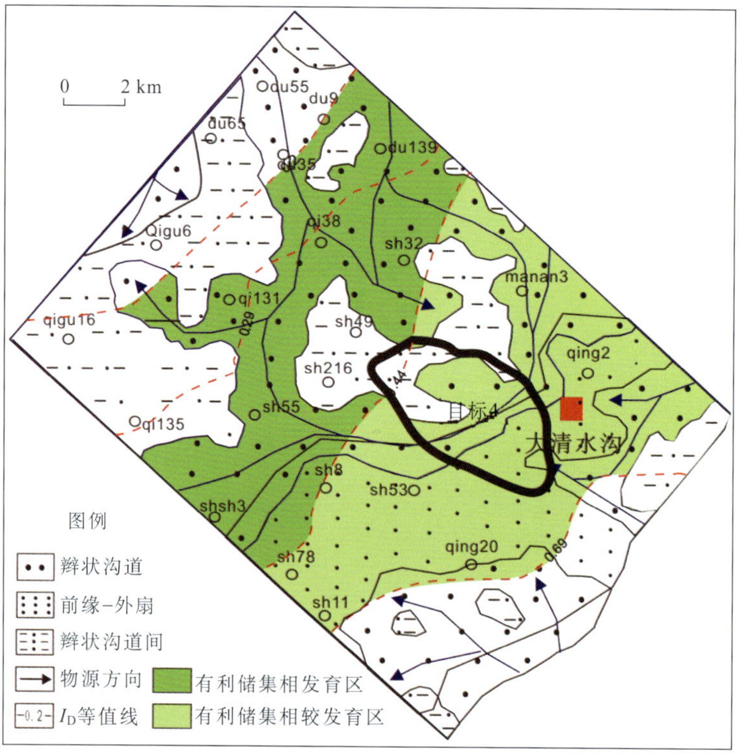

图 7.18　清水工区目标 4 综合评价图

4. 目标 5

目标 5 位于陡坡的断裂坡折带下降盘，层位为 Sq3，高位体系域，该圈闭实际上是一个边界断裂控制的断鼻构造，在断鼻构造继承性发展的背景下，披覆了多套砂体（图 7.19），因此该目标圈闭类型应属于岩性-构造型。沉积体系属于沙三时期的湖底扇，沉积微相为辫状沟道微相，处于有利储集相较为发育区（图 7.20）。面积 4.8km^2，预测资源量 384×10^{4}t。邻井洼 76 井在 Sq3 的 2148.0～2426.0m 获得日产 36t 的产能，表明

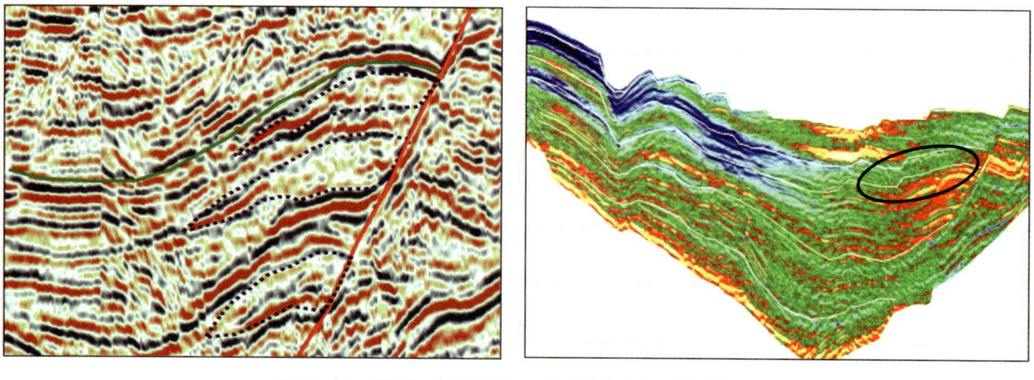

图 7.19　清水工区目标 5 地震剖面和反演剖面

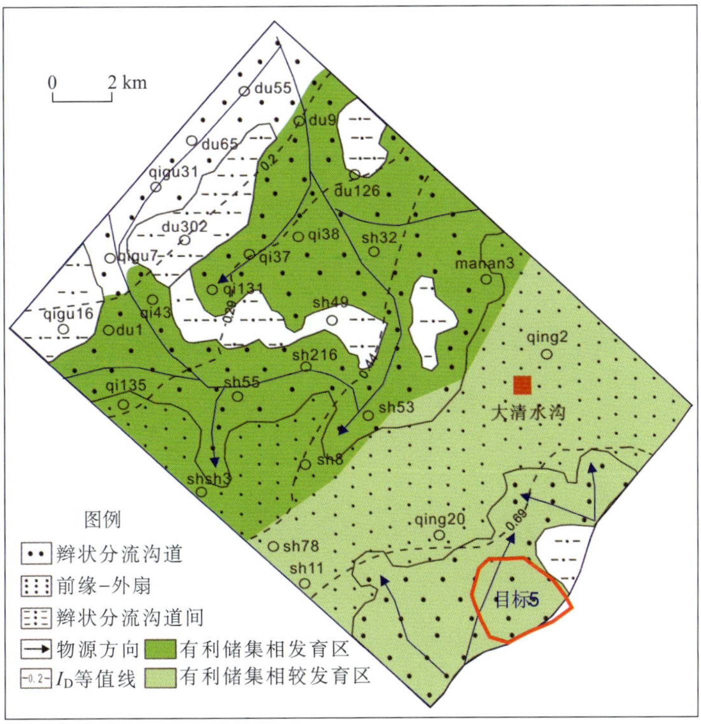

图 7.20　清水工区目标 5 综合评价图

圈闭有较大的机遇捕获油气。该圈闭已钻一口井清 21，但是清 21 完钻深度浅，并未钻至本次预测的这套砂体，所以可以对清 21 井进行侧钻加深，从而可以揭示这套砂体的含油性。

通过对研究区内筛选出的砂岩透镜体、砂岩上倾尖灭、岩性-构造和断层-岩性这几种具代表性的岩性油气藏有利目标的综合评价，简要地论述九个有利目标的成藏条件和基本特征，认为在生烃洼陷边部和内部开展“进源勘探”很有必要，是有地质事实基础和实践基础的。图 7.21 很好地表明了油气由生烃洼陷向低油势区（缓坡和陡坡）运移的客观规律，而环洼坡折带是油气运移的必经之路，这里发育的各种有效圈闭完全能聚集油气。近年的勘探实践也表明这一点：清水洼陷北部地区为受兴隆台-马圈子潜山隆起控制的构造背景，沙三期发育多期次、多套浊积岩体，这些砂体直接被暗色泥岩所包裹，有利于形成自生自储型岩性油气。基于这种认识，部署实施兴东 1 井，该井在 2744.0～2763.0m 井段解释油层 4 层 6.6m，在沙三段 2744.0～2763.0m 井段解释低产油层 6.6m /4 层，试油获 13.39m^3/d 的工业油气流；在沙二段 2305.1～2387.9m 井段解释油层 2 层 12.4m，气层 3 层 6.1m，油水同层 1 层 5.7m，试油日产油 3.6t，累计产油 22.6t。清水洼陷北部的岩性油气藏勘探取得的突破性进展为研究区内部的岩性油气藏勘探提供了有益的信息和思路，基于此，本书提出了“进源勘探”的勘探思路和技术系列，即围绕生烃洼陷开展岩性油气藏的预测研究，以层序地层格架为基础，以层序格架内沉积体系和沉积相研究为桥梁，开展成岩作用和储层综合评价研究并确定有利储集相带的展布规律，在结合系统的成藏条件研究的基础上，以岩性油气藏具体目标评价为落脚点，从而最终确定岩性油气藏的勘探方向和靶区。概括上述，即为“进源勘探”的思想与模式。

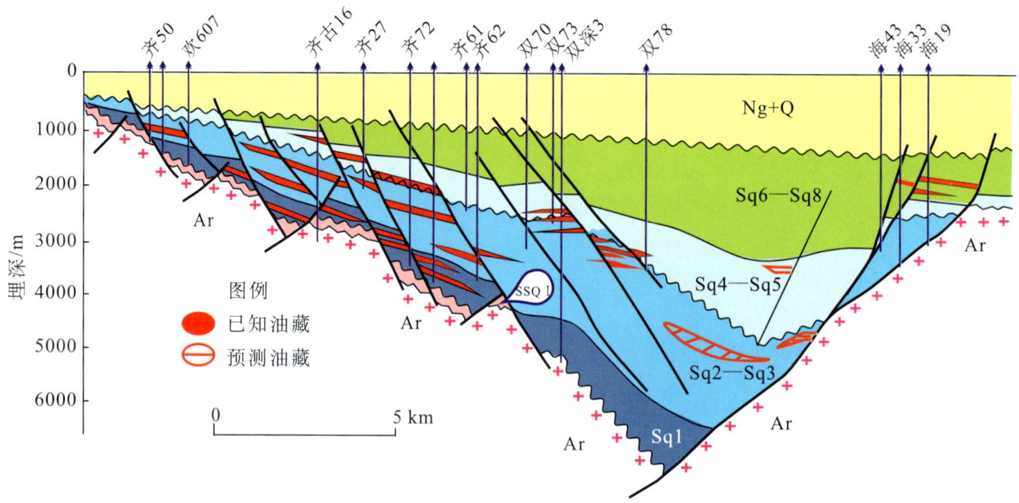

图 7.21 油气向生烃洼陷两坡运移成藏模式图

第8章　结　　论

（1）在古近系演化过程中，西部凹陷经历了三次规模不等的幕式构造运动事件，每一次构造事件对盆地的构造格局和沉积格局均产生了不同程度的影响，从而造成构造演化和沉积充填序列的明显旋回性变化。这一区域性构造演化背景，控制着研究区沉积单元内沉积物的沉积、缺失与剥蚀，控制着层序与体系域的发育与分布，决定着沉积相类型及其演化特征。

（2）利用古生物资料、测井资料、岩心资料、地震资料和有机地球化学资料，综合识别层序界面，在单井层序划分和连井剖面层序划分的基础上，采取井-震结合的手段，建立了研究区三维空间内的层序地层格架。把研究区古近系充填序列划分为3个级别，即超层序组、超层序和层序，共划分为1个超层序组（SSQS1）、4个超层序（房身泡组、沙四段—沙三段、沙二段—沙一段、东营组各划分为一个超层序，SSQ1—SSQ4）、8个三级层序（Sq1—Sq8）。其中沙河街组共划分5个三级层序，即Sq1、Sq2、Sq3、Sq4和Sq5，分别对应于沙四段、沙三下段、沙三上段、沙二段和沙一段。

（3）古近系层序地层格架为一复式层序地层格架，可以划分为上、中、下三组。下组为SSQⅠ层序组，为裂陷拱张幕干燥炎热的浅水扇三角洲沉积为主的层序地层格架。中组包括SSQⅡ和SSQⅢ两个层序组，为以主裂陷伸展幕（裂陷一幕和裂陷二幕）深湖-湖底扇-扇三角洲沉积为主的层序地层格架。上组为SSQⅣ层序组，是裂陷收敛幕（裂陷三幕）泛滥平原-河流冲积沉积为主的层序地层格架。每个裂陷幕层序代表了在一定构造活动旋回阶段内的一组层序的生长发育过程，研究区内共发育四幕裂陷代表了古近系湖盆发展的完整过程。每个裂陷幕间有大的沉积间断，古近系有四个大的沉积间断（24.6Ma、36Ma、38Ma、45.4Ma），每个层序组对应的裂陷幕内又分别有多次湖盆的扩展和萎缩及相应的次级沉积间断，如SSQⅡ和SSQⅣ各有两次。

（4）取心井岩石相研究表明研究区共出现13种岩石相类型，包括混杂砾岩相、块状砂砾岩相、块状层理砂岩相、平行层理砂岩相、槽状交错层理砂岩相、板状交错层理砂岩相、波状与断续波状交错层理细-粉砂岩相、块状层理粉砂岩相、水平层理粉砂岩相、粉砂岩与泥岩互层层理相、复合层理砂岩相、变形层理砂岩相、泥岩相。通过分析测井曲线特征，利用自然电位曲线划识别出六种测井相类型，即箱形、漏斗形、钟形、指形、齿形、平直形，不同的测井相反映了不同的沉积条件、沉积体系、沉积微相类型和岩石相特征。单井沉积相分析，结合剖面地震相和剖面沉积相分析表明，研究区沙河街组主要发育扇三角洲、湖底扇沉积体系。沉积相的演化特征分析表明，构造位置、古地貌、物源和西部凹陷幕式演化过程对其具有重要的控制作用。

（5）储层空间展布特征表明砂体的分布受沟谷、古地貌、断裂坡折带、物源条件的控制。通过对成岩作用的研究，两个工区的成岩阶段很相似，均可划分为早A期、早B期、中A_1期、中A_2期和中B期两个阶段五期。根据岩心实测孔隙度和测井资料，古近系和新近系储层均发育三个异常高孔带，但深度范围和物性特征略有差别。凹陷区三个异常高孔带均有发育，斜坡区只发育第Ⅰ、Ⅱ异常高孔带。异常高孔带的成因与成岩作用密切相关，第Ⅰ异常高孔带与淋滤作用和成岩演化早期少量有机酸溶蚀有关，第Ⅱ、Ⅲ异常高孔带则是成岩过程中黏土矿物脱水产生 H^+ 和有机酸共同造就的酸性环境有关，即由有机酸溶蚀和黏土矿物脱水作用形成。异常高孔带的存在，改善了深层储层的物性条件，采用叠合异常高孔带、成岩强度 I_D 等值线与沉积相图的方法，预测了各层序有利储集相发育区，为岩性油气藏目标预测提供了依据。

（6）对成藏条件的研究表明，研究区内具备形成岩性油气藏的优越条件，包括优良的烃源岩条件为岩性油气藏的形成提供了雄厚的物质基础；发育规模大、类型多样的储层砂体并具有良好的储集条件；优质的区域性和局域性盖层为岩性油气藏的形成提供了良好的保存条件；多种类型的生储盖配置、多类型的输导体系和输导模式是岩性油气藏形成的有利因素；油气的运移方向和途径决定岩性油气藏的发育部位等。可见，多种有利因素的耦合是岩性油气藏成藏和分布的内在决定因素，对岩性油气藏成藏条件的系统研究有助于进行可靠的目标预测。

（7）在前述研究的基础上，对研究区岩性油气藏发育的有利层位和有利区带进行了预测，认为环洼坡折带为有利区带，共筛选出有利目标九个，预测圈闭资源量近 1.1×10^8 t。

（8）依据岩性油气藏成藏条件和分布的特殊性，基于前述几部分基础研究，提出了“进源勘探”的概念和技术体系。由于生烃洼陷的缓坡和陡坡均为油气运移的优势指向，加之发育类型丰富的砂体和输导体系，在靠近生烃洼陷斜坡区和洼陷带内均具备发育岩性油气藏的条件，因此，摆脱传统的正向构造带勘探模式，转向洼陷带内及其周边斜坡低部位范围内的岩性油气藏为主要目标的勘探模式，即围绕生烃洼陷开展岩性油气藏勘探。其技术体系包括：建立层序地层格架→层序格架内沉积体系与沉积相精细研究→开展层序格架内储层综合评价研究（包括储层分布、成岩作用演化、次生孔隙异常带、有利储层预测等内容）→系统的岩性油气藏成藏条件研究（包括烃源岩条件、储盖条件、生储盖配置、输导体系和输导模式、油气运移特点及成藏史等内容）→确定可能的岩性油气藏类型、展布特征→岩性油气藏目标评价。上述六个步骤构成了以层序地层学技术、三维地震解释技术、储层反演技术、储层综合评价技术、油气成藏条件综合评价和岩性圈闭综合评价技术等为主体的岩性油气藏预测与评价技术体系，本书整体研究内容即是以“进源勘探”为主脉，对该技术体系的系统展开。

参考文献

彼得斯. 1995. 生物标记化合物指南. 北京：石油工业出版社：1-35

蔡希源，李思田. 2004. 陆相盆地高精度层序地层学——隐蔽油气藏勘探基础、方法与实践. 北京：地质出版社：1-218

操应长，姜在兴，王留奇. 1996. 陆相断陷湖盆层序地层单元的划分及界面识别标志. 石油大学学报（自然科学版），20（4）：1-5

操应长，姜在兴，夏斌，等. 2003a. 声波时差测井资料识别层序地层单元界面的方法、原理及实例. 沉积学报，21（2）：318-323

操应长，姜在兴，夏斌，等. 2003b. 利用测井资料识别层序地层界面的几种方法. 石油大学学报（自然科学版），27（2）：23-26

曹正林，王英民，赵锡奎，等. 2001. 鄂尔多斯盆地北部古风化壳储层分布预测及非构造圈闭形成模式探讨. 成都理工大学学报，28（3）：296-310

常津焕，赵立民. 2000. 辽河盆地断裂与油气运移和聚集. 天然气地球科学，11（3）：13-17

陈发景，江新文，张光亚，等. 1992. 中国中、新生代含油气盆地构造和动力学背景. 现代地质，6（3）：317-327

陈景达. 1989. 板块构造大陆边缘与含油气盆地. 东营：石油大学出版社：87-120

陈义贤. 1980. 早第三纪辽河裂谷形成机理和石油地质问题讨论. 石油勘探与开发，7（2）：35-43

陈义贤. 1982. 下第三纪辽河裂谷形成机理和石油地质问题的初步研究. 盘锦：中国石油辽河油田勘探开发研究院科研报告 5：23-49

陈义贤. 1985. 辽河裂谷盆地断裂演化序次和油气藏形成模式. 石油学报，6（2）：35-42

陈义贤，孟卫工，陈韶生，等. 2000. 辽河盆地深层石油地质与目标评价. 盘锦：中国石油辽河油田公司勘探开发研究院：1-11

陈振岩，苏晓捷. 2003. 辽河西部凹陷船舱式油气运聚系统特征初探. 石油勘探与开发，30（4）：1-4

陈振岩，陈永城，仇劲涛，等. 2002. 辽河盆地新生代断裂与油气关系. 石油实验地质，24（5）：407-412

戴金星. 1983. 向斜中的油气藏. 石油学报，14（4）：22-34

邓宏文，王红亮，祝永军. 2002. 高分辨率层序地层学原理及应用. 北京：地质出版社：1-235

董春梅，林承焰，侯连华，等. 1996. 储集砂砾岩体成因分布规律及形成条件探讨. 石油实验地质，18（3）：289-297

冯有良. 2005. 断陷盆地层序格架中岩性地层油气藏分布特征. 石油学报，26（4）：17-22

冯有良，李思田. 2001. 东营凹陷沙河街组三段层序低位域砂体沉积特征. 地质论评，47（3）：278-286

冯增昭. 1994. 沉积岩石学. 北京：石油工业出版社：1-405

付广，薛永超，付晓飞，等. 2001. 油气输导系统及其对成藏的控制. 新疆石油地质，22（1）：24-26

高玉巧，欧光习，谭守强，等. 2003. 歧口凹陷西坡白水头构造沙一段下部油气成藏期次研究. 岩石学报，19（2）：359-365

耿安松，熊永强. 1999. 辽河油田西部凹陷生物降解原油单体化合物碳同位素组成. 自然科学进展，9（9）：834-840

龚再升. 1997. 中国近海大气田. 北京：地质出版社：1-88

顾家裕. 1995. 陆相盆地层序地层格架概念及模式. 石油勘探与开发，22（4）：6-10
顾家裕，邓宏文，朱筱敏. 1996. 层序地层学及其在油气勘探开发中的应用论文集. 北京：石油工业出版社：1-98
顾家裕，郭宾程，张兴阳. 2005. 中国陆相盆地层序地层格架与模式. 石油勘探与开发，32（5）：11-15
顾志明，郭克园，陈振岩. 1996. 西部凹陷天然气勘探目标评价//马玉龙. 辽河油区勘探与开发（勘探分册）、北京：石油工业出版社：456-463
郭建华. 1998. 高频湖平面升降旋回与等时储层对比. 地质论评，44（5）：529-535
侯贵廷，钱乡邻. 1998. 渤海湾盆地形成机制研究. 北京大学学报（自然科学版），34（4）：503-508
侯彦东. 2001. 陈家洼陷沙三段油气藏成藏条件研究. 断块油气田，8（4）：1-3
胡朝元. 1982. 生油区控制油气田分布——中国东部陆相盆地进行区域勘探的有效理论（源控论）. 石油学报，3（2）：9-13
胡朝元，孔志平，廖曦. 2002. 油气成藏原理. 北京：石油工业出版社
胡见义. 1986. 非构造油气藏. 北京：石油工业出版社：1-112
胡礼国，李金有，王延山，等. 2002. 辽河探区油气资源评价. 盘锦：中国石油辽河油田勘探开发研究院：1-150
黄飞，辛茂安. 1996. 陆相烃源岩地球化学评价方法（SY/T5735—1995）（中华人民共和国石油天然气行业标准）. 北京：石油工业出版社：1-19
黄思静，侯中建. 2001. 地下孔隙率和渗透率在空间和时间上的变化及影响因素. 沉积学报，19（2）：224-232
纪友亮，张世奇. 1996. 陆相断陷湖盆层序地层学. 北京：石油工业出版社：1-120
贾承造. 2004. 中国石油发展战略. 当代石油石化，12（12）：13-15
贾承造，赵文智，邹才能，等. 2004. 岩性地层油气藏勘探研究的两项核心技术. 石油勘探与开发，31（3）：3-9
贾承造，赵政章，赵文智，等. 2005. 陆上主要含油气盆地油气资源与勘探潜力. 石油学报，29（增）：1-11
姜在兴，操应长. 2000. 砂体层序地层及沉积学研究. 北京：地质出版社：1-117
金万连. 1982. 辽河裂谷盆地西部凹陷沙河街组沉积发育史与沉积体系. 盘锦：中国石油辽河油田勘探开发研究院科研报告：1-46
金之钧，张发强. 2005. 油气运移研究现状及主要进展. 石油与天然气地质，26（3）：263-270
鞠俊成. 2001. 辽河盆地西部凹陷南部沙三段储层沉积特征及含油气性分析. 古地理学报，3（1）：63-70
李传干. 1979. 辽河断陷盆地西部凹陷新生代地层. 盘锦：中国石油辽河油田勘探开发研究院科研报告：1-55
李德生. 1983. 中国东部新生代盆地与油气分布. 地质学报，57（3）：224-233
李风杰，王多云，郑希民，等. 2002. 陕甘宁盆地华池地区延长组缓坡带三角洲前缘的微相构成. 沉积学报，20（4）：582-587
李干生，焦大庆，苏玉山. 2004. 中国油气资源勘查前景展望. 当代石油石化，12（8）：4-8
李宏伟，朱怡翔，李胜利，等. 2003. 辽河西部凹陷北部隐蔽油气藏预测与成藏机制分析. 石油勘探与开发，30（1）：44-46
李建忠，赵文智，胡素云，等. 2007. 岩性地层型油气聚集区带的基本特征. 石油学报，28（1）：14-19
李琳，冯敬. 1999. 辽河盆地西部凹陷清22深层圈闭评价. 中国海上油气（地质），13（4）：282-285
李琳，任作伟，孙洪斌. 1999. 辽河盆地西部凹陷深层石油地质综合研究. 石油学报，20（6）：9-15

李明诚. 2004. 石油与天然气运移. 北京：石油工业出版社：1-330
李鹏举，卢华夏，施央申. 1995. 渤海湾盆地东濮凹陷的形成及断裂构造研究. 南京大学学报（自然科学版），31（1）：128-139
李丕龙. 2004. 济阳坳陷“富集有机质”烃源岩及其资源潜力. 地学前缘，11（1）：317-321
李丕龙，庞雄奇. 2004. 隐蔽油气藏形成机理与勘探实践. 北京：石油工业出版社：1-513
李丕龙，张善文，宋国奇，等. 2004. 断陷盆地隐蔽油气藏形成机制. 石油实验地质，26（1）：3-10
李思田，路凤香，林畅松，等. 1997. 中国东部及邻区中、新生代盆地演化及地球动力学背景. 北京：中国地质大学出版社：1-107
李文权，刘立，焦丽娟，等. 2004. 辽河坳陷曙北地区新生代层序地层及沉积体系发育特征. 地质力学学报，10（2）：165-171
李晓光，陈振岩. 2006. 辽河坳陷古近系碎屑岩储层孔隙演化特征探讨. 古地理学报，8（2）：251-258
李彦芳，王文广. 1998. 沉积岩和沉积相. 北京：石油工业出版社：1-227
李应暹. 1986. 辽河盆地西部凹陷浊积岩沉积特征及有利地区预测. 盘锦：中国石油辽河油田勘探开发研究院科研报告：1-77
梁鸿德，申绍文，刘香婷，等. 1992. 辽河断陷火山岩地质年龄及地层时代. 石油学报，13（2）：87-92
辽河油田研究院. 2002. 辽河盆地西部凹陷成藏体系与勘探潜力研究. 盘锦：中国石油辽河油田勘探开发研究院：1-98
廖兴明，姚继峰，于天欣，等. 1996. 辽河盆地构造演化与油气. 北京：石油工业出版社：116-120
林畅松，潘元林，肖建新，等. 2000. 构造坡折带——断陷盆地层序分析和油气预测的重要概念. 地球科学-中国地质大学学报，25（3）：260-267
林畅松，郑和荣，任建业，等. 2003. 渤海湾盆地东营、沾化凹陷早第三纪同沉积断裂作用对沉积充填的控制. 中国科学（D辑），33（11）：1025-1036
刘崇禧，孙世雄. 1988. 水文地球化学找油理论与方法. 北京：地质出版社：5-9
刘桂凤，王莉，李春涛，等. 2007. 准噶尔盆地腹部地层水化学特征与油气成藏关系. 新疆石油地质，28（1）：54-56
卢焕章，范宏瑞，倪培，等. 2004. 流体包裹体. 北京：科学出版社：276-282
陆尧华，邱莎. 1993. 冷东地区沙三段重力流沉积模式和储层特征研究. 盘锦：中国石油辽河油田勘探开发研究院科研报告：1-102
罗平，裘怿楠，贾爱林，等. 2003. 中国油气储层地质研究面临的挑战和发展方向. 沉积学报，21（1）：142-147
罗群，白新华. 1997. 断裂控烃理论与实践. 武汉：中国地质大学出版社：1-15
马杏垣，1983. 中国东部中新生代裂陷作用和伸展构造. 地质学报，57（3）：224-233
马振芳，周树勋，于忠平，等. 1999. 鄂尔多斯盆地中东部奥陶系顶部古风化壳特征及其与天然气富集的关系. 石油勘探与开发，26（5）：21-23
孟元林. 2001. 成岩演化数值模拟//许怀先，陈丽华，万玉金，等. 石油地质实验测试技术与应用. 北京：石油工业出版社：184-192
孟元林. 2004. 歧北凹陷沙河街组超压背景下的成岩作用研究与数值模拟. 北京：中国地质大学博士学位论文
孟元林，肖丽华，杨俊生，等. 2003. 成岩作用过程综合模拟及其应用. 石油实验地质，25（2）：211-215
孟元林，高建军，刘德来，等. 2005. 西部凹陷南段成岩相分析与优质储层预测. 盘锦：中国石油辽河油田勘探开发研究院：1-138

牛嘉玉，翁维瑾，徐树宝. 1990. 辽河西部凹陷重油聚集条件与原油稠变特征. 石油学报，11（4）：17-24
牛嘉玉，冯志强，祝永军. 2005a. 中国东部岩性油气藏地质评价和关键技术研究报告. 北京：中国石油勘探开发研究院：1-98
牛嘉玉，李秋芬，鲁卫华，等. 2005b. 关于“隐蔽油气藏”概念的若干思考. 石油学报，26（2）：122-126
潘元林. 1998. 中国隐蔽油气藏. 北京：地质出版社：1-2
庞雄奇，付广，万龙贵，等. 1993. 盖层封油气性综合定量评价——盆地模拟在盖层评价中的应用. 北京：地质出版社：14-16
庞雄奇，陈冬霞，李丕龙，等. 2003. 砂岩透镜体成藏门限及控油气作用机理. 石油学报，24（3）：38-45
漆家福，张一伟，陆克政. 1995. 渤海湾新生代裂陷盆地的伸展模式及其动力学过程. 石油实验地质，17（4）：316-323
谯汉生，方朝亮，牛嘉玉，等. 2003. 中国东部深层石油地质. 北京：石油工业出版社：41-120
邱中建，龚再升. 1999. 中国油气勘探. 北京：石油工业出版社：1-85
裘怿楠，薛叔浩，应凤祥. 1997. 中国陆相油气储集层. 北京：石油工业出版社：147-217
单俊峰，张菊香，张卓，等. 2004. 辽河断陷盆地西部坳陷西斜坡古潜山油气成藏条件研究. 特种油气藏，11（4）：39-42
施振飞，张振城，叶绍东，等. 2005. 苏北盆地高邮凹陷阜宁组储层次生孔隙成因机制探讨. 沉积学报，23（3）：429-436
史基安，陈国俊，王琪，等. 2001. 塔里木盆地西部层序地层与沉积、成岩演化. 北京：科技出版社：186-214
孙洪斌，张凤莲. 2002. 辽河断陷西部凹陷古近系砂岩储层. 古地理学报，4（3）：83-92
孙素青. 2001. 辽河盆地西部凹陷沙河街组西八千扇体沉积特征及其控制因素. 古地理学报，3（2）：92-98
孙永传，李忠，李惠生，等. 1996. 中国东部含油气断陷盆地的成岩作用. 北京：科学出版社：1-155
陶士振. 2004. 包裹体应用于油气地质研究的前提条件和关键问题. 地质科学，39（1）：77-91
王春鹏，马玉龙，时庚戌. 2002. 辽河油区油田开发实践. 北京：石油工业出版社：94
王多云. 1993. 沼泽环境中的河流类型及其侧向演化模式. 沉积学报，11（3）：1-6
王多云，陈应泰，徐洪生. 2002. 受周期性湖平面升降控制的冲积扇-扇三角洲沉积体系. 沉积学报，20（4）：582-587
王多云，郑希民，李凤杰，等. 2003. 低孔渗油气富集区优质储层形成条件及相关问题. 天然气地球科学，14（2）：87-91
王良忱，张金亮. 1996. 沉积环境和沉积相. 北京：石油工业出版社：1-97
王同和. 1986. 渤海湾盆地中新生代应力场演化与古潜山油气藏的形成. 石油与天然气地质，7（3）：272-280
王卫红，姜在兴，操应长，等. 2003. 测井曲线识别层序边界的方法探讨. 西南石油学院学报，25（3）：1-4
王永玲，张忠义，汪集旸，等. 1984. 辽河断陷地热基本特征与油气资源. 北京：中国科学院地质研究所：1-78
王玉满，牛嘉玉，谯汉生，等. 2002. 渤海湾盆地深层油气资源潜力分析与认识. 石油勘探与开发，29（2）：21-25

王智怡. 2003. 油气地质地震技术. 北京：石油工业出版社：1-335
魏魁生. 1996. 非海相层序地层学——以松辽盆地为例. 北京：地质出版社：1-142
魏魁生，徐怀大，叶淑芳，等. 1997. 松辽盆地白垩系高分辨率层序地层格架. 石油与天然气地质，18 (1)：7-13
吴国揎，朱伟林，黎明碧，等. 1999. 古湖缺氧条件是控制富生油凹陷形成的重要因素. 中国海上油气（地质），13 (1)：1-6
吴因业. 1997. 陆相盆地层序地层学分析的方法与实践. 石油勘探与开发，24 (5)：7-11
吴因业，顾家裕. 2002. 油气层序地层学. 北京：石油工业出版社：1-65
吴因业，邹才能，季汉成. 2005. 中国层序地层学导论. 北京：石油工业出版社：1-80
吴振明. 1985. 中国东部中新生代主要裂谷盆地的演化及评价. 石油实验地质，7 (1)：60-69
吴正文. 2000. 辽河盆地北段构造体系研究. 盘锦：中国石油辽河油田勘探开发研究院科研报告：1-226
夏新宇，赵林，戴金星. 1998. 鄂尔多斯盆地中部气田奥陶系风化壳气藏天然气来源及混源比计算. 沉积学报，16 (3)：76-79
肖丽华，孟元林，侯创业，等. 2003. 松辽盆地升平地区深层成岩作用数值模拟与次生孔隙带预测. 地质论评，49 (5)：544-551
信广林，张日华，刘希林. 1994. 济阳坳陷负向构造油气藏形成条件和分布规律. 石油勘探与开发，21 (1)：8-13
信荃麟，刘泽容，金强. 1993. 含油气盆地构造岩性分析. 北京：石油工业出版社：1-287
徐嘉伟. 1980. 郯庐断裂带的平移运动及其地质意义//国际地质交流学术会议论文集. 北京：地质出版社：129-142
薛叔浩，刘雯林，薛良清，等. 2002. 湖盆沉积地质与油气勘探. 北京：石油工业出版社：1-450
杨少华. 1978. 辽河断陷西部凹陷下第三系沙河街组生油层若干问题讨论. 盘锦：中国石油辽河油田勘探开发研究院科研报告：1-26
姚继峰，廖兴明. 1995. 辽河盆地构造分析. 断块油气田，2 (5)：21-26
姚益民，杨时中. 1994a. 中国油气区第三系：总论. 北京：石油工业出版社：107
姚益民，杨时中. 1994b. 中国油气区第三系：渤海湾盆地. 北京：石油工业出版社：131
易士威. 2005. 断陷盆地岩性地层油藏分布特征. 石油学报，26 (1)：38-41
应凤祥. 1993. 碎屑岩成岩阶段划分规范（中华人民共和国石油与天然气行业标准）. 北京：石油工业出版社：1-8
应凤祥，罗平，何东博，等. 2004. 中国含油气盆地碎屑岩储集层成岩作用与成岩作用数值模拟. 北京：石油工业出版社：1-293
于兴河，张道建，李胜利，等. 1999. 辽河油田东、西部凹陷深层沙河街组成岩演化规律. 石油实验地质，21 (4)：291-296
喻国凡，宁松华，张首昌. 2002. 辽河西部凹陷南部沙三段储层沉积特征. 江汉石油学院学报，24 (2)：12-14
袁选俊，谯汉生. 2002. 渤海湾盆地富油气凹陷隐蔽油气藏勘探. 石油与天然气地质，23 (2)：130-133
翟光明. 1993. 中国石油地质志（卷三）：辽河油田. 北京：石油工业出版社
翟光明，等. 1996. 中国石油地质志（卷一）. 北京：石油工业出版社
张朝录，王华，杨红. 2001. 含油气盆地的输导体系研究. 石油与天然气地质，21 (2)：133-135
张功成. 1996. 裂陷盆地分析原理和方法. 北京：石油工业出版社
张厚福. 1999. 石油地质学. 北京：石油工业出版社
张建林. 2005. 地层不整合对油气运移和封堵的作用. 油气地质与采收率，12 (2)：26-29

张金亮，杨子成，司学强. 2004. 辽河油田西部凹陷沙三段沉积相及演化. 西北地质，37（4）：7-14
张占文，谷云飞. 2003. 辽河坳陷陆上及滩海地质综合研究及预探区带优选. 盘锦：中油辽河油田分公司勘探开发研究院科研报告：1-115
张占文，陈振岩，郭克园，等. 2002. 辽河盆地天然气地质. 北京：地质出版社：20-165
赵澄林，陈纯芳. 2003. 渤海湾早第三纪油区岩相古地理及储层. 北京：石油工业出版社：1-132
赵澄林，陈丽华，应凤祥，等. 1999. 渤海湾及外围深层储层评价. 北京：中国石油天然气集团公司：1-187
赵文智，池英柳. 2000. 渤海湾盆地含油气层系区域分布规律与主控因素. 石油学报，21（1）：10-15
赵文智，邹才能，汪泽成，等. 2004. 富油气凹陷"满凹含油"论——内涵与意义. 石油勘探与开发，31（2）：5-13
赵文智，张光亚，王红军. 2005. 石油地质理论新进展及其在拓展勘探领域中的意义. 石油学报，26（1）：1-12
赵忠新，王华，郭齐军，等. 2002. 油气输导体系的类型及其输导性能在时空的演化分析. 石油实验地质，24（6）：527-536
赵重远. 1984. 渤海湾盆地的构造格局及其演化. 石油学报，5（1）：1-7
郑浚茂，庞明. 1989. 碎屑沉积岩的成岩作用研究. 武汉：中国地质大学出版社：1-143
周荔青，刘池阳. 2005. 深大断裂与中国东部新生代盆地油气资源分布. 北京：石油工业出版社：1-115
朱芳冰. 2000. 辽河盆地西部凹陷源岩热演化及生烃史研究. 地质科技情报，19（3）：53-56
朱夏. 1983. 中国中新生代盆地构造和演化. 北京：科学出版社：1-224
卓勤功. 2005. 关于深洼区岩性油藏成藏机理的研究与思考. 油气地球物理，3（4）：49-53
卓勤功，邱以刚，郝雪峰，等. 2003. 岩性油藏聚油排水机理探讨. 石油勘探与开发，30（6）：127-128
邹才能，张颖. 2002. 油气勘探开发实用地震新技术. 北京：石油工业出版社
邹才能，池英柳，李明，等. 2004. 陆相层序地层学分析技术. 北京：地质出版社：1-200
邹才能，陶士振，薛叔浩. 2005."相控论"的内涵及其勘探意义. 石油勘探与开发，32（6）：7-12
邹才能，陶士振，谷志东. 2006. 中国低丰度大型岩性油气田形成条件和分布规律. 地质学报，80（11）：1739-1751
Anjos S M C，de Ros L F，de Souza R S，et al. 2000. Depositional and diagenetic control on the reservoir quality of Lower Cretaceous Pendencia sandstones，Potiguar rift basin，Brazil. AAPG Bulletin，84（11）：1719-1742
Aplin A C，Macleod G，Larter S R. 1999. Combined use of confocal Laser Scanning microscopy and PVT simulation for estimating the composition and physical properties of petroleum in fluid inclusions. Marine and Petroleum Geology，16：97-109
Bloch S. 1994. Empirical prediction of porosity and permeability in sandstones. AAPG Bulletin，75（7）：1145-1160
Bloch S，Helmod K P. 1995. Approaches to predicting reservoir quality in sandstones. AAPG Bulletin，79：97-115
Bloch S，Lander R H，Bonnell L. 2002. Anomalously high porosity and permeability in deeply buried sandstone reservoirs：Origin and predictability. AAPG Bulletin，86（2）：301-328
Bonnell L M，Lander R H，Sandhuag D C. 1998. Grain coatings and reservoir quality Preservation of coating completeness，grain size and thermal history〔abs.〕. AAPG Annual Convention，Program with Abstracts，7：81
Byrnes A P. 1994. Empirical methods of reservoir quality prediction//Wilson W D. Reservoir quality as-

sessment and prediction in clastic rocks. SEPM Short Course, 30: 10-21

Carlos R, Goldstein R H, Ceriani A, et al. 2002. Fluid inclusions record thermal and fluid evolution in reservoir sandstones, Khatatba Formation, Western Desert, Egypt: A case for fluid injection. AAPG Bulletin, 86 (10): 1773-1800

Chi G X, Chou Y M, Lu H Z. 2003. An overview on current fluid-inclusions research and applications. Acta Petrologica Sinica, 19 (2): 201-212

Halbouty M T. 1972. Rational for deliberate pursuit of stratigraphic, unconformity, and paleogeomorphic traps//Robert E K. Stratigraphic oil and gas fields-calsssification, exploration methods and case histories. AAPG Memoir, 16: 3-7

Kupecz J A, Gluyas J, Bloch S. 1997. Reservoir Quality Prediction in Sandstones and Carbonates: An Overview//Kupecz J A, Gluyas J G , Bloch S. Reservoir quality prediction in Sandstones and Carbonates: Tulsa. AAPG Memoir, 69: 19-28

Munz I A. 2001. Petroleum inclusions in sedimentary basins: systematics, analytical methods and applications. Lithos, 55: 195-212

Primmer T J, Cade C A, Evans J, et al. 1997. Global patterns in sandstone diagenesis: their application to reservoir quality prediction for petroleum exploration// Kupecz J, Gluyas J G , Bloch S. Reservoir quality prediction in sandstones and carbonates. AAPG Memoir, 69: 61-77

Ramm M , Bjorlykke K. 1994. Porosity/depth trends in reservoir sandstones: assessing the quantitative effects of varying Pore-Pressure, Temperature History and Mineralogy, Norwegian Shelf Data. Clay Minerals, 29: 475-490

Sheriff R E. 1980. Seismic stratigraphy. International Human Resource Development Corporation: 1-367

Smosna R , Bruner K R. 1997. Depositional controls over porosity development in lithic sandstones of the Appalachian Basin: reducing exploration risk//Kupecz J A, Gluyas J, Bloch S. Reservoir quality prediction in sandstones and carbonates. AAPG Memoir, 69: 249-265

Strecker U , Stridtmann J R, Smithson . 1999. A conceptual tectonostratigraphic model for seismic facies migration in a fluvio-facustrine extensional basin . AAPG Bulletin, 83 (1): 43-61

Surdam R C. 1989. Organic-inorganic interactions and sandstone diagenesis. AAPG Bulletin, 73 (1): 1-23

Thyne G B, Boudrea P, Ramm M, et al. 2001. Simulation of potassium feldspar dissolution and illitization in the Statfjord Formation, North Sea. AAPG Bulletin, 85 (4): 621-635

Vail P R. 1987. Seismic stratigraphy interpretation using sequence stratigraphy. Part Ⅰ: Seismic stratigraphy interpretation procedure//Bally. Ailas of seismic stratigraphy . Studies in Geology, 27: 1-10

Walderhaug O. 1996. Kinetic modeling of quartz cementation and porosity loss in deeply buried sandstone reservoirs. AAPG Bulletin, 80: 731-745

Walderhaug O. 2000. Modeling quartz cementation and porosity in Middle Jurassic Brent Group sandstones of the Kvitebjφrn Field Northern North Sea. AAPG Bulletin, 84: 1325-1339

附录　图版及说明

图版Ⅰ.1　齐 2-9-11，2506m，E_2s^4，单×50，颗粒呈悬浮状，粒间孔发育

图版Ⅰ.2　双 49，3322.99m，E_2s^3，单×50，颗粒之间呈线接触

图版Ⅰ.3　杜 127，2885.59m，E_2s^4，正×50，方解石胶结于石英次生加大之后

图版Ⅰ.4　齐 2-19-6，2581.5m，E_2s^4，正×50，连晶方解石胶结

图版Ⅰ.5　齐 131，3080m，E_2s^3，阴×50，方解石充填颗粒并交代颗粒

图版Ⅰ.6　清 20，3103.5m，E_3d^3，阴×50，铁白云石、方解石充填粒间并交代颗粒

图版Ⅱ.1　双北 26-40，3027.4m，E_2s^4，正×50，铁白云石、方解石充填粒间并交代颗粒

图版Ⅱ.2　双 217，3224m，E_2s^2，扫描电镜×1580，粒间自生石英晶体和白云石晶体

图版Ⅱ.3　马 549，2778.87m，E_2s^2，扫描电镜×495，石英加大Ⅲ级，粒表立方状白云石晶体

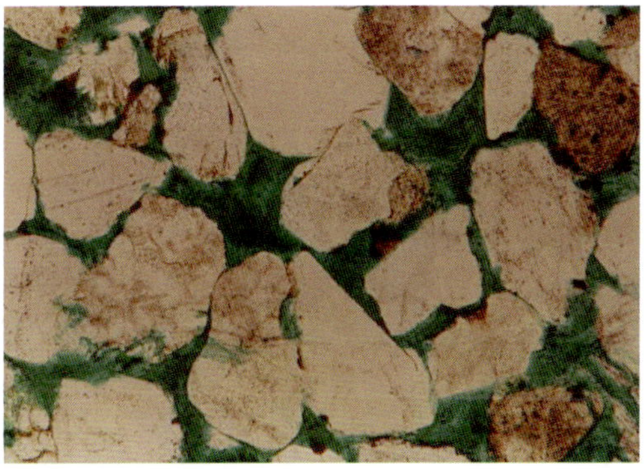

图版Ⅱ.4　齐 2-9-11，2506m，E_2s^4，正×50，石英加大与长石溶解同时发生

图版Ⅱ.5　齐 2-11-10，2279.9m，E_2s^4，正×100，自生高岭石，石英加大于菱铁矿之外

图版Ⅱ.6　齐 2-19-6，2713.8m，E_2s^4，正×100，菱铁矿膜抑制石英次生加大

图版Ⅲ.1　杜 127，2891.29m，E_2s^4，正×100，长石加大

图版Ⅲ.2　杜 139，3094.7m，E_2s^4，单×50，长石加大与长石溶蚀同时发生

图版Ⅲ.3　齐 2-19-6，2581.5m，E_2s^4，正×1890，基底式胶结（泥质）

图版Ⅲ.4　双 49，2479.7m，E_2s^3，正×25，铁质胶结

图版Ⅲ.5　齐 2-19-6，2553m，E_2s^4，正×50，菱铁矿富集充孔

图版Ⅲ.6　齐 231，3275.5m，E_2s^3，铸体×40，含铁方解石、白云石（染色）等充填粒间，见粒间溶孔、颗粒溶孔